中国石油天然气集团有限公司统建培训资源
高技能人才综合能力提升系列培训丛书

油气田数字化维护技术培训教材

中国石油天然气集团有限公司人力资源部 编

石油工业出版社

内 容 提 要

本书从数字化理论、数据采集设备、数据传输、生产管理系统、数字化维护工具五个方面，将油气田数字化维护技术要求和注意事项融合到操作流程中，较为全面地介绍了油气田数字化维护技术，专业性强，且具有针对性，便于读者全面、准确地掌握相关设备的维护技术及操作流程。

本书既可作为日常培训的教学参考用书，也可以作为油气田生产中数字化设备维护操作的技术指导参考书。

图书在版编目（CIP）数据

油气田数字化维护技术培训教材/中国石油天然气集团有限公司人力资源部编．--北京：石油工业出版社，2024.11.--（高技能人才综合能力提升系列培训丛书）．
ISBN 978-7-5183-6890-7

Ⅰ．TE94-39
中国国家版本馆 CIP 数据核字第 20242GL380 号

出版发行：石油工业出版社
（北京市朝阳区安华里 2 区 1 号楼　100011）
网　　址：www.petropub.com
编辑部：（010）64251682
图书营销中心：（010）64523633
经　　销：全国新华书店
印　　刷：北京晨旭印刷厂

2024 年 11 月第 1 版　2024 年 11 月第 1 次印刷
787×1092 毫米　开本：1/16　印张：24.25
字数：620 千字

定价：85.00 元
（如发现印装质量问题，我社图书营销中心负责调换）
版权所有，翻印必究

《油气田数字化维护技术培训教材》
编 审 组

主　　编：张会森

副 主 编：王朝荣　陈　亮

编写人员：王高平　王亚超　田建勇　仝　森

　　　　　刘大兴　刘　鹏　李伟光　李永阳

　　　　　李海涛　李晓刚　吴　扬　金　峰

　　　　　陈启良　郑　鹏　刘国蕊　徐亚妮

　　　　　王　茜

审核人员：滕少臣　魏昌建　赵金龙

前 言

为加快高技能人才知识更新，提升高技能人才职业素养、专业知识水平和解决生产实际问题的能力，进一步发挥高端带动作用，在技师、高级技师跨企业、跨区域开展脱产集中培训的基础上，中国石油天然气集团有限公司人力资源部依托承担集团公司技师培训项目的培训机构，组织专家力量，历时一年多时间，将教学讲义、专家讲座、现场经验及学员技术交流成果资料加以系统整理、归纳、提炼，开发出高技能人才综合能力提升系列培训丛书。

本套丛书在内容选择上，重视工艺原理、操作规程、核心技术、关键技能、故障处理、典型案例、系统集成技术、相关专业联系等方面的知识和技能，以及综合技能与创新能力的知识介绍，力求体现"特、深、专、实"的特点，追求理论知识体系的通俗易懂和工作实践经验的总结提炼。

本书以符合生产实际为原则，以标准化操作为基础，以技艺传承为导向，重点对操作流程进行规范化、标准化的编写，将操作过程的技术要求和注意事项融合到操作流程中，使读者能清晰、全面、准确地掌握油气田数字化相关设备的维护操作流程。此外，多位专家将多年工作经验的精华提炼成"常见故障及处理方法"，将这些宝贵的经验沉淀为有价值的知识，传授给读者。本书既可以作为日常培训的教学参考用书，也可以作为油气田生产中数字化设备维护操作的技术指导参考书。

本书由长庆油田分公司组织编写，张会森任主编，王朝荣、陈亮任副主编，参加编写的人员有王高平、王亚超、田建勇、仝森、刘大兴、刘鹏、李伟光、李永阳、李海涛、李晓刚、吴扬、金峰、陈启良、郑鹏、刘国蕊、徐亚妮、王茜。参加审定的人员有大庆油田有限责任公司的滕少臣和新疆油田分公司的魏昌建、赵金龙。

由于编者水平有限，书中疏漏之处在所难免，请广大读者提出宝贵意见。

目 录

第一章　数字化理论 ··· 1
　第一节　数字化概述 ··· 1
　第二节　油气田数字化维护内容 ··· 6
第二章　数据采集设备 ·· 13
　第一节　变送器 ·· 13
　第二节　控制器 ·· 106
　第三节　执行机构 ··· 161
　第四节　视频监控 ··· 175
　第五节　数字化集成设备 ·· 188
　第六节　生产监控系统 ··· 210
第三章　数据传输 ·· 230
　第一节　油气田数字化常用通信接口 ··· 230
　第二节　传输方式 ··· 235
　第三节　传输设备 ··· 246
　第四节　机房管理 ··· 284
第四章　生产管理系统 ·· 296
　第一节　油气生产物联网系统（A11） ··· 296
　第二节　油井工况诊断系统 ·· 317
第五章　数字化维护工具 ··· 334
　第一节　测线仪 ·· 334
　第二节　寻线仪 ·· 336
　第三节　手操器 ·· 339
　第四节　信号发生器 ·· 344
　第五节　光纤熔接机 ·· 349
　第六节　万用表 ·· 361
　第七节　接地电阻测试仪 ·· 365
　第八节　光时域反射仪 ··· 374
　第九节　回路电阻测试仪 ·· 377
参考文献 ··· 380

第一章　数字化理论

第一节　数字化概述

一、数字化的概念及发展趋势

1. 数字化的概念

数字化是指将复杂多变的信息转变为可以度量的数字、数据，再为这些数据建立起适当的数字化模型，把它们转变为一系列的二进制代码，引入计算机内部，进行统一处理。

2. 数字化的发展趋势

数字化发展经历了五个阶段：初始级发展阶段、单元级发展阶段、流程级发展阶段、网络级发展阶段、生态级发展阶段。

（1）初始级发展阶段：处于该发展阶段的组织，在单一职能范围内初步开展了信息（数字）技术应用，但尚未有效发挥信息（数字）技术对主营业务的支持作用。

（2）单元级发展阶段：处于该阶段的组织，在主要或若干主营业务单一职能范围内开展了（新一代）信息技术应用，提升相关单项业务的运行规范性和效率。

（3）流程级发展阶段：处于该阶段的组织，在业务范围内，通过流程级数字化和传感网级网络化，以流程为驱动，实现主营业务关键流程及关键设备设施、软硬件、行为活动等要素间的集成优化。

（4）网络级发展阶段：处于该阶段的组织，在全组织（企业）范围内，通过组织（企业）级数字化和产业互联网级网络化，推动组织（企业）内全要素、全过程互联互通和动态优化，实现以数据为驱动的业务模式创新。

（5）生态级发展阶段：处于该阶段的组织，在生态组织范围内，通过生态级数字化和泛在物联网级网络化，推动与生态合作伙伴间资源、业务、能力等要素的开放共享和协同合作，共同培育智能驱动型的数字新业务。

二、油气田数字化

1. 油气田数字化的目的

充分利用自动控制技术、计算机网络技术、油藏管理技术、数据整合技术、数据共享与交换技术，结合油气田特点，集成、整合现有的综合资源，创新技术并更新管理理念，提升工艺过程的监控水平和生产管理过程的智能化水平，建立全油气田统一的生产管理、综合研究的数字化管理平台，达到强化安全、过程监控、节约人力资源和提高效益的目标。具体包括以下六项内容，如图 1-1-1 所示。

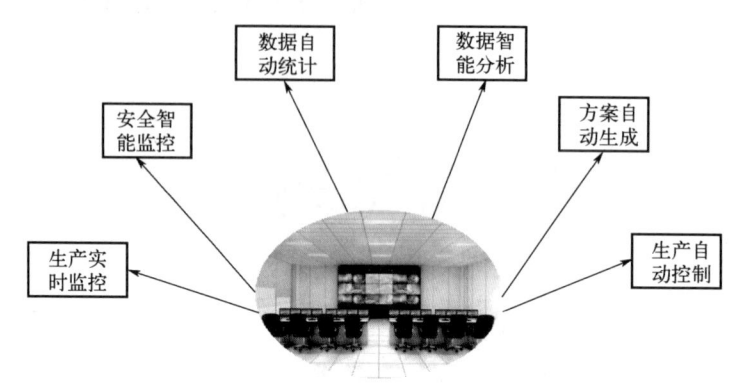

图 1-1-1　油气田数字化建设的目的

1）生产实时监控

将油气水井、场站、管网等现场生产数据通过数据采集技术采集到平台实时数据库中，结合各生产场所的二维或三维工艺流程图进行组态。通过 WEB 发布，操作管理人员可以随时随地查看现场生产状况。

2）安全智能监控

根据采集来的各生产场所装置的实时运行数据，进行不间断的诊断，一旦发现异常情况，将向操作管理人员以各种形式发出报警，保证生产过程中的安全隐患及时消除，提高安全性。

通过对视频监控数据的智能分析，及时对生产场所异常情况自动报警。

3）数据自动统计

建立综合数据库，将生产数据存储于数据库中。基于这些数据，实现数据自动统计，自动生成各种样式的报表、图表，从而为分析优化决策提供数据基础。

4）数据智能分析

集成地质、工艺、油气藏管理以及其他优化专家系统，实现油气田产能分析、单井动态分析、故障分析、生产参数优化分析、油气藏分析等功能，并提出优化方案和决策建议，从而为油气田开发提供科学的依据，提高单井产量和采收率。

5）方案自动生成

通过集成各专家优化系统，实现油气田生产调度、优化建议、措施等的自动生成。

6）生产自动控制

根据自动生产的调度指令，通过集成现场控制装置，利用通信网络，实现控制命令的下发，从而达到远程控制生产装置启停以及阀门截断、智能间开、智能变频等操作，极大地降低现场操作人员的工作量，提高工作效率。

2. 油气田生产物联网

1）物联网的概念

物联网是指通过各种信息传感器、射频识别技术、全球定位系统、红外感应器、激光扫描器等各种装置与技术，实时采集任何需要监控、连接、互动的物体或过程。采集其物理性质、化学性质、生物性质、位置等各种需要的信息，通过各类可能的网络接入，实现物与物、物与人的泛在连接，实现对物品和过程的智能化感知、识别和管理。物联网是一个基于互联网、传统电信网等的信息承载体，它让所有能够被独立寻址的普通物理对象形成互联互通的网络。

2）物联网的基本架构

从技术架构上来看，物联网可分为三层：感知层、网络层和应用层，如图 1-1-2 所示。

图 1-1-2 物联网技术体系框架

（1）感知层由各种传感器以及传感器网关构成，包括二氧化碳浓度传感器、温度传感器、湿度传感器、二维码标签、无线射频识别（Radio Frequency Identification，简称 RFID）标签和读写器、摄像头、GPS 等感知终端。感知层的作用相当于人的眼、耳、鼻、手和皮肤等神经末梢，它是物联网识别物体、采集信息的来源，其主要功能是识别物体，采集信息。

（2）网络层由各种私有网络、互联网、有线和无线通信网、网络管理系统和云计算平台等组成，相当于人的神经中枢和大脑，负责传递和处理感知层获取的信息。

（3）应用层是物联网和用户（包括人、组织和其他系统）的接口，它与行业需求结合，实现物联网的智能应用。

油气田生产物联网是"互联网+石油天然气工业"的高度集成和综合应用，是工业化和信息化"两化融合"的集中体现，而数智化油气田是油气田发展的必然方向。近年来，随着信息技术迅速发展，基于井场、站库等油气田生产现场的数据采集、过程控制、参数优化、调度决策等生产管理与数字化的结合将越发紧密，而基于自动化技术、通信技术、信息技术的物联网系统在智能识别、数据采集、数据传输、数据集成、数据应用等方面将发挥重要作用。

3）物联网发展现状

（1）国外物联网发展现状。

进入21世纪后，国外物联网技术应用趋势呈现融合化、嵌入化、可信化和智能化的特征，管理应用趋势呈现标准化、服务化、开放化和工程化的特征。物联网技术在智能电网、智慧交通、智慧安全管理等领域的应用范围不断扩展。

20世纪60年代，ARCO油气公司在Iatan East Howard油气田将自动化技术用于注水控制，并很快推广到报警、泵控、橇装试井装置等领域。20世纪90年代，随着信息技术发展，DCS（Distributed Control System，分布式控制系统）以及SCADA（Supervisory Control And Data Acquisition，监控与数据采集系统）的功能越来越强，性能越来越可靠，被广泛应用于油气田的生产控制与管理领域。

目前国外石油公司的物联网技术应用越来越普及，已基本实现了生产数据的自动收集、处理、计量，并在此基础上进一步发展形成了生产自动预警、生产装置自动监控，支持生产指挥决策。

（2）国内物联网发展现状。

我国的物联网体系发展建设是以RFID射频识别技术电子标签广泛应用作为形成全国物联网的发展基础。国家金卡工程每年都推出新的RFID应用试点工程，项目涉及身份识别与电子票证管理、票务及城市重大活动管理、重要图书文档管理、旅游景区数字化管理、电子通关与路桥收费、智能交通与车辆管理、煤矿安全管理、供应链管理与现代物流、危险化学品管理、贵重物品防伪、军用物资管理等。

国内油气田的数字化建设非常重视现场传感器的部署以及应用，强调通过建立实时采集系统，支持预测预警、工况分析、设备设施状态监测等功能。我国部分油气田通过在井口部署自动化传感器和执行器，实现了生产数据自动采集、油气水井自动控制、关键区域视频监控和环境监测，实时监测油气水井的生产状况。

3. 智能化油气田发展趋势

1）智能化油气田概念诞生的背景

目前我国主力油气田对油气藏的开采大都进入中后期，受油气资源生产可能性边界条件的硬约束，任何一个油气田都不可能持续地保持高产量。另一方面，可动用区块逐年减少，新区勘探难度越来越大。资源品位下降和新老资源接替不足是国内油气田企业必须面对的长期问题。为了保持企业的正常运转乃至高速发展，寻找更多的剩余油，探索提高油气采收率，延缓老油气田资源枯竭和产量递减速率，成为油气田企业管理者和科研工作者的努力方向。数字油气田的建设一定程度上为这一问题提供了解决途径。

然而仅仅以数字化、信息化的手段尚不能解决问题。对地质油藏的监测与评价需要更加精细、更加全面的动态数据，还需要更多的专业知识以及科学的决策分析模型。因此，智能化油气田的概念在近几年诞生了。其基本思想是在数字油气田建设成果基础上，利用物联网、云计算、知识化管理、辅助决策、人工智能等先进技术，实现地质油藏的动态监测、精确评价，实现生产过程的全面自动化和决策过程的智能化。

2）智能化油气田概念的由来

智能化油气田是在数字化油气田基础上，借助先进信息技术和专业技术，全面感知油气田动态，自动操控油气田行为，预测油气田变化趋势，持续优化油气田管理，科学辅助油气田决策，使用计算机信息系统智能地管理油气田。也就是说，智能化油气田就是能够全面感知的油气田，能够自动操控的油气田，能够预测趋势的油气田，能够优化决策的油气田。智能化油气田应用的技术包括：

（1）智能化油气田将借助传感技术，建立覆盖油气田各业务环节的传感网络，实现对油气田各业务环节的全面感知。

（2）利用先进的自动化技术，对油气井与管网设备进行自动化控制，对油气管网进行自动平衡与智能调峰，实现对生产设施自动操控。

（3）利用模型分析技术，进行油藏的动态模拟、单井运行分析与预测、生产过程优化、智能完井和实时跟踪，利用专业数学模型提高系统模拟与分析能力、预测和预警能力、过程自动化处理能力，实现对油气田生产趋势的分析与预测。

（4）利用可视化协作环境为油气田提供信息整合与知识管理能力，充分利用勘探开发地质研究专家的经验与知识，实现油气田勘探的科学部署，提高系统自我学习能力，生产持续优化能力，真正做到业务、计算机系统与人的智慧相融合，辅助油气田进行科学决策、优化管理。

3）智能化油气田的基本特征

空间化、数字化、网络化、可视化是智能化油气田的基本特征，主要体现在以下六个方面：实时感知、全面联系、自动处理、预测预警、辅助决策、分析优化，如图1-1-3所示。

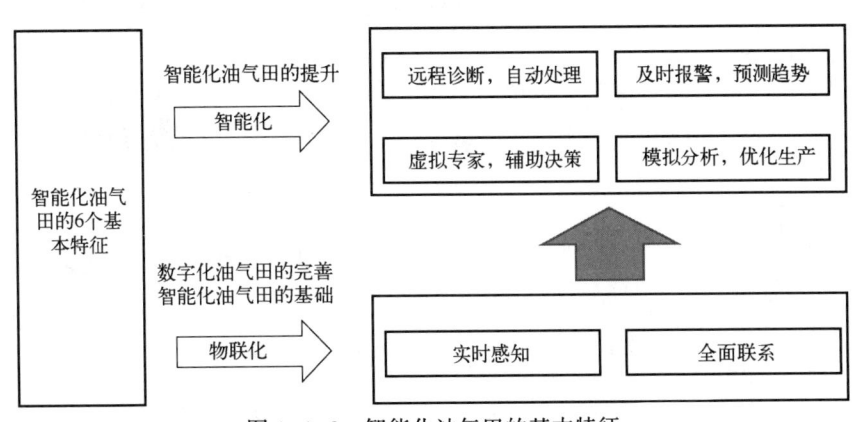

图1-1-3 智能化油气田的基本特征

（1）实时感知：利用传感网络实现对油气田各业务环节的全面感知。不仅要对油气田生产现场的设施进行实时数据采集，还可通过视频技术直接查看工作场地、会议场所的场景。

（2）全面联系：在实时感知的基础上，进一步提供油气田现场与指挥室之间、人与仪器之间相互协同，远程操作。

（3）自动处理：利用自动化技术、优化技术，通过对采集到的数据进行计算分析，将操作指令反馈到现场，对油气井与管网设备进行自动化控制。

（4）预测预警：在对历史数据进行分析的基础上，通过数据挖掘、模型分析，对油气田生产趋势进行模拟和预测。如油藏的动态模拟，单井运行分析与预测，生产事故预警。

（5）辅助决策：利用可视化的信息协作环境、油气田专家的经验、专业领域知识、成功项目研究成果进行综合分析，提出决策建议。

（6）分析优化：通过建立各种标准化的评价指标体系，利用综合评价技术，对生产运行的状况、油气藏地质条件、决策结果进行评价和分析，提出优化方案，使油气田生产和管理不断完善。

第二节　油气田数字化维护内容

油气田数字化维护内容主要围绕油气田生产物联网系统开展，包括数据采集与监控子系统、数据传输子系统、生产管理子系统三部分。其中，数据采集与监控子系统部署在井、站及作业区层级，对生产现场的数据进行采集，并实现监控功能；数据传输子系统部署在井、站及作业区层级，采用有线或无线方式实现数据通信；生产管理子系统部署在油气田公司及总部，满足各级人员的油气生产监测、分析诊断、预测预警等需求。

油气田生产物联网系统总体架构如图 1-2-1 所示。

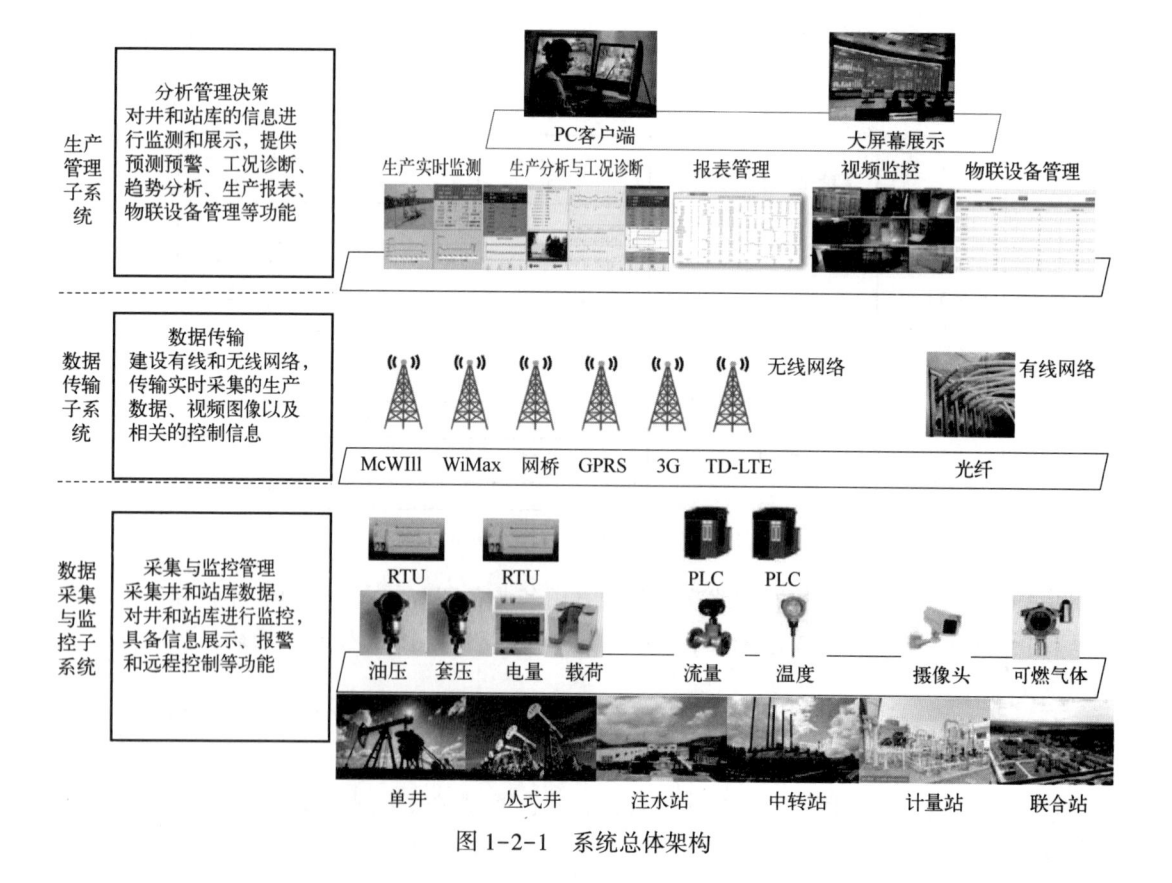

图 1-2-1　系统总体架构

一、数据采集与监控子系统

数据采集与监控子系统是采用传感和控制技术构建的油气田地面生产各环节生产运行参数自动采集、生产环境自动监测、物联网设备状态自动监测和生产过程远程控制的系统。

1. 数据采集概念及种类

1）数据采集的概念

数据采集是指从传感器和其他待测设备等模拟和数字被测单元中自动采集非电量或者电量信号,送到上位机中进行分析、处理。数据采集系统是基于计算机或者其他专用测试平台的测量软硬件产品来实现灵活的、用户自定义的测量系统。

被采集数据是以被转换为电信号的各种物理量,如温度、液位、流量、压力等,可以是模拟量,也可以是数字量。采集一般是采样方式,即隔一定时间(称采样周期)对同一点数据重复采集。采集的数据大多是瞬时值,也可是某段时间内的一个特征值。准确的数据测量是数据采集的基础。

数据测量方法有接触式和非接触式,检测元件多种多样。不论哪种方法和元件,均以不影响被测对象状态和测量环境为前提,以保证数据的正确性。在计算机辅助制图、测图、设计中,对图形或图像的数字化过程也可称为数据采集,此时被采集的是几何量(或包括物理量,如灰度)数据。

2）数据采集的种类

（1）TCP/IP 协议的以太网模式。

以太网的数控配置是未来技术发展的趋势,这种信息采集模式内容非常丰富,而且可以实现远程控制。目前众多数控系统厂商,如西门子、三菱、FIDIA 等,均配备了以太网口,拥有大量方便集成的接口,可以实现实时采集数控设备程序运行信息、设备运行状态信息、系统状态信息、报警信息、运行程序内容信息、操作数据、设备参数、坐标、主轴功率等数据。通过数控设备的及时限制,实时数据采集可以进行生产事故的事先预防,对于生产加工、质量管控有很好的作用,包括通过 DNC（分布式数控）网络,将设备上的程序编辑功能进行锁定,启用设备保护程序,及时发现非法修改情况等。另外,数控设备的加工倍率也可以限制倍率开关变化的随意修改,发现非法修改可以立即锁住设备,防止非法加工。

（2）数据采集卡。

通过与生产设备的相关 I/O 点与对应的传感器进行连接,采集相应的加工信息,包括设备运行加工、设备故障参数等。适用系统包括无串口和无局域网络设备,采用的方式为开关量采集卡、模拟量采集卡等。

（3）组态软件采集。

通过 PLC 控制类的设备对非数控类组态软件进行相关信息的读取,包括各种模拟量信息,如温度、压力等,将读取的 I/O 点信息存入数据库中。作为工业自动化领域的新型软件开发工具,组态软件可以帮助开发人员进行硬件配置、数据处理、图形设计等开发工作。组态软件通过串口或者网口与 PLC 相连,数据采集和处理通过计算机完成,可以对各种曲线进行实时输出。经过实践验证，组态方式实时数据采集具有投入少，连接方便、稳定性强的优点，对于智能制造中的工控来说性价比最高。

（4）RFID 方式。

RFID 方式是对人员、物料等进行编码，实时采集位置、状态等信息，通过 RFID 芯片的绑定，将人员、物料等信息写入 RFID 中。通过实际使用，这个方法简单直接，效果良好。

（5）人工辅助方式。

人工辅助方式适用于非自动化设备以及不具备自动信息采集功能的自动化设备，采用手工填表、条码扫描、手持终端等，实现对数据的采集。其具有灵活方便的优势，弥补了自动采集在丰富性、适应性上的缺陷，但也存在实时性和准确性差的缺点。

2. 监控子系统

1）监控子系统的概念

通过对传统工业设备进行智能化改造，使设备具备智能化、信息化能力，并通过智能化传感器、信息采集模块，将设备运行数据实时传输至信息监控系统，进行设备运行状态的实时监控和报警。

配合不同种类的传感器和采集模块，可广泛用于设备用电监测、空气压缩机运行状态监测、风机运行状态监测、电动机运行状态监测、有毒气体监测、工业温度监测、放射性射线监测，保障传统工业、化工工业生产安全。

2）监控子系统的框架

监控子系统的硬件架构分为四个层次，即井区（站队）监控层、作业区监控层、厂级监控层和公司监控层。考虑到现有设备种类繁多、各种数据库系统异构情况突出、数据比较分散等实际状况，采用分布式数据库模式，软硬件分步集成，实现了现场数据采集，井区（站队）、作业区、厂级、公司级四级监控模式。近年来，随着无人值守站的大面积推广，生产模式发生变革，取消了井区（站队）监控层，逐渐形成"以作业区监控为主，厂级、公司级监控为辅"的三级监控模式。如图 1-2-2 所示。

（1）生产现场的各种设备采用不同的控制系统进行生产控制、实时数据采集和数据传送。不同厂家的控制器不尽相同，提供的数据接口也不一样，采取一台上位机采集同一厂家多台设备的生产数据。

（2）作业区监控层由多台 PC 组成，功能有：

① 提供作业区级集中监控界面。

② 采集生产现场的数据，存入本地数据库。

③ 为上一级监控系统提供数据接口。

（3）厂级监控层由数据库服务器、监视计算机组成。监视计算机从作业区监控层服务器采集数据完成监视功能，并向厂级数据库服务器提供数据。每台厂级数据服务器中有历史和实时两个数据库，实时数据库以数据更新形式提供当前生产状况的实时数据，历史数据库保存生产历史数据。所有厂级数据库服务器组成一个分布式数据库，向数据仓库提供数据，同时作为后台数据库以备 "Web Server" 调用。

（4）公司级监控层由 WEB 服务器、数据仓库和其他管理系统构成。WEB 服务器负责接收厂级范围内授权用户的数据访问请求，然后向数据库服务器发出数据请求，得到

图 1-2-2　监控子系统硬件架构

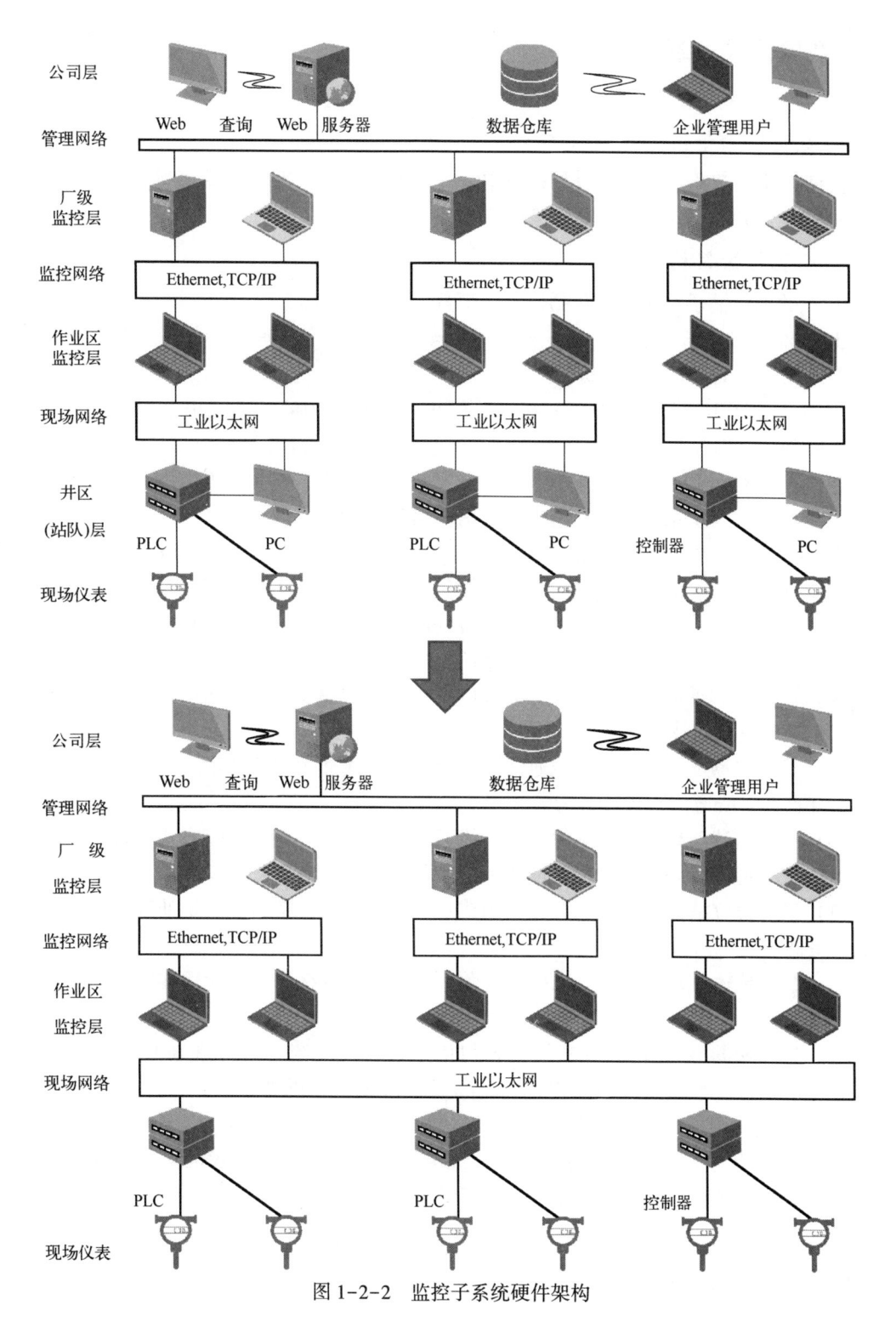

响应后，传送数据至用户所在计算机。数据仓库作为生产子系统的后台数据仓库，定时保存各数据采集服务器内的历史数据。

二、数据传输子系统

1. 数据传输子系统的概念

数据传输子系统是采用无线和有线相结合的组网方式，为数据采集与监控子系统和生产管理子系统提供安全可靠的网络传输系统。

2. 数据传输架构和应用

（1）数据传输子系统网络包括以下三部分：

① 从油气田井场、站场（厂）监控中心至作业区生产管理中心部署生产网，可延伸至采油采气厂或油气田公司层级。

② 从作业区生产管理中心至采油采气厂级生产指挥中心、油气田公司级生产调度指挥中心部署办公网（局域网）。

③ 从油气田公司级生产调度指挥中心至集团公司部署办公网（广域网）。

（2）数据传输子系统以生产网内的通信网络建设为主。

生产网以外的网络建设，应根据油气田生产物联网项目需求，由网络建设管理单位负责完善。各油气田应根据网络现状及需求确定生产网网络边界的位置。

（3）生产网应采用核心层、汇聚层、接入层的层次化架构设计，宜采用环形拓扑结构组网，在关键主干链路环节设备采取备份冗余模式。

（4）数据传输子系统的功能和方案应以各油气田规模、现有通信设施、生产业务需求为依据，选择适合的技术和网络结构。

（5）重点井场及站库应以有线通信方式为主、无线通信方式为辅。有视频需求的井场及站库宜首选有线通信方式进行传输。

（6）单井、计量间及偏远站库应以无线通信方式为主、有线通信方式为辅。对于具有特殊生产要求或处于特殊自然环境的单井、计量间可因地制宜采用有线通信方式。

（7）油气田应结合实际情况选择租用或自建有线链路，链路应满足油气田生产物联网系统的最低数据传输需求。

（8）数据传输子系统应具有统一、规范、开放的数据接口，支持标准的通信协议，能够与其他相关系统实现可靠的互联。

（9）生产网的 IP 地址应由油气田公司信息主管部门统一进行规划及分配，同时应符合 Q/SY 1335—2010《局域网建设与运行维护规范》中的要求。

（10）数据传输子系统在支持 IPv4 协议的基础上，也支持 IPv6 协议。

（11）无线传输网络建设应遵循国家无线电管理委员会的有关规定，频率应根据油气田当地已使用的频率资源来规划与确定，应充分利用已经申请到的无线频率资源。

3. 数据传输方式

1）数据传输方式的分类

（1）按数据传输的顺序分类。

按数据传输的顺序不同，数据传输方式分为并行传输和串行传输。

并行传输是将数据以成组的方式在两条以上的并行信道上同时传输。例如采用 8 单位代码字符可以用 8 条信道并行传输，一条信道一次传送一个字符，不需另外措施就实现了收发双方的字符同步，缺点是传输信道多，设备复杂，成本较高。

串行传输是数据流以串行方式在一条信道上传输，该方法易于实现。缺点是要解决收、发双方码组或字符的同步，需外加同步措施。

（2）按数据传输的同步方式分类。

按数据传输的同步方式分类，数据传输方式分为同步传输和异步传输。

同步传输是以固定时钟节拍来发送数据信号的。在串行数据流中，各信号码元之间的相对位置都是固定的，接收端要从收到的数据流中正确区分发送的字符，必须建立位定时同步和帧同步。位定时同步又称为比特同步，其作用是使数据电路终端接收设备（DCE）接收端的位定时时钟信号和 DCE 收到的输入信号同步，以便 DCE 从接收的信息流中正确判决出一个个信号码元，产生接收数据序列。DCE 发送端产生位定时的方法有两种：一种是在数据终端设备（DTE）内产生位定时，并以此定时的节拍将 DTE 的数据送给 DCE，这种方法称为外同步。另一种是利用 DCE 内部的位定时来提取 DTE 端数据，这种方法称为内同步。对于 DCE 的接收端，均是以 DCE 内的位定时节拍将接收数据送给 DTE。帧同步就是从接收数据序列中正确地进行分组或分帧，以便正确地区分出一个个字符或其他信息。同步传输方式的优点是不需要对每一个字符单独加起、止码元，因此传输效率较高。缺点是实现技术较复杂。通常用于速率为 2400bit/s 及以上的数据传输。

异步传输每次传送一个字符代码（5~8bit），在发送每一个字符代码的前面均加上一个"起"信号，其长度规定为 1 个码元，极性为"0"，后面均加一个"止"信号，在采用国际电报二号码时，止信号长度为 1.5 个码元，在采用国际五号码（见数据通信代码）或其他代码时，止信号长度为 1 或 2 个码元，极性为"1"。字符可以连续发送，也可以单独发送；不发送字符时，连续发送止信号。每一字符的起始时刻可以是任意的，但在同一个字符内各码元长度相等。接收端则根据字符之间的止信号到起信号的跳变（"1"→"0"）来检测识别一个新字符的"起"信号，从而正确地区分出一个个字符。因此，这样的字符同步方法又称起止式同步。该方法的优点是：实现同步比较简单，收发双方的时钟信号不需要精确地同步。缺点是每个字符增加了 2~3bit，降低了传输效率。它常用于 1200bit/s 及以下的低速数据传输。

（3）按数据传输的流向和时间关系分类。

按数据传输的流向和时间关系，数据传输方式分为单工、半双工和全双工数据传输。

单工数据传输是两数据站之间只能沿一个指定的方向进行数据传输，即一端的 DTE 固定为数据源，另一端的 DTE 固定为数据宿。

半双工数据传输是两数据站之间可以在两个方向上进行数据传输，但不能同时进行，即每一端的 DTE 既可作数据源，也可作数据宿，但不能同时作为数据源与数据宿。

全双工数据传输是在两数据站之间，可以在两个方向上同时进行传输，即每一端的 DTE 均可同时作为数据源与数据宿。通常四线线路实现全双工数据传输，二线线路实现单工或半双工数据传输。在采用频率复用、时分复用或回波抵消等技术时，二线线路也可实现全双工数据传输。

2）数据传输的过程

（1）在发送端和接收端之间打开同步传输信道。

（2）由发送端通过同步信道派送多个传输开始指示符分组直到接收到接收端部件上的接受应答。

（3）在发送端接收应答之后，由发送端通过同步信道派送至少一个有效负荷分组。

（4）在检测到分组的不良接收之后，由接收端向发送端派送出错消息。

（5）在由接收端派送的出错消息被发送端接收的情况下，从出错位置之后重新开始传输有效负荷数据。

三、生产管理子系统

生产管理子系统是采用数据处理和数据分析技术构建的涵盖生产数据实时监测、生产分析、安全预警、运行调度、数据管理等功能的信息管理系统，具有生产过程监测、生产分析与工况诊断、物联网设备管理、视频监测、报表管理、数据管理、辅助分析与决策支持、系统管理、运维管理等功能。

（1）生产过程监测实现油井监测、气井监测、供注入井监测、站库场信息展示、集输管网信息展示、供水管网信息展示、注水管网信息展示功能，实现对涉及的生产对象基础数据和历史数据查询、实时监测和超限告警、油气水井和站库场视频监测。

（2）生产分析与工况诊断实现产量计量、参数敏感性分析、工况诊断预警功能。

（3）物联网设备管理实现物联网设备信息检索、设备故障管理和物联网设备维护功能。

（4）视频监测实现视频采集与控制、视频展示、视频分析报警功能。

（5）报表管理实现生产数据报表模板管理，实现对生产数据报表、物联网设备故障报表、系统运行报表的自动生成功能。

（6）数据管理实现采集数据质量管理和数据集成管理功能。

（7）辅助分析与决策支持实现油气田生产物联网汇总信息展示功能。

（8）系统管理实现告警预警配置管理、用户权限管理、系统日志管理、数据字典管理功能。

（9）运维管理实现运维日志管理、运维任务管理、系统备份管理、系统版本控制功能。

第二章　数据采集设备

第一节　变送器

一、压力变送器

1. 有线压力变送器

1）有线压力变送器的原理、结构及应用要求

（1）有线压力变送器的原理。

被测介质的压力作用于变送器感压单元的传感器膜片上，使膜片产生与压力成正比的微位移，传感器的电阻值或电容值也由此产生变化，信号处理和转换单元将这种变化转换成电信号进行输出，例如4~20mA电流信号输出（模拟量）、RS485信号输出（数字量）、频率输出（模拟量）等，如图2-1-1所示。

图2-1-1　有线压力变送器原理示意图

（2）有线压力变送器的结构。

有线压力变送器主要由压力传感器、壳体、接线端、电路主板等部件组成，通常情况下还带有液晶显示屏、测试按键等其他组件，如图2-1-2所示。

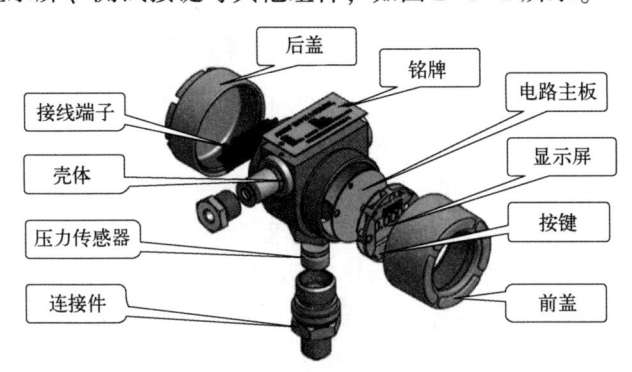

图2-1-2　有线压力变送器的组成结构

(3) 有线压力变送器的应用要求。

① 电缆有关要求。

通常情况下有线变送器信号传输应选用带屏蔽层的双绞电缆（图2-1-3），传输线路在有接线箱（或接线盒）转接的情况下，各电缆的屏蔽层也应接通并保持绝缘，单层屏蔽电缆的屏蔽层和双层屏蔽电缆的内屏蔽层只在机柜一侧工作接地上做接地。现场仪表外壳均作保护接地。铠装电缆的铠装层、双层屏蔽电缆的外屏蔽层要在现场侧全部做接地，在机柜侧保护接地上全部做接地。

图2-1-3 屏蔽双绞电缆

电缆导线通常为铜芯，导线截面的大小应考虑电缆长度、仪表设备功率及最低工作电压等因素进行选择，通常线芯截面积不应小于1.5mm^2。电缆各绝缘层的耐压等级不应低于300V。

② 防爆安装要求。

在防爆区域内拆卸仪表前必须断开其电源后方可开盖。仪表电缆进线口应安装防爆电缆密封接头，其备用进出线口要用金属防爆密封堵头进行封堵。对于本质安全型仪表，需要在机柜内安装隔离式安全栅，如图2-1-4所示。

图2-1-4 隔离式安全栅

③ 为避免雨水渗入仪表接线盒，仪表安装时进线口要保持水平或朝下，进线口一般不能朝上。现场接地需用单芯多股黄绿相间软导线进行连接。

④ 为了保证测量精度，压力变送器的量程应合理选择：

测量稳定压力时，正常操作压力应为仪表量程的1/3~2/3。

测量脉动压力时，正常操作压力应为仪表量程的1/3~1/2。

测量高压（≥10MPa）时，正常操作压力不应超过仪表量程的3/5。

⑤ 对于可在一定温度下凝固的液体介质或含有可凝固杂质的气体介质，其变送器取压部件、取压阀、导压管路及传感器膜片等部位均要有防冻堵措施，通常情况下采用防爆

自限温电伴热带外加保温层的方式来防冻堵。

⑥ 密封材料分为软密封（材质为聚四氟乙烯）和硬密封（材质为退火紫铜），密封材料根据现场实际进行选择。建议：一般 10MPa 以下，可以采用软密封。

⑦ 当测量介质温度超过变送器膜片允许最高温度时，应当选用冷凝管等防护部件对变送器进行保护。冷凝管如图 2-1-5 所示。

图 2-1-5　冷凝管

2）有线压力变送器的安装与调试
（1）有线压力变送器的安装。
工具、用具准备见表 2-1-1。

表 2-1-1　有线压力变送器安装调试所需工具、用具列表

序号	名称	规格	数量	单位	备注
1	防爆活动扳手	200mm	1	把	
2	防爆活动扳手	300mm	1	把	
3	防爆开口扳手	依据变送器过程连接件尺寸确定	1	把	
4	防爆绝缘一字螺丝刀	3mm×75mm	1	把	
5	防爆绝缘十字螺丝刀	5mm×100mm	1	把	
6	万用表	测直流电压及直流 mA 电流	1	台	
7	生料带（聚四氟乙烯）	螺纹密封适用	1	卷	
8	密封垫片（聚四氟乙烯）	依据变送器过程连接件密封面尺寸	3	个	中低压适用
9	密封垫片（退火紫铜）	依据变送器过程连接件密封面尺寸	3	个	高压适用
10	笔记本电脑	带 RS485 信号专用转换连接线	1	台	RS485 信号输出变送器适用
11	验漏瓶	内装含有洗涤剂的清水	1	个	气体介质适用

标准化操作步骤：

① 安装前检查确认取压阀关闭，放空阀打开。

注意：为便于压力变送器拆卸安装，压力变送器通常安装有带放空阀的取压阀，如图 2-1-6 所示。

② 清洁各过程连接部件上的污物，保持过程连接螺纹及密封面清洁，如图 2-1-7 所示。

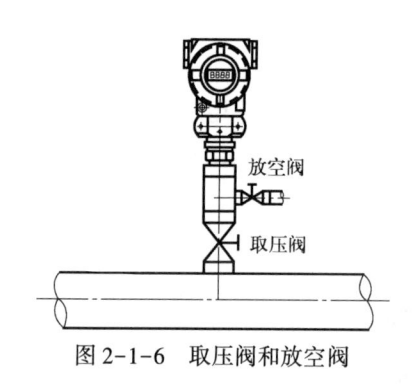

图 2-1-6　取压阀和放空阀　　　　图 2-1-7　清洁后的螺纹及密封面

③ 根据变送器过程连接件密封形式选择对应的密封材料，螺纹密封应选用生料带进行密封，平面密封应选用平垫片进行密封。

④ 将变送器顺时针旋转在截止阀接头上，用防爆开口扳手拧在变送器过程连接件接头上，另一把防爆活动扳手拧在取压阀上方的接头上开始紧固接头，禁止直接拧动变送器壳体来紧固接头，否则容易损坏变送器相关部件并破坏其密封性。

⑤ 接头紧固完毕后，关闭放空阀，打开取压截止阀进行试压验漏。对于液体介质，可直接观察各密封部位，确保无液体渗漏；对于气体介质，用验漏瓶对各密封部位进行验漏，确保无气体泄漏。

⑥ 接线连接：按照变送器说明书的要求用一字或十字防爆螺丝刀正确接线，接线完毕后必须紧固各防爆密封接头和变送器接线盒盖，并将变送器本体内外所有接地螺栓进行接地。

（2）有线压力变送器的调试。

① 供电测试。

给变送器供电，要用万用表测量变送器接线端子电压是否在允许电压范围内，并检查变送器接线端子正负极是否正确连接。

在监控系统上观察该压力变送器的显示值是否和现场保持一致，若不一致则需检查监控系统该点的量程范围、单位换算、RS485 信号等设置参数，检查监控系统 I/O 模块或通道是否正常。

② 校零操作。

压力变送器首次投运或信号传输偏差过大，需要进行校零操作。

参与阀门自动联锁控制的压力变送器校零：操作前必须确认监控系统上对应的控制回路切换为手动或旁路模式，现场关闭压力变送器取压截止阀，缓慢打开取压阀上的放空阀进行卸压，按照变送器说明书操作步骤进行校零操作后，观察监控系统，确认该监控点压力显示为零。校零结束后关闭放空阀，缓慢打开截止阀，观察压力值显示正常后，再将控制模式恢复为自动状态。

未参与阀门自动联锁控制的压力变送器校零：操作前必须通知监控室要进行校零操作，现场关闭压力变送器取压截止阀，缓慢打开取压阀上的放空阀进行卸压，按照变送器说明书操作步骤进行校零操作后，观察监控系统，确认该监控点压力显示为零。校零结束后关闭放空阀，缓慢打开截止阀，观察压力值显示正常后，通知监控室校零操作结束。

3）有线压力变送器的日常维护

（1）接线检查。

① 检查接线端子线缆连接是否松动。

② 检查线缆绝缘层是否老化、破损。

（2）密封性检查。

① 检查取压阀门及各取压管路接头是否有介质泄漏。

② 检查电缆进线各密封接头是否松动、破损。

③ 检查变送器壳体前后盖是否紧固，密封圈是否老化、破损。

（3）特殊介质下使用检查。

对于含有泥砂、污物的介质，应当定期对取压管路进行吹扫，清洗压力传感器。

4）有线压力变送器的常见故障及处理方法

有线压力变送器的常见故障及处理见表 2-1-2。

表 2-1-2　有线压力变送器的常见故障及处理方法

序号	故障现象	故障原因	处理方法
1	变送器无显示或无信号输出	受雷电、强电磁场影响，导致变送器内部电路板损坏	更换电路板：断电后，打开变送器前后盒盖，拆卸各接线端子，拆除损坏的电路板，重新安装新电路板，恢复接线后供电紧固好变送器盒盖，观察变送器显示正常后清理现场
		传输线路中的端子松动或熔断器熔断导致的信号传输中断	排查传输线路紧固松动接线端子，更换熔断器
		由于介质对感压膜片的长期腐蚀使其出现变形	整体更换变送器
		变送器长时间处于潮湿环境或表壳内进水导致电路板损坏	更换电路板
		变送器量程选择不当，长时间使用造成传感器产生不可修复的变形	根据工况压力，重新选择正确量程的变送器进行更换
2	变送器变送数值异常	变送器零位偏差大	对变送器重新进行校零操作
		变送器取压管路堵塞	清理取压管路内的杂物
		变送器膜片损坏	整体更换变送器
		变送器内部电路板损坏	更换变送器电路板，仍不正常则需整体更换变送器
3	变送器传输信号或通信异常	电流输出信号异常	（1）检查变送器线路，应无短路、破损、接错、接反现象，如有问题进行整改 （2）测量变送器工作电压，应在允许范围内，超出范围的应更换电源模块 （3）检查监控系统的模拟量输入模块是否工作正常，如有问题进行更换
		频率输出信号异常	
		RS485通信信号异常	（1）检查变送器线路，应无短路、破损、接错、接反现象，如有问题进行整改 （2）测量变送器工作电压，应在允许范围内，超出范围的应更换电源模块 （3）检查监控系统的RS485信号输入设备是否工作正常，如有问题进行更换

2. 无线压力变送器

无线压力变送器在压力变送器基础上加入了无线远传模块，可与智能无线接收终端组成压力采集系统。无线压力变送器采用 RS485 和 4~20mA 电流信号的传输方式和开关电源 3.6V 锂电池供电模式，从而简化了安装方式，节约了布线的成本，达到节能环保的目的。

1）无线压力变送器的原理、结构及应用要求

（1）无线压力变送器的原理。

无线压力变送器将被测介质的压力直接作用于传感器的膜片上（不锈钢或陶瓷），使膜片产生与介质压力成正比的微位移，使传感器的电阻值发生变化，用电子线路检测这一变化，并转换输出一个对应这一压力的标准测量信号，一般采用 Zigbee 或其他无线技术进行数据传输。传输设备如图 2-1-8 所示。

图 2-1-8　数据传输设备

（2）无线压力变送器的结构。

无线压力变送器由压力传感器、电路主板、液晶显示屏、液晶盖板、前锁紧盖、电池组成，结构如图 2-1-9 所示。

图 2-1-9　无线压力变送器结构示意图

（3）无线压力变送器的应用要求。

无线压力变送器适用于测量对非黏稠液体、蒸汽和气体等介质的压力值，适合与远距离传输和工业自动化系统配套。

对于温度超过 120℃ 的介质（如蒸汽）应当增加散热器，如图 2-1-10 所示。

仪表应向上垂直于水平方向安装。

螺纹连接式安装变送器：将变送器接头插入活接头内，用两把开口扳手通过六角平面

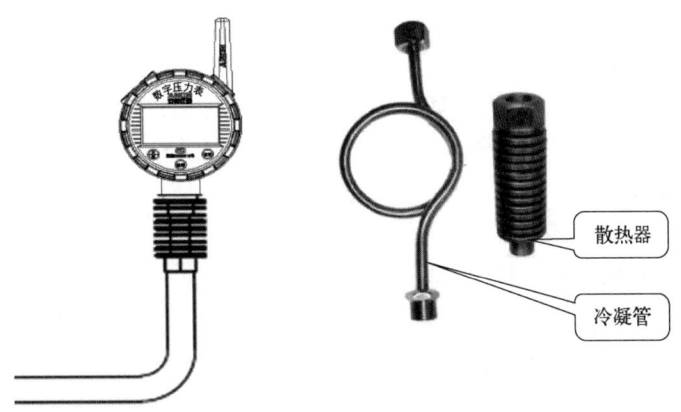

图 2-1-10　产品连接方式

把设备拧紧，通过调整螺母，把设备调整到合适的方向。

若长时间不使用仪表，应将仪表关机，以节省电池功耗。

注意：不要通过扳动设备壳体来拧紧或调整方向，会拉断传感器连线，破坏外壳的密封性，致使湿气进入，破坏设备。

2) 无线压力变送器的安装与调试

(1) 无线压力变送器的安装。

工具、用具准备见表 2-1-3。

表 2-1-3　无线压力变送器安装调试所需工具、用具列表

序号	名称	规格	数量	单位	备注
1	防爆活动扳手	200mm	1	把	
2	防爆开口扳手	规格依据变送器连接件六方尺寸确定	1	把	
3	防爆一字螺丝刀	3mm×75mm	1	把	
4	防爆十字螺丝刀	5mm×100mm	1	把	
5	生料带	聚四氟乙烯	1	卷	

标准化操作步骤：

① 关闭截止阀，打开放空阀。

② 仔细清洁连接头内的异物，保持螺纹清洁。

③ 安装密封垫，密封材料根据现场实际进行选择。一般 10MPa 以下，可以采用软密封。

④ 螺纹连接式安装变送器，安装及连接方式如图 2-1-11 所示。

⑤ 接通电源，检查仪表显示。

⑥ 关闭放空阀，缓慢打开截止阀，同时观察仪表的压力值是否也缓慢上升。

(2) 无线压力变送器的调试。

① 校零操作。

压力变送器首次投运或仪表发生零位漂移时需

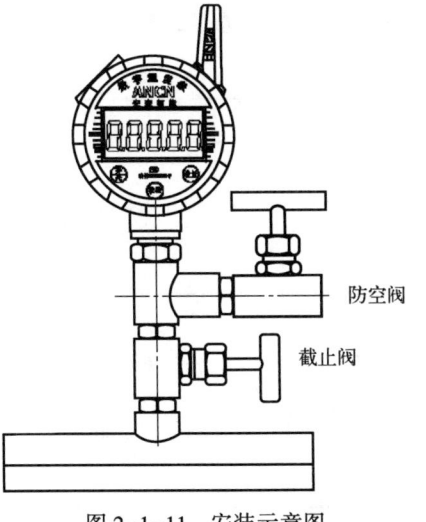

图 2-1-11　安装示意图

要进行校零操作。

②无线压力变送器设置仪表地址。

按照施工设计要求或管理规范对仪表设置地址，确保通信正常。

注意：无线仪表存在多个设备时需要分配地址，保证无线网关在接收数据时按地址顺序分配，一个无线仪表可设置地址为1。

③无线压力变送器设置无线ID。

根据接收端（无线网关）设置无线ID。

注意：务必确保无线仪表的网络ID和无线网关一致。

④无线压力变送器配置相关参数及状态查询。

根据设备说明书配置无线数据发送间隔时间，确保间隔时间在有效范围内。通过设备说明书，查询无线压力变送器通信状态，例如：无线连接状态、无线数据发送等待回复状态等。

⑤无线压力变送器传输数值核查。

同有线压力变送器传输数值核查。

3）无线压力变送器的日常维护

（1）仪表密封性的检查。

①定期检查取压管路及阀门接头处有无渗漏现象。

②定期检查壳体前后盖是否拧紧，是否有密封圈老化、破损现象。

（2）特殊介质下使用的检查。

对于含大量泥砂、污物的介质，应当定期排污、清洗。

（3）仪表使用过程的检查。

①检查仪表数值与监控系统显示数值是否一致。

②检查仪表供电是否正常。

③检查控制柜内无线网关供电、通信线路是否正常。

④检查无线信号是否正常。

4）无线压力变送器的常见故障及处理方法

无线压力变送器的常见故障及处理方法见表2-1-4。

表2-1-4 无线压力变送器的常见故障及处理方法

序号	故障现象	故障原因	处理办法
1	仪表无数值显示	（1）仪表供电不足 （2）接线点短路	（1）打开电池仓盖，更换新电池 （2）检查电池接触点是否良好 （3）检查仪表是否进水，接线点是否短路或更换压变
2	仪表与网关无法连接	（1）参数配置错误 （2）线路故障 （3）信号强度不足	（1）检查仪表无线ID与网关ID是否一致 （2）检查仪表、网关天线是否完好 （3）检查仪表、网关供电是否正常 （4）检查仪表与网关之间是否有遮挡或网关天线过低，重新调整信号强度

二、温度变送器

1. 有线温度变送器

1) 有线温度变送器的原理、结构及应用要求

(1) 有线温度变送器的原理。

温度变送器采用热电阻、热电偶作为测温元件,测温元件输出的电阻、电压信号经测量和转换单元后,转换成与温度变化呈线性关系的标准信号进行输出,例如4~20mA 电流信号输出、RS485 信号输出等,如图2-1-12 所示。

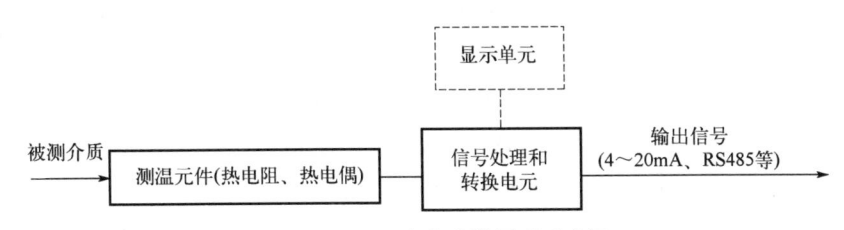

图2-1-12 温度变送器原理示意图

(2) 有线温度变送器的结构。

有线温度变送器主要由温度传感器、保护套管、壳体、电路主板等部件组成,如图2-1-13 所示。

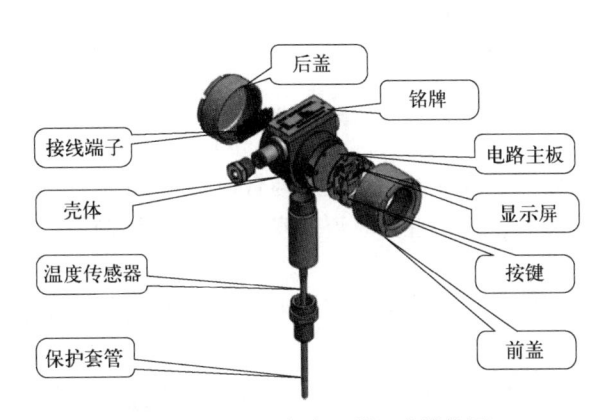

图2-1-13 温度变送器组成结构图

(3) 有线温度变送器的应用要求。

① 确认安装尺寸:温度变送器传感器通常使用螺纹连接且插入深度要和保护套管长度匹配(图2-1-14)。

② 对于法兰连接或取源管嘴连接的保护套管应安装密封垫片,应根据设计文件及介质工作压力高低选择不同材质和规格的密封垫片。

③ 对于螺纹密封式温度保护套管,其外螺纹上应包缠聚四氟乙烯生料带,生料带包缠方向要与螺纹旋转方向保持一致。

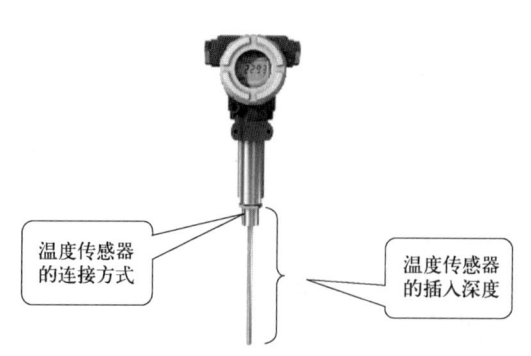

图 2-1-14 传感器连接方式及插入深度示意图

④ 禁止直接拧动变送器壳体来紧固接头，否则容易损坏变送器相关部件并破坏其密封性。

⑤ 电缆有关要求：同有线压力变送器电缆有关要求。

⑥ 防爆安装要求：同有线压力变送器防爆安装要求。

⑦ 温度变送器的安装方式如图 2-1-15 所示。

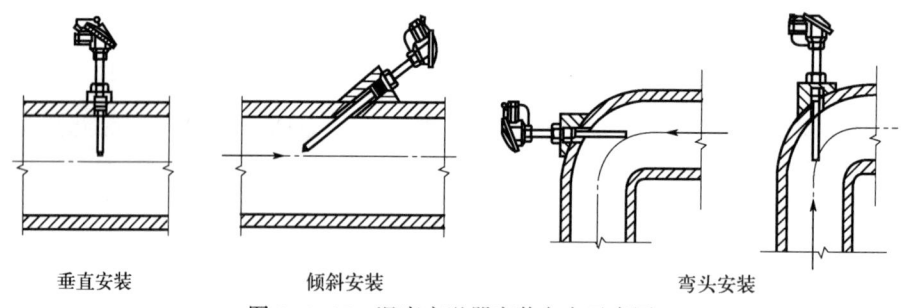

图 2-1-15 温度变送器安装方向示意图

与管道相互垂直安装时，取源部件轴线应与管道中心轴线垂直相交。

在管道的弯头处安装时，宜逆着介质流向安装，取源部件轴线应与工艺管道中心轴线相重合。

与管道呈倾斜角度安装时，宜逆着介质流向安装，取源部件轴线应与管道中心轴线相交。

⑧ 取源部件需要安装在扩大管上时，扩大管的安装方式应符合设计文件规定。

一般情况下，温度变送器应向上垂直于水平方向安装，以便于维修。

为了便于日常维修，温度变送器应安装保护套管，保护套管的直径、壁厚和插深应符合设计文件规定。

⑨ 其他要求。

为避免雨水渗入有线温度变送器内部，变送器安装时其进线口要保持水平或朝下，进线口不能朝上。

2）有线温度变送器的安装与调试

（1）有线温度变送器的安装。

工具、用具准备见表 2-1-5。

表 2-1-5　有线温度变送器安装调试所需工具、用具列表

序号	名称	规格	数量	单位	备注
1	防爆活动扳手	200mm	1	把	
2	防爆活动扳手	300mm	1	把	
3	防爆活动扳手	350mm	1	把	
4	防爆绝缘一字螺丝刀	3mm×75mm	1	把	
5	防爆绝缘十字螺丝刀	5mm×100mm	1	把	
6	万用表	可测直流电压及直流mA电流	1	台	
7	生料带	聚四氟乙烯	1	卷	
8	密封垫片（聚四氟乙烯）	规格依据变送器套管密封面确定	3	个	中低压
9	密封垫片（退火紫铜）	规格依据变送器套管密封面确定	3	个	高压
10	笔记本电脑	带RS485信号连接线	1	台	带RS485信号输出变送器适用
11	验漏瓶	内装含有洗涤剂的清水	1	个	气体介质适用
12	保温杯	内装冰块	1	个	校零用
13	导热油	符合使用要求	若干	kg	填充保护套管

标准化操作步骤：

① 确认温度变送器安装位置的管道内压力已放空且无危险介质残留。

② 按照设计文件中关于该检测点的温度变送器保护套管密封形式和插入深度选择合适的保护套管。

③ 安装保护套管：对于平面密封的套管应安装密封垫片，对于螺纹密封的套管要在螺纹上包缠生料带，顺时针紧固温度保护套管。

④ 对温度变送器套管安装处进行充压，观察套管内部和套管密封部位是否有介质泄漏（对于气体介质要使用验漏瓶进行验漏）。

⑤ 在保护套管中灌入一定量的导热油，在温度变送器传感器连接螺纹上包缠生料带，将传感器探杆紧固保护套管的连接螺纹上面，调整好温度变送器的表头方向后，紧固温度传感器的锁紧螺母，如图 2-1-16 所示。

⑥ 电气连接：用一字或十字防爆螺丝刀按照变送器说明书上的接线图接线，温度变送器的所有接地螺栓均需用单芯多股黄绿相间接地软线进行接地。

（2）有线温度变送器的调试。

① 接通变送器电源。

对于带显示的变送器观察其显示，若显示异常，用万用表检查变送器接线端子电压是否在变送器说明书规定范围内，检查接线端子正确连接无松动，检查接线端子正负极连接正确。

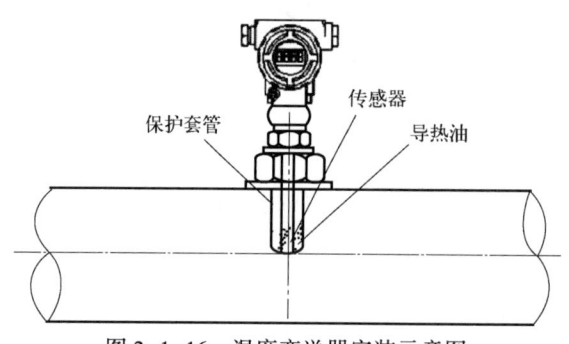

图 2-1-16 温度变送器安装示意图

② 校零操作。

有线温度变送器首次投运或信号传输偏差过大时，需要进行校零操作。

参与阀门联锁控制的变送器校零：操作前必须确认监控室对应的控制回路切换成手动或旁路模式，拆卸有线温度变送器传感器，将传感器探头置于冰水混合物中，按照变送器说明书零点调整步骤进行校零操作，重新安装温度变送器后观察仪表的显示、传输正常后，再将监控室控制模式恢复为自动状态。

未参与自动联锁控制的有线温度变送器校零：通知监控室该温度检测点要进行校零操作，拆卸有线温度变送器传感器，将传感器探头置于冰水混合物中，之后进行校零操作，重新安装变送器后观察显示、传输正常后，通知监控室操作结束。

3）有线温度变送器的日常维护

（1）电气连接处检查。

① 检查接线端子线缆连接无松动。

② 检查线缆绝缘层应无老化、破损。

（2）密封性检查。

① 检查取压阀门及各取压管路接头应无介质泄漏。

② 检查电缆进线各密封接头应无松动、破损。

③ 检查变送器壳体前后盖应紧固，密封圈应无老化、破损。

（3）温度保护套管磨损检查。

温度变送器安装部位具备管线打开条件时，应拆卸温度变送器保护套管，观察因介质冲刷造成的磨损情况，若磨损严重，应重新更换温度保护套管。

4）有线温度变送器的常见故障及处理方法

有线温度变送器的常见故障及处理方法见表 2-1-6。

表 2-1-6 有线温度变送器的常见故障及处理方法

序号	故障现象	故障原因	处理方法
1	温度变送器损坏	受雷电强电磁干扰影响导致变送器的电路板损坏	检查线路各接地点是否正常，为变送器安装防雷器，更换变送器损坏部件
		变送器长时间处于潮湿环境或表壳内进水损坏	更换温度变送器损坏部件或整体更换温度变送器

续表

序号	故障现象	故障原因	处理方法
2	温度变送器显示值异常	温度传感器长度太短，检测不到介质温度，导致测量误差	重新选择合适长度的温度传感器后进行更换
		保护管内无导热油或油位不够	给保护管内添加导热油
		变送器零点出现漂移	对变送器进行校零操作
		温度传感器与壳体之间的绝缘强度低于100MΩ	更换绝缘强度合格的温度传感器
		表头变送部件故障	更换表头变送部件，仍不正常，则整体更换变送器
3	温度变送器传输信号或通信异常	电流输出信号异常	（1）检查变送器线路应无短路、破损、接错、接反现象，如有问题进行整改 （2）测量变送器工作电压应在允许范围内，超出范围的应更换电源模块 （3）检查监控系统的输入模块是否工作正常，如有问题进行更换
		频率输出信号异常	
		RS485通信信号异常	（1）检查变送器线路应无短路、破损、接错、接反现象，如有问题进行整改 （2）测量变送器工作电压应在允许范围内，超出范围的应更换电源模块 （3）检查监控系统的RS485信号输入设备是否工作正常，如有问题进行更换

2. 无线温度变送器

无线温度变送器是将控制对象的温度参数变成电信号，传递给显示/调节面板，并对接收终端发送无线信号，对系统实行检测、调节和控制。可直接安装在一般工业活动场所，与现场传感元件构成一体化结构，不仅节省了补偿导线和电缆，而且减少了信号传递失真和干扰，从而获得高精度的测量结果。无线温度变送器通常和无线中继、接收终端、通信串口、电子计算机等配套使用。

1）无线温度变送器的原理、结构及应用要求

（1）无线温度变送器的原理。

无线温度变送器采用热电偶、热电阻作为测温元件，从测温元件输出信号送到变送器模块，经过稳压滤波、运算放大、非线性校正、V/I转换、恒流及反向保护等电路处理后，转换成与温度呈线性关系的4~20mA电流信号、0~5V/0~10V电压信号、RS485数字信号输出。然后将信号用Zigbee等无线技术进行数据传输，如图2-1-17所示。

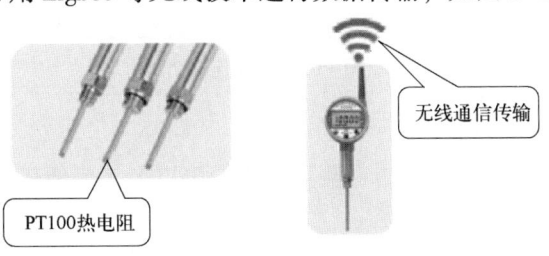

图2-1-17　数据传输设备

（2）无线温度变送器的结构。

无线温度变送器由温度传感器、信号处理电路和通信电路、无线传输设备组成，如图 2-1-18 所示。

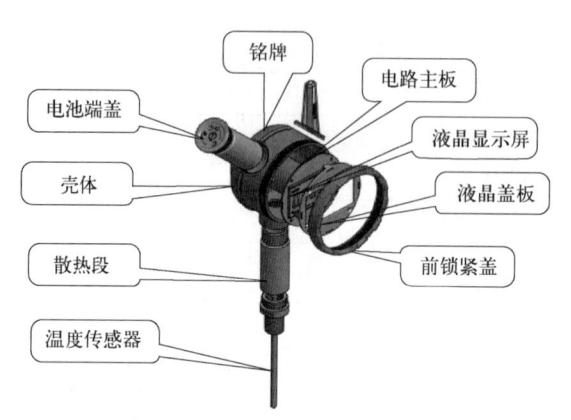

图 2-1-18　无线温度变送器结构示意图

（3）无线温度变送器的应用要求。

① 确认产品连接方式及安装尺寸，如图 2-1-19 所示。注意：常用传感器连接螺纹、保护管连接螺纹根据现场实际配装。

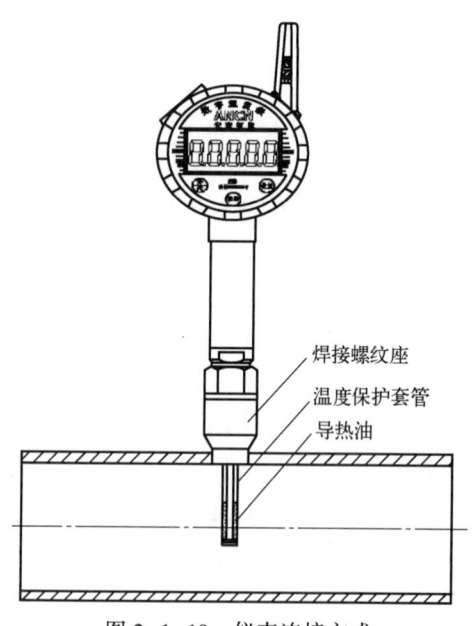

图 2-1-19　仪表连接方式

② 无线温度传感器的安装要求。

一般情况下，仪表可以直接安装在测量管道的接口上，为便于安装和维修，管道内应安装保护套管。

建议：温度探头应该安装至被测流体中心，并注意保证与流体方向垂直或逆向。

2）无线温度变送器的安装与调试

（1）无线温度变送器的安装。

工具、用具准备见表 2-1-7。

表 2-1-7　无线温度变送器安装所需调试工具、用具列表

序号	名称	规格	数量	单位	备注
1	防爆活动扳手	200mm	1	把	
2	防爆开口扳手	规格依据变送器连接件六方尺寸确定	1	把	
3	防爆一字螺丝刀	3mm×75mm	1	把	
4	防爆十字螺丝刀	5mm×100mm	1	把	
5	生料带	聚四氟乙烯	1	卷	

标准化操作步骤：

① 安装无线温度保护管。

关闭管道阀门。将温度保护管套上紫铜垫片，然后安装到管道的焊接螺纹座上，用开口扳手锁紧。

② 安装无线温度变送器。

在保护套管中加入导热油。将无线温度变送器安装到温度保护套管的螺纹上面，温度保护套管用开口扳手扣住，然后用活动扳手卡住无线温度变送器的六方处，锁紧无线温度变送器。调整好无线温度变送器的表头方向后，将六方扁螺母用活动扳手锁紧即可。

安装密封垫，密封材料根据现场实际进行选择。一般 10MPa 以下，可以采用软密封。

③ 螺纹连接式安装变送器。

变送器接头插入活接头内，用两把开口扳手通过六角平面把设备拧紧，通过调整活接螺母，把设备调整到合适的方向。

注意：不要通过扳动设备壳体来拧紧或调整方向，这样会拉断传感器连线，破坏外壳的密封性，致使湿气进入，破坏设备。

若长时间不使用仪表，应将仪表关机，以节省电池功耗。

（2）无线温度变送器的调试。

① 校零操作。

无线温度变送器首次投运或仪表发生零位漂移时需要进行校零操作。

注意：仪表校零功能必须在零度（冰水混合物）的状态下方可有效。

参与自动联锁或控制的无线温度变送器校零：操作前监控室控制人员要将控制模式调至手动或旁路模式，现场拆卸无线温度变送器，使其传感器探头处于冰水混合物之中，之后按照该型号无线温度变送器具体操作说明进行校零操作，操作结束后从冰水混合物取出变送器，重新安装变送器后观察仪表的显示、传输是否正常，若正常，恢复监控室控制模式为自动状态。

未参与自动联锁或控制的无线温度变送器校零：通知监控室控制人员所校零的无线温度变送器位号，使其传感器探头处于冰水混合物之中，之后按照该型号无线温度变送器具体操作说明进行校零操作，操作结束后从冰水混合物取出变送器，重新安装变送器后观察仪表的显示、传输是否正常，若正常通知监控室操作人员操作完毕。

② 无线温度变送器设置仪表地址。

按照施工设计要求或管理规范对仪表设置地址，确保通信正常。

注意：无线仪表存在多个设备时需要分配地址，保证无线网关在接收数据时按地址顺序分配。一个无线仪表可设置地址为1。

③ 无线温度变送器设置无线ID。

根据接收端（无线网关）设置无线ID。

注意：务必确保无线仪表的网络ID和无线网关一致。

④ 无线温度变送器配置相关参数及状态查询。

根据设备说明书配置无线数据发送间隔时间，确保间隔时间在有效范围内。通过设备说明书，查询无线温度变送器通信状态，如无线连接状态、无线数据发送等待回复状态等。

⑤ 无线温度变送器传输数值核查。

同一时间点记录现场温度变送器显示、现场相同串联流程上其他温度仪表显示、监控室监控平台显示的温度数值，将三者的数值进行综合对比分析，误差要在工艺允许范围内，对于超过允许误差的情况要分别确认现场无线温度变送器、现场相同串联流程其他温度仪表是否准确，监控室监控系统组态设置是否正常。

3）无线温度变送器的日常维护

（1）仪表密封性的检查。

① 定期检查取压管路及阀门接头处有无渗漏现象。

② 定期检查壳体前后盖是否拧紧，密封圈是否老化、破损。

（2）特殊介质下使用的检查。

对于含大量泥砂、污物的介质，应当定期排污、清洗。

（3）仪表使用过程的检查。

① 检查仪表数值与SCADA系统显示数值是否一致。

② 检查仪表供电是否正常。

③ 检查控制柜内供电、通信线路是否正常。

④ 检查无线信号是否正常。

4）无线温度变送器的常见故障及处理方法

无线温度变送器的常见故障及处理方法见表2-1-8。

表2-1-8　无线温度变送器的常见故障及处理方法

序号	故障现象	故障原因	处理办法
1	仪表无数值显示	（1）仪表供电不足 （2）接线点短路	（1）打开电池仓盖，更换电池 （2）检查电池接触点是否良好 （3）检查仪表是否进水，接线点是否短路
2	仪表与网关无法连接	（1）参数配置错误 （2）线路故障 （3）信号强度不足	（1）检查仪表无线ID与网关ID是否一致 （2）检查仪表、网关天线是否完好，调整网桥信号 （3）检查仪表、网关供电是否正常 （4）检查仪表与网关之间是否有遮挡或网关天线过低

三、流量计

1. 质量流量计

质量流量计测量经过流量计的流体介质的质量流量，还可测量介质的密度及间接测量介质的温度。由于质量流量计是以单片机为核心的智能仪表，因此可根据上述三个基本量而导出十几种参数供用户使用。质量流量计组态灵活，功能强大，性价比高，是新一代流量仪表。

1) 质量流量计的原理、结构及应用要求

(1) 质量流量计的原理。

质量流量计以科氏力为基础，在传感器内部有两根平行的流量管，中部装有驱动线圈，两端装有检测线圈，变送器提供的激励电压加到驱动线圈上时，振动管做往复周期振动，工业过程的流体介质流经传感器的振动管，就会在振动管上产生科氏力效应，使两根振动管扭转振动，安装在振动管两端的检测线圈将产生相位不同的两组信号，这两组信号的相位差与流经传感器的流体质量流量成比例关系。计算机解算出流经振动管的质量流量，如图 2-1-20 所示。

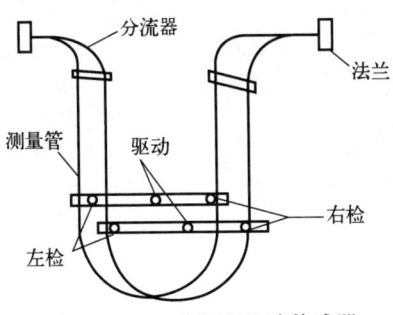

图 2-1-20 质量流量计传感器

(2) 质量流量计的结构。

质量流量计的结构包括表头、传感器及流量计本体（传感器内置），如图 2-1-21 所示。图 2-1-21 中质量流量计表头为数字式表头。

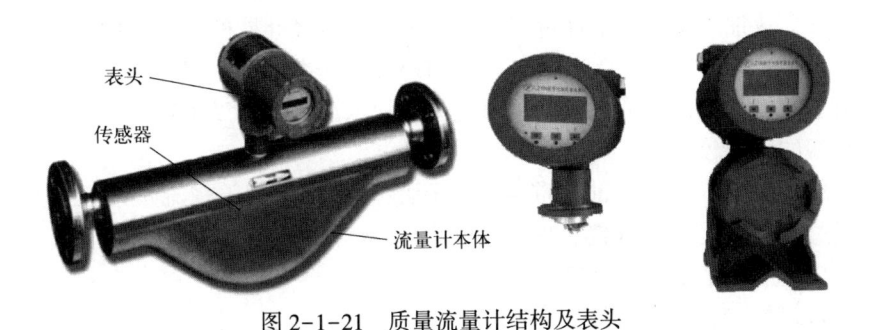

图 2-1-21 质量流量计结构及表头

数字式质量流量计表头的基本构造，包括安全栅板、风扇板、DSP 板、显示板、输出板、模拟板、电源板，如图 2-1-22、图 2-1-23 所示。

安全栅板　　　　风扇板　　　　DSP板

显示板　　　　输出板　　　　模拟板

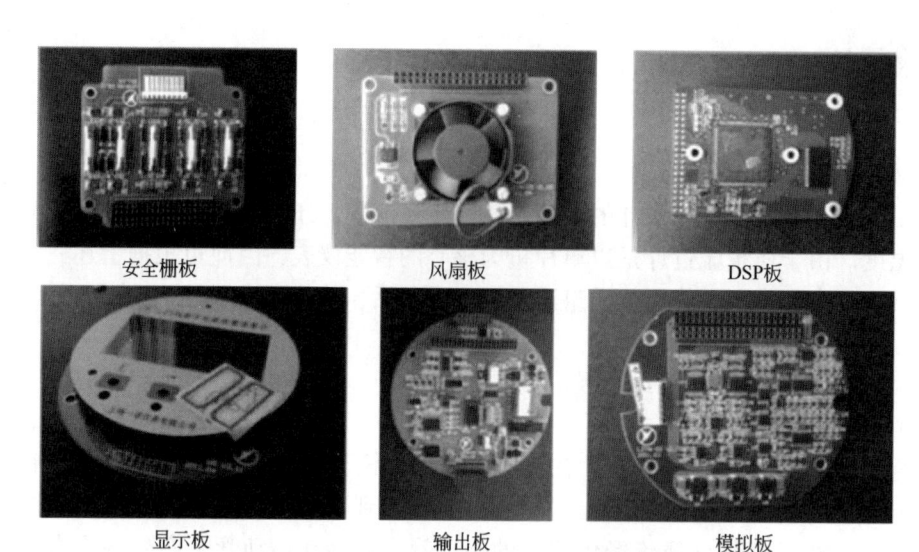

图 2-1-22　数字式质量流量计表头基本构造

图 2-1-23　电源板

（3）质量流量计的应用要求。

在石油化工和油气田开采中，广泛存在油气水三相流，质量流量计采用分离器分离法来测量，通过分离法将气相和液相分离后，单独测量油水两相流的流量。质量流量计可以测量油水两相混合物的总质量流量，而且不需要油田方面再进行化验分析液体的含水率。质量流量计在完成油水质量流量计量的同时，能测得流经介质的油水比例。

质量流量计要精确地计量含水率，需要用户提供基准温度（15℃、20℃）的油密度和水密度。由于质量流量计测量含水率是通过测量油水混合物密度来得到的，所以密度的准确度对含水率的影响较大。

在原油的计量中，不只有油水混合物，还混杂着气体。质量流量计在少量气体的时候，可以通过算法对其进行补偿，保证了质量流量计油水分析的精度；当气量过大的时候，不能直接使用质量流量计计量。

2）质量流量计的安装与调试

（1）质量流量计的安装。

工具、用具准备见表 2-1-9。

表 2-1-9 质量流量计安装调试所需工具、用具列表

序号	名称	规格	数量	单位	备注
1	防爆梅花扳手	24~27mm	1	把	
2	防爆开口扳手	24~27mm	1	把	
3	防爆绝缘十字螺丝刀	5mm×100mm	1	把	
4	多功能剥线钳	适应现场剥线要求	1	把	
5	绝缘胶带	18mm×20mm×0.15mm	1	卷	
6	笔记本电脑	安装对应软件及驱动	1	台	
7	调试线	USB 转 RS485	1	根	
8	万用表	可测直流电压及直流 mA 电流	1	台	

安装注意事项：

① 安装位置应避免电磁干扰。质量流量计是靠电磁线圈驱动工作的，检测信号也是由检测线圈发出的，应该避免电磁场的干扰，以取得正确的感应信号。

② 工艺管道应对中，两侧法兰应平行。安装质量流量计的上游、下游管线的中心线应在一条水平线上，且法兰平面应平行。

③ 安装截止阀及旁路。在质量流量计的上游、下游管道上安装截止阀及旁路以方便零点标定、日常维护，确保质量流量计在不工作时亦可处于满管状态。使用流量计下游的调节阀进行流量控制。

④ 注意流量计的安装方向。要保证被测介质能够完全充满质量流量计，对于液体要不集气，对于气体要不积液，对于黏稠、脏污、高凝点的介质易排空等，所以输送介质不同，质量流量计安装方向也不同，如图 2-1-24 所示。

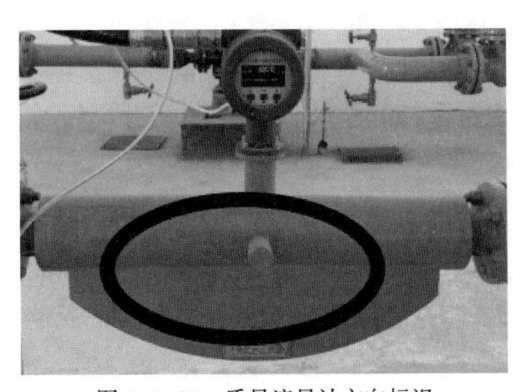

图 2-1-24 质量流量计方向标识

⑤ 新管线注意事项。对于新建管线，要在完成管道预置和管道吹扫后再安装流量计，避免由于管道施工对流量计造成的意外损坏，避免杂物进入流量计。

⑥ 电气连接注意事项。电源、RS485 信号的输出电缆线应各自独立铺设以防止互相干扰，信号输出应选用带屏蔽的绞合控制电缆线。

（2）质量流量计的调试。

RS485 输出采用兼容 MODBUS 协议。

接线：RS485 输出线使用 0.5mm² 以上的两芯导线，输出线最大长度不大于 300m，如图 2-1-25 所示。

图 2-1-25 RS485 输出

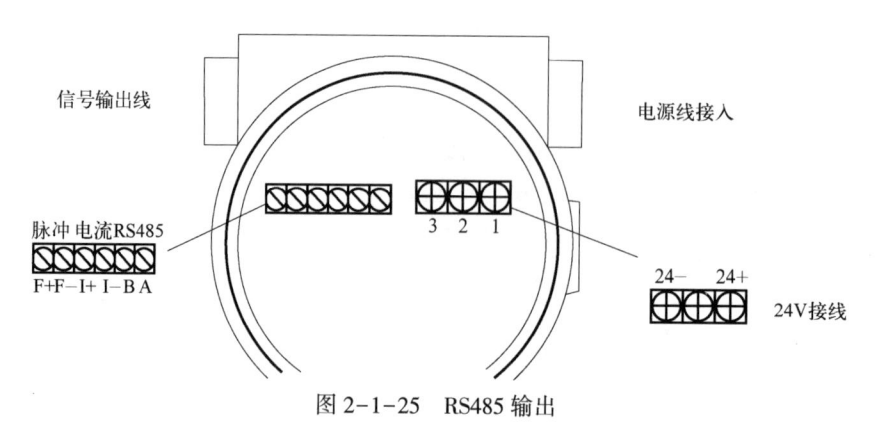

组态：可以使用质量流量计表头操作面板来完成组态，如设置基本组态参数、零点标定、设定小流量切除值和电流频率输出范围等。

① 测量单位。

按"↓"键翻页，在"流量计组态"菜单按"E"键，输入密码进入"流量计组态"（默认密码 000000），按"↓"键移动到"单位设置""质量流量单位""体积单位""体积流量单位""密度单位"菜单下，按"E"键进入，就可以设置质量单位、质量流量单位、体积单位、体积流量单位和密度单位。

② 小流量切除。

按"↓"键翻页，在"流量计组态"菜单下按"E"键输入密码进入"流量计组态"（默认密码 000000），按"↓"键移动到"小流量切除"，按"E"键确认，进入小流量切除设定。再按"→"键选择输入位置，按"↓"键数字在 0 至 9 之间变化，数字输入结束后，按"E"键确认，并按"→"键将光标移动到"是"上按"E"键确认小流量切除设定成功。

③ 电流输出。

按"↓"键翻页，在"流量计组态"菜单按"E"键输入密码进入"流量计组态"（默认密码 000000），按"↓"键移动到"4mA 对应值""20mA 对应值"，按"E"键，可以设定 4mA 流量和 20mA 流量，设置完成后，按"E"键确认，并按"→"键将光标移动到"是"上按"E"键确认。

④ 频率输出。

按"↓"键翻页，在"流量计组态"菜单按"E"键输入密码进入"流量计组态"（默认密码 000000），按"↓"键移动到"脉冲当量"，按"E"键，可以设定 4mA 流量和 20mA 流量，设置完成后，按"E"键，并按"→"键将光标移动到"是"上按"E"键确认可以设定脉冲当量。

⑤ 波特率设定。

按"↓"键翻页，在"流量计组态"菜单按"E"键输入密码进入"流量计组态"（默认密码 000000），按"↓"键移动到"波特率"，按"E"键，并按"→"键将光标移动到"是"上按"E"键确认可以设定波特率。

⑥ 零点标定。

零点标定流量计提供了流量测量的基准点，流量计首次安装完成或重新安装后，必须进行零点标定。

首先打开旁通阀门关闭流量计下游的截止阀，在正常温度、密度、压力的情况下，将过程流体充满流量计，然后再关闭上游的截止阀，保证在零点标定过程中，传感器中充满过程流体。

按"↓"键翻页，在"流量计组态"菜单按"E"键输入密码进入"流量计组态"（默认密码000000），按"↓"键移动到"零点标定"，按"E"键确认后，并按"→"键将光标移动到"是"上按"E"键，开始零点标定（30s），标定完后，按"E"键，并按"→"键将光标移动到"是"上按"E"键确认，完成后倒正常流程。

⑦ 累加器清零。

按"↓"键翻页，在"流量计组态"菜单按"E"键输入密码进入"流量计组态"（默认密码000000），按"↓"键移动到"累加器清零"，按"E"键，并按"→"键将光标移动到"是"上按"E"键确认清零。

（3）通信测试。

测试方法：将笔记本电脑与设备连接。连接线 USB 转 RS485 串口线到设备 485 通信口。

注意：连接 RS485A，RS485B 接线位置准确。

设备通电后，配置通信测试软件相关参数，按照寄存器地址读取、验证质量流量计所采集的各项参数。

3）质量流量计的日常维护

（1）使用前检查。

① 检查流量计各连接处有无泄漏；法兰连接处有无泄漏；旁通阀门是否关闭，放空阀门是否关闭，流量计上下阀门是否打开。

② 检查流量计的型号、编号，确认是否配套；检查流量计的组态（如测量单位、流量方向、阻尼值、流量参数以及毫安输出和频率输出的设定等）是否正确；仪表测量X围、耐温值、耐压值是否与被测流体相符；安装是否符合要求；接线是否准确可靠等。

③ 检查密封情况；水是否会顺电缆穿线管进入仪表；垫圈是否完整；所有端盖及连接部件是否紧固。

④ 检查仪表零位，并按规定进行零点标定。

标定前要注意：流量计通电，预热至少 30min；确保流量计处于允许调整的安全模式。

虽然质量流量计测量的是流体的质量流量，实际温度变化对质量流量没有影响，但温度会影响仪表零点的稳定性，因此要使得流量计温度显示值接近正常的过程运行温度，才可以零点标定。

保证流量计内流动介质充满管，关闭在流量计下游的截止阀，使流量计的流量显示为零，然后才可以零点标定。标定过程中必须保证传感器管内的流体完全静止。

检查仪表密封点是否有泄漏。

(2) 投运。

打开流量计前后阀门，关闭旁路阀门，使质量流量计正常运行。

(3) 日常维护。

① 向当班员工询问了解流量计运行情况。

② 查看仪表指示，运行状态是否正常，累计值是否相符。

③ 查看流量计表体及连接部件是否有损坏和腐蚀。

④ 查看流量计线路有无损坏及腐蚀。

⑤ 查看流量计与工艺管道连接有无泄漏。

⑥ 查看仪表电气接线盒及元件盒密封是否良好。

⑦ 发现问题及时处理，并做好相应记录。

4) 质量流量计的常见故障及处理方法

质量流量计的常见故障及处理方法见表2-1-10。

表2-1-10 质量流量计的常见故障及处理方法

序号	故障现象	故障原因	处理方法
1	当流量计显示界面无显示时	电源松动或电源熔断丝烧断	检查电源接线端子紧固，更换电源熔断丝
2	当零位漂移时	阀门刺漏；流量计系数设置不正确；流量表头接线盒受潮；接线错误；未正确接地；强电流干扰；流量计系数、K值、D值丢失	检查阀门是否泄漏，泄漏关不严时更换；流量计的标定系数是否正确；更改阻尼值；排放气体；流量计表头接线盒是否受潮，擦干接线盒；正确接线、接地牢靠；排除电磁干扰；按零点标定操作方法重新进行零点标定；根据铭牌重新设置流量计标定系数、K_1、K_2、D_1、D_2值
3	当显示和输出值波动时	驱动放大器不稳定；接线松动；流量计管道堵塞	驱动放大器是否稳定；紧固接线；清理流量计管道堵塞物、积垢，若损坏则更换新流量计；排放气体
4	当质量流量显示不正确时	流量标定系数错误；流量单位设置错误；零点调整错误；密度系数设置错误；接线错误	更改流量标定系数；重新设置流量单位；重新零点标定；重新设置密度系数；重新接线
5	当密度显示不正确时	密度系数错误；接线错误	更改密度标定系数；更换表头，更换表头后要根据流量计铭牌重新设置流量标定系数、K_1、K_2、D_1、D_2值
6	温度显示不正确时	接线错误；温度系数设置错误	重新接线；重新设定温度系数
7	当流量计有电源，但无输出时	流量计接线端无电源输出	用万用表检查流量计不同接线端间的电源，有无电，或更换电源板；检查电缆有无断点，或更换电缆

2. 孔板流量计

1) 孔板流量计的原理、结构及应用要求

(1) 孔板流量计的原理。

在孔板流量计的节流装置上安装有孔板，由于孔板的孔径小于管道内径，当流体流经孔板时，流通截面突然收缩，流速加快，压力在孔板后端降低，于是在孔板前后产生压力差，该压力差与流过的流体流量之间有确定的数值关系，通过差压变送器测量孔板前后的差压，实现对介质流量的测量，如图 2-1-26 所示。

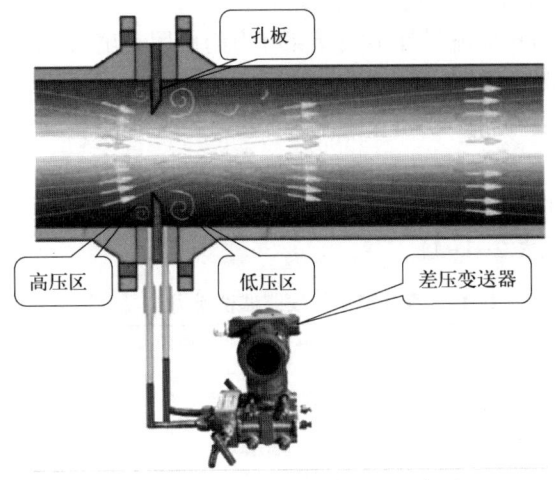

图 2-1-26 孔板流量计原理示意图

按孔板流量计的孔板安装方式可分为简易孔板流量计和高级阀式孔板流量计。简易孔板流量计只有在其安装位置管道具备泄压放空置换的条件方可检查更换孔板，而高级阀式孔板流量计则可在日常运行时可以对孔板进行检查和更换。

（2）孔板流量计的结构。

孔板流量计主要由节流装置、差压变送器、压力变送器、温度变送器等部件构成。

孔板节流装置主要由取压装置、孔板、导压管、密封垫、螺栓和差压变送器等部分组成（图 2-1-27）。

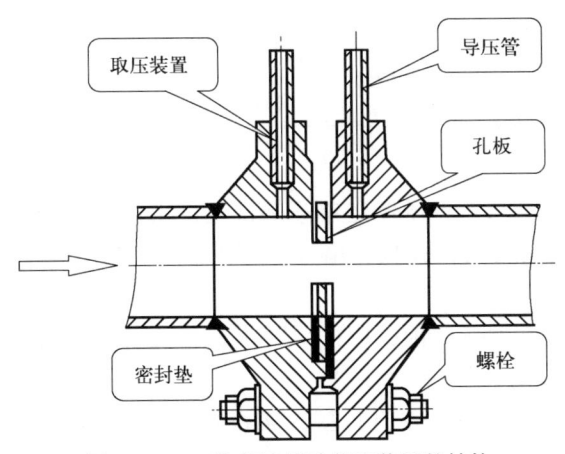

图 2-1-27 孔板流量计节流装置的结构

（3）孔板流量计的应用要求。

① 节流装置安装形式分为垂直安装和水平安装。如果是垂直安装，应保证仪表的中心垂线与铅垂线夹角小于 2°。如果是水平安装，应保证其水平中心线与水平线夹角小于 2°。

② 孔板流量计上下游工艺管道应与节流装置的口径相同，节流装置上下游直管段长

度应符合设计文件规定。直管段必须是直的，不得有肉眼可见的弯曲。凡是有节流效果的各类阀门，必须在节流装置下游直管段长度以外安装。

③ 安装在管道中的孔板流量计不能受到应力的作用，出入口应有合适的管道支撑。

④ 测量低温介质时，需选夹套型节流装置。

⑤ 节流装置的安装流向必须和介质流向保持一致，不能装反。

2）孔板流量计的安装调试

（1）孔板流量计的安装。

工具、用具准备见表2-1-11。

表2-1-11 孔板流量计安装调试所需工具、用具列表

序号	名称	规格	数量	单位	备注
1	节流装置专用防爆摇把	和节流装置配套	1	个	
2	节流装置专用防爆撬杠	和节流装置配套	1	个	
3	防爆活动扳手	350mm	1	把	
4	高级阀式节流装置密封脂	和节流装置配套	1	瓶	
5	润滑脂	锂基	1	盒	
6	万用表	可测直流电压及直流mA电流	1	台	
7	毛毡	—	1	张	
8	棉布	—	1	块	
9	游标卡尺	可测内径	1	个	
10	工业酒精	99.9%纯度	1	瓶	
11	节流装置压盖密封垫	和节流装置配套	1	个	
12	验漏瓶	内装含有洗涤剂的清水	1	个	气体介质适用

标准化操作步骤：

① 孔板流量计安装孔板、差压变送器等部件前，工艺管道应进行吹扫，以防止管道中滞留的焊渣、尘土等杂质损伤孔板、堵塞导压管路，影响测量精度，甚至会损坏测量仪表。

② 孔板在安装到工艺管道之前，应按照要求选择孔径，并检查其外观有无变形、损坏，用游标卡尺测量实际孔径并记录。

③ 孔板流量计配套的压力（差压）变送器和温度变送器的安装应符合本书对应章节的相关要求。

④ 简易孔板节流装置安装孔板前必须确认所在工艺管道内无带压介质，无易燃、有毒、高温等危险介质后方可打开简易节流装置安装孔板。

⑤ 全部安装完毕，要检查孔板流量计各密封部位无介质泄漏。

⑥ 按照各变送器说明书上的接线图正确接线，变送器各接地螺栓均需接地。

⑦ 孔板安装步骤（以高级阀式孔板节流装置为例）。

用棉纱蘸少量酒精清洁孔板，根据介质流向将孔板装入导板（注意孔板不可反装），

给导板齿条上涂抹少量润滑脂,观察导板顶面保持水平,用孔板专用摇把顺时针方向摇动提升柄将导板放入上腔室。

确认导板完全进入上腔室。用专用撬杠依次装上腔室密封垫片、压板、顶板,用专用扳手拧紧顶板上的压紧螺钉。

关闭放空阀,打开平衡阀,平衡上下腔室压力,检查确认顶板压盖密封部位无泄漏,盖好防雨帽。

打开滑阀。依次顺时针方向摇动上腔室、下腔室提升柄,将孔板导板放入下腔室。

关闭滑阀,关闭平衡阀,注入密封脂。检查节流装置注脂口、提升柄及平衡阀等各密封部位,确认无介质泄漏。

缓慢打开放空阀,完全泄放上腔室压力后关闭放空阀。

(2) 孔板流量计的调试。

① 确认孔板流量计的孔板经过检定并在有效期内,根据流量大小选择合适孔径的孔板装入节流装置。

② 确认孔板流量计配套的压力(差压)变送器和温度变送器经过检定并在有效期内。正确安装变送器,并对各变送器传输数值进行核查,打开差压变送器三阀组平衡阀,关闭三阀组高低压侧取压阀,通过上下游导压管排污阀分别对高低压侧导压管路进行吹扫。

③ 正确设置监控系统和孔板流量计算机内的参数。

④ 投运流量计,其计量误差应在允许范围内,若误差超过允许范围,应全面排查各安装部件,确保孔板孔径设置正确、差压变送器导压管路无堵塞、各密封部位无泄漏、现场压力(差压)变送器和温度变送器数据传输准确、监控系统和孔板流量计流量运算程序参数设置正确。

⑤ 对于可在一定温度下凝固的液体介质或含有可凝固杂质的气体介质,其压力、差压变送器取压部件、取压阀、导压管路及传感器膜片等部位均要有防冻堵措施,通常情况下采用防爆自限温电伴热带外加保温层的方式来防冻堵。

3) 孔板流量计的日常维护

(1) 孔板流量计配套的压力(差压)变送器和温度变送器应定期进行校验。

(2) 定期吹扫孔板流量计上下游导压管,吹扫前必须先打开差压变送器三阀组平衡阀并关闭三阀组高低压侧取压阀,再通过孔板导压管的排污阀进行吹扫。

(3) 应定期对流量计孔板进行检查,清除孔板表面污物,检查孔板有无损伤,孔板胶圈有无变形损伤。

(4) 流量计孔板取出、检查及安装过程中不得用硬物直接和孔板进行接触,禁止用金属工(器)具清除孔板污物,避免孔板受到机械损伤。

(5) 如发现孔板表面沉淀物较多,应将孔板摇至上腔室后,缓慢打开孔板节流装置本体上的排污阀,排净节流装置内的污物。

(6) 在操作过程中,应避免污物、杂质掉入孔板节流装置腔体内导致孔板无法正常安装。

4) 孔板流量计的常见故障及处理方法

孔板流量计的常见故障及处理方法见表2-1-12。

表 2-1-12　孔板流量计的常见故障及处理方法

序号	故障现象	故障原因	处理方法
1	孔板流量计无流量显示	差压变送器上下游取压阀未打开或三阀组平衡阀未关闭	打开上下游取压阀，关闭三阀组平衡阀
		节流装置内的孔板未安装或温度、压力变送器信号传输故障	重新检查孔板安装情况，检查温度、压力变送器信号传输是否正常
		监控系统或流量计算机内流量计算程序错误，无法进行计量	对于差压变送器传输有数值而无流量的情况，要彻底排查监控系统或流量计算机内流量运算参数设置
2	孔板流量计计量数值偏低	差压变送器三阀组平衡阀未关严或有内漏	关闭三阀组平衡阀或更换三阀组
		节流装置内的孔板未安装到位	重新检查孔板安装确保完全放入下腔室
		孔径输入值比实际孔径值小，监控系统或流量计算机流量程序参数设置不正常	核查监控系统或流量计算机流量程序参数设置并整改
		温度、压力补偿变送器变送传输数值不准确	对温度、压力变送器信号传输进行检查
		上游导压管堵塞	疏通上游导压管并进行吹扫
3	孔板流量计计量数值偏高	孔径输入值比实际孔径值大、监控系统或流量计算机内流量程序设置不正常	核查监控系统或流量计算机流量程序参数设置并整改
		差压变送器零位偏高或传输数值偏高	对差压变送器进行校零操作或重新检定差压变送器
		温度、压力补偿变送器变送数值不准确	对温度、压力变送器信号传输进行检查
		下游导压管堵塞	疏通下游导压管并进行吹扫

3. 差压流量计

差压流量计是一种通过测量流体流经节流装置时的压力差来测定流量的仪器。节流装置是在管道中安装的一个局部收缩元件，最常用的有孔板、喷嘴和文丘里管。

1) 差压流量计的原理、结构及应用要求

(1) 差压流量计的原理。

充满管道的流体流经节流装置时，流体会形成局部收缩，使流速加快，在节流装置前后产生压差，流速越高形成的压差越大，所以通过测量压差的大小来测量流量的大小。这种测量方法是以流动连续性方程（质量守恒定律）和伯努利方程式（能量守恒定律）的原理为基础的，如图 2-1-28 所示。

(2) 差压流量计的结构。

差压流量计由一次装置（差压式流量计）和二次装置（多参量流量变送器）组成，如图 2-1-29 和图 2-1-30 所示。

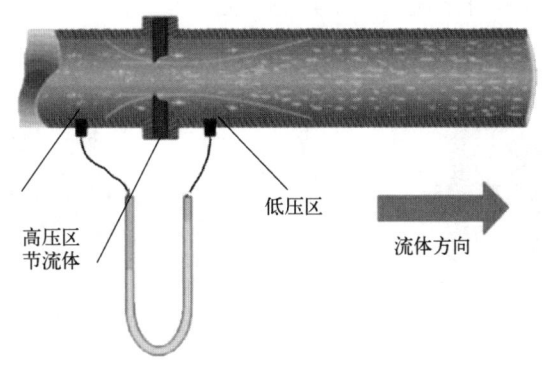

图 2-1-28 差压流量计原理示意图

图 2-1-29 差压流量计的结构

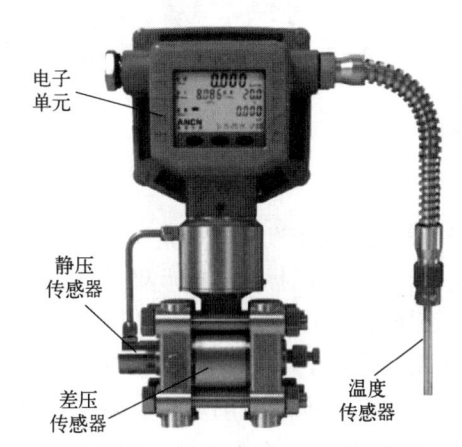

图 2-1-30 多参量流量变送器的结构

差压流量计的常用节流装置如图 2-1-31 所示。

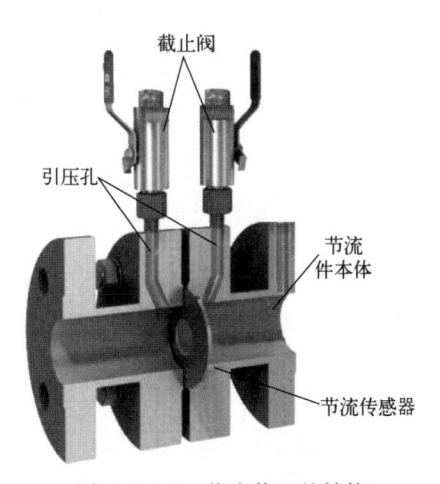

图 2-1-31 节流装置的结构

标准节流装置：根据标准文件设计、制造、安装和使用，无须实流标定。

非标式节流装置：与标准节流元件相异的，无标准文件，须实流标定。非标式节流装置有平衡、楔形、锥形、弯管、矩形、匀速管等多种类型，如图2-1-32所示。

平衡　　　　楔形　　　　锥形

弯管　　　　矩形　　　　匀速管

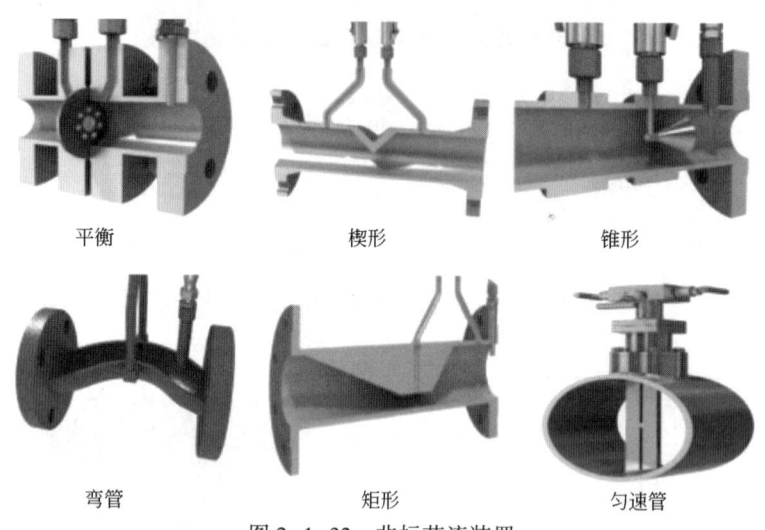

图 2-1-32　非标节流装置

（3）差压流量计的应用要求。

① 差压流量计的标准件有严格的使用范围，包括管径直径比、雷诺系数、管壁厚度等参数，因此在实际的选择和应用中应该合理选择这一系列参数。此外差压流量计的精度在很大程度上取决于现场的使用条件，在一般情况下取决于流体的条件。

② 在选择差压流量计时应根据现场流体介质的物理特性合理选择，在不明白现场流体的物理特性的情况下，应该主动使用仪器测量这些物理参数。流体的特性指的是流体的密度、动力黏度、压力、温度、腐蚀性、磨蚀、结垢、脏污等流体的介质条件。

③ 压力损失大是差压流量计的主要缺点之一。各类节流装置中孔板和喷嘴是压力损失较大的节流件，在同样的流量及 β 值时喷嘴的压力损失只为孔板压损的30%~50%，也就是说喷嘴具有较小压力损失。各种流量管（文丘里管、道尔管、罗洛斯管、通用文丘里管等）都是压力损失较小的节流装置，它们的压力损失仅为孔板的20%，甚至低至5%~10%。

2）差压流量计的安装和调试

（1）差压流量计的安装。

工具、用具准备见表2-1-13。

表 2-1-13　差压流量计安装调试所需工具、用具列表

序号	名称	规格	数量	单位	备注
1	防爆活动扳手	200mm	1	把	
2	防爆开口扳手	规格依据连接件螺母尺寸确定	1	把	
3	多功能剥线钳	DL2607-7	1	把	
4	防爆绝缘十字螺丝刀	5mm×100mm	1	把	
5	防爆绝缘一字螺丝刀	3mm×50mm	1	把	

续表

序号	名称	规格	数量	单位	备注
6	内六方工具	规格依据连接件六方尺寸确定	1	套	
7	笔记本电脑	—	1	台	
8	调试线	USB 转 RS485	1	根	
9	万用表	可测直流电压及直流 mA 电流	1	台	

标准化操作步骤：

① 确认井口关闭、下游阀门关闭，对管道泄压放空。

② 使用防爆工具将法兰连接处打开，使用法兰盲板对上下游封堵。

③ 使用氮气对管线进行吹扫置换，用可燃气体探测器探测管道内可燃气体浓度小于 5%可以进行动火作业。

④ 对管线进行切割，焊接工艺法兰。

⑤ 焊点进行质量检验。

⑥ 管道喷漆。

⑦ 水压测试焊接管线。

⑧ 铠装电缆铺设，使用前对电缆进行绝缘电阻测试。

⑨ 信号传输线穿镀锌管防爆挠性管，预埋至流量计安装位置，如图 2-1-33 所示。

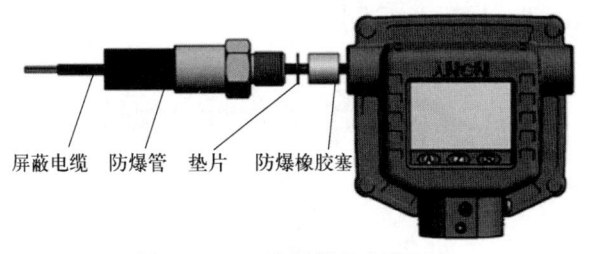

图 2-1-33　防爆管的安装要求

⑩ 金属缠绕垫涂抹黄油，并将金属缠绕垫安装到法兰上，如图 2-1-34 所示，安装结果如图 2-1-35 所示。

⑪ 螺栓连接流量计法兰与管道法兰，对角紧固，并确保与管道同轴。

图 2-1-34　金属缠绕垫

⑫ 根据电气接线图进行电气连接。

铭牌上的流体方向与
管道的流体方向一致

法兰连接
金属缠绕垫密封
螺栓紧固

温度传感器安
装在流体下游

图 2-1-35　金属缠绕垫安装示意图

⑬ 安装后盖，紧固表头顶丝，安装流量计支架，现场结果如图 2-1-36 所示。
⑭ 关闭流量计泄压阀，打开流量计引压球阀。

泄压阀　　　　引压球阀打开状态

图 2-1-36　流量计支架安装现场示意图

（2）差压流量计的调试。
① 差压流量计参数设置。
按照施工设计要求或管理规范对设备设置地址，根据设备使用操作手册配置波特率、小信号切除系数、大气压参数、时间、数据格式等。
② 通信测试。
测试工具：准备笔记本电脑、USB 转 RS485 串口线、通信测试软件（MODSCAN 软件或其他可测试 MODBUS 协议软件）。

测试方法：将笔记本电脑与设备连接。连接线 USB 转 RS485 串口线到设备 485 通信口。

注意：连接 RS485A、RS485B 接线位置准确。

设备通电后，配置通信测试软件相关参数，按照寄存器地址读取、验证差压流量计所采集的各项参数。

③差压流量计传输数值核查。

同一时间点记录现场差压流量计显示数值、监控室监控平台显示数值，将两者的数值进行综合对比分析，误差要在工艺允许范围内。对于超过允许误差的情况要分别确认现场差压流量计数值是否准确，监控室监控系统组态设置是否正常。

3）差压流量计的日常维护

（1）设备电气检查。

①定期检查接线端子的电缆连接，确认端子接线牢固。

②定期检查导线是否有老化、破损的现象。

③定期检查电池电量是否充足，对需要更换的应选择相同型号电池。

（2）密封性检查。

①定期检查取压管路及阀门接头处有无渗漏现象。

②定期检查电缆进线口是否密封不严，或是否存在密封圈老化、破损现象。

③定期检查壳体前后盖是否有密封圈老化、破损现象。

（3）特殊介质下使用检查。

对于含大量泥砂、污物的介质，应当定期排污、清洗。

（4）设备使用过程检查。

①检查设备数值与 SCADA 系统显示数值是否一致。

②检查设备传感器是否正常。

③检查节流部件是否正常，是否出现磨损、损坏、堵塞的情况。

④检查流体介质是否有杂质，以防止干扰计量数据的准确性。

4）差压流量计的常见故障及处理方法

差压流量计的常见故障及处理方法见表 2-1-14。

表 2-1-14 差压流量计的常见故障及处理方法

序号	故障现象	故障原因	处理方法
1	差压零点漂移	差压传感器的零位漂移	（1）将高低压端引压管阀门转至水平位置，关闭，截流 （2）打开高低压端泄压阀对传感器内部进行放空。注意泄压孔位置和人员安全 （3）根据设备操作手册对设备进行差压零位修正
2	正常生产，差压流量计无流量显示	（1）流量计流出系数设置错误 （2）差压零位漂移 （3）流量计测量范围超过当前介质产出量	（1）更改正确流出系数 （2）重新修正差压零位与精压零位。处理后设备恢复正常测量状态，此时若检测出流量则故障处理完成 （3）使用扳手缓慢从流量计低压泄压阀释放介质，模拟流体流动状态，同时观察差压是否随着介质流出速度增加而增加，如果差压正常可判断流量计工作正常，差压异常可判定为流量计测量范围超过当前介质产出量

续表

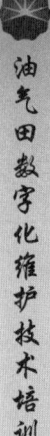

序号	故障现象	故障原因	处理方法
3	流量计显示流量大于实际流量	（1）流量计流出系数设置错误 （2）差压和静压零位漂移 （3）流量计节流部件堵塞	（1）更改正确的流量计流出系数 （2）进行差压零位修正和静压零位修正 （3）流量计整体拆除，观察是否存在堵塞，对堵塞物进行清理
4	流量计显示流量小于实际流量	（1）流量计流出系数设置错误 （2）差压和静压零位漂移、流量计测量范围超过当前介质产出量 （3）节流部件磨损	（1）更改正确的流量计流出系数设置 （2）核实流量计测量范围，如果配产量远低于流量计测量范围会导致差压测量在临界状态；进行差压零位修正和静压零位修正 （3）更换损坏节流部件
5	流量计显示流量波动较大	（1）流量计传感器故障 （2）介质内含有杂质 （3）节流部件磨损	（1）更换流量计传感器 （2）使用扳手缓慢从流量计高低压泄压阀排放介质，将介质内杂质排净，测量气体时如果存在水等液体时测量差压跳动比较大，随之流量波动会很大 （3）更换流量计节流部件
6	停产，流量计显示流量	（1）差压零位漂移 （2）介质内含有杂质	（1）进行差压零位修正 （3）拆下流量计，清理流量计内杂质

4. 涡街流量计

涡街流量计是在综合吸收发达国家先进技术和总结多年研究生产经验的基础上精心设计的一款产品，实现了产品智能化、标准化、系列化、通用化以及生产模具化。涡街流量计具有电路先进、功耗微低、量程比宽、结构简单、阻力损失小、坚固耐用、用途广、使用寿命长、工作稳定、便于安装调试等特点。

涡街流量计主要用于工业管道介质流体的流量测量，如气体、液体、蒸汽等多种介质。其特点是压力损失小，量程范围大，精度高，在测量工况体积流量时几乎不受流体密度、压力、温度、黏度等参数的影响。无可动机械零件，因此可靠性高，维护量小，仪表参数能长期稳定。涡街流量计采用压电应力式传感器，可靠性高，可在$-20\sim250$℃的温度范围内工作。有标准模拟信号，也有数字脉冲信号输出，易与计算机等数字系统配套使用，是一种比较先进、理想的流量仪表。

1）涡街流量计的原理、结构及应用要求

（1）涡街流量计的原理。

涡街流量计原理是利用卡门涡街现象，即把一个非流线型阻流体垂直插入管道中，流体以一定的速度在管道中流动。当流体绕过非流体线型阻流体时，物体尾流左右双侧产生的成对的、交替排列的、扭转方向相反的反对称旋涡。这种旋涡的产生具有周期的、交替变化的性质，变化频率与流体速度成正比，即卡门涡街现象。涡街流量计即是利用这种性质，通过测量涡流的脱落频率确定流体的速度或流量而支撑的流量计。

（2）涡街流量计的结构。

涡街流量计由传感器和转换器两部分组成，传感器包括旋涡发生体（阻流体）、检测元件、仪表表体等；转换器包括前置放大器、滤波整形电路、D/A 转换电路、输出接口电路、端子、支架和防护罩等，如图 2-1-37 所示。

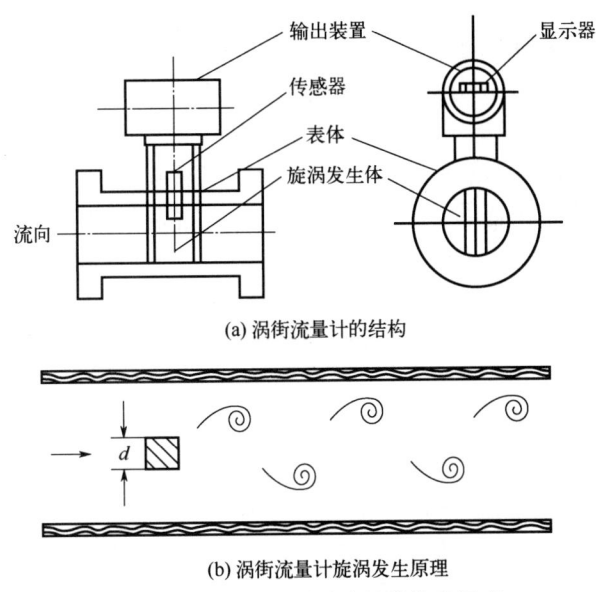

(a) 涡街流量计的结构

(b) 涡街流量计旋涡发生原理

图 2-1-37　涡街流量计的结构及原理

旋涡发生体：

旋涡发生体是检测器的主要部件，它与仪表的流量特性（仪表系数、线性度、范围度等）和阻力特性（压力损失）密切相关，对它有如下要求。

① 能控制旋涡在旋涡发生体轴线方向上同步分离。
② 在较宽的雷诺数范围内，有稳定的旋涡分离点，保持恒定的斯特劳哈尔数。
③ 能产生强烈的涡街，信号的信噪比高。
④ 形状和结构简单，便于加工和几何参数标准化，以及各种检测元件的安装和组合。
⑤ 材质应满足流体性质的要求，耐腐蚀，耐磨蚀，耐温度变化。
⑥ 固有频率在涡街信号的频带外。

检测旋涡信号方式：

涡街流量计检测旋涡信号有 5 种方式。

① 用设置在旋涡发生体内的检测元件直接检测发生体两侧差压。
② 旋涡发生管段上开设导压孔，在导压孔中安装检测元件检测发生体两侧差压。
③ 检测旋涡发生体周围交变环流。
④ 检测旋涡发生体背面交变差压。
⑤ 检测尾流中旋涡列。

根据这 5 种检测方式，采用不同的检测技术（热敏、超声、应力、应变、电容、电磁、光电、光纤等）可以构成不同类型涡街流量。

转换器：

检测元件把涡街信号转换成电信号，该信号既微弱又含有不同成分的噪声，必须进行放大、滤波、整形等处理才能得出与流量成比例的脉冲信号，不同检测方式应配备不同特性的前置放大器。

（3）涡街流量计仪表表体的类型。

仪表表体可分为夹持型和法兰型。

（4）涡街流量计的应用要求。

涡街流量计是对管道流速分布畸变、旋转流还有流动脉动等敏感的流量计，因此，对于现场管道安装条件应该充分重视，严格遵照使用说明书执行。

涡街流量计可安装在室内或室外。当安装在地井里面时，为防止被水淹没，应该选用涎水型的传感器。传感器在管道上面可以水平、垂直或倾斜安装，但是测量液体和气体的时候，为了防止气泡和液滴的干扰，要注意安装位置。测量含液体和含气液体的流量仪表安装必须保证上游、下游直管段有必要的长度。传感器与管道连接时要注意以下问题。

① 上游、下游配管内径 D 与传感器内径 D' 相同，其差异要满足下述条件：$0.95D \leqslant D' \leqslant 1.1D$。

② 配管应该和传感器同心，同轴度应小于 $0.05D'$。

③ 密封垫不可以凸入管道里面，其内径要比传感器内径大 1~2mm。

④ 如果需断流检查或清洗传感器，应设置旁通管道。

⑤ 减小振动对涡街流量计的影响应该作为涡街流量计现场安装的一个突出问题来关注。首先，在选择传感器安装场所的时候尽量避开振动源；其次，可以考虑采用弹性软管连接在小口径中；最后，加装管道支撑物是一个有效的减振方法。

⑥ 电气安装应该注意传感器跟转换器之间采用屏蔽电缆或低噪声电缆连接，其距离不应超过使用说明书的规定。布线的时候应远离强功率电源线，尽量使用单独金属套管保护。应该遵循"一点接地"原则，接地电阻需小于 10Ω。整体型和分离型都应在传感器侧接地，转换器外壳接地点应该跟传感器"同地"。

2）涡街流量计的安装调试

（1）涡街流量计的安装。

工具、用具准备见表 2-1-15。

表 2-1-15　涡街流量计安装调试所需工具、用具列表

序号	名称	规格	数量	单位	备注
1	防爆活动扳手	200mm	1	把	
2	防爆活动扳手	300mm	1	把	
3	防爆开口扳手	规格依据流量计螺母尺寸确定	1	把	
4	防爆绝缘一字螺丝刀	3mm×75mm	1	把	
5	防爆绝缘十字螺丝刀	5mm×100mm	1	把	
6	多功能剥线钳	—	1	把	
7	笔记本电脑	带 RS485 连接线	1	台	带 RS485 信号输出适用

标准化操作步骤：

① 按开口尺寸的要求在管道上进行开口，使开口的位置满足直管段的要求。

② 将连接上法兰的整套流量计放入开好口的管道中。

③ 对两片法兰两边实行电焊定位。将流量计拆下，将法兰按要求焊接好，并清理管

道内所有突出部分。

④ 在法兰的内槽内装上与管道通径相同的密封垫圈,将流量计装入法兰中间,并使流量计的流向标与流体方向相同,然后用螺栓连接好。

(2) 涡街流量计的安装注意事项。

① 流量计的安装必须按要求进行,避免因安装不当对仪表造成损伤,影响计量精度。

② 流量计应尽量避免安装在架空较长的管道上,由于管道的下垂容易造成流量计与法兰间的密封泄漏。若必须安装时,须在流量计的上下游 $2D$(D 为配管内径尺寸)处分别设置管道支撑点。

③ 如果被测介质需要进行温度压力补偿时(如蒸汽、压缩空气),则测压点应在流量计下游 $(3\sim5)D$ 处,测温点应在流量计下游 $(4\sim8)D$ 处。

④ 在测量蒸汽的管道中,为了防止转换器温度过高,仪表连接杆至少一半不要保温,为了方便观察和接线,流量计表头在原有的位置上可进行 360°旋转,在调整好位置后,把锁紧螺母拧紧即可。如果流量计的表头安装方向朝下,需用防水胶带把锁紧螺母缠绕密封好。

(3) 涡街流量计的调试。

涡街流量计调试的产品操作与使用说明(以 LDG 智能涡街流量计为例):

① 表盘按键说明。

a. 模式键●。在测量状态下按此键,进入参数设置状态;在参数设置状态下按此键,数据位闪烁,可修改参数内容。

b. 加键▲。

在参数设置状态下按此键,可查看上一功号内容;在修改参数内容时按此键,闪烁数据位+1;在流量测量界面手动控制模式下按此键,打开阀门。

c. 减键▼。

在参数设置状态下按此键,可查看上一功号内容;在修改参数内容时按此键,闪烁数据位-1;在流量测量界面手动控制模式下按此键,关闭阀门。

d. 移位键▶。

在参数设置状态下按此键,返回测量状态;在修改参数内容时按此键,闪烁数据位右移;在流量测量界面按此键,流量控制手动、自动切换。

在测量状态下,按"●"进入参数设置状态,用"▲"或"▼"滚动到所需的功号,按"●"所选功号内容的第一位闪烁,用"▲"或"▼"改变数值。按"▶"右移闪烁位,使用"▲"或"▼"调整闪烁位数值。按"●"确认输入数据。

② 仪表通信地址。

仪表通信地址用以在 RS485 通信时,确定自身位置,区别于其他流量仪表的编号。

③ 波特率设置。

确定 RS485 通信时的传输速度,默认波特率为 9600。

④ 累计流量小数位设置。

累积流量小数位一般根据测量管道口径来选择。"0"表示无小数位;"1"表示 1 位小数;以此类推。

⑤ 上限流量设置。

由标定人员根据测量管道设置。例如：磁电 DN80 口径水平式的上限流量值为 90m³/h。

上限流量值是针对电流输出而言的，它与电流输出上限值相对应，与之相关联的还有用百分比流量表示的小流量切除。

⑥ 输出仪表系数。

由标定人员根据测量管道口径选择，它确定了某一口径流过 1m³ 容积液体输出的脉冲数。对照关系见表 2-1-16。

表 2-1-16 对照关系

输出仪表系数	输出脉冲次数，Hz	输出仪表系数	输出脉冲次数，Hz
1	360000	4	18000
2	180000	5	3600
3	36000	6	1800

（4）涡街流量计参数说明。

① 仪表系数设置。

该系数为仪表的标定系数，也是仪表的基本参数。

② 流量修正点和流量修正点补偿值。

采用非线性修正。流量修正点共有 8 点，即 8 个修正点，以流量百分比表示。流量修正点补偿值反映流量修正点的调整量。通过调整流量修正点和流量修正点补偿值，可对量程范围内的修正点进行修正。

③ 流量修正点及流量修正点补偿值默认值恢复。

已对流量修正点及流量修正点补偿值进行优化调整。调整后的参数被储存，如果想用出厂前设定的参数，代替当前流量修正点及流量修正点补偿值，输入任意数值，如"01"，确认后，即可恢复当前流量修正点及流量修正点补偿值为出厂值。

④ 输出电流 4mA 点修正。

电流输出 4mA 调节，使零流量时，输出电流准确为 4mA。

⑤ 输出电流 20mA 点修正。

电流输出 20mA 调节，使满流量时，输出电流准确为 20mA。

⑥ 流量修正点和流量修正点补偿值出厂设置。

调整后的流量修正点和流量修正点补偿值被储存，在流量修正点和流量修正点补偿值默认值恢复时，用储存的数值代替当前流量修正点和流量修正点补偿值。

3）涡街流量计的日常维护

涡街流量计无可动部件，所以在正常使用情况下，维护的工作量较少。日常维护的主要内容是查看仪表指示累积是否正常；查看仪表供电是否正常；查看表体连接件是否损坏和腐蚀；查看仪表外线路有无损坏及腐蚀；查看表体与工艺管道连接处有无泄漏；查看仪表电器接线盒及电子元件盒密封是否良好等。

当被测介质较脏或易结垢时，应定期清洗流量计内壁，清洗时应保护好旋涡发生体及检测探头，注意不要碰伤其表面与棱角。检测放大器外壳端盖在接线调试后应适度旋紧，以保证其密封性。在进行维护检查时不得将液体及杂物留于壳内。

清水系统流量校验周期一般不超过 12 个月，采出水回注系统流量计校验周期一般不超过 6 个月。

4）涡街流量计的常见故障及处理方法

涡街流量计的常见故障及处理方法见表 2-1-17。

表 2-1-17　涡街流量计的常见故障及处理方法

序号	故障现象	故障原因	处理方法
1	管道有流量仪表无输出	电源出现故障	重新供电或者更换电源
		供电电源未接通	接通电源
		连接电缆断线或者接线错误	重新接线，检查电缆
2	仪表有显示无输出	流量过低，没有进入测量范围	增大流量或者重新选择流量计
		放大板某级有故障	更换主板
		探头体有损伤	更换探头
		管道堵塞或者传感器被卡死	对管道进行清理，清除堵塞物，再接电查看有无输出变化；如果还没有输出，则断定传感器故障，需对传感器进行更换
3	输出信号有变化	流量计附近有强电设备或高频干扰	重新选择安装地点
		管道有强烈震荡	对流量计安装部分两端的管道进行加固
		放大板的放大倍数或触发灵敏度过高	逆时针减小放大倍数（GB）或灵敏度（SB）或更换放大板
		管道阀门未彻底关闭，有漏流量	检查阀门或更换阀门
4	通电后无流量但有输出	输出频率为 50Hz 工频干扰	选用带屏蔽的电缆重新按规定接线
		放大板损坏，产生自激	更换放大板
5	流量输出不稳定	有较强电干扰信号，仪表未接地流量与干扰信号叠加	重新接好屏蔽地
		直管段不够或者管道内径与仪表内径不一致	重新更换安装位置（选择管道内径一致的流量计或更换相同内径的管线）
		管道振动的影响	加固管道，减小振动
		流量计安装不同心	重新安装仪表
		流体为满管	检查流体流况及其仪表安装位置，如果安装位置不符合要求，需更换安装位置
		流量低于下限或者超过上限	增大减小流量或调整放大板滤波参数
		流体中存在气穴现象	仪表下游加装阀门增大背压

5. 旋涡流量计

1）旋涡流量计的原理、结构及应用要求

（1）旋涡流量计的原理。

当气体进入旋涡流量计的旋涡发生器后，气流会发生剧烈的旋转运动，形成的旋涡流进入扩散段后，旋涡中心流和回流汇合，产生二次旋转运动，形成陀螺式的涡流进动现象，该进动频率与流量大小成正比，检测元件测得进动频率后通过体积修正仪转换，并经温度、压力补偿后即可计算出气体流量，如图 2-1-38 所示。

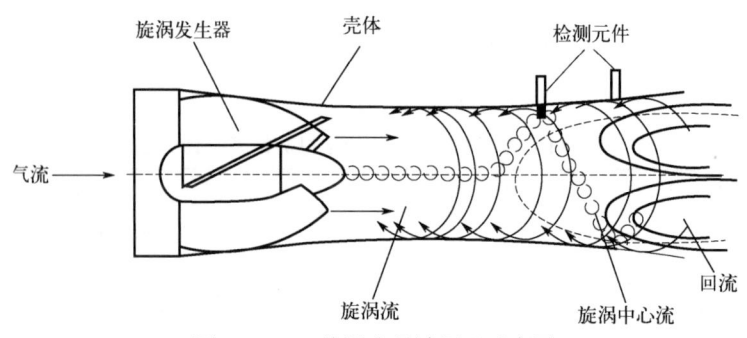

图 2-1-38　旋涡流量计原理示意图

（2）旋涡流量计的结构。

旋涡流量计主要由旋涡发生器、体积修正仪、压力传感器、温度传感器、整流器、壳体等部件组成（图 2-1-39）。

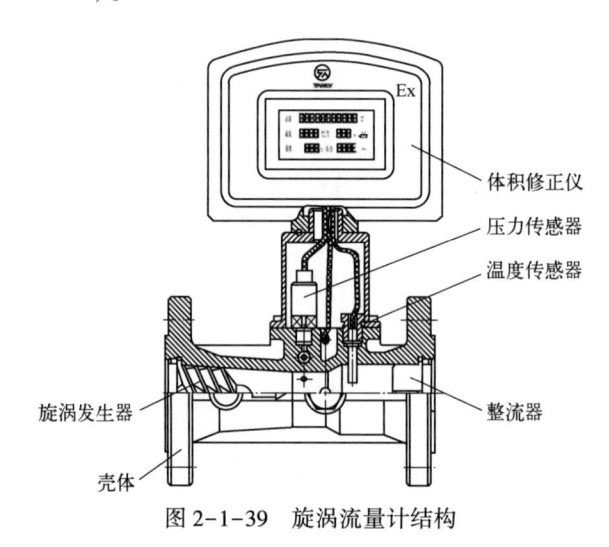

图 2-1-39　旋涡流量计结构

（3）旋涡流量计的应用要求。

① 旋涡流量计安装时，严禁流量计连接配对法兰后与管道进行焊接，以免高温损坏流量计内部零件。

② 对于新安装或检修后的管道要进行彻底吹扫，去除管道中的杂物后方可安装旋涡流量计。

③ 应安装在便于维修、无强电磁场干扰、无强烈机械振动以及热辐射影响的场所。

④ 旋涡流量计不宜应用在有强烈流量脉动或压力脉动的场合。

⑤ 安装后旋涡流量计上标识的流向应与被测流体的流向一致。

⑥ 旋涡流量计应与管道同轴安装，并防止密封片凸入管道内腔。

⑦ 旋涡流量计必须可靠接地，不得与强电系统共用接地；在管道安装或检修时，不得把电焊机的地线与流量计搭接。

⑧ 为了便于拆卸维护，旋涡流量计通常还要设置旁通流程。

⑨ 上下游工艺管道应与旋涡流量计口径相同，上下游直管段长度应符合设计或说明书的相关规定，通常直管段至少具有前 10 倍、后 5 倍公称通径的长度。

2）旋涡流量计的安装调试

（1）旋涡流量计的安装。

工具、用具准备见表 2-1-18。

表 2-1-18　旋涡流量计安装调试所需工具、用具列表

序号	名称	规格	数量	单位	备注
1	防爆活动扳手	200mm	1	把	
2	防爆活动扳手	350mm	1	把	
3	防爆开口扳手	规格依据流量计连接螺栓确定尺寸	2	把	
4	防爆梅花扳手	规格依据流量计连接螺栓确定尺寸	2	把	
5	防爆撬杠	700mm	1	把	
6	防爆绝缘一字螺丝刀	3mm×75mm	1	把	
7	防爆绝缘十字螺丝刀	5mm×100mm	1	把	
8	万用表	通用型	1	台	
9	金属石墨缠绕垫片	和法兰密封面配套	2	片	
10	全螺纹螺栓螺母	法兰连接	1	套	
11	笔记本电脑	带 RS485 信号连接线	1	台	
12	棉布	少量	0.5	kg	
13	便携可燃气体检测仪	XP-302M	1	台	

标准化操作步骤：

① 检查确认旋涡流量计的测量范围、输出信号、公称压力、公称通径、防爆等级等参数与现场工况条件匹配。

② 确认流量计检定合格并粘贴校验标签。

③ 确认流量计前后管道经过清扫无固体杂质。

④ 清理流量计本体及管道法兰密封面，将流量计流向和介质流向调整一致后将其安装在管道上，两端法兰下部各预穿两条螺栓。

⑤ 用防爆撬杠、防爆绝缘一字螺丝刀等工具安装流量计法兰密封垫片，螺栓全部预安装到位后调整密封垫片到法兰中心位置，再用防爆开口扳手、防爆梅花扳手对角紧固法兰螺栓。

⑥ 给流量计充压，用验漏瓶对流量计本体及前后法兰密封面验漏，若有泄漏，重新泄压后整改泄漏部位。

⑦ 根据信号输出类型在流量计内部端子上接线，通常旋涡流量计采用 RS485 通信信号输出，直接读取旋涡流量计的瞬时流量、压力、温度、累计流量等参数，监控系统不再进行累计运算，从而保证现场和监控平台数据的一致性。

⑧ 为流量计外壳接地端子连接黄绿相间接地软线（通常接地线截面积为 6mm^2）。

(2) 旋涡流量计的调试（以 TDS 旋涡流量计为例）。

① 为流量计供电后，查看流量计外电指示是否正常，用便携式可燃气体仪检测现场无可燃气体泄漏后打开流量计前盖，在表头组件左下角有四个调试按键，如图 2-1-40 所示。

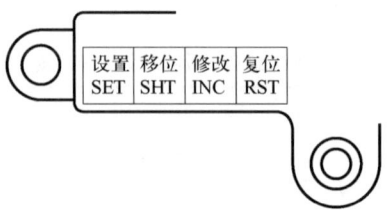

图 2-1-40　旋涡流量计调试按键

② 按表 2-1-19 选择要确认的参数，依次按"SET"键选择需设定的参数，然后按"SHT"移位键，选择欲修改的字位，该位即不停闪烁，再按"INC"键使该位为预定值，待全部参数设定完毕后，再按复位"RST"键，输入确认码"1111"，再按"RST"键退出设定状态，进入正常工作状态。

表 2-1-19　TDS 旋涡流量计调试参数一览表

序号	操作	表头显示内容	定义	备注
1	先按"INC"键，然后按"SET"键进入	PASS_××××	用户参数1密码	输入正确后按"SET"键进入2，不正确2min后退出设定状态
2	第2次按"SET"键	总量××××××××m³ LF_ _ _ _××× ××× Z_×_×	标准体积总量 下限截止频率 压缩因子是否修正 通信地址	Z_0_n 与 Z_1_n 时压缩因子不修正，按"SET"键直接进入4 Z_0_y 时压缩因子（用摩尔组成）修正， Z_1_y 时压缩因子（物性值）修正，按"SET"键进入3
3	第3次按"SET"键	dn ×.×× N₂×.×× CO₂×.××	相对密度 N 氮气摩尔百分含量 M_n 二氧化碳摩尔百分含量 M_c	当选择 Z_0_y 时显示此状态 $N=0.55\sim0.75$ $M_n<15.0\%$ $M_c<15.0\%$
		dn ×.×× ××.×× ×.×× CO₂×.××	相对密度 N 氢气摩尔百分含量 M_H 高位发热量 H_S 二氧化碳摩尔百分含量 M_c	当选择 Z_1_y 时显示此状态 $N=0.55\sim0.75$ $M_H<10.0\%$ $H_S:27.95\sim41.93$ $M_c<15.0\%$
4	第4次按"SET"键	F_××××××.×	仪表系数设定	
5	第5次按"SET"键	Total××××××××m³	工况体积总量基数	

续表

序号	操作	表头显示内容	定义	备注
6	第6次按"SET"键	××××_××_×× ××_×× on-y PE_4 (8)	北京时间年月日设定 时分设定 温度压力取样周期（s） 断电再上电标志	
7	第7次按"SET"键	20A_ ×××××× ×××××_ ×××× ×××× PA-y	20mA对应标准体积流量 报警物理量下限值 报警物理量上限值 报警物理量对应物理量是否在流量计报警输出	FLo.0 工况流量报警（m^3/h） FLo.S 标准流量报警（m^3/h） T_{rES} 压力报警（kPa） t_{Enp} 温度报警（℃） 以上四个物理量只能选择一个报警输出
8	第8次按"SET"键	PuL_nod_ _× Vol. ××.×× Cur ×××××	脉冲输出方式 单位定标脉冲对应标准体积量（m^2） 两线制电流输出满度调整 9000~10999	0：未经修正的工况脉冲输出 1：定标脉冲输出 2：与标准体积流量成正比的频率信号输出 3：经线性修正后的工况脉冲输出 无外电源时输出方式为1 有外电源时输出方式按设定输出 对应满量程电流调整倍数 0.9~1.0999
9	第9次按"SET"键	rECod_ _ _× Per. ××× PASS ××××	历史数据记录方式* 记录周期设定（单位：min） 用户参数1密码修改	0：定时间隔记录方式 1：启停记录方式 2：日记录方式 3：带Modbus通信协议通信方式 从一种记录方式切换到另一种方式自动将EEPROM中的历史数据记录清空
10	第10次按"SET"键	同第2次内容		
11	按"RST"键	SAPAS_××××	设置参数确认，输入确认码"1111"	确认码错误2min后退出，放弃输入的参数，读出原储存参数
12	按"SET"键或"RST"键	EEPro_SuCC	存储所有设置参数	结束后进入正常计量状态
13	第1次按"SET"键	PASS_××××	用户检定参数密码	输入正确后按"SET"键进入2，不正确2min后退出设定状态
14	第2次按"SET"键	Produ tds dn ××××	产品序号设定 仪表口径设定	按"INC"键由TDS、TBQZ、ROOTS循环
15	第3次按"SET"键	F_ ×××××× y	仪表系数设定 是否分段修正	若设为不分段修正 n 再按"SET"键直接进入12；设为 y 进入4
16	第4-11次按"SET"键	1_ _ _ _××××.× ±××.×% C（n）	修正点序号与流量点 修正点误差 是否为最后一个修正点	C-后面还有修正点 n-此修正点为最后修正点，再按SET键进入12密码修改

续表

序号	操作	表头显示内容	定义	备注
17	第12次按"SET"键	PASS_××××	检定参数2密码修改	
18	第13次按"SET"键	同第2次内容		
19	按"RST"键	SAPAS_××××	设置检定参数确认,输入确认码"1111"	确认码错误2min后退出,放弃输入的参数,读出原储存参数
20	按"SET"键或"RST"键	EEPro_SuCC	存储所有设置参数	结束后进入正常计量状态

③ 流量计投运后要观察监控平台流量显示数值是否与现场显示数值一致,若不一致则需检查监控系统该点的RS485信号等设置参数,要用笔记本电脑检查其RS485信号输出是否正常。

3) 旋涡流量计的日常维护

(1) 电气连接处检查。

① 检查接线端子线缆连接无松动。

② 检查线缆绝缘应无老化、破损。

(2) 密封性检查。

① 检查流量计前后法兰及流量计本体各密封部位应无泄漏。

② 检查电缆进线各密封接头应无松动、破损。

③ 检查确认流量计壳体前后盒盖紧固,密封圈应无老化、破损。

4) 旋涡流量计的常见故障及处理方法

旋涡流量计的常见故障及处理方法见表2-1-20。

表2-1-20 旋涡流量计的常见故障及处理方法

序号	故障现象	故障原因	处理方法
1	表头无瞬时流量	管道无介质流量或流量低于下限流量	提高介质流量,使其满足要求
		前置放大器损坏(或S2信号电压值低于0.7V)	更换前置放大器(或降低相位电压的设定值)
2	无脉冲放大输出	接入外电源或外电源接线错误	重新检查线路正确接线
		脉冲输出方式设置有误	检查脉冲输出方式设置
		脉冲放大输出电路损坏	更换驱动放大电路中损坏的元器件
3	压力(或温度)闪烁(或异常)	压力传感器损坏(或温度传感器损坏)	更换传感器
		压力传感器绝缘不良	更换传感器
		仪表压力(温度)参数有误或有意外改动	核对参数(根据参数表核对)
		信号线接触不良	重新检查信号线接线

续表

序号	故障现象	故障原因	处理方法
4	瞬时流量值显示不稳定	介质本身不稳定	改进供气条件
		前置灵敏度过高或过低，有多计、漏计脉冲现象	更换前置放大器
		流量计接地不良	检查接地线路
5	累计流量示值与实际流量不符	流量计本身超差	重新标定
		用户正常流量超出仪表流量范围运行	调整流量或重新选型
		流量计仪表系数输入不正确	输入正确的仪表系数
6	无4~20mA电流输出	接线错误	按说明书正确接线
		电流输出模块损坏	更换电流输出模块
7	无法通信	通信序号不一致	核对通信序号，重新设置
		接线错误	重新接线
8	表头所有数值显示出现死值	上电复位电路工作不正常	将仪表断电（10s）后重新上电

6. 金属刮板流量计

1) 金属刮板流量计的原理、结构及应用要求

（1）金属刮板流量计的原理。

金属刮板流量计属容积式流量计，其内部的金属刮板在流体的推动下带动转子一起转动，转子转动过程中金属刮板 A、B、C、D 在固定的凸轮作用下依次伸缩，连续地与壳体内壁形成计量腔，计量流体的体积。计量腔的容积是固定不变的，因此转子的转数与流体的体积成正比，测量出转子的转数即可计量流体的体积，如图 2-1-41 所示。

智能式刮板流量计是通过传感器测量转子的转数，传递给智能积算仪中的单片机运算

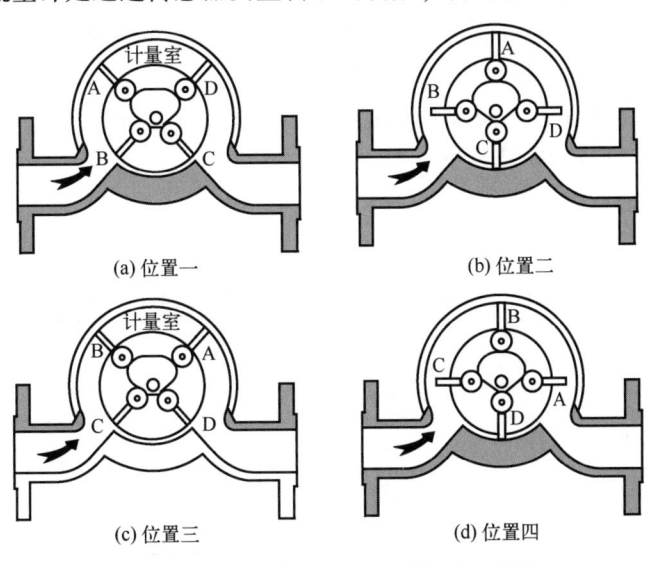

图 2-1-41 金属刮板流量计原理示意图

后显示和传输瞬时流量和累计流量。机械式刮板流量计是通过一套齿轮组测量转子的转数，通过计数器显示流体的流量，并通过光电转换式脉冲发信器将流量信号传递给上级微机或二次仪表。

（2）金属刮板流量计的结构。

金属刮板流量计主要由刮板、转子、凸轮、壳体等部件组成（图2-1-42）。

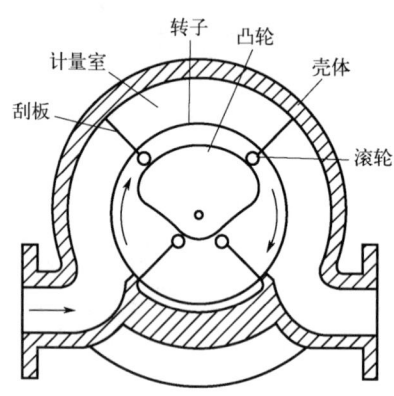

图2-1-42 金属刮板流量计结构

（3）金属刮板流量计的应用要求。

① 金属刮板流量计安装时，严禁流量计连接配对法兰后与管道进行焊接，以免高温损坏流量计内部零件。

② 对于新安装或检修后的管道要进行彻底吹扫，彻底去除管道中的杂物后方可安装金属刮板流量计。

③ 应安装在便于维修、无强电磁场干扰、无强烈机械振动以及无热辐射影响的场所。

④ 金属刮板流量计不宜应用在有强烈流量脉动或压力脉动的场合。

⑤ 安装后金属刮板流量计上标识的流向应与被测流体的流向一致。

⑥ 金属刮板流量计应与管道保持同心，并防止密封片凸入管道内腔。

⑦ 带远传输出的金属刮板流量计必须有可靠接地，不得与强电系统共用接地；在管道安装或检修时，不得把电焊机的地线与流量计搭接。

⑧ 为了便于拆卸维护，金属刮板流量计通常还要设置旁通流程。

2）金属刮板流量计的安装调试

（1）金属刮板流量计的安装。

工具、用具准备见表2-1-21。

表2-1-21 金属刮板流量计安装调试所需工具、用具列表

序号	名称	规格	数量	单位	备注
1	防爆活动扳手	200mm	1	把	
2	防爆活动扳手	350mm	1	把	
3	防爆开口扳手	规格依据流量计连接螺栓确定尺寸	2	把	

续表

序号	名称	规格	数量	单位	备注
4	防爆梅花扳手	规格依据流量计连接螺栓确定尺寸	2	把	
5	防爆撬杠	700mm	1	把	
6	防爆绝缘一字螺丝刀	3mm×75mm	1	把	
7	防爆绝缘十字螺丝刀	5mm×100mm	1	把	
8	万用表	通用型	1	台	
9	金属石墨缠绕垫片	和法兰密封面配套	2	片	
10	全螺纹螺栓螺母	法兰连接	1	套	
11	笔记本电脑	带RS485信号连接线	1	台	
12	棉布	少量	0.5	kg	
13	便携可燃气体检测仪	XP-302M	1	台	

标准化操作步骤：

① 检查确认金属刮板流量计的测量范围、输出信号、公称压力、公称通径、防爆等级等参数与现场工况条件匹配。

② 确认流量计检定合格并粘贴校验标签。

③ 确认流量计前后管道经过清扫无固体杂质。

④ 清理流量计本体及管道法兰密封面，将流量计流向和介质流向调整一致后将其安装在管道上，两端法兰下部各预穿两条螺栓。

⑤ 用防爆撬杠、防爆绝缘一字螺丝刀等工具安装流量计法兰密封垫片，螺栓全部预安装到位后调整密封垫片到法兰中心位置，再用防爆开口、防爆梅花扳手对角紧固法兰螺栓。

⑥ 给流量计充压，检查流量计本体及前后法兰密封面验漏，若有泄漏，重新泄压后整改泄漏部位。

⑦ 根据信号输出类型在流量计内部端子上接线，通常智能远传型金属刮板流量计采用RS485通信信号输出，直接读取金属刮板流量计的瞬时流量、累计流量等参数，监控系统不再进行累计运算，从而保证现场和监控平台数据一致性。

⑧ 为流量计外壳接地端子连接黄绿相间接地软线（通常接地线截面积$6mm^2$）。

（2）金属刮板流量计的调试（以LGJT智能金属刮板流量计为例）。

① 为流量计供电后，查看流量计外电指示是否正常，用便携式可燃气体仪检测现场无可燃气体泄漏后打开流量计盒盖，在表头组件上有四个调试按键，如图2-1-43所示。

设置键：运行界面中，进入参数设置菜单；输入界面中确定输入并右移。

移位键：运行界面中，按一下进入累计值清零程序；输入界面中左移一位。

加1键：运行界面中，按一下进入多点修正管理程序；输入界面中，数字加1显示键；其他界面中，按一下返回运行界面。

注意：运行界面是指液晶屏显示累计流量的界面。

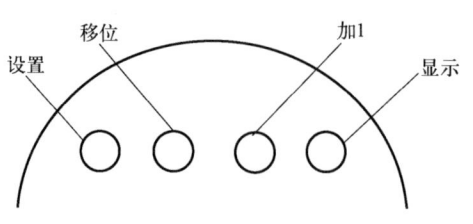

图 2-1-43　金属刮板流量计调试按键

② 按表 2-1-22 所示选择要确认或修改的参数。

表 2-1-22　金属刮板流量计调试参数

序号	代码（L1 显示）	含义
1	P-01	仪表原始系数（单位：脉冲数/m³）
2	P-02	累计值显示精度
3	P-03	脉冲当量 Po-1：输出脉冲为 1P/L Po-10：10P/L Po-100：100P/L Po-1000：1000P/L
4	P-04	采样时间：设定瞬时流量采集的响应时间，单位为 s
5	P-05	仪表地址，范围 1-247
6	P-06	波特率：可选 600，1200，2400，4800，9600，19200，38400
7	P-07	通信校验方式：N81，O81，E81
8	P-08	设置流量计量程
9	P-09	L0-4.000

菜单操作：在运行界面中，按一下设置键，即可进入菜单，L1 显示参数代码"P-01"，L2 显示该参数当前值。通过按加 1 键浏览下一个参数的值。再按一下"SET"键即可进入参数修改画面。输入规则：从光标闪烁位开始自右向左输入，按移位键向左移动移位，按加 1 键闪烁位数字+1，所有位数输入完成后，按设置键完成并保存修改，按显示键放弃修改并退出。

累计值清零：在运行界面中，按移位键，累计值区域 L2 开始闪烁，此时按设置键即可清零，按显示键放弃清零。

多点修正参数管理：在运行界面中，按显示键进入多点修正参数管理程序，此时 L1 区域显示"Fd-1"表示为第一点，L2 区域显示"ABCDFX.YZ"，表示该点的参数。其中"ABCD"表示流量值，"X.YZ"表示该流量点的误差，单位为%。"F"为误差的符号，"0"代表正，"-"代表负。选中某一点后再按设置键即可进入修改，按显示键放弃修改并退出。

注意：多点修正程序不要求修正点的流量值按顺序输入，但是要求第一个修正的流量值应为中点流量。

③ 流量计投运后要观察监控平台流量显示数值是否与现场显示数值一致，若不一致则需检查监控系统该点的RS485信号等设置参数，要用笔记本电脑检查其RS485信号输出是否正常。

3）金属刮板流量计的日常维护

(1) 电气连接处的检查。

① 检查接线端子线缆连接应无松动。

② 检查线缆绝缘应无老化、破损。

(2) 密封性检查。

① 检查流量计前后法兰及流量计本体各密封部位应无泄漏。

② 检查电缆进线各密封接头应无松动、破损。

③ 检查确认流量计壳体前后盒盖紧固，密封圈应无老化、破损。

(3) 其他日常维护要求。

刮板流量计投入使用时，应先开启进口阀门使流量计计量腔内充满介质，然后缓慢开启出口阀门，使流量达到中、小流量，监听流量计运转声音正常后再将阀门开到正常流量。

刮板流量计在运转时，工作人员应经常巡视检查运转声音是否正常，计数是否准确，如有异常声响或计数不均匀跳动应停机检查。

当流量计前、后压力表压差超过0.2MPa时应清理过滤器，清除过源桶内杂物。

机械式刮板流量计每半个月应向精度修正器注油孔内加注10#润滑油一次。

智能式刮板流量计电池使用期限为18个月，显示屏上有电量显示，若低于最低电量应及时更换新电池。

4）金属刮板流量计的常见故障及处理方法

金属刮板流量计的常见故障及处理方法见表2-1-23。

表2-1-23 金属刮板流量计的常见故障及处理方法

类型	序号	故障现象	故障原因	处理方法
智能刮板流量计	1	计量腔正常工作，但液晶屏不计数或字迹不清数值乱跳	表头内电池电量不足	从液晶屏看电池电量不足应更换电池
			电池松动或连线接触不好	检查线路，重装电池
			传感器损坏或松动	测量两输出端，电阻应在2kΩ左右，如开路则更换传感器
			表头内元件损坏	更换表头
	2	现场显示正常，但无远传或数据不符	外供电电源断线，或接触不好	检查外供电源应在DC 11~24V，若接触不好重新接线
			表头内设置有误或损坏	重新设置或更换表头
	3	计量准确度超差	因磨造成泄漏量加大	重新标定，输入修正后的数值
	4	输入新系仍超差	转子因严重磨损泄漏量加大	更换或维修转子

续表

类型	序号	故障现象	故障原因	处理方法
机械刮板流量计	1	计量腔正常工作但大字轮不计数或数字有卡格现象	大字轮、光电发信器或精修损坏	从大字轮开始由上往下逐级拆下用手转动看是否运转正常，如有损坏按同型号更换即可
			出轴密封或腔内齿轮组损坏	开盖检查，更换损坏部位
	2	现场显示正常但无远传或数据不符	外供电源断线，或接触不好	检查外供电源，重新连接
			二次表输入脉冲当量不符	重新输入脉冲当量
			光电器损坏	更换新光电器
	3	计量准确度超差	因磨损造成泄漏量加大	重新标定，调整或更换精修
	4	调整或更换后仍超差	转子因严重磨损泄漏量加大	更换或维修转子
其他故障	1	流量计达不到正常流量压力表压差超过0.2MPa	过滤器杂质太多	清洗过滤器，或更换过滤网
			表内有异物	开盖检查清除异物
	2	腔体内有异常声响	转子轴承损坏或滚轮磨损	开盖检查视情况更换损坏部件，严重时更换转子
	3	流量计腔体内声音异常大，伴有撞击壳体声	转子已损坏不能正常工作	立即停机，由专业人员处理

四、含水分析仪

含水分析仪是利用复合高频法测量流体复杂介电性能来分析液体和水的浓度。当绝缘流体（比如：油）在两个同轴电极之间流过时，分析仪测量它的电容量的变化。电容量的变化同流体的绝缘常数变化成比例。同时，由微处理器运用数学算法把测得的电容值转换成含水量以百分比为单位输出，工作电源是 DC 16~32V。

1. 含水分析仪的原理、结构及应用要求

1）含水分析仪的原理

含水分析仪是利用不同介质对低能射线的吸收不同而研制的。放射性同位素放出低能的射线，当它穿过介质时，其强度要衰减，且衰减的大小随介质的不同而不同，即取决于介质对射线的质量吸收系数和介质的密度。对于多项介质，介质对射线的吸收而带来的射线强度的变化除与介质的种类有关外，还与组成介质的各种组分所占的比例有关。因此通过测量穿过介质的射线的强度变化来获得一些重要信息，经过对这些信息科学合理的分析、处理与计算，便可得到组成介质的各种组分的含量。在油田原油集输计量中，可精确测量管道中原油的含水率、含气率和含油率，再输入流量计脉冲信息和温度信号，经微机计量系统处理，便可得到集输管道中原油含水率、含气率、产液量、产油量、产水量、产气量、油温等统计数据的在线生产报表，可利用服务器实现与计算机联网。

2) 含水分析仪的结构

含水分析仪由一次仪表和二次仪表构成。一次仪表包括测量管道、探测器和放射源。测量管道由钢材加工而成，两端焊有标准法兰。探测器与原油介质采用高分子耐温、耐压材料隔离，并用高强度法兰固定密封。探测器封装在一密闭的钢质外套之内，两端装有防护套，电源和信号线通过防爆引线端子引出。放射源被密闭在具有良好防护措施的源室内，保证了测量管道外的射线计量远远低于国家剂量标准，对环境和工作人员无任何不良影响。二次仪表由数字信号处理单元、模拟信号处理单元、计算机数据采集系统及其他外部设备组成，二次仪表所有部件全部安装在标准工业机柜内，如图 2-1-44 所示。含水分析仪的结构说明见表 2-1-24。

图 2-1-44 含水分析仪的结构

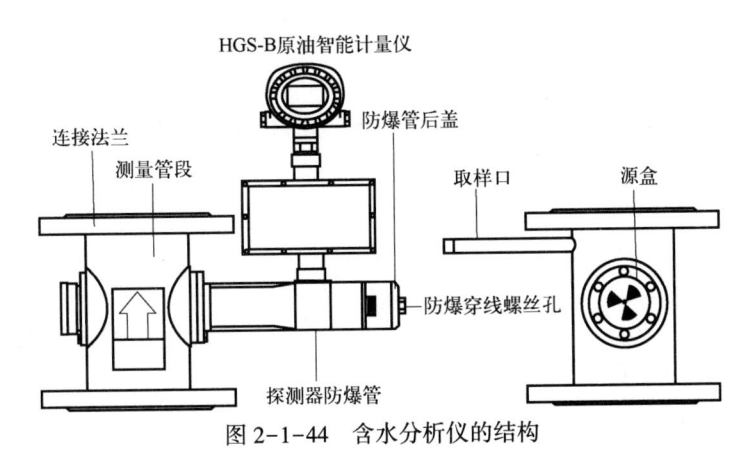

表 2-1-24 含水分析仪各结构说明

名称	用途及说明
HGS-B 原油智能计量仪	瞬时含水、平均含水的处理计算以及就地显示、远传
连接法兰	执行 HG/T 20592~20635—2009《钢制管法兰、整片、紧固件》
测量管段	测量管道中被测介质无阻碍流过
探测器防爆管	光子探测器的安装固定、防爆装置
防爆管后盖	探测器接线端子的防爆装置
防爆穿线螺孔	G1/2″
取样口	G1/2″
源盒	放置低能 γ 射线源的装置，用 238Pu（钚 238），射线能量 ≈16Kev，半衰期 87 年，剂量防护符合 GBZ 125—2009《含密封源仪表的放射卫生防护要求》

3) 含水分析仪的应用要求

（1）含水分析仪必须安装在输油主管线上，为便于检修和标定，应设置旁通流程。

（2）含水分析仪通径和工作压力（在铭牌上标注）与被测量管线的管径和工作压力必须一致。

（3）含水分析仪必须竖直安装于被测管线上，即被测流体介质自下而上流过测量管道，严禁倒置、水平或倾斜安装。安装过程中对内部不可敲击、刮擦，尤其是内部白色聚四氟乙烯探测头。

(4) 含水分析仪安装于过滤器、流量计之后为最佳位置，其余次之，确保被测介质的均匀性。

(5) 含水分析仪安装于室内环境，如在室外安装，必须加装防雨、防晒、保温设施。

(6) 含水分析仪周围 3 倍于管线通径无障碍，探测器防爆接线盒和取样口的方位选择以便于接线、维修和取样为宜。

(7) 含水分析仪安装完成后，在取样口加装阀门。

(8) 含水分析仪安装完成后，其余配件请妥善保存，不可随意放置或丢弃。对其他附件（尤其是低能射线源）及 HGS-B 原油智能计量仪的安装由厂家派专人负责。

2. 含水分析仪的安装调试

1) 含水分析仪的安装

工具、用具准备见表 2-1-25。

表 2-1-25　含水分析仪安装调试所需工具、用具列表

序号	名称	规格	数量	单位	备注
1	防爆活动扳手	200mm	1	把	
2	防爆活动扳手	300mm	1	把	
3	防爆开口扳手	规格依据流量计螺母尺寸确定	1	把	
4	防爆绝缘一字螺丝刀	3mm×75mm	1	把	
5	防爆绝缘十字螺丝刀	5mm×100mm	1	把	
6	万用表	可测直流电压及直流 mA 电流	1	台	
7	多功能剥线钳	—	1	把	

标准化操作步骤：

(1) 含水分析仪的安装。

含水分析仪通过法兰安装到输油管道上，按箭头标注的流量方向垂直安装，对前后的直管段无特殊要求。推荐安装工艺如图 2-1-45 所示。

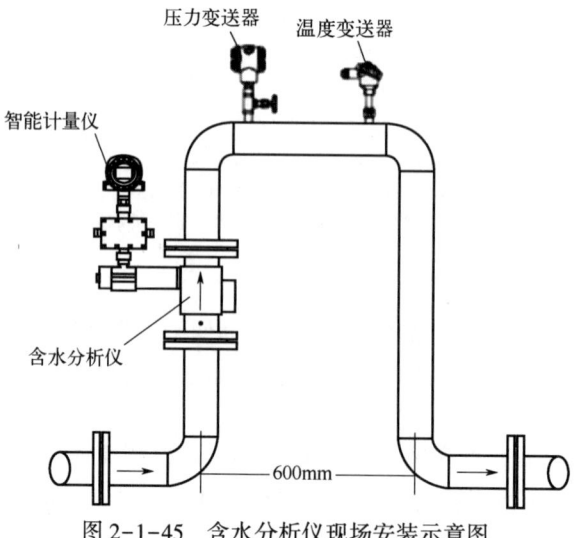

图 2-1-45　含水分析仪现场安装示意图

注意：接线方式及方法操作由厂家技术人员负责完成。
(2) 探测器的安装（图 2-1-46）。

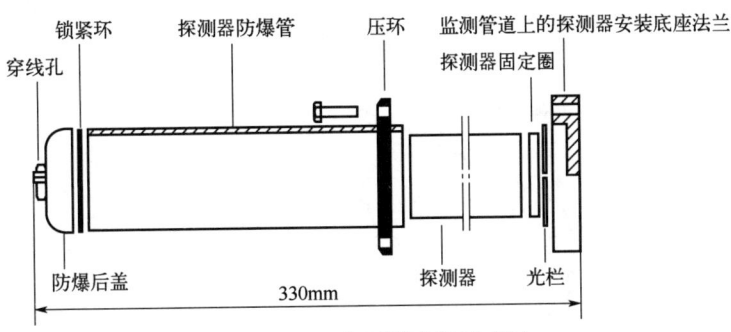

图 2-1-46 探测器安装示意图

① 将探测器安装底座上预先安装的压环拆下。
② 将光栅置于探测器安装底座凹孔内，孔洞中心同轴对齐。
③ 将防爆盒一端（内部无螺纹）插入探测器安装底座内，然后用压环将防爆盒通过螺栓锁紧在探测器安装底座上。
④ 将探测器固定圈套在探测器直径较小的一端，然后推入防爆盒，使其压紧光栅。
⑤ 将锁紧环旋入防爆盒尾部，使其紧紧锁住探测器，确保探测器不能在防爆盒内晃动。
⑥ 旋紧防爆后盖。
(3) 智能计量仪的安装。
智能计量仪通过固定卡瓦固定在探测器的防爆盒上面。为便于安装，先安装固定卡瓦，再安装智能计量仪。
① 将固定卡瓦从智能计量仪上拆下，如图 2-1-47 所示。

图 2-1-47 固定卡瓦结构

② 将卡瓦固定在探测器防爆盒上，调整好位置，使连接活节面朝上，用螺栓固定，如图 2-1-48 所示。
③ 将变送器通过连接活节安装在固定卡瓦上面，在拧紧活节螺栓前调整变送器的方向，使显示界面面向便于观察的位置，然后拧紧活节螺栓，如图 2-1-49 所示。
2) 含水分析仪的调试
本系统调试部分的工作，主要是围绕信号处理器中探测器输入、输出信号的调试展开的。

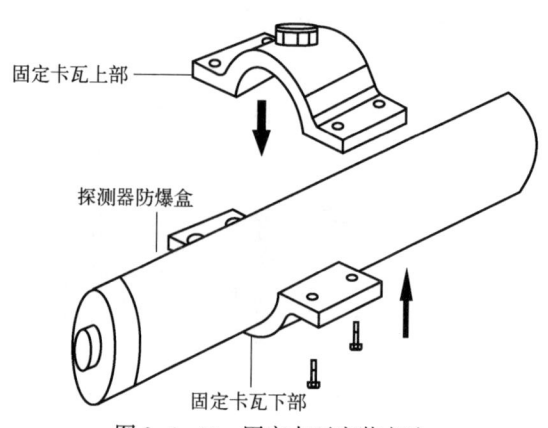

图 2-1-48　固定卡瓦安装方法

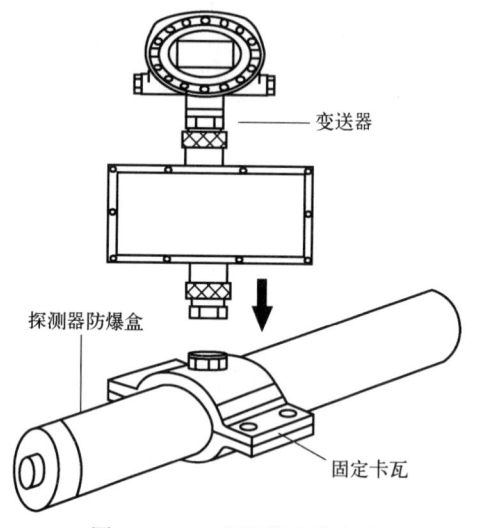

图 2-1-49　变送器安装方法

探测器的输出信号必须由专用的 HGS 系列原油智能计量仪来完成，主要完成信号的采集、处理、计算、输出等功能。

探测器输入信号的调试（高压模块的调试方法）在探测器后端（FSGQ-90B 型）或者 HGS-B 原油智能计量仪防爆接线盒内找到相应的高压模块调节端。置示波器交流负脉冲挡，脉冲幅度为 0.1V，脉冲宽度为 1μs。表笔探针勾信号处理器后面板相应测试端，夹好地线，缓慢调节示波器信号同步旋扭，直到出现探测器脉冲回扫线，再用小螺丝刀调节高压模块输出电压调节旋钮，使波形下端最亮处接近要求幅度。

3. 含水分析仪的日常维护

FDH 型含水分析仪使用低能密封 γ 射线源 238Pu（钚 238），射线能量为 16.9Kev，半衰期为 87 年，经甘肃省卫生监督部门严格检测，仪表表面的辐射吸收剂量当量率为 0.18μSv/h，与天然辐射本底吸收剂量当量持平，符合 GBZ 125—2009《含密封源仪表的放射卫生防护要求》规定要求。放射源的管理、使用、销售严格按照国家的有关法规办理，由专业公司负责对现场仪表安装、调试及退役仪表放射源回收工作。

4. 含水分析仪的常见故障及处理方法

含水分析仪的常见故障及处理方法见表 2-1-26。

表 2-1-26　含水分析仪的常见故障及处理方法

序号	故障现象	故障原因	处理方法
1	首次投用，上电后无显示	供电回路线缆损坏或连接端子松动，电源供电不正常	(1) 检查供电回路，查看线缆是否损坏，如果损坏，更换线缆；如果连接端子松动，用螺丝刀拧紧连接端子 (2) 在含水分析仪端测量供电电压
		带负载的情况下，电源供电功率不足	带负载的情况下，在含水分析仪端测量供电电压，如果电压低于 12V，说明电源功率不足，单独准备一块电源给含水分析仪供电
2	使用过程中突然无显示	供电回路线缆损坏或连接端子松动，电源供电不正常	(1) 检查供电回路，查看线缆是否损坏，如果损坏，更换线缆；如果连接端子松动，用螺丝刀拧紧连接端子 (2) 在含水分析仪端测量供电电压
		带负载的情况下，电源供电功率不足或电源供电功率较高	带负载的情况下，在含水分析仪端测量供电电压，如果电压低于 12V，说明电源功率不足，单独准备一块电源给含水分析仪供电。如果电压高于 28V，说明电压过高，导致变送器损坏，需更换电源和损坏的变送器
3	含水率长时间显示含水下限	介质含有大量气体	打开取样口，介质以间断喷射状流出，同时伴有气体流出或者一次取一满桶样品，等泡沫退去，最终只剩下很少一部分。需要改变生产工艺，对介质中的气体进行去除，否则含水分析仪无法正常使用
		信号调试有误	联系生产厂家，重新调试信号，并进行标定
		参数设置有误	联系生产厂家，重新设置参数，并进行标定
4	含水率长时间显示含水上限	信号调试有误	联系生产厂家，重新调试信号，并进行标定
		参数设置有误	联系生产厂家，重新设置参数，并进行标定
		透射探测器损坏	联系生产厂家，更换探测器，并进行信号调试、标定
5	含水率显示值波动大	供电电源电压不稳定	更换供电电源
		信号调试有误	联系生产厂家，重新调试信号，并进行标定
		原油中含有不稳定量的气体	在含水分析仪前端的生产工艺上加装消气器、大罐等设备，消除原油含气

五、气体检测仪

1. 可燃气体检测仪

1) 可燃气体检测仪的原理、结构及应用要求

(1) 可燃气体检测仪的原理。

可燃气体检测仪根据工作原理的不同可分为催化燃烧式和电化学式两种。

催化燃烧式可燃气体检测仪的原理基于惠斯通电桥原理。正常情况下，电桥 C\D 两端是平衡的。在测量桥 A 上涂有催化物质，微量的可燃气体泄漏使其发生催化燃烧反应，会使测量桥温度增加，电阻增大，而此时测量桥 B 温度不变。电路会测出由此产生的电压

变化，输出的电压同泄漏的可燃气体浓度成正比，通过信号放大等部件转换成标准的4~20mA信号输出至数据采集系统上，如图2-1-50所示。

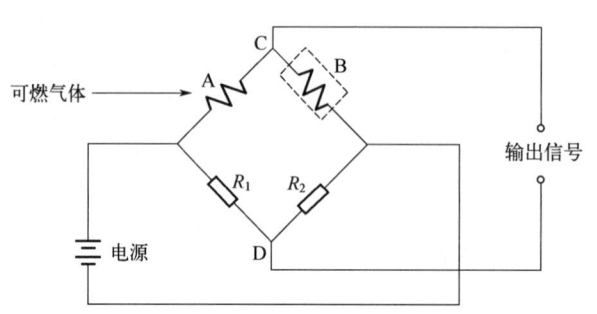

图2-1-50 催化燃烧式可燃气体检测仪的原理

电化学式可燃气体检测仪的原理：电化学传感器一般由三极（传感电极、计数电极、参比电极）及电解液构成。被测气体在传感电极发生氧化还原反应，计数电极相对于参比电极产生正、负电位差，电流的变化与被测气体浓度成正比，就形成了较宽的线性测量范围。

（2）可燃气体检测仪的结构。

可燃气体检测仪主要由壳体、传感器组件、防尘罩组件、显示组件、声光报警组件、EMC组件等部件组成，如图2-1-51所示。

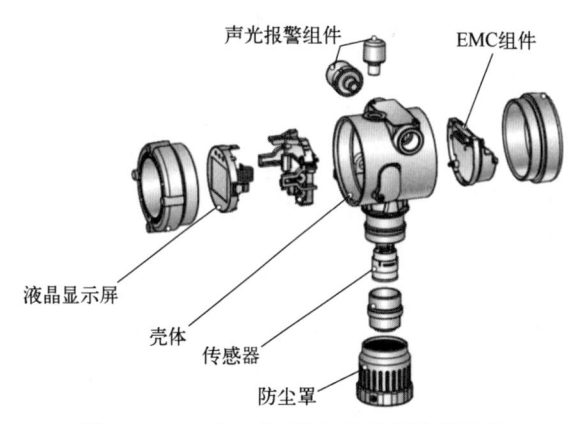

图2-1-51 固定式可燃气体检测仪的结构

（3）可燃气体检测仪的应用要求。

① 当使用场所空气中含有少量能使催化燃烧检测元件中毒的硫、磷、砷、卤素化合物等介质时，应选用抗毒型催化燃烧式可燃气体检测仪。

② 可燃气体检测仪必须经国家指定机构或授权检验单位出具计量器具制造认证、防爆性能认证和消防认证。

③ 比空气轻的可燃气体释放源处于封闭或半封闭厂房内时，除了要在释放源上方设置可燃气体检测仪，还应在厂房最高点易于积聚可燃气体的位置设置可燃气体检测仪。

④ 可燃气体检测仪宜采用独立的数据采集系统，不宜将可燃气体信号接入其他数据采集系统上，避免混用。

⑤ 可燃气体监测系统应具有报警记录功能并可储存及打印历史报警数据。报警信号应传送至 24h 有人值守的控制室或操作室，监控人员发现异常报警，要立即通知有关人员确认现场可燃介质泄漏情况。一般情况下现场固定式可燃气体检测仪也应具备数值显示及声光报警功能。

⑥ 危险生产场所通常选用固定式可燃气体检测仪，当不具备设置固定式可燃气体检测仪条件时，应配置便携式可燃气体检测报警仪。

⑦ 电气连接部分：可燃气体检测仪电缆线芯截面积应根据线路距离的远近按照检测仪说明书中的要求选择，通常情况下应选用铜芯屏蔽电缆，一般情况下选择 2 芯（双绞屏蔽）×2 芯（双绞屏蔽）芯结构的四芯电缆，或 2 芯（双绞屏蔽）+1 芯结构的三芯电缆。传输线路在有接线箱（或接线盒）转接的情况下，各电缆的屏蔽层也应接通并保持绝缘，单层屏蔽电缆的屏蔽层和双层屏蔽电缆的内屏蔽层只在监控系统机柜一侧工作接地上做接地。现场仪表外壳均作保护接地。铠装电缆的铠装层、双层屏蔽电缆的外屏蔽层要在现场侧全部接地，在监控系统机柜侧保护接地上全部接地。电缆各绝缘层的耐压等级不应低于 300V。

⑧ 防爆安装要求：防爆场所拆卸可燃气体检测仪前应断开电源后方可开盖。检测仪的进线口处应安装防爆电缆密封接头，可燃气体本体上的所有接地螺栓均应接地。

2）可燃气体检测仪的安装与调试（以 ESD200 可燃气体检测仪为例）

（1）可燃气体检测仪的安装。

工具、用具准备见表 2-1-27。

表 2-1-27　可燃气体检测仪安装调试所需工具、用具列表

序号	名称	规格	数量	单位	备注
1	防爆活动扳手	200mm	1	把	
2	防爆活动扳手	350mm	1	把	
3	防爆绝缘一字螺丝刀	3mm×75mm	1	把	
4	防爆绝缘十字螺丝刀	5mm×100mm	1	把	
5	万用表	可测直流电压及直流 mA 电流	1	台	

标准化操作步骤：

① 安装前检查可燃气体检测仪由有标定资质的单位标定合格、合格证及标定证书齐全。

② 将可燃气体检测仪垂直固定安装到钢管或墙壁上，如图 2-1-52 所示。

③ 用防爆螺丝刀按照说明书上的接线图接线。可燃气体检测仪常见的接线方式是三

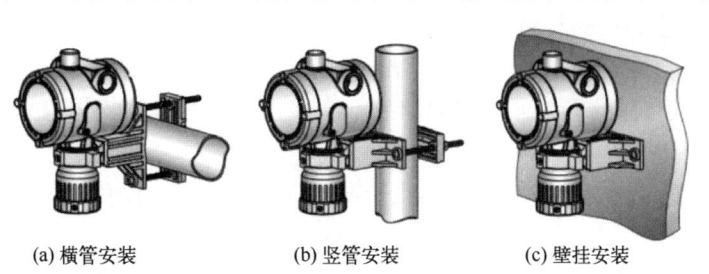

(a) 横管安装　　(b) 竖管安装　　(c) 壁挂安装

图 2-1-52　可燃气体检测仪的安装方式

线制接线（"V+"端子为电源正极、"V-"端子为公共负极，"S"端子为信号输出正极），如图 2-1-53 所示。

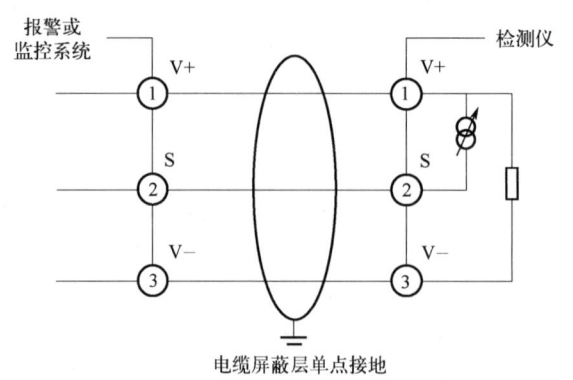

图 2-1-53 可燃气体检测仪三线制接法

接线完毕后拧紧可燃气体检测仪接线盒盖，拧紧外壳接地线端子。

（2）可燃气体检测仪的调试。

① 给可燃气体检测仪供电，用万用表检查各接线端子正确连接，检查接线端子工作电压应在检测仪说明书规定范围内。

② 可燃气体检测仪标定：可燃气体检测仪应由具备相应标定资质的单位进行标定，通常情况下标定连接如图 2-1-54 所示。

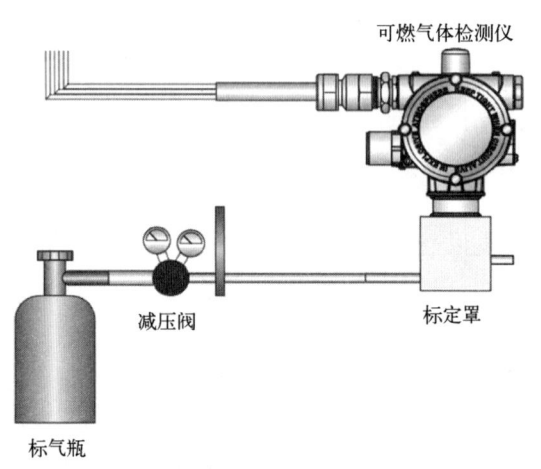

图 2-1-54 可燃气体检测仪标定连接方式

3）可燃气体检测仪的日常维护

（1）对可燃气体检测仪进行定期检查和清洁，确保仪表外观完好、数据显示正常、各部位清洁、检测仪传感器防尘罩无异物堵塞。在多尘土和有腐蚀气体等恶劣环境下使用要增加清洁频次。

（2）使用中的可燃气体检测仪，禁止受剧烈碰撞和冲击，以免损坏内部元器件，造成故障。

（3）安装在易受水冲刷的地方的检测仪应检查防水罩是否完好。

（4）可燃气体检测仪应按说明书中的要求进行安装和接线。

（5）可燃气体检测仪不允许随意拆除及停用，可燃气体检测仪必须由具备相应资质单位进行标定和维修，未经标定的可燃气体检测仪禁止使用。

（6）当可燃气体检测仪出现故障代码时要及时进行处置。

4）可燃气体检测仪的常见故障及处理方法

可燃气体检测仪的常见故障及处理方法见表2-1-28。

表 2-1-28 可燃气体检测仪的常见故障及处理方法

序号	故障现象	故障原因	处理方法
1	通电后可燃气体检测仪表头无显示	可燃气体检测仪供电线路故障	排查供电线路故障，用万用表测量供电电压应在说明书规定范围内
		接线端子连接错误	按照检测仪说明书要求重新连接接线端子
		检测仪自身故障	更换故障部件或整体更换可燃气体检测仪
2	可燃气体检测仪零位显示值超过精度范围	可燃气体检测仪零位飘移过大	更换可燃气体检测仪
3	可燃气体仪表头显示正常但监控平台显示异常	可燃气体检测仪输出信号异常	更换可燃气体检测仪输出电路模块
		数据采集系统硬件故障或软件设置异常	排查数据采集系统硬件故障或软件设置
		可燃气体检测仪信号输出正极线路中断或监控系统信号输入熔断器熔断	排除信号输出正极线路中断故障或更换监控系统信号输入熔断器
4	监控系统可燃气体显示值经常波动超过铭牌精度范围	可燃气体检测仪电缆线屏蔽层两端接地或未接地	排查检测仪屏蔽电缆接地情况，确保电缆内屏蔽层在监控系统机柜侧单点接地
		可燃气体检测仪监控系统未按要求接地	排查监控系统的接地是否符合要求
		未采用2芯（双绞屏蔽）×2芯（双绞屏蔽）四芯电缆或2（双绞屏蔽）+1芯的三芯结构的电缆	更换为2芯（双绞屏蔽）×2芯（双绞屏蔽）四芯电缆或2（双绞屏蔽）+1芯的三芯结构的电缆
		双绞屏蔽的两根导线未接在信号输出的两个端子上	将双绞屏蔽电缆的两根导线接在信号输出的两个端子上
		可燃气体检测仪自身输出信号波动大	更换检测仪输出模块或整体更换可燃气体检测仪

2. 有毒有害气体检测仪

有毒有害气体检测仪是一种在石油、化工、制药等生产领域里实时检测有毒有害气体浓度，以确保生产安全的工业检测仪表。它固定安装在具有有毒有害气体泄漏风险的危险场所，会把现场有毒气体浓度数据传输给气体报警控制器，起到现场安全监测的作用。若监测位置有毒气体泄漏时，由气体报警控制器进行数据处理触发蜂鸣器报警。

1）有毒有害气体检测仪的原理、结构及应用要求

（1）有毒有害气体检测仪的原理。

有毒有害气体检测仪采用电化学传感器，该传感器就像是一个微型燃料电池，当气体扩散进入传感器后，在敏感电极（S极）表面进行氧化或还原反应，产生电流，该电流的大小与气体浓度成比例关系，通过取样电阻予以测定，经过后续电路放大调整后，输出与毒性气体浓度呈线性关系的4~20mA DC标准电流信号。

（2）有毒有害气体检测仪的结构。

有毒有害气体检测仪的结构主要包括：进线孔、气体传感器、进气孔、显示屏、电路板、报警指示灯等，如图2-1-55所示。

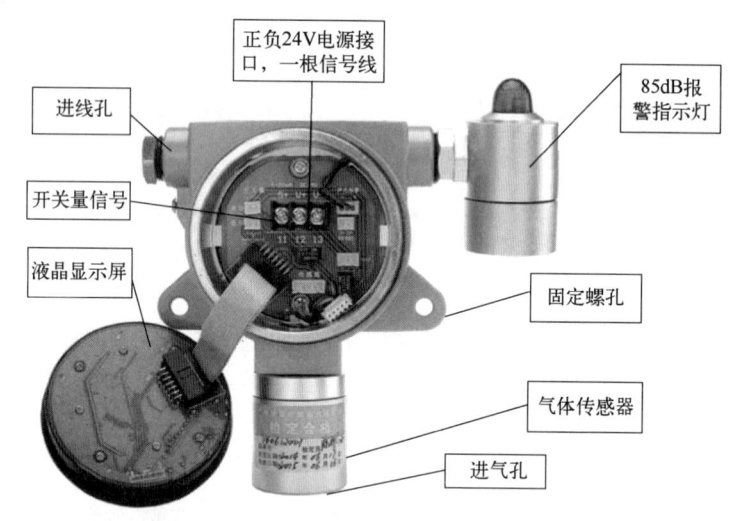

图2-1-55 有毒有害气体检测仪的结构

（3）有毒有害气体检测仪的应用要求。

① 传感器要求电极之间存在偏压。传感器稳定需要30min至24h，并需要三周时间来继续保持稳定。

② 有毒有害气体传感器需要少量氧气来保持功能正常，传感器背面有一个通气孔以达到该目的。

③ 高温及干旱会影响传感器的使用寿命。瞬间压力变化可能产生一个暂态的传感器输出，也有可能达到误报警状态。

④ 对于氯乙烯、氯化氢、氨气、环氧乙烷探测器，在上电或更换传感器后需预热24h，其间显示值及输出电流由最大值逐渐回至零点，这是由传感器的特性决定的。在稳定至零点之前，请勿进行调零或标定设置，否则会造成检测不准确。

⑤ 若在有毒有害气体检测仪附近准备进行油漆作业或焊接作业，则应当临时采取措施密封探测器，以免传感器受过多气体烟气的侵袭。

⑥ 应设置有毒有害气体检测报警仪的场所，宜采用固定式检测仪；当不具备设置固定式检测仪安装条件时，应配置便携式检测报警仪。

⑦ 电气连接部分：根据通信线路的远近，应当选用1.5mm^{2}以上带屏蔽的2芯×2芯或3芯屏蔽电缆，如图2-1-56所示。

图 2-1-56　屏蔽电缆

⑧ 防爆现场接线要求：拆装前必须断开电源方可打开保护盖。隔爆型设备，电缆需安装防爆挠性软管（图 2-1-57）。本质安全型设备，需要增加隔离栅，如图 2-1-58 所示。

图 2-1-57　防爆挠性管

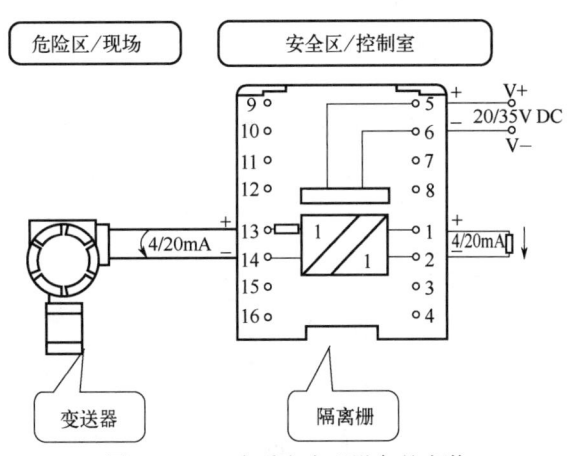

图 2-1-58　本质安全型设备的安装

2）有毒有害气体检测仪的安装与调试

（1）有毒有害气体检测仪的安装。

工具、用具准备见表 2-1-29。

表 2-1-29　有毒有害气体测仪安装调试所需工具、用具列表

序号	名称	规格	数量	单位	备注
1	防爆活动扳手	200mm	1	把	

续表

序号	名称	规格	数量	单位	备注
2	防爆活动扳手	300mm	1	把	
3	防爆绝缘一字螺丝刀	3mm×75mm	1	把	
4	防爆绝缘十字螺丝刀	5mm×100mm	1	把	
5	万用表	可测直流电压及直流 mA 电流	1	台	
6	多功能剥线钳	DL2607-7	1	把	
7	电工刀	中号	1	把	
8	清洁物品	清理现场用	1	套	

① 确认所安装的有毒有害气体检测仪通过检定。

② 将表体垂直安装到规定位置。安装位置应选择在有毒有害气体容易泄漏的设备阀门或管道附近，布置在释放源的最小频率风向的上风侧。

③ 探测器的有效覆盖水平平面半径，室内为 7.5m。室外为 15m（无障碍物阻挡）。

④ 室外安装应安装防晒板。

⑤ 由于墙表面和地面易吸收毒性气体，并随着温度、湿度的变化向外释放，影响传感器的正常工作，安装有毒有害气体检测仪时距墙壁及地面不宜太近，周围应留下不小于 0.3m 的距离。

⑥ 探测器的安装高度应根据被测气体的密度来确定，对于密度大于空气的气体，其安装高度应距地面（或楼地板）0.3~0.6m。若该区域经常用水冲洗或经常下雪，应将探测器安装得足够高，以保证传感器不被浸湿或被积雪掩埋。

⑦ 对于密度小于空气的气体其安装高度宜高出释放源 0.5~2m。

⑧ 探测器的传感器部分应向下安装。

⑨ 安装场所应在无腐蚀性气体、无冲击、无震动、无强电磁场干扰的地方。

⑩ 探测器为隔爆型电气设备，安装完毕后应保证其内腔与外部环境隔离。一旦出现内腔进气、进水等现象，将有可能导致爆炸的危险，如图 2-1-59 所示。

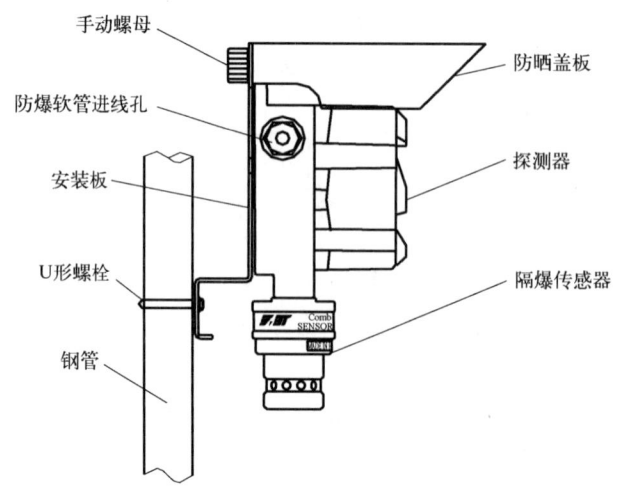

图 2-1-59 有毒有害气体检测仪的安装

⑪ 安装完毕后，按要求进行接线，如图 2-1-60 所示。

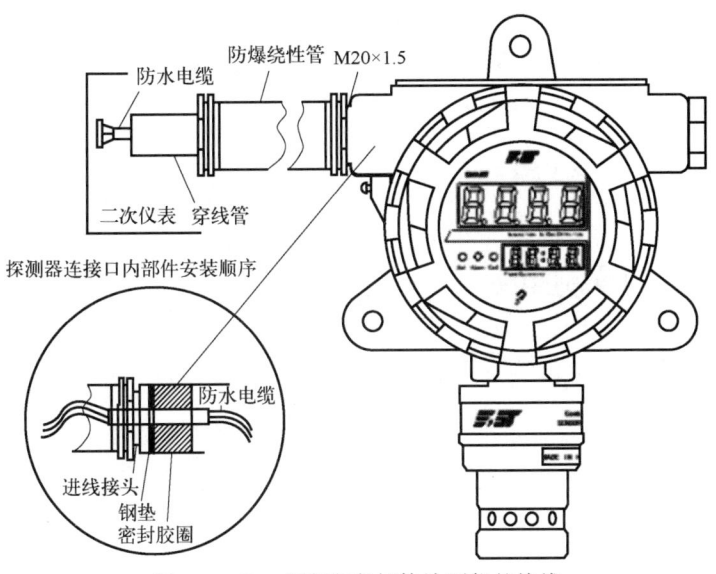

图 2-1-60 有毒有害气体检测仪的接线

⑫ 接线完成后盖紧接线盒盖，给有毒有害气体检测仪供电，查看现场可燃气体检测仪数据显示和监控室数据显示是否准确、一致。

（2）有毒有害气体检测仪的调试。

① 零位校准。

当有毒有害气体检测仪零位显示超过自身精度范围后，需按照该设备说明书进行零位校准。零位校准时必须确保有毒有害气体检测仪周围无有毒有害气体飘逸或泄漏。

② 有毒有害气体检测仪的标定。

一般情况下有毒有害气体检测仪的标定应由当地具备相应标定资质的单位进行标定。

3）有毒有害气体检测仪的日常维护

（1）电气连接处检查。

① 定期检查接线端子的电缆连接，确认端子接线牢固。

② 定期检查导线是否有老化、破损的现象。

（2）设备使用过程检查。

保持检测仪外部完好与清洁。要保持各部位不积尘土和油污，防止锈蚀现象，在多尘土和有腐蚀气体等恶劣环境下使用要增加清尘、保洁频次，检测仪防尘罩要定期清理，防止异物堵塞。

使用中的有毒有害气体检测仪禁止受碰撞和冲击，以免受到剧烈外力后，损坏内部元器件，造成故障。

检测仪应注意防水，在室外和室内易受水冲刷的地方应装有防水罩。

检测仪的安装和接线应按制造厂规定的要求进行，并应符合防爆仪表安装接线的规定。

检测仪必要的维修必须由相关技术人员进行，未经有资质标定单位标定的检测仪禁止使用。

4）有毒有害气体检测仪的常见故障及处理方法

有毒有害气体检测仪的常见故障及处理方法见表 2-1-30。

表 2-1-30　有毒有害气体检测仪的常见故障及处理方法

序号	故障现象	故障原因	处理方法
1	检测仪无数值显示	电源电路故障	排查供电线路，在线状态下用万用表测量供电电压应在规定的电压范围内
		显示电路故障	(1) 测量电源板集成电路电压，应在设计范围内，否则，更换检测仪或维修集成电源板 (2) 若电源部分正常，可判断为检测仪显示板故障，更换显示板
2	通气标定线性差	传感器损坏	传感器已损坏或使用寿命已到，更换传感器
3	通气时显示输出均无变化或变化较小	传感器失效	由于现场环境恶劣或达到使用寿命，传感器丧失了灵敏度，应更换传感器

六、三相电参数采集器

三相电参数采集在工业中经常用到测量设备或者电网的三相电压、电流、电能等参数。三相电参数采集具有安装方便、接线简单、工程量小、维护方便等特点。

1. 三相电参数采集器的原理、结构及应用要求

1）三相电参数采集器的原理

三相电参数采集是通过电参测控单元测量三相四线制负载的各相相电流（I_a，I_b，I_c）、各相相电压（U_a，U_b，U_c）、各相有功功率（P_a，P_b，P_c）、合相有功功率 P_t、各相无功功率（Q_a，Q_b，Q_c）、合相无功功率 Q_t、各相视在功率（S_a，S_b，S_c）、合相视在功率 S_t、各相功率因数（$\cos\phi a$，$\cos\phi b$，$\cos\phi c$）、合相功率因数 $\cos\phi$、线路频率以及各相有功电能（W_{pa}，W_{pb}，W_{pc}）、总有功电能（W_{pt}），各相无功电能（W_{qa}，W_{qb}，W_{qc}）、总无功电能（W_{qt}）等数据。

三相电参数采集器是数字化系统的主要传感器之一，主要负责定时采集抽油机三相电参数，将三相电参数发送至井场 RTU。接收井场 RTU 命令，控制抽油机电动机启停。

2）三相电参数采集器的结构

（1）电参测控单元结构组成：电参测控模块、喇叭组件、电流互感器、电压测试电缆组件、启停控制电缆组件、电源电缆组件、天线。

（2）三相电参数采集器外部接口说明如图 2-1-61、图 2-1-62 所示。

图 2-1-61　三相电参数采集模块

图 2-1-62 三相电参数采集器

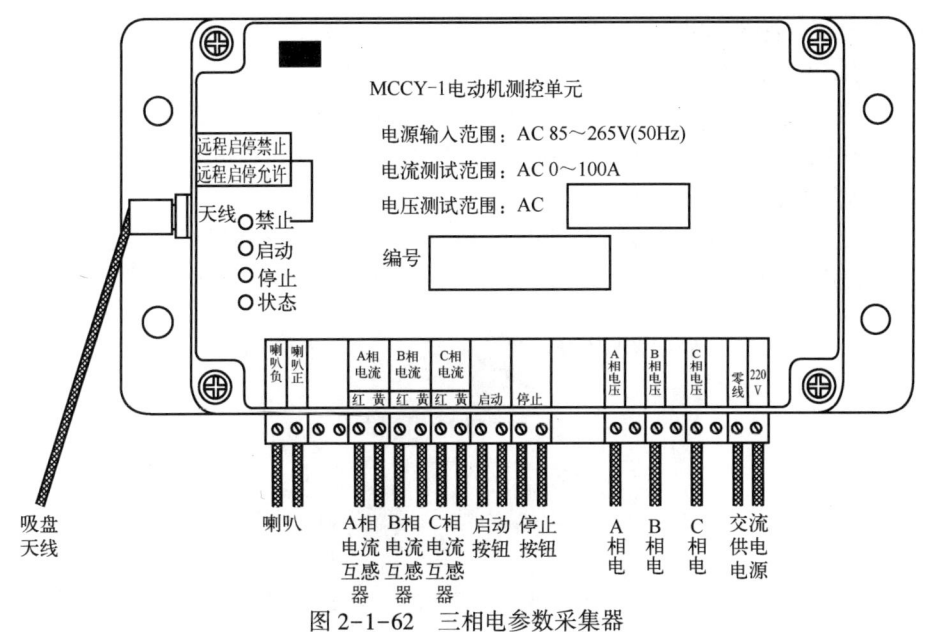

3) 三相电参数采集器的应用要求

(1) 产品每年应进行一次计量检定。如果产品误差超出范围，通常是由于潮湿、灰尘或腐蚀气体所致，可对产品内部进行清洁和干燥处理。如果干燥和清洁无法恢复产品准确度，应将此产品视同故障产品送回厂方检修。

(2) 在安装、使用过程中输入端子可能带有危险电压，因此在对本产品进行任何内部或外部操作前，必须切断输入信号和电源。

2. 三相电参数采集器的安装与调试

1) 三相电参数采集器的安装

工具、用具准备见表 2-1-31。

表 2-1-31 三相电参数采集器安装调试所需工具、用具列表

序号	名称	规格	数量	单位	备注
1	防爆绝缘一字螺丝刀	3mm×100mm	1	把	
2	防爆绝缘十字螺丝刀	5mm×100mm	1	把	
3	多功能剥线钳	DL2607-7	1	把	
4	绝缘胶带	18mm×20mm×0.15mm	1	卷	
5	笔记本电脑	—	1	台	
6	调试线	信道、地址设置器	1	根	
7	万用表	可测直流电压及直流 mA 电流	1	台	

标准化操作步骤：

(1) 首先停止抽油机，切断抽油机总电源，断开电控柜开关。

(2) 将三相电压测试线按 A、B、C 对应连接到三相电源接线端子上，最好是接在电动机继电器前端（空气开关的后端）。

（3）将电流互感器按电流方向分别穿入对应的 A、B、C 电动机三相电源线，再将电流互感器的引出线按线标分别接到电参的接线插头上。

（4）将启动控制线和控制柜启动开关并联，并将停止控制线和控制柜停止开关串联。

（5）将喇叭连接线缆按线标连接到电参的接线插头上，再将电参和喇叭分别吸附在抽油机电动机控制柜内的合适位置。

（6）将交流 220V 的电源线连接到电参上（注意区分火线和零线），经检查所有接线正确后，再接通电源，如图 2-1-63 所示。

图 2-1-63　电流互感器实物

（7）将地址码设置器通过调试线与电动机测控单元连接起来，为其设置地址、信道和井号（只有在电动机测控单元供电后才能设置）。

（8）确认无误后启动抽油机。

2）三相电参数采集器的调试

在 PC 机上打开 RTU 驱动软件，在巡检列表界面右键点击电参测控单元所安装的油井，选择"测试电参数"，等待大约 2s 后，油井三相电参数应能正常返回。选择"电机远程启动"和"电机远程停止"，应该能正常控制抽油机启动、停止，则电参调试完成。

3. 三相电参数采集器的常见故障及处理方法

三相电参数采集器的常见故障及处理方法见表 2-1-32。

表 2-1-32　三相电参数采集器的常见故障及处理方法

序号	故障现象	故障原因	处理方法
1	电参数数据为零	（1）参数设置错误 （2）天线松动 （3）信道配置错误 （4）电流、电压线断	（1）将 RTU "远程设置"→"井场 RTU 参数"中的"电参巡检状态"设置为"启动" （2）紧固电参天线 （3）用调试线连接笔记本打开 RTU 调试软件重新配置电参地址、信道 （4）更换电参电流、电压测试线
2	无法远程启停井	（1）远程启停功能被禁止 （2）电参启停线连接错误 （3）启停接口坏	（1）电参侧面的开关拨至"远程启停允许"，如果拨至"远程启停禁止"，将强制禁用远程启动功能 （2）更换电参启停线，启动线并联在启动开关上，停止线与停止开关串联；用万用表检测电参启停线是否断开，找到断点接好或更换启停线 （3）换电参模块再尝试，在 RTU 中重新设置启停

注意事项：电流互感器的倍率与互感器变比有关，并且在互感器铭牌上标明，所谓互感器倍率就是变比。例如：现场电流互感器变比为 100/5A，则设置电流互感器变比应为 20；现场电流互感器变比为 50/5A，则设置电流互感器变比应为 10。升级过程中一定要把电参数据校准正确。

七、载荷变送器

1. 载荷变送器的原理、结构及应用要求

1）载荷变送器的原理

载荷变送器是将诸如重力、负荷、压力等转换为可传送的标准输出信号的仪表。其主要用于工业过程载荷参数的测量。载荷传感器测量所受的力，输出电信号，以便精确监视、报告或控制力。

采油生产中的载荷传感器用于测试抽油杆所受重力，并将其转换为 4~20mA 的输出信号。通过井口采集单元 RTU 设备采集生成抽油机负荷与抽油杆位移的关系曲线（示功图），反映油井抽油泵的工作状态。

2）载荷变送器的结构

载荷变送器的结构组成包括上压板、壳体、弹性元件、应变计、信号接口、信号调理部件、下压板，如图 2-1-64 所示。

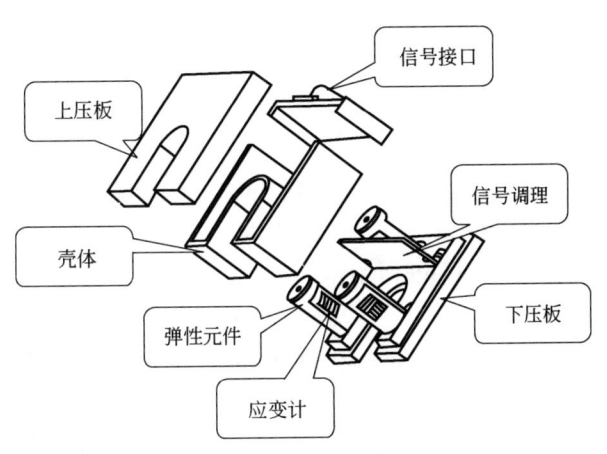

图 2-1-64 载荷变送器的结构

3）载荷变送器的应用要求

（1）禁止未按照规范拆卸载荷变送器，造成载荷变送器及电缆线损坏。

（2）必须保障载荷线缆电路的完整性，尽量避免中间接头。

2. 载荷变送器的安装与调试

1）载荷变送器的安装

工具、用具准备见表 2-1-33。

表 2-1-33　载荷变送器安装调试所需的工具、用具

序号	名称	规格	数量	单位	备注
1	光杆卡子	与光杆配套的型号	1	副	
2	防爆管钳	600mm	1	把	
3	多功能剥线钳	—	1	把	
4	防爆绝缘十字螺丝刀	5mm×100mm	1	把	
5	防爆绝缘一字螺丝刀	3mm×50mm	1	把	
6	防爆梅花扳手	32mm×36mm	1	把	
7	防爆梅花扳手	24mm×27mm	2	把	
8	万用表	可测直流电压及直流 mA 电流	1	台	

标准化操作步骤：

（1）停止抽油机，将抽油机驴头停在接近下死点的位置，光杆卡子打到光杆上，将负荷卸掉，刹紧刹车，切断电源。

（2）拆卸悬绳器，把光杆顶部的防脱帽和方卡子卸掉，将悬绳器全部卸掉，准备安装防偏磨悬绳器配套的垫板（限位块）。

（3）安装垫板，让光杆从垫板中间的圆孔中穿过。安装垫板时，圆盘在上，H 形底座在下；圆盘的凹槽向上，底座的圆形凹槽向下，让毛辫子的两个卡箍卡在凹槽内。

（4）安装载荷变送器，松开限位螺杆，将载荷触点向上插入圆盘和 H 形底座的中间（载荷的两个触点一定要向上，确保两个触点和圆盘底面完全贴合），然后将限位螺杆拧紧。

（5）依序把防偏磨悬绳器、光杆卡子、防脱帽安装好。

（6）安装固定载荷线：确定载荷线的接线方式，把载荷线与载荷连接好后将载荷线固定在悬绳器上防止载荷线因外力损坏。

（7）慢松刹车，使载荷缓慢受力，把卸载的光杆卡子取下。

（8）收拾工具，打扫卫生，清理井场周围环境。

（9）安装完成效果如图 2-1-65 所示。

2）载荷变送器的调试

载荷变送器有 2 条接线：24V+，4~20mA 输出。在现场可通过测试载荷传感器输出电流判定其是否损坏。

将载荷变送器的 24V+连接到直流 24V 电源的正极。载荷变送器空载时，用万用表电流挡测载荷变送器输出电流是否为 4mA。给载荷变送器加载，观察传感器输出电流是否增加。

3. 载荷变送器的日常维护

（1）载荷变送器日常应检查接线是否牢靠。

（2）应经常检查载荷电缆是否完好。日常生产中由于载荷线缆随抽油机上下摆动而运动，会出现载荷线缆内部折断的情况。

（3）修井作业及措施作业时，拆卸载荷应注意保护载荷变送器及载荷线缆，防止载荷线缆接头损坏、载荷线缆接线柱损坏以及载荷变送器被油污污染腐蚀等情况发生。

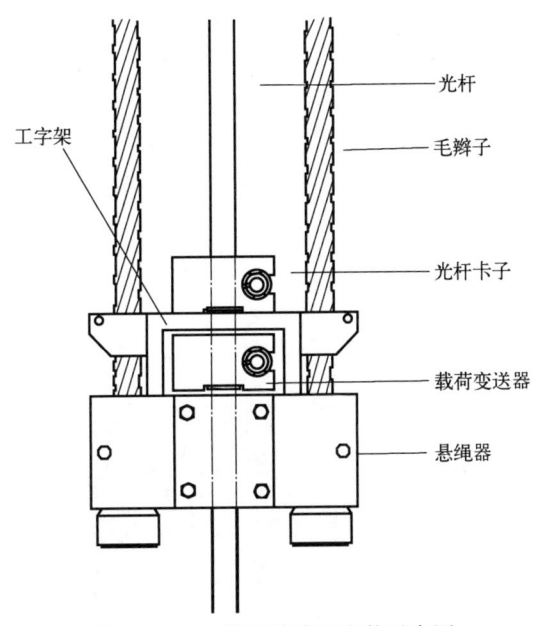

图 2-1-65　载荷传感器安装示意图

4. 载荷变送器的常见故障及处理方法

载荷变送器的常见故障及处理方法见表 2-1-34。

表 2-1-34　载荷变送器的常见故障及处理方法

序号	故障现象	故障原因	处理方法
1	输出值变化小还可以出示功图	载荷没有安装好，导致压力不能充分压在变送器上，传感器受力不实	重新安装载荷变送器，确保载荷变送器受力平衡
2	载荷变送器输出值不变并超出 20mA	载荷变送器进水、短路	更换载荷变送器
3	功图载荷值漂移	传感器进水，老化、损坏	漂移量在规定范围内，可对载荷变送器进行标定，在 RTU 设置载荷系数。不能标定则直接更换载荷变送器

八、角位移变送器

角位移变送器是将物体角度位置的移动量转换为可传送的标准输出信号的变送器。角位移变送器用于测试游梁式抽油机游梁的摆动角度，将其转换为 4~20mA 的输出信号，井口采集单元通过角度的变化值折算出抽油杆的运动位移，与抽油机载荷值配对形成示功图，反映抽油泵运行状态。

1. 角位移变送器的原理、结构及应用要求

1）角位移变送器的原理

角位移变送器通过传感器元件将抽油机完成一个冲程位移所接收到的物理信号转换成

具有函数关系的数值信号,并将这些信号转换成标准的4~20mA电流信号输出。

按照测量原理,角位移变送器可分为以下3种类型:

(1)将角度变化量的测量变为电阻变化测量的变阻器式角位移变送器。

(2)将角度变化量的测量变为电容变化的测量的面积变化型电容角位移变送器。

(3)将角度变化量的测量变为感应电动势变化量的测量的磁阻式角位移变送器。

角位移变送器设计独特,在不使用诸如滑环、叶片、接触式游标、电刷等易磨损的活动部件的前提下仍可保证测量精度。

2)角位移变送器的结构

角位移变送器的结构组成如图2-1-66所示。

图 2-1-66　角位移传感器

角位移变送器结构主要是由角位移传感芯片、电路板、接线端子、壳体、上盖等组成。电信号引出一般采用接线柱形式。为了满足室外恶劣环境使用要求,角位移传感器接线端和上盖都使用密封胶圈和胶塞进行密封。

3)角位移变送器的应用要求

标称绝缘阻值:电位器上面所标示的阻值,应不小于2000MΩ。

重复精度:此参数越小越好,应小于等于0.15%F.S。

分辨率:角位移传感器所能反馈的最小位移数值,应不大于1%F.S。

允许误差:标称阻值与实际阻值的差值与标称阻值之比的百分数称阻值偏差,它表示电位器的精度。允许误差一般只要在±20%以内就符合要求。

线性精度:直线性误差,此参数越小越好,应不小于1%F.S。

2. 角位移变送器的安装调试

1)角位移变送器的安装

角位移变成的组成工具、用具准备,见表2-1-35。

表 2-1-35　角位移变送器安装调试所需的工具、用具

序号	名称	规格	数量	单位	备注
1	多功能剥线钳	—	1	把	
2	防爆绝缘十字螺丝刀	5mm×100mm	1	把	
3	防爆绝缘一字螺丝刀	3mm×50mm	1	把	
4	绝缘胶带	18mm×20mm×0.15mm	1	卷	
5	万用表	可测直流电压及直流mA电流	1	台	

续表

序号	名称	规格	数量	单位	备注
6	安全带	—	1	副	
7	笔记本电脑	安装好调试软件及驱动	1	台	
8	调试线	根据 RTU 连接调试口选择合适的串口线	1	根	

标准化操作步骤：

（1）安装底板，找好安装底板的水平，将安装底板焊接到抽油机中轴上方的游梁中心。

（2）接线，角位移传感器为 2 线制仪表，将线穿过防水过线管，将过线管拧紧，并做好防水处理。

（3）安装变送器，将变送器安装到底板上，用螺丝固定。在固定紧前找好水平。

（4）将电缆穿管引至 RTU 并连接至相应模拟量通道。注意所有连接部位的防潮、防锈，保证连接可靠、拆装方便。

安装位置如图 2-1-67 所示，安装效果如图 2-1-68 所示。

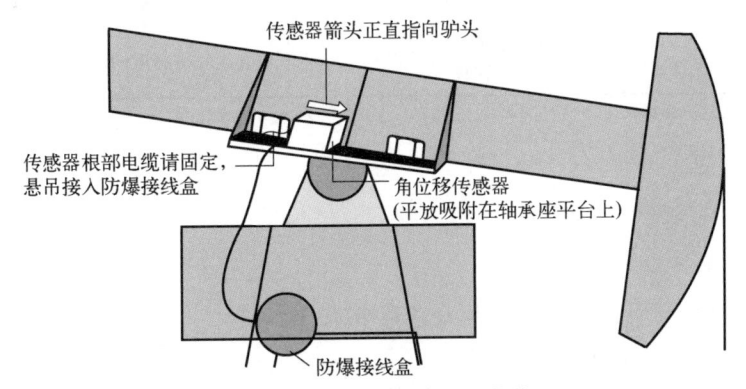

图 2-1-67 角位移变送器安装位置

图 2-1-68 角位移变送器安装

2）角位移变送器的调试

打开电脑用调试线（USB 转 RS232 串口线）连接 RTU，进入相应调试软件下载程序，配置采集通道、井号、地址、无线传输设备、角位移系数等，依据现场抽油机冲程设置驴头半径值，抽油机运行时能观察到位移数据变化，扫描到示功图即可完成调试。

3. 角位移变送器的日常维护

日常应注意角位移变送器运行中线缆是否与抽油机机械部件接触摩擦，长期摩擦将导致角位移变送器线缆磨断，造成数据无法采集；日常应检查线缆接头处是否牢固可靠、穿线管有无进水使电缆泡水腐蚀；检查角位移变送器安装位置是否对中，安装角度是否与抽油机游梁处于同一水平线。

4. 角位移变送器的常见故障及处理方法

角位移变送器的常见故障及处理方法见表 2-1-36。

表 2-1-36　角位移变送器常见故障及处理方法

序号	故障现象	故障原因	处理方法
1	位移显示波动	电压不稳	测量输出电压，检查设备接地是否完好，若接地不牢则重新接地
2	角位移变送器不输出电流	线路接错；设备损坏	按标识重新正确接线；更换新的角位移变送器
3	输出数据紊乱	安装位置不正确，不对中；未正确接地	做角度和平行度的调整；将变送器正确接地

九、液位计

1. 磁致伸缩液位计

1）磁致伸缩液位计的原理、结构及应用要求

（1）磁致伸缩液位计的原理。

磁致伸缩液位计测杆上的浮球随液位的变化而上下移动，在浮球内部有一组永久磁铁，当沿波导丝传播的激励脉冲磁场与浮球磁场相遇时，会产生一个扭转波信号，该信号以一定的速度沿测杆传回并由检波线圈检出。通过计算发射激励脉冲与接收扭转波的时间差就可确定浮球所在的位置，从而测量出容器内部介质的液位，如图 2-1-69 所示。

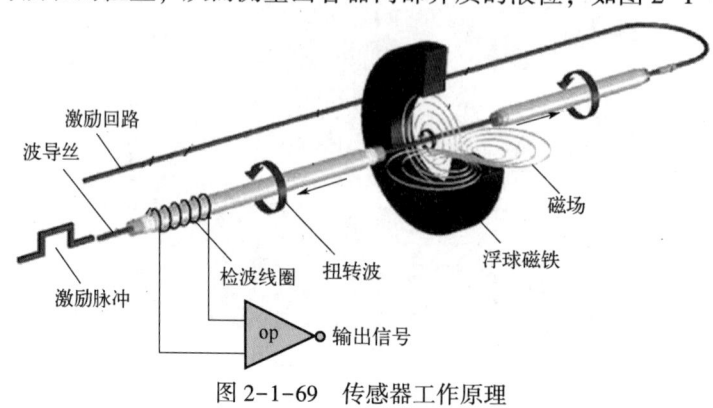

图 2-1-69　传感器工作原理

(2) 磁致伸缩液位计的结构。

磁致伸缩液位计主要由表头、传感器、测杆、浮球等部件组成。根据浮球数量可分为单浮球液位计、双浮球液位计、三浮球液位计。根据测杆特征又可分为硬杆液位计、柔性液位计，如图 2-1-70、图 2-1-71 所示。

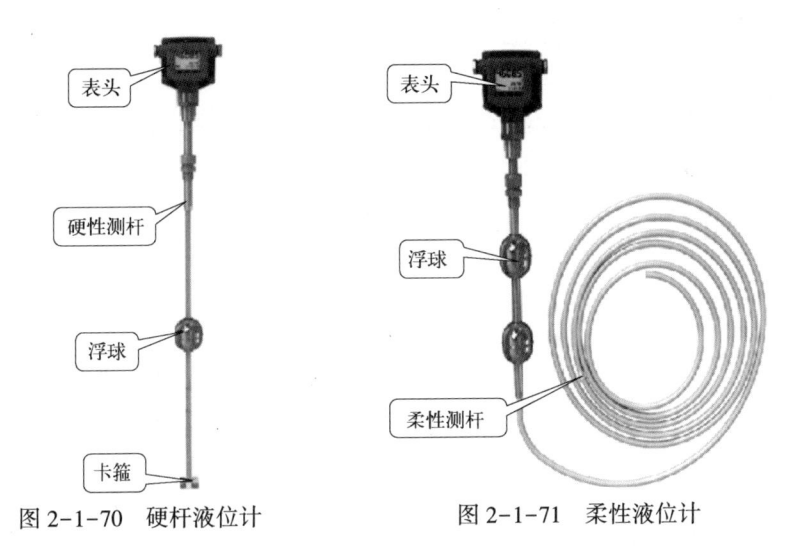

图 2-1-70　硬杆液位计　　　图 2-1-71　柔性液位计

(3) 磁致伸缩液位计的应用要求。

① 避开障碍物，避免浮球被卡，活动不畅。

② 避开强磁场，避开有剧烈振动的部位。

③ 避开进液口，否则容易引起浮球跳动。

④ 浮球的箭头所指方向为朝上的一端。

⑤ 浮球下限位置应高出容器底部淤泥所在位置。

⑥ 对于柔性液位计应安装重锤将测杆拉直，从而避免测杆随意移动。

⑦ 电缆有关要求：通常情况下变送器信号传输应选用带屏蔽层的双绞电缆，传输线路在有接线箱（或接线盒）转接的情况下，各电缆的屏蔽层也应接通并保持绝缘，单层屏蔽电缆的屏蔽层和双层屏蔽电缆的内屏蔽层只在监控系统机柜一侧工作接地上做接地。现场仪表外壳均作保护接地。铠装电缆的铠装层、双层屏蔽电缆的外屏蔽层要在现场侧全部做接地，在监控系统机柜侧保护接地上全部做接地。

电缆导线通常为铜芯，导线截面的大小应考虑电缆长度、仪表设备功率及最低工作电压等因素进行选择，通常线芯截面积不应小于 $1.5mm^2$。

电缆各绝缘层的耐压等级不应低于 300V。

⑧ 防爆安装要求：在防爆区域内拆卸仪表前必须断开其电源后方可开盖。仪表电缆进线口应安装防爆电缆密封接头，其备用进出线口要用金属防爆密封堵头进行封堵。对于本质安全型仪表，需要在监控系统机柜内安装隔离式安全栅。

2) 磁致伸缩液位计的安装与调试

(1) 磁致伸缩液位计的安装。

工具、用具准备，见表 2-1-37。

表 2-1-37　磁致伸缩液位计安装调试所需工具、用具列表

序号	名称	规格	数量	单位	备注
1	防爆活动扳手	200mm	1	把	
2	防爆活动扳手	300mm	1	把	
3	防爆活动扳手	350mm	1	把	
4	防爆绝缘一字螺丝刀	3mm×75mm	1	把	
5	防爆绝缘十字螺丝刀	5mm×100mm	1	把	
6	万用表	可测直流电压及直流 mA 电流	1	台	
7	生料带	聚四氟乙烯	1	卷	
8	密封垫片（聚四氟乙烯）	规格依据液位计连接件密封面确定	3	个	低压
9	密封垫片（金属石墨缠绕）		3	个	中高压
10	笔记本电脑	带 RS485 信号连接线	1	台	带 RS485 信号输出变送器适用
11	验漏瓶	内装含有洗涤剂的清水	1	个	
12	内六方扳手	依据液位计确定	1	套	
13	钢卷尺	按液位计范围确定	1	个	
14	可调直流电源	按液位计电压确定	1	台	

标准化操作步骤：

① 磁致伸缩液位计安装前需根据被测介质的工艺要求核对浮球密度、密封形式等参数，在非防爆场所供电并预调试合格后方可进行现场安装。

② 核对连接方式及安装尺寸。

常用的安装连接方式包括：顶部法兰安装、顶部螺纹安装、侧边浮筒式安装，如图 2-1-72 所示。

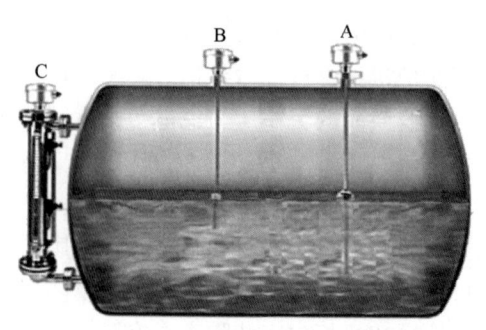

图 2-1-72　液位计安装示意图
A—顶部法兰安装；B—顶部螺纹安装；C—侧边浮筒式安装

③ 将法兰安装到磁致伸缩液位计表头上，法兰的密封面朝下，法兰内螺纹尺寸必须

与液位计表头外螺纹匹配。

④ 根据浮球的方向、密度等标识将浮球安装到测杆上，低密度的浮球在上，高密度的浮球在下，浮球的方向不可颠倒，根据浮球所在的下限位置将测杆末尾卡箍锁紧，如图 2-1-73 所示。

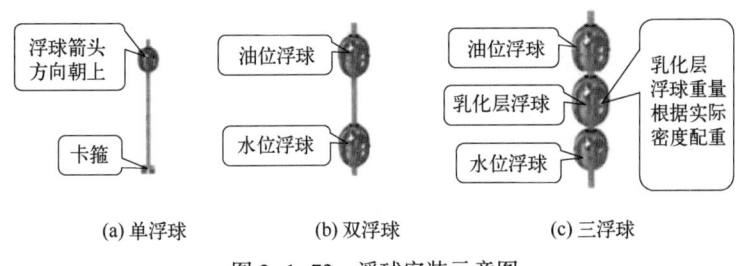

图 2-1-73 浮球安装示意图

⑤ 确认安装部位无压力且无危险介质残留后开始安装磁致伸缩液位计，加装密封垫片后对角紧固磁致伸缩液位计法兰螺栓，如图 2-1-74 所示，各密封部位全部紧固后联系工艺管理人员将液位计充压至正常工作压力，观察各密封部位有无工艺介质泄漏（对于气体介质应使用验漏瓶检查泄漏情况）。

图 2-1-74 法兰安装示意图

⑥ 用一字或十字防爆螺丝刀按照说明书上的接线图接线。磁致伸缩液位计所有接地螺栓均应接地。

（2）磁致伸缩液位计调试。

磁致伸缩液位计安装前需对液位计进行预调试：

① 接线供电。按照液位计说明书接线要求和电压范围在非防爆场所用可调式直流电源给液位计供电。

② 单位设置。按照液位计出厂说明书内容对液位计的显示单位进行设置，通常的显示单位有"mm、cm、m"三种。

③ RS485 信号通信参数设置。对于采用 RS485 信号传输的液位计要按照监控系统的要求和液位计出厂说明书对液位计 RS485 信号通信参数进行设置。

④ 预调试。将所有浮球按密度顺序（密度值最高的在下）套入探杆，固定好液位计底部卡箍，按照液位计出厂说明书内容对液位计测量范围进行设置。

将所有浮球置于液位计下限位置，按照液位计出厂说明书内容对液位计下限进行设置。

将所有浮球置于液位计上限位置，按照液位计出厂说明书内容对液位计上限进行设置。

设置完成后分别将浮球置于液位计测量范围的 0%、25%、50%、75%、100% 位置，液位计输出信号应为 0%、25%、50%、75%、100%，输出信号误差要在液位计精度允许范围内。

预调试结束后按磁致伸缩液位计安装步骤进行现场安装，接通液位计电源，对于带显示表头的液位计要观察表头是否有显示，若无显示，用万用表检查接线端子或正负极是否正确连接，测量端子电压是否在变送器允许范围内。

⑤ 工艺物料投运后要观察磁致伸缩液位计变送数值是否与实际液位或界位数值一致，若不一致则需检查监控系统该点的测量范围、单位换算、RS485 信号等设置参数，检查监控系统 I/O 模块或通道是否正常，对于电流或脉冲输出变送器，要用万用表检查其输出是否正常，对于 RS485 信号输出变送器要用笔记本电脑检查其 RS485 信号输出是否正常。

3）磁致伸缩液位计的日常维护

（1）电气连接处检查。

① 检查接线端子线缆，确认连接无松动。

② 检查线缆绝缘应无老化、破损。

（2）密封性检查。

① 检查取压阀门及各密封部位应无介质泄漏。

② 检查电缆进线各密封接头有无松动、破损。

③ 检查变送器壳体前后盖，确认其紧固，确认密封圈无老化、破损。

（3）特殊介质下使用检查。

对于含泥砂等污物的工况，应当定期清洗浮球和测杆。

4）磁致伸缩液位计的常见故障及处理方法

磁致伸缩液位计的常见故障及处理方法见表 2-1-38。

表 2-1-38 常见故障及处理方法

序号	故障现象	故障原因	处理方法
1	磁致伸缩液位计传输数值异常	受雷电强电磁场影响，导致液位计整体损坏	更换磁致伸缩液位计，排查线路防雷接地，为液位计安装防雷器
		磁致伸缩液位计浮球表面附着杂质，浮球无法顺畅移动	清理磁致伸缩液位计浮球表面附着的杂质
		由于介质的长期腐蚀，使浮球无法浮起或卡箍脱落	更换液位计浮球，重新安装紧固卡箍
		磁致伸缩液位计长时间处于潮湿环境中，腐蚀损坏	更换磁致伸缩液位计，排除液位计进水受潮故障
		磁致伸缩液位计浮球失磁严重，无法检测到浮球磁信号	更换液位计浮球，排查失磁原因，制订防范措施

续表

序号	故障现象	故障原因	处理方法
2	磁致伸缩液位计传输数值偏差大	磁致伸缩液位计浮球配重与工艺介质实际密度偏差大	拆卸磁致伸缩液位计浮球，清除浮球表面杂质，将设备设施内液位最上面的液体取样，将浮球放在液体中观察浮球是否可以正常漂浮在液体表面，若浮球下沉无法漂浮在液体表面，则说明浮球出厂配重偏差大或浮球有破损，重新给浮球配重或更换浮球
		磁致伸缩液位计输出信号偏差超过运行误差	重新调试磁致伸缩液位计，若输出信号仍有较大偏差，则整体更换磁致伸缩液位计
3	磁致伸缩液位计信号输出或通信异常	电流输出信号异常	(1) 检查变送器线路应无短路、破损、接错、接反现象，如有问题应进行整改 (2) 测量变送器工作电压应在允许范围内，超出范围的应更换电源模块 (3) 检查监控系统的输入模块是否工作正常，如有问题应进行更换
		RS485 通信信号异常	(1) 检查变送器线路应无短路、破损、接错、接反现象，如有问题应进行整改 (2) 测量变送器工作电压应在允许范围内，超出范围的应更换电源模块 (3) 检查监控系统的 RS485 信号输入设备是否工作正常，如有问题应进行更换

2. 雷达液位计

雷达液位计是一种基于时间行程原理的测量仪表，雷达波以光速运行，运行时间可以通过电子部件转换成物位空间距离信号。探头发出高频脉冲波在空间以光速传播，当脉冲波遇到物料表面时反射回来被仪表内的接收器接收，并将运行时间转化为物位距离信号。

1）雷达液位计的原理、结构及应用要求

（1）雷达液位计的原理。

雷达液位计发射能量很低的极短微波脉冲，通过天线系统发射并接收。雷达波以光速运行，运行时间可以通过电子部件被转换成物位信号。一种特殊的时间延伸方法可以确保极短时间内稳定和精确的测量。即使在工况比较复杂的情况下，存在虚假回波，用微处理技术和调试软件也可以准确分析出物位的回波。测量原理如图 2-1-75 所示。

依据时域反射原理（TDR），雷达液位计的电磁脉冲以光速传播，当遇到被测介质表面时，部分脉冲被反射形成回波并沿相同路径返回到脉冲发射装置，发射装置与被测介质表面的距离同脉冲在其间的传播时间成正比，通过反射波反射回传感器的时间经计算可得出液位反射高度的空间距离 D，再以空标 E 减去测试所得 D，即可算出液位高度 L。如图 2-1-76 所示。

实际液位的计算：

① 在调试时，空标"E"必须准确输入。

② 测量雷达液位计到介质表面的空间距离 D，电磁波的传播速度 c 是以光速（3×10^8 m/s）进行计算：

$$D=\frac{t\cdot c}{2}$$

③ 液位 L 可以通过空标减去空间距离计算出来：

$$L=E-D$$

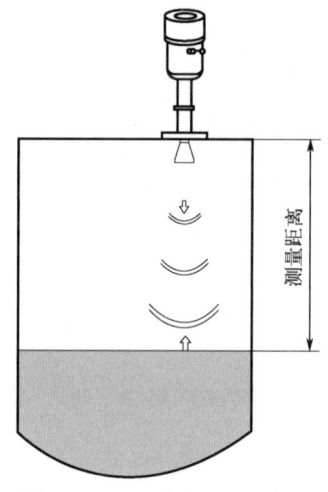

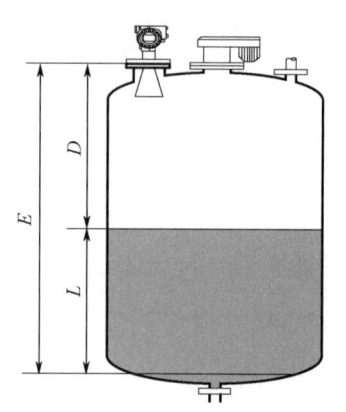

图 2-1-75　测量原理示意图　　　图 2-1-76　雷达液位计算示意图

（2）雷达液位计的结构。

以 E+H 雷达液位计为例，结构如图 2-1-77 所示，电子腔结构如图 2-1-78 所示。

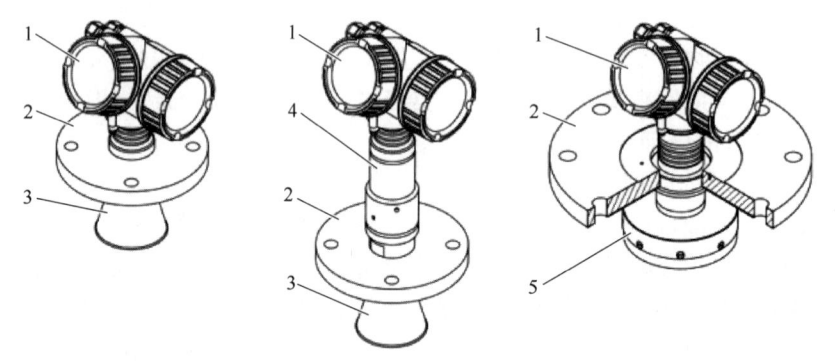

图 2-1-77　雷达液位计结构
1—电子腔外壳；2—法兰；3—喇叭天线；4—散热管；5—平面天线

雷达液位计主要由电子腔、法兰、散热管（部分型号）、喇叭天线（平面天线）四部分构成。

电子腔，也称表头，是雷达液位计的大脑，主要集成了主要电子模块、显示模块、接线端子、I/O 电子模块等重要部件，主要功能是对喇叭天线（平面天线）测试所得数据进行分析计算、对所有参数进行配置调试、对测试结果进行输入输出。

法兰负责连接雷达液位计与被测试设备，起连接密封作用。

散热管将雷达液位计运行过程中产生的热量和被测介质散发到雷达液位计上的热量散发到空气中，防止雷达液位计因过热造成设备损坏，保证测试结果稳定可靠。

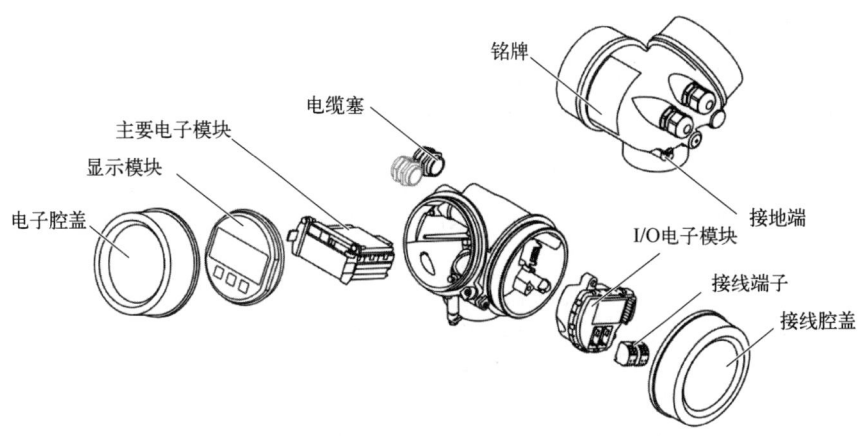

图 2-1-78　雷达液位计电子腔外壳结构

喇叭天线（平面天线）是雷达液位计的"眼睛"和"耳朵"，其作用主要是发射雷达波及接收从被测物表面反射回来的雷达波，再将所测数据发送到表头进行计算分析。

（3）雷达液位计的应用要求。

① 如果储罐里有干扰测量的物体，那么雷达液位计要用导波管的形式，选口位置最好避开进出管道、人孔法兰、储罐呼吸器等设施。

② 选用雷达液位计最好不使用总线性质的。能够处理介质温度并通过总线传输的雷达液位计保护功能较多，如果有干扰造成液位失真，常常保持错误报警液位计锁定，人员处理起来非常麻烦。

③ 雷达液位计的天线有多种形式，有喇叭口的、有水滴形的、有平板型的，喇叭口的大小也有多种形式，在选用时要根据自身的介质性质进行合理选型，比如介质易挥发冷凝，最好选用水滴式的。

2）雷达液位计的安装调试

（1）雷达液位计的安装。

工具、用具准备，见表 2-1-39。

表 2-1-39　雷达液位计安装调试所需工具、用具列表

序号	名称	规格	数量	单位	备注
1	防爆活动扳手	200mm	1	把	
2	防爆开口扳手	依据螺丝尺寸选择	1	把	
3	防爆内六角扳手	规格依据液位计连接件六方尺寸确定	1	把	
4	防爆绝缘一字螺丝刀	3mm×75mm	1	把	
5	防爆绝缘十字螺丝刀	5mm×100mm	1	把	
6	万用表	可测直流电压及直流 mA 电流	1	台	
7	多功能剥线钳	—	1	把	
8	美工刀	—	1	把	
9	密封垫	根据法兰尺寸选择	1	个	

标准化操作步骤：

① 首先根据被测介质的介电常数进行选择安装对应传感器的雷达液位计，传感器规格/根据介质，过程条件，容器形状和测量范围选择，见表2-1-40。

表2-1-40 传感器选择示例表

介质分组 （Media group）	介电常数 （DC）	示例
A	1.4~1.9	Non-conducting liquids, e.g. liquefied gas （不导电的液体、例如液化气体）
B	1.9~4	Non-conducting liquids, e.g. benzene, oil, toluene, … （不导电的液体，例如苯、石油、甲苯）
C	4~10	Organic solvents, e.g. esters, aniline, alcohol, acetone, … （有机溶剂，酯类、苯胺、乙醇、丙酮）
D	>10	Conducting, e.g. aqueous solutions, dilute acids and alkalis （导电，例如水溶液、稀酸和稀碱）

② 按照安全管理要求对被测介质的罐（池）进行压力释放、气体释放，使用安全防爆工具将雷达液位计固定至安装孔。

③ 接线。分离腔室外壳，供电必须和铭牌上的数据一致，接线前先关闭电源，使用带屏蔽的双绞线接入供电电源，"+"极端子接入供电电源正极，"-"极端子接入上位机信号输入端，接线后拧紧进线孔缆塞和表盖，如图2-1-79所示。

④ 安装要求及注意事项。

罐壁与安装短管外壁间的推荐安装距离A：约为罐体直径的1/6，仪表安装位置与罐壁间的距离不能小于30cm（11.8in）。禁止将仪表安装在罐体中央位置处"2"，因为干扰会导致信号丢失。禁止将仪表安装在进料口"3"上方。建议安装防护罩"1"，避免仪表直接经受日晒雨淋，安装位置选择如图2-1-80所示。

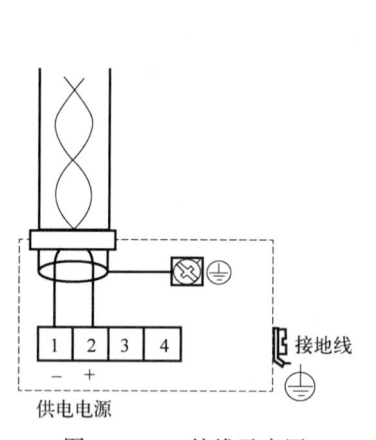

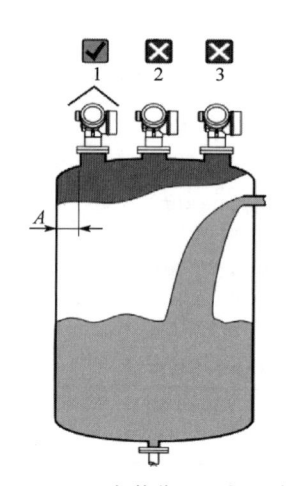

图2-1-79 接线示意图　　图2-1-80 安装位置选择示意图

在信号波束范围内避免安装任何装置（例如限位开关、温度传感器、支撑、真空环、加热盘管、挡板等），注意波束角。

⑤ 安装最佳选择。

天线尺寸：天线越大，波束角越小，干扰回波越少。

干扰抑制：通过电子干扰回波抑制可以优化测量。

天线安装：注意法兰或螺纹连接上的标记。

导波管：安装导波管可以避免干扰信号。

倾斜安装的金属反射板：可以散射雷达波信号，因此可以减少干扰回波。

退出
- 在编辑参数时：不保存修改，退出编辑模式
- 在菜单导航时：返回上一层菜单

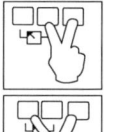

增加对比度
- 增加显示模块的对比度

减小对比度
- 减小显示模块的对比度

锁定/解锁
- 锁定仪表防止参数修改
- 再次同时按下可以解锁

图 2-1-81　按键组合示意图

（2）雷达液位计的调试。

显示面板操作，如图 2-1-81 所示。

基本设置：

① 介质类型选择设置。

基础设置"Basic Setup"输入参数会自动进行调整，见表 2-1-41。

表 2-1-41　介质参数设置

序号	类型	液体：Liquid	固体：Solid
1	tank shape（储罐类型）	flat ceiling（平顶）	Metal silo（金属筒仓）
2	medium property（介质属性）	DC（介电常数）：4~10	DC（介电常数）：1.9~2.5
3	process conditions（工艺条件）	fast change（快速变化）	fast change（快速变化）

② 设置过程。

关于介质介电常数的相关信息可以在"E+H DC handbook"（手册）中查找。改变"tank shape"（储罐类型），"medium property"（介质属性）或者"process conditions"（工艺条件）会直接影响内部参数，见表 2-1-42。

表 2-1-42　参数设置

序号	tank shape（储罐类型）	medium property（介质属性）	process condition（工艺条件）
1	dome ceiling（圆顶储罐）	unknown（未知）	standard（标准）
2	horizontal cylinder（水平柱面）	DC（介电常数）：<1.9	calm surface（静态液面）
3	bypass（旁通管）	DC（介电常数）：1.9~4	turb. surface（混乱液面）
4	stilling well（静水井）	DC（介电常数）：4~10	add. agotatoe
5	sphere（球罐）	DC（介电常数）：>10	test: no filter（测试：无过滤器）

③ 测量范围设置。

a. 空标（empty calibration）：从过程连接开始的距离（如：法兰）空标值被分配为4mA。

b. 满标（full calibration）：起始点是之前设定的空标距离满标值相当于20mA。

④ 回波抑制设置。

a. 检查距离：

distance = ok（抑制范围为物位信号前部）。

distance too small（所测得的距离不是真实的物位）。

distance too big（物位信号可能被屏蔽）。

distance unknown（无法进行回波抑制）。

manual（手动选择抑制范围）。

b. 抑制范围：对于"distance = ok"和"distance too small"会显示建议的抑制距离，"manual"用户必须手动输入所做抑制范围。

c. 开始抑制：在回波抑制过程中，显示屏将会出现"W512 – recording of mapping please wait"（正在记录抑制，请稍候）字样。

⑤ 设置示例（油罐的基本设置）。

油罐罐高 6m，目前是空罐，则设置 E = 空标（= 零点）；F = 满标（= 量程）；L = 液位；D = 距离。

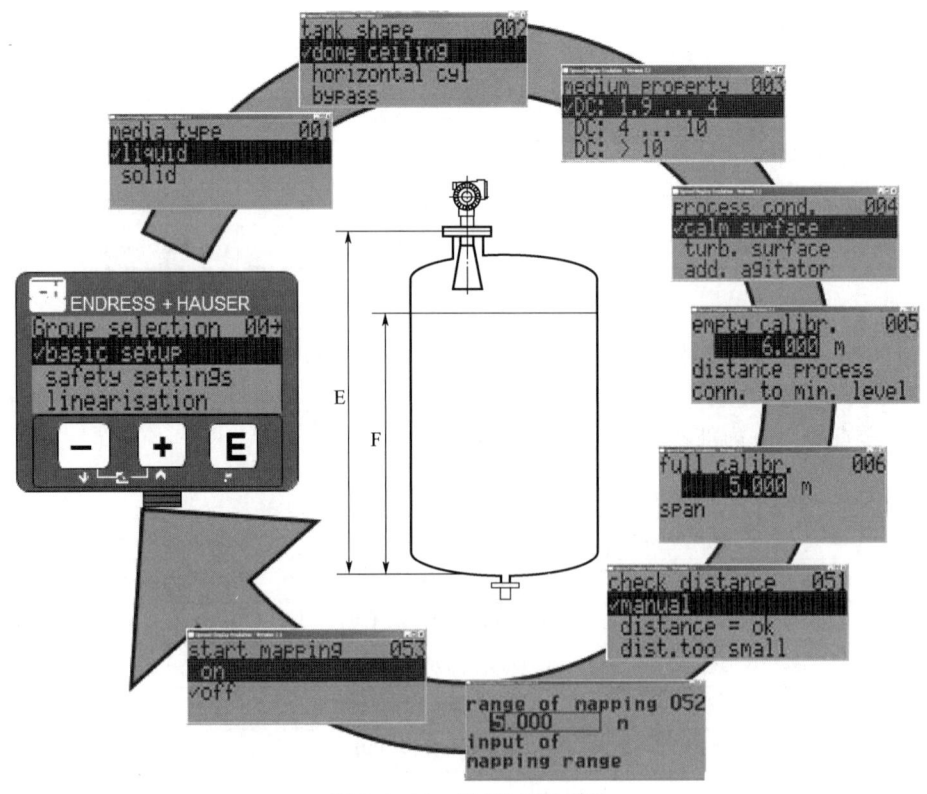

设置过程，如图 2-1-82 所示。

图 2-1-82　设置过程示例

3）雷达液位计的日常维护

雷达液位计在日常使用中需要定期拆下液位计，对雷达天线进行清理，防止雷达液位计天线上有附着物,影响雷达波发射及接收。

雷达液位计传感器的过程密封圈(过程连接处)必须定期更换,特别是使用成型密封圈(防腐结构)时。更换周期取决于清洗周期的频率、测量介质的温度和清洗温度。

4)雷达液位计的常见故障及处理方法

雷达液位计的常见故障及处理方法见表2-1-43。

表2-1-43 雷达液位计常见故障及处理方法

序号	故障现象	故障原因	处理方法
1	雷达液位计无显示	电源电压和输出电流不正常	检查电源是否真正接上,并检查熔断丝是否烧坏
2	雷达液位计无电流输出	被测介质超温	对雷达液位计强制降温,保持表头温度不高于65℃
3	雷达液位计电路烧坏	电路板进水	平时应定期检查各部件连接处的密封状况是否良好
4	雷达液位计显示最大值	石英窗下面有水珠	用水冲洗后便会正常工作。如果沾上物料或脏物时,则需要及时清洗
5	雷达液位计显示维修	设备出现故障	仅允许经培训的人员或Endress+Hauser服务工程师进行维修,仅允许使用Endress+Hauser原装备件
6	雷达液位计显示误差	基础参数数据组态错误	在标定前必须实地测量,以取得最真实的空高数据。如果仪表接入计算机系统,还应检查仪表满量程参数和计算机组态数据是否一致
7	雷达液位计数据受干扰	介质排空时,天线或附近的凝聚物产生干扰回波	定期清理天线和天线附近的附着物
		天线出现结疤	进行"固定组件回波抑制"
		物料排空时,罐内固定组件引起强烈回波	激活并合理地设置"窗口抵制"距离
8	液位测量值出现波动	仪表安装位置错误、天线功率不够	改善应用参数(激活浮点平均曲线算法),激活近现场抑制,增大输出阻尼,检查仪表的安装位置是否合适,安装更大规格的天线
9	液位测量值卡死	仪表运行死机	重启设备

3. 差压式液位计

差压式液位计是利用液柱产生的压力来测量液位的高度的仪表。在液位发生变化后,差压变送器测到的压差也会随之发生变化,压差与液位之间有线性关系。

1)差压式液位计的原理、结构及应用要求

(1)差压式液位计的原理。

差压式液位计采用流体静力学原理进行测量,在差压式液位计测量液位时,由于安装位置不同,一般情况下均会存在零点迁移的问题,存在无迁移、正迁移和负迁移3种情况。

无迁移:变送器的正取压口与液位零点在同一水平位置,不需要零点迁移。

正迁移:变送器正取压口安装位置低于液位零点,需零点正迁移。

负迁移:变送器正取压口安装位置高于液位零点,且导压管内有隔离液或冷凝液,需零点负迁移。

（2）差压式液位计的结构。

差压式液位计机构主要包含：变送器、毛细管、隔离膜片、测量膜片、法兰等，如图 2-1-83 所示。

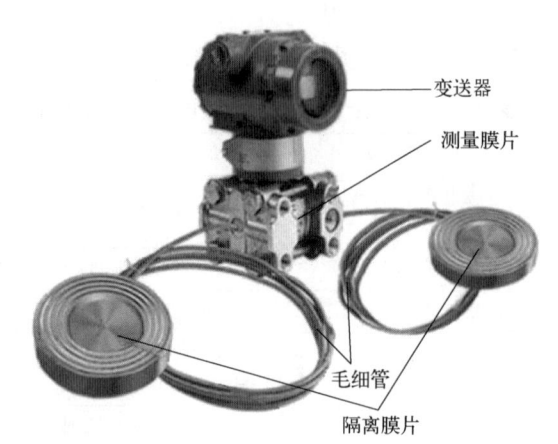

图 2-1-83　差压式液位计结构

（3）差压式液位计的应用要求。

① 在现场安装之前，应清楚变送器本身的正负压侧是否与引压管的高低侧相对应，如果不对应，必须将其调整。否则安装后变送器将无法正确传送液位数据。

② 当测量液体或蒸汽时，导压管应向上连接到流程工艺管道，其斜度应不小于 1/12。

③ 当测量气体时，导压管应向下连接到流程工艺管道，其斜度应不小于 1/12。

④ 液体导压管道的布设要避免出现高点，气体导压管的布设要避免出现低点。

⑤ 当使用隔离液时，两边导压管的液位要相同。

⑥ 为避免摩擦影响，导压管的口径应足够大。

⑦ 充满液体的导压管中应无气体存在。

⑧ 电气连接部分：根据通信线路的远近，应当选用 0.5mm^2 以上带屏蔽的 4 芯或 2 芯电缆。如果要减小压降，请使用铜芯的导线。

⑨ 防爆现场接线要求：拆装前必须断开电源后方可开盖。隔爆型设备，电缆需套上防爆挠性管。

2）差压式液位计的安装调试

（1）差压式液位计的安装。

工具、用具准备，见表 2-1-44。

表 2-1-44　差压式液位计安装所需调试工具、用具列表

序号	名称	规格	数量	单位	备注
1	防爆活动扳手	200mm	1	把	
2	防爆活动扳手	300mm	1	把	
3	防爆开口扳手	规格依据液位计连接件六方尺寸确定	1	把	
4	防爆一字螺丝刀	3mm×75mm	1	把	

续表

序号	名称	规格	数量	单位	备注
5	防爆十字螺丝刀	5mm×100mm	1	把	
6	万用表	可测直流电压及直流 mA 电流	1	个	
7	多功能剥线钳	—	1	把	
8	美工刀	—	1	把	
9	生料带	聚四氟乙烯	1	卷	
10	密封垫片（聚四氟乙烯）	规格依据液位计连接件密封面确定	3	个	10MPa 以下
11	密封垫片（退火紫铜）		3	个	10MPa 以上
12	清洁物品	清理现场用	1	套	
13	内六方扳手	依据液位计确定	1	套	

标准化操作步骤：

① 差压式液位计安装前需提前进行调试，核对产品型号、参数及其配件。

② 核对产品的连接方式及安装尺寸。

③ 变送器的安装。

a. 防爆变送器在安装时必须符合防爆规定。

b. 被测介质不允许结冰，否则将损伤传感元件隔离膜片，导致变送器损坏。

c. 应尽量安装在温度梯度和湿度变化小，无冲击和振动的地方。

④ 导压管的安装。

a. 防止变送器与腐蚀性或过热的被测介质直接接触。

b. 要防止渣滓在导压管内沉积。

c. 两边导压管内的液柱压头应保持平衡。

d. 导压管应安装在温度梯度和湿度波动小、无冲击和振动的地方。

e. 导压管要尽可能短。

⑤ 确认设备的接线方式：断开电源，严格按照仪表接线示意图接线。

⑥ 检查供电电压，接通电源，确认现场设备和监控室监控点显示正常，如图 2-1-84 所示。

（2）差压式液位计的调试。

① 拧下差压液位变送器的保护盖，外接标准 24V DC 电源及电流表（要求 0.2%级以上精度）即可调整。

② 在差压液位变送器没有液体的情况下，调节零点电位器，使之输出电流 4mA。

③ 将差压液位变送器加压到满量程，调节满程电阻器，使之输出电流 20mA。

④ 反复以上步骤，直到信号正常。

⑤ 分别输入 25%、50%、75%的信号，校核差压液位变送器的误差。

⑥ 对于非水的介质，差压液位变送器用水校验时，应按实际使用的介质密度产生的压力进行换算。

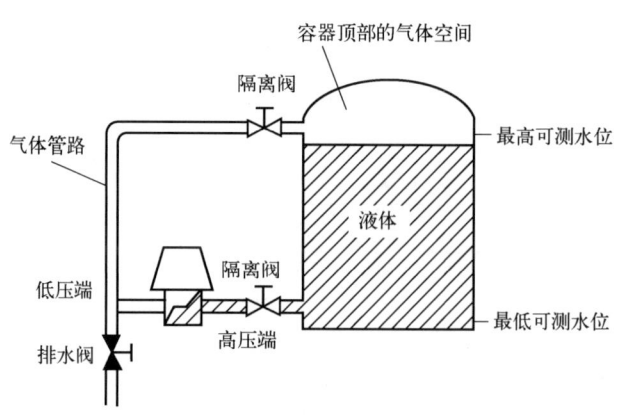

图 2-1-84　差压式液位计安装示意图

⑦ 调整迁移，把两法兰放在同一水平面，调零点。然后法兰安装在液位正负取压阀上，调整迁移。有液位后观察玻璃板液位计与差压液位计输出值是否一致，如果不一致重新计算差压值并调整。

⑧ 差压式液位计传输数值核查。

同一时间点记录现场差压液位计显示数值、监控室监控平台显示数值，将两者的数值进行综合对比分析，误差要在工艺允许范围内，对于超过允许误差的情况要分别确认现场差压液位计的数值是否准确，监控室监控系统组态设置是否正常。

3）差压式液位计的日常维护

（1）电气连接处的检查。

① 定期检查接线端子的电缆连接。确认端子接线牢固。

② 定期检查导线是否有老化、破损的现象。

（2）产品密封性的检查。

① 定期检查取压管路及阀门接头处有无渗漏现象。

② 定期检查电缆进线口是否有密封不严，或密封圈老化、破损现象。

③ 定期检查壳体前后盖是否有未拧紧，或密封圈老化、破损现象。

（3）变送器的启动。

① 确认双法兰螺栓紧固。

② 启表前必须确认正负取压一次阀是否关闭。

③ 两人操作，同时缓慢打开高低压侧取压一次阀，将介质引入双法兰受压膜片，避免单向受压。

④ 用手操器 HART475 进入变送器菜单，根据高低压法兰间距及介质密度进行液位量程设置。

（4）变送器的停用。

① 分别缓慢关闭高低压侧取压一次阀。

② 停用变送器。

4）差压式液位计的常见故障及处理方法

差压式液位计的常见故障及处理方法见表 2-1-45。

表 2-1-45　差压式液位计常见故障及处理方法

序号	故障现象	故障原因	处理方法
1	液位计无数据显示	（1）信号线接触不良或短路 （2）供电故障 （3）变送器电路板损坏	（1）重新接线，处理电源及线路故障 （2）更换电路板或变送器
2	显示数据为最大或最小	（1）高低压测膜片或毛细管损坏 （2）导压管或阀门泄漏、导压管堵塞	（1）检查泄漏点，更换阀门 （2）检查取压阀是否正常 （3）排污冲洗管道
3	显示数据比实际液位偏高或偏低	（1）高低压测排污阀泄漏 （2）变送器测量误差过大	（1）检查排污阀是否正常，紧固或更换排污阀 （2）检查变送器参数，重新校准变送器
4	显示数据无变化	（1）变送器电路板损坏 （2）高低压测膜片或毛细管损坏	（1）检查变送器线路是否正常，排查变送器硬件问题 （2）检查高低压测膜片、毛细管是否正常，若损坏及时维修或更换

4. 静压液位计

静压液位计是基于所测液体静压与该液体的高度成比例的原理，采用先进的隔离型扩散硅敏感元件或陶瓷电容压力敏感传感器，将静压转换为电信号，再经过温度补偿和线性修正，转化成标准电信号。静压液位计（液位计）适用于石油化工、冶金、电力、制药、供排水、环保等系统和行业的各种介质的液位测量。

1）静压液位计的原理、结构及应用要求

（1）静压液位计的原理。

静压液位计是采用静压式原理进行液位测量。过程压力作用于传感器的隔离膜片上，使膜片产生位移，通过膜盒内的硅油将压力传递到扩散硅的硅片上，同时参考端的压力（大气压和绝压）作用于硅片的另一侧，这样在硅片的两端就加上了一个差压。差压在硅片上产生了一个应力场，使扩散在硅片上的四支电阻，有两支拉伸电阻值变小，另两支压缩电阻值变大，在电气性能上构成了一个全动态的惠斯登电桥。桥臂阻值的变化使电桥失去平衡，这样在激励电路的作用下就产生了一个与压力成正比的电压输出信号。该信号经过放大及补偿电路处理，再经过转换电路转换成相应的电流信号。该电流信号通过非线性矫正环路的补偿，即产生了与输入压力成线性对应关系的 4~20mA 标准信号输出，如图 2-1-85 所示。

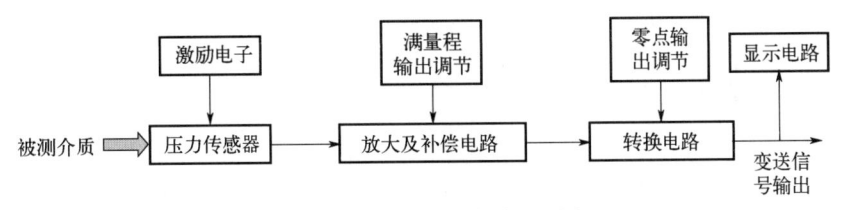

图 2-1-85　静压液位计原理图

（2）静压液位计的结构。

静压式液位计的结构主要包含：变送器、抗压接头、探头等，如图 2-1-86 所示。

图 2-1-86 静压液位计结构示意图

(3) 静压液位计的应用要求。

① 由于静压液位计采用底部安装,因此测量膜片至罐体底部一段无法测量,为一固定液位值。为了使实际液位与静压液位计表头显示一致,可通过在参数设定中的量程低限及量程高限增加一个固定值,而消除安装位置造成的误差,同时站控系统 PLC 数据点应根据调整后的量程低限及量程高限设置。

② 使用过程中,应该避免液体下流时压力直接冲击探头,或者用其他的物体挡住液体下流时瞬间直接冲击的压力。

③ 使用静压液位计尽量远离大功率设备,避免强磁场干扰对精度的影响。液位计按照设备说明应保持在正常温度范围内,否则将会严重影响液位计的精度和使用寿命。

④ 电气连接部分。根据通信线路的远近,应当选用 0.5mm² 以上带屏蔽的 4 芯或 2 芯电缆。如果要减小压降,请使用铜芯的导线。

⑤ 防爆现场接线要求。拆装前必须断开电源后方可开盖。隔爆型设备,电缆需套上防爆挠性管和隔离栅。

2) 静压液位计的安装调试

(1) 静压液位计的安装。

工具、用具准备,见表 2-1-46。

表 2-1-46 静压液位计安装所需调试工具、用具列表

序号	名称	规格	数量	单位	备注
1	防爆活动扳手	200mm	1	把	
2	防爆活动扳手	300mm	1	把	
3	防爆开口扳手	规格依据液位计连接件六方尺寸确定	1	把	
4	防爆一字螺丝刀	3mm×75mm	1	把	
5	防爆十字螺丝刀	5mm×100mm	1	把	
6	万用表	可测直流电压及直流 mA 电流	1	台	
7	多功能剥线钳	—	1	把	
8	美工刀	—	1	把	
9	生料带	聚四氟乙烯	1	卷	
10	密封垫片(聚四氟乙烯)	规格依据液位计连接件密封面确定	若干		10MPa 以下
11	密封垫片(退火紫铜)	规格依据液位计连接件密封面确定	若干		10MPa 以上

静压液位计的安装如图 2-1-87 所示。

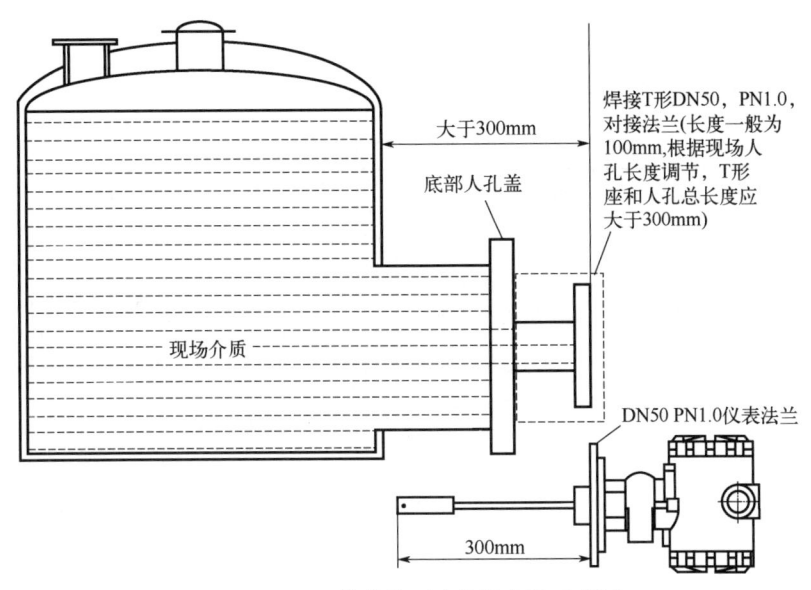

图 2-1-87　传统静压液位计安装示意图

一般情况下安装静压液位计时应保持表头侧面显示（焊接 T 形法兰时注意螺丝孔位置），应保证人孔内无障碍物，以防止碰到测压膜片。

静压液位计一般插入总深度为 300mm，对于有隔氧膜罐体，应将探头插至人孔内，底部人孔长度及焊接 T 形法兰总长度应大于 300mm。

(2) 静压液位计的调试。

① 静压液位计参数设置。

根据设备使用操作手册配置量程低限、量程高限、零点误差修正值、满度误差修正系数等。同时配置站控系统 PLC 所对应静压液位计的量程。注意：站控系统 PLC 数据点应根据罐底固定值对整体液位调整后的量程低限及量程高限设置。

② 静压液位计传输数值核查。

同一时间点记录现场静压液位计显示数值、监控室监控平台显示数值，将两者的数值进行综合对比分析，误差要在工艺允许范围内，对于超过允许误差的情况要分别确认现场静压液位计、现场相同串联流程其他设备的数值是否准确，监控室监控系统组态设置是否正常。

3) 静压液位计的日常维护

(1) 电气连接处的检查。

① 定期检查接线端子的电缆连接，确认端子接线牢固。

② 定期检查导线是否有老化、破损的现象。

(2) 设备密封性的检查。

① 定期检查取压管路及阀门接头处有无渗漏现象。

② 定期检查电缆进线口是否有密封不严，或密封圈老化、破损现象。

③ 定期检查壳体前后盖是否有未拧紧，或密封圈老化、破损现象。

(3)特殊介质下使用的检查。

对于含大量泥砂、污物的介质,应当定期排污、清洗。

4)静压液位计的常见故障及处理方法

静压液位计的常见故障及处理方法见表2-1-47。

表2-1-47 静压液位计常见故障及处理方法

序号	故障现象	故障原因	处理办法
1	静压液位计显示数值出现较大波动	(1)介质本身产生了较大的波动或产生较为严重的汽化 (2)引压管堵塞 (3)毛细管或膜盒破损	(1)核查静压液位计及站控系统高低限量程是否配置错误 (2)对被测量介质进行检查,被测量介质本身是否产生了较大的波动或产生较为严重的汽化 (3)检查静压液位计上引压管或下引压管是否堵塞,出现不通畅情况 (4)除了主管路,检查毛细管是否出现破损,导致介质漏出
2	静压液位计显示数值死值	(1)引压管堵塞 (2)毛细管破损 (3)电路板故障	(1)检查是否存在引出阀没有打开或引压管路堵塞现象 (2)检查毛细管是否堵塞,疏通引压管 (3)检查静压液位计电路板是否损坏或更换电路板 (4)检查在调试过程中,强制信号是否未取消
3	静压液位计显示数值位临界值	(1)低压侧或高压侧泄漏 (2)膜片或毛细管破损 (3)低压侧或高压侧堵塞	(1)检查低压侧隔离液是否泄漏或高压侧是否出现泄漏 (2)检查膜片或毛细管是否损坏 (3)检查低压侧或高压侧的引压阀是否没有打开或出现堵塞
4	静压液位计显示数值比实际数值偏大或偏小	(1)参数配置错误 (2)零点漂移 (3)引压阀开度是否过小	(1)核查静压液位计及站控系统高低限量程是否配置错误 (2)检查是否零点漂移,重新检定核验 (3)检查低压侧或高压侧的引压阀开度是否过小
5	静压液位计没有数值显示	(1)线路脱落、虚接 (2)供电熔断器损坏	(1)站控系统没有数值显示,检查信号线路是否出现脱落、虚接 (2)设备没有数值显示,检查供电线路是否出现脱落、虚接 (3)检查机柜内端子排熔断器是否烧坏

5. 磁翻板液位计

1)磁翻板液位计的原理、结构及应用要求

(1)磁翻板液位计的原理。

以侧装式磁翻板液位计为例:根据连通器原理,浮子位置变化和容器内液位变化相一致,浮子带有磁性与液位计外部的磁翻板指示器产生耦合,从而将液位在现场指示出来。磁翻板液位计的变送器将磁性浮球位置变化转换成标准的4~20mA模拟信号或RS485数字信号传送至监控平台上进行监控。

(2)磁翻板液位计的结构。

磁翻板液位计主要由筒体、磁翻板指示器、磁性浮球、变送器、排污阀等部件组成,

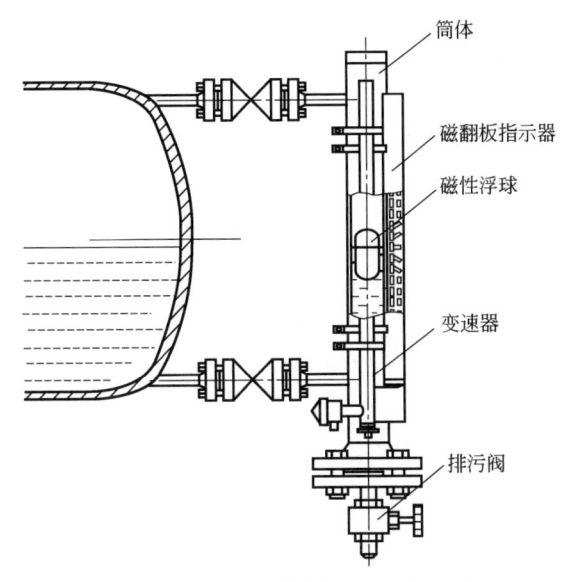

如图 2-1-88 所示。

图 2-1-88　磁翻板液位计结构组成

（3）磁翻板液位计的应用要求。
① 避开障碍物，避免浮球被卡，活动不畅。
② 避开强磁场、避开有剧烈振动的部位。
③ 避开进液口，否则容易引起浮球跳动。
④ 浮球的箭头所指方向为朝上的一端。
⑤ 浮球下限位置应高出容器底部淤泥所在位置。
⑥ 液位计的压力等级不得低于被测设备设施的公称压力。
⑦ 电缆有关要求：通常情况下变送器信号传输应选用带屏蔽层的双绞电缆，传输线路在有接线箱（或接线盒）转接的情况下，各电缆的屏蔽层也应接通并保持绝缘，单层屏蔽电缆的屏蔽层和双层屏蔽电缆的内屏蔽层只在监控系统机柜一侧工作接地上做接地。现场仪表外壳均做保护接地。铠装电缆的铠装层、双层屏蔽电缆的外屏蔽层要在现场侧全部做接地，在监控系统机柜侧保护接地上全部做接地。

电缆导线通常为铜芯，导线截面的大小应考虑电缆长度、仪表设备功率及最低工作电压等因素进行选择，通常线芯截面积不应小于 $1.5mm^2$。

电缆各绝缘层的耐压等级不应低于 300V。

⑧ 防爆安装要求：在防爆区域内拆卸仪表前必须断开其电源后方可开盖。仪表电缆进线口应安装防爆电缆密封接头，其备用进出线口要用金属防爆密封堵头进行封堵。对于本质安全型仪表，需要在监控系统机柜内安装隔离式安全栅。
⑨ 磁翻板液位计的所有接地螺栓均需用单芯多股黄绿相间接地软线进行接地。
2）磁翻板液位计的安装调试
（1）磁翻板液位计的安装。
工具、用具准备，见表 2-1-48。

表 2-1-48 磁翻板液位计安装调试所需工具、用具列表

序号	名称	规格	数量	单位	备注
1	防爆活动扳手	200mm	1	把	
2	防爆活动扳手	300mm	1	把	
3	防爆梅花扳手	规格依据液位计法兰螺栓尺寸确定	1	把	
4	防爆绝缘一字螺丝刀	3mm×75mm	1	把	
5	防爆绝缘十字螺丝刀	5mm×100mm	1	把	
6	万用表	可测直流电压及直流 mA 电流	1	台	
7	生料带	聚四氟乙烯	1	卷	
8	密封垫片（聚四氟乙烯）	规格依据液位计法兰连接密封面确定	1	个	低压
9	密封垫片（金属石墨缠绕）		1	个	中高压
10	笔记本电脑	带 RS485 信号连接线	1	台	带 RS485 信号输出变送器适用
11	磁笔	调试用	1	个	
12	验漏瓶	内装含有洗涤剂的清水	1	个	气体介质适用

标准化操作步骤：

① 核对磁翻板液位计规格、参数及其密封垫、螺栓等配件是否齐全。

② 核对产品的连接方式及安装尺寸、连接方式，如图 2-1-89 所示，顶部安装、侧部安装、侧部安装顶部显示。

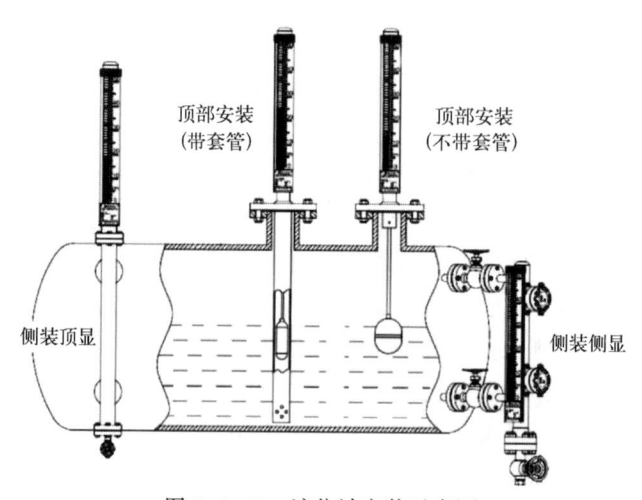

图 2-1-89 液位计安装示意图

③ 确认安装部位无压力且无危险介质残留方可安装磁翻板液位计，加密封垫片后紧固磁翻板液位计法兰螺栓。

④ 各密封部位紧固后联系工艺管理人员将液位计充压至正常工作压力，观察各密封部位有无泄漏（对于气体介质应使用验漏瓶检查泄漏情况）。

⑤ 按照磁翻板液位计说明书接线图，用一字或十字防爆螺丝刀正确接线，并将磁翻板液位计本体接地螺栓进行接地。

(2) 磁翻板液位计的调试。

① 接线供电：磁翻板液位计接线完成后给液位计供电，用万用表检查接线端子或正负极是否正确连接，检查接线端子电压是否在变送器允许范围内。

② 单位设置：按照磁翻板液位计说明书对数据采集系统上的显示单位和测量范围进行设置，通常的显示单位有 mm、cm、m 三种。

③ RS485 信号通信参数设置：对于采用 RS485 信号传输的磁翻板液位计要按照监控系统设置要求和磁翻板液位计说明书对通信参数进行设置。

④ 调试：

a. 将磁笔置于液位计下限位置，按照磁翻板液位计说明书对液位计零位进行设置。

b. 将磁笔置于液位计上限位置，按照磁翻板液位计说明书对液位计上限进行设置。

c. 设置完成后将磁笔贴着液位计筒体分别移动至液位计测量范围的 0%、25%、50%、75%、100%位置，液位计输出信号应为 0%、25%、50%、75%、100%，输出信号误差要在液位计精度允许范围内。

⑤ 工艺物料投运后要观察液位计变送数值是否与实际液位或界位数值一致，若不一致则需检查监控系统该点的测量范围、单位换算、RS485 信号等设置参数，检查监控系统 I/O 模块或通道是否正常，对于电流或脉冲输出液位计要用万用表检查其输出是否正常，对于 RS485 信号输出液位计要用笔记本电脑检查其 RS485 信号输出是否正常。

3) 磁翻板液位计的日常维护

(1) 电气连接处检查。

① 检查接线端子线缆连接无松动。

② 检查线缆绝缘应无老化、破损。

(2) 密封性检查。

① 检查取压阀门及各密封部位应无介质泄漏。

② 检查电缆进线各密封接头应无松动、破损。

③ 检查确认变送器壳体前后盖紧固，密封圈无老化、破损。

(3) 特殊介质下检查。

对于含泥砂等污物的介质，应当加强液位计排污，定期清洗浮球。

4) 磁翻板液位计的常见故障及处理方法

磁翻板液位计的常见故障及处理方法见表 2-1-49。

表 2-1-49 磁翻板液位计常见故障及处理方法

序号	故障现象	故障原因	处理方法
1	磁翻板液位计显示或传输数值异常	由于雷电强电磁场影响，导致电路板损坏	更换损坏电路板，排查线路防雷接地，为液位计安装防雷器
		磁翻板液位计浮球表面附着杂质，浮球无法顺畅移动	清理液位计浮球表面附着的杂质
		磁翻板液位计电路部分长时间处于潮湿环境中电路板损坏	更换损坏电路板，排除液位计进水受潮故障
		磁翻板液位计浮球失磁严重，变送机构无法检测到浮球磁信号	更换液位计浮球，排查失磁原因，制定防范措施

续表

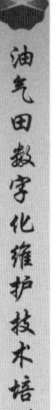

序号	故障现象	故障原因	处理方法
1	磁翻板液位计显示或传输数值异常	磁翻板液位计变送机构故障	更换液位计变送机构
		磁翻板液位计磁翻板指示机构故障	更换磁翻板指示机构
		由于介质的长期腐蚀,使浮球损坏	更换液位计浮球
2	磁翻板液位计传输数值偏差大	液位计浮球配重与工艺介质实际密度偏差大	拆卸液位计浮球,清除浮球表面杂质,将设备设施内液位最上面的液体取样,将浮球放在液体中观察浮球是否可以正常漂浮在液体表面,若浮球下沉无法漂浮在液体表面则说明浮球出厂配重偏差大或浮球有破损,重新更换浮球
		液位计变送机构输出偏差大	更换液位计变送机构或整体更换磁翻板液位计
3	磁翻板液位计信号输出或通信异常的故障	电流输出信号异常	①检查液位计线路应无短路、破损、接错、接反现象 ②测量液位计工作电压应在说明书允许范围内 ③检查监控系统的电流输入模块工作正常且组态参数正确
		RS485 通信信号异常	①检查液位计线路应无短路、破损、接错、接反现象 ②测量液位计工作电压应在说明书允许范围内 ③检查监控系统的 RS485 信号输入设备工作正常且设置参数正确

十、一体化示功仪

一体化示功仪是将载荷传感器、角位移传感器、无线通信模块等集成到一台设备内,采集抽油机示功图的新一代集成化设备。

1. 一体化示功仪的原理、结构及应用要求

1) 一体化示功仪的原理

一体化示功仪将载荷传感器和位移传感器集成到一起,运用单片机技术、无线通信技术,将采集到的载荷信号和位移信号进行配对形成抽油机示功图,反映抽油机井筒中抽油泵的工作状态,用以及时发现卡泵、断杆、阀漏失等油井故障。

2) 一体化示功仪的结构

一体化示功仪主要由外壳、载荷传感器弹性元件、位移传感器、太阳能发电板、电池、无线通信模块、天线等部分组成,外形如图 2-1-90 所示。现场安装效果如图 2-1-91 所示。

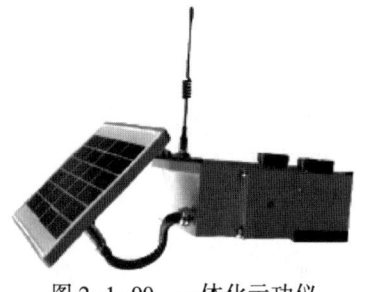

图 2-1-90 一体化示功仪　　　　图 2-1-91 现场安装图

3）一体化示功仪的应用要求

由于一体化示功仪依靠太阳能电池板供电，安装时要使太阳能板面向日光照射最多的方向。

必须保障太阳能板清洁。

2. 一体化示功仪的安装调试

1）一体化示功仪的安装

工具、用具准备，见表2-1-50。

表2-1-50　一体化示功仪安装调试所需工具、用具列表

序号	名称	规格	数量	单位	备注
1	笔记本计算机	安装对应驱动	1	台	
2	信道、地址设置器	专属配置	1	台	
3	防爆梅花扳手	规格依据方卡子固定螺栓尺寸确定	1	把	
4	防爆绝缘一字螺丝刀	300mm	1	把	
5	光杆卡子	尺寸符合光杆要求	1	副	
6	防爆绝缘十字螺丝刀	5mm×100mm	1	把	
7	防爆梅花扳手	规格依据方卡子固定螺栓尺寸确定	2	把	
8	万用表	可测直流电压及直流mA电流	1	台	

标准化操作步骤：

（1）停止抽油机，将抽油机停在离下死点约30cm的位置，拉紧抽油机刹车。

（2）将光杆卡子卡在光杆上，松开抽油机刹车，启动抽油机卸载后立即停机，并再次拉紧抽油机刹车，锁紧刹车保险锁块，留出安装示功图测试单元的空隙。

（3）将一体化示功仪安装在悬绳器上，载荷传感器马蹄口紧贴光杆（对于上端不平整的悬绳器应加装垫板，保证传感器的两个受力点平衡受力），最后装上一体化示功仪的保险装置。

（4）慢慢松开抽油机刹车，使一体化示功仪的载荷传感器完全受力后，再拉下抽油机刹车，取下固定卡子并打磨光滑抽油杆上的卡痕，最后松开刹车，启动抽油机。

（5）检查一体化示功仪安装是否平稳，载荷受力点是否平衡，有无异常响动。

2）一体化示功仪的调试方法及注意事项

（1）一体化示功仪的调试方法。

① 将地址码设置器与载荷传感器通过电缆连接起来，为其设置已规划好的地址和信道。

② 将示功图测试组件、电池板及天线组合在一起，再根据抽油机的位置，使安装的太阳能板尽量朝南（太阳走向：东→偏南→西），太阳能板可旋转安装，使太阳能板吸收更多的阳光。

③ 将载荷传感器上的电缆插头插入电池板背面的插座上,拧上保护环,载荷传感器开始上电,此时指示灯每 5s 闪烁一次。

(2) 一体化示功仪安装调试的注意事项。

① 一体化示功仪安装时,需将其完全插入抽油机悬绳器上的工字架并与工字架垂直,保证载荷感应片压实;太阳板需安装在向阳面,以保证足够阳光照射。

② 一体化示功仪的太阳板、挡板安装螺钉须拧紧,太阳板电源线插头连接可靠;光杆毛刺需用锉刀打磨光滑。

③ 安装完成后启动抽油机,检查抽油机是否运行平稳和示功图是否正常上传,否则需重新调整载荷位移传感器和检查其信道、地址。

3. 一体化示功仪的日常维护

由于一体化示功仪内置电池充电完全依靠太阳能板,日常使用中必须保障太阳能板清洁,否则会出现由于太阳能板发电效率低造成电池充电不足影响示功图采集的情况。

定期检查太阳能板的角度,保证太阳能板始终面向阳光照射最充足的一面。

4. 一体化示功仪的常见故障及处理方法

一体化示功仪的常见故障及处理方法见表 2-1-51。

表 2-1-51 一体化示功仪常见故障及处理方法

序号	故障现象	故障原因	处理方法
1	示功图无法采集	电源中断	检查电池如果馈电,更换电池;电源线插头连接是否可靠,如松动紧固插头
		设备死机	一体化示功仪电源指示灯常亮时,对其断电重启即可恢复;电源指示灯不亮时,检查太阳板是否清洁,如发现脏污则进行清洁;检查电源线插头是否良好,如破损进行更换
2	示功图采集异常	载荷传感器故障	检查油井运行状况和载荷位移传感器是否完好
		载荷传感器漂移	载荷位移传感器经过校验,如果误差超过 ±5% 且无法校正,应予以废弃,更换新一体化示功仪
		位移传感器故障	尝试校正位移传感器,修改校正系数,如果恢复正常可继续使用,如果不能恢复正常则更换新一体化示功仪

第二节 控制器

一、RTU

RTU 英文全称为 Remote Terminal Unit,中文全称为远程终端单元,是一种针对长距离通信和复杂工业现场环境设计的特殊计算机测控单元。

1. RTU 的原理、结构及应用要求

1）RTU 的原理

RTU 将末端检测仪表和执行机构与远程控制中心的主计算机连接起来，具有远程数据采集、控制和通信功能，并通过接收主计算机的操作指令，控制末端的执行机构动作。

RTU 根据被控现场环境条件、系统的复杂性、数据通信需求、实时报警报告、数据精度、设备控制等要求，可以用不同的硬件和软件来实现。

2）RTU 的结构

RTU 通常由硬件和软件两部分组成。

RTU 硬件主要由电源模块、数据运算及处理模块（CPU）、数据存储模块、数据输入/输出（I/O）接口模块、数据传输模块和保护外壳等组成（图2-2-1、图2-2-2）。其中RTU 数据运算及处理模块（CPU）是 RTU 控制器的中枢系统，负责处理各种输入信号和控制指令，经运算处理后，完成输出。数据存储模块是 RTU 的记忆系统，用来存储各种数据。数据输入/输出（I/O）接口模块一般包括模拟量输入（AI）、开关量输入（DI）、串口数据 RS485、模拟量输出（AO）、开关量输出（DO）等各种接口。数据传输模块通常包括网络数据传输模块和无线数据传输模块等。

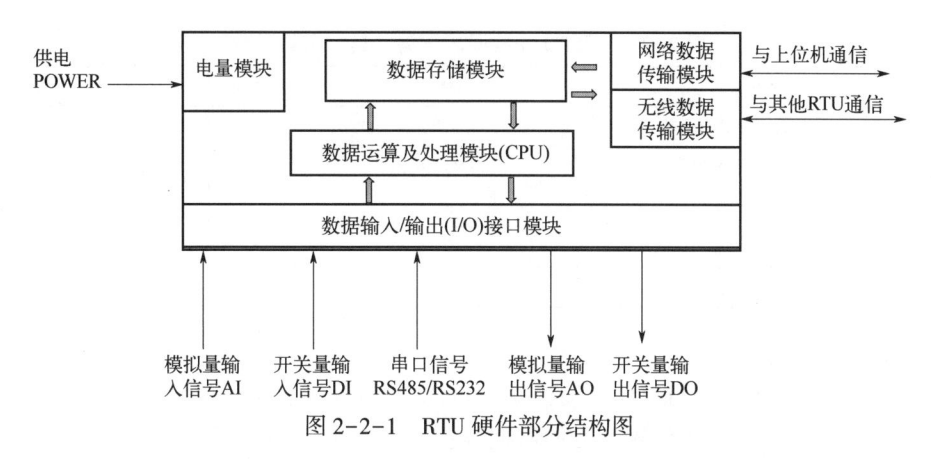

图 2-2-1　RTU 硬件部分结构图

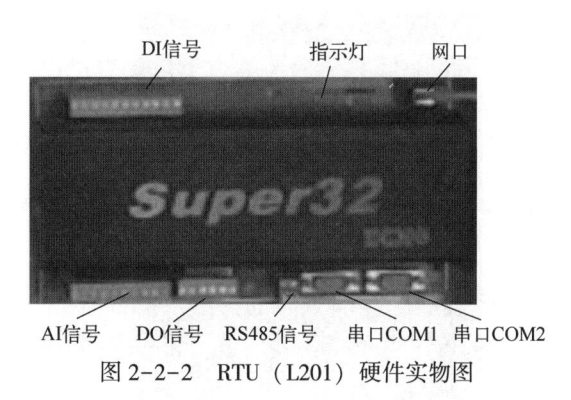

图 2-2-2　RTU（L201）硬件实物图

RTU 软件包括两部分，一部分是固化在 RTU 控制器中的嵌入式软件 Firmware；另外一部分是运行于服务器或者计算机中的上位机软件 Software。上位机软件是一个专用的软件，通过网络和 RTU 进行通信，实现 RTU 基本参数配置、数据采集和现场设备控制等功能。

3) RTU 的应用要求

(1) 选型要求。

RTU 设备种类多，功能差别较大，要根据现场生产环境和实际需求选择合适的产品型号。

(2) 串口应用要求。

RTU 设备同一串口接多个仪表或设备时，要逐台设置各变送器的 ID 号，不能重复设置。RTU 与设备 ID 号要对应一致。

(3) 编程要求。

在修改 RTU 用户程序时，要规范数据格式和数据高低位存储顺序。

2. RTU 的安装调试

1) RTU 的安装

RTU 通常具有更优良的通信能力和更大的存储容量，更适用于恶劣的环境，现以井场数字化设备 L201 为例。

工具、用具准备，见表 2-2-1。

表 2-2-1　RTU 安装调试所需工具、用具列表

序号	名称	规格	数量	单位	备注
1	防爆绝缘一字螺丝刀	3mm×75mm	1	把	
2	防爆绝缘十字螺丝刀	5mm×100mm	1	把	
3	劳保手套	—	1	双	
4	调试串口线	—	1	根	
5	笔记本电脑	—	1	台	

标准化操作步骤：

(1) 在 RTU 机柜中，将 RTU 安装在水平固定的 DIN 导轨上。安装时应注意 RTU 模块接线端子的地方要留有适当位置，方便后期维护，如图 2-2-3 所示。

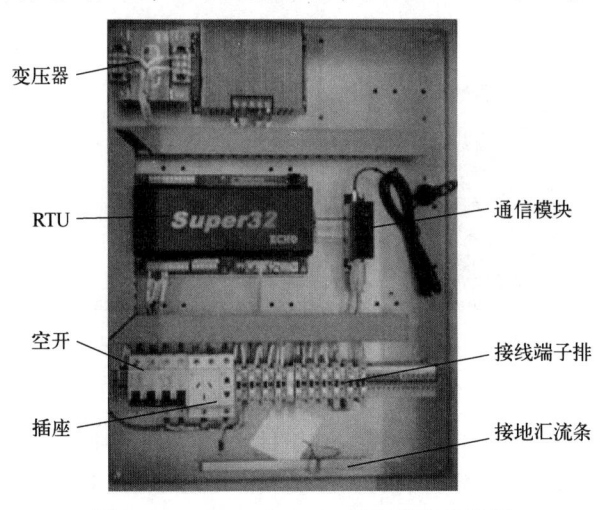

图 2-2-3　RTU（L201）机柜设备布局图

（2）RTU 模块线路连接。连接 RTU 电源线、网线及通信线。

注意：井口 RTU 安装（L308 设备安装）与 L201 模块安装方法相同。

2）RTU 的调试

（1）L308 设备调试。

① 下载用户程序。

第一步：将调试电脑与 L308 通过 RS232 端口连接，运行程序下载软件"ESD32_V522（udp）.exe"，进入程序下载界面，如图 2-2-4 所示。

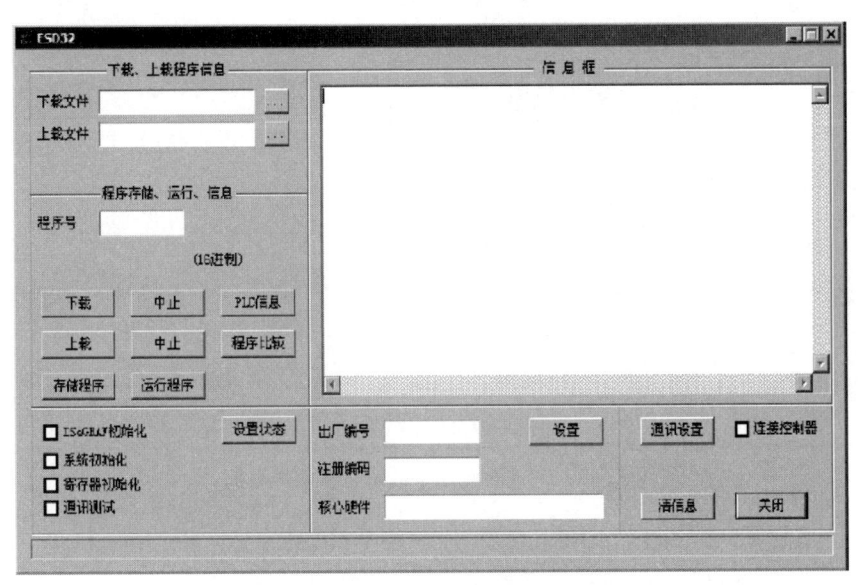

图 2-2-4　程序下载软件运行界面

第二步：勾选"连接控制器"，建立连接，如图 2-2-5 所示。

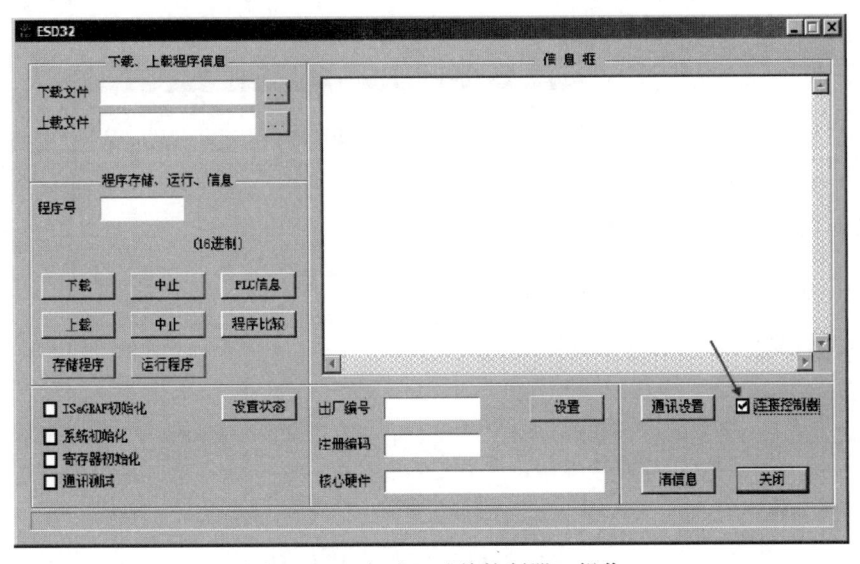

图 2-2-5　勾选"连接控制器"操作

109

第三步：对 L308 井口采集单元重新上电（注意：断电后待采集单元指示灯全灭后，再上电），在"信息栏"出现"下载连接已建立"。取消"连接控制器"勾选项，如图 2-2-6 所示。

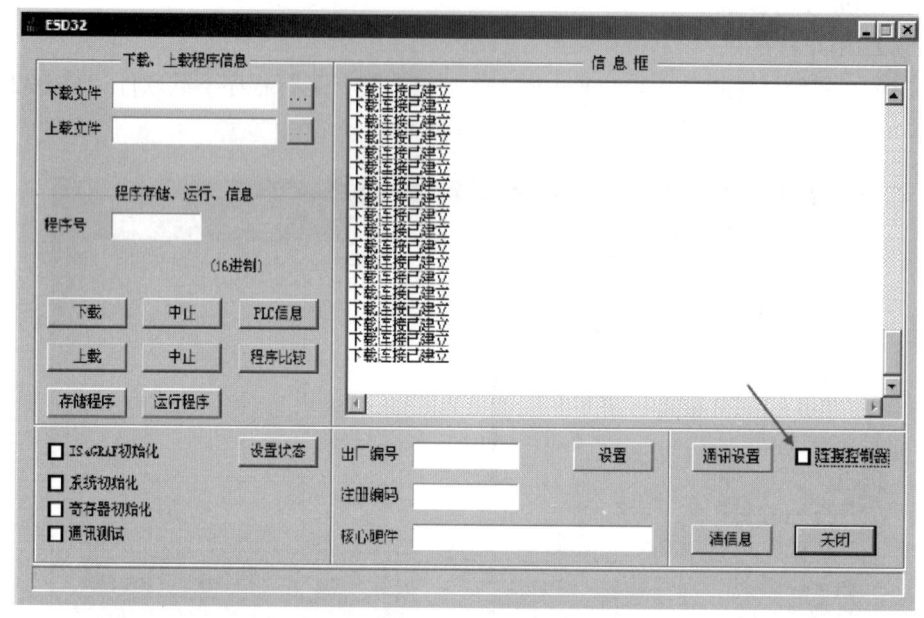

图 2-2-6　用户程序下载第三步操作界面

第四步：选择下载文件"L308_ S907_ S910_ ZIGBEE_ V＊.＊＊.bin"，点击"打开"，然后点击"下载"，如图 2-2-7 所示。

图 2-2-7　用户程序下载操作

第五步：等待程序下载，至信息栏提示下载完成信息"Completed"，则程序下载成功，如图 2-2-8 所示。

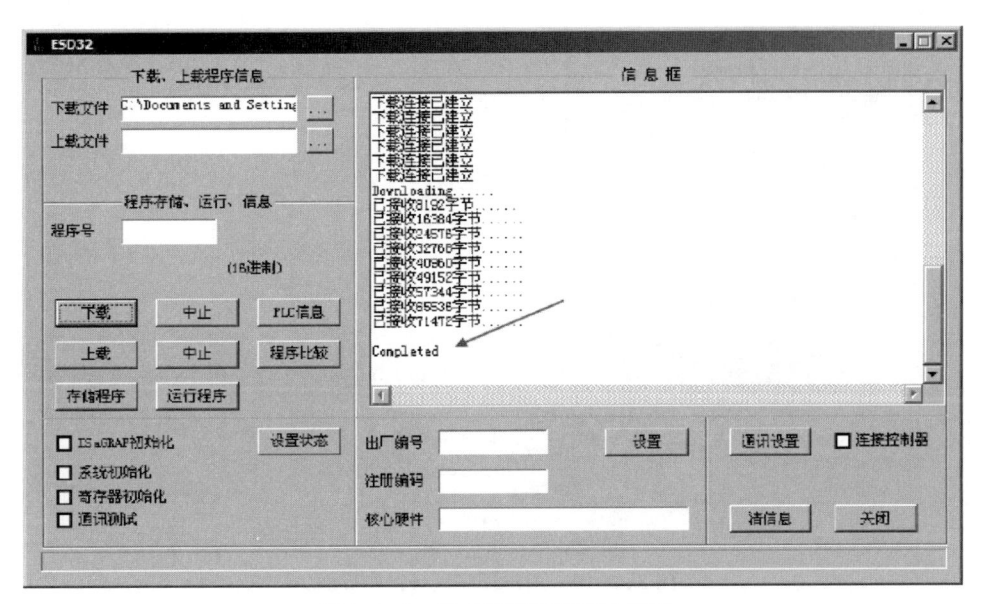

图 2-2-8　用户程序下载完成界面

第六步：存储程序。点击"存储程序"，等待信息栏提示"程序存储正确"，如图 2-2-9 所示。

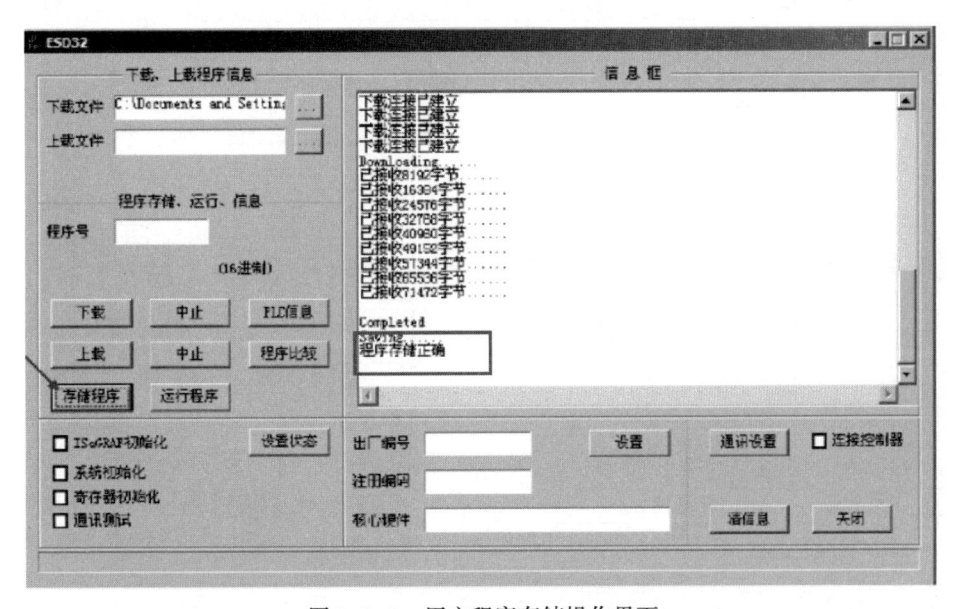

图 2-2-9　用户程序存储操作界面

第七步：运行程序。勾选"系统初始化""寄存器初始化"，点击设置状态，待信息框内显示初始化完成后，点击"运行程序"，如图 2-2-10 所示。

② RTU（L308）的参数配置。

第一步：将调试电脑与 L308 通过 RS232 串口线连接，打开 RTU 调试软件

111

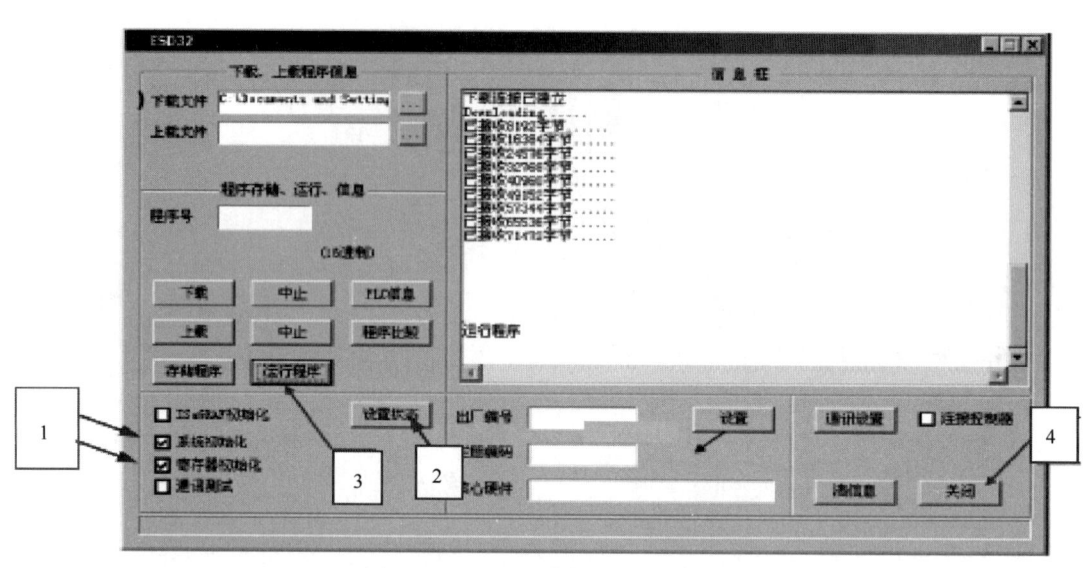

图 2-2-10　用户程序运行操作界面

"RPC.exe",进入"井口采集单元配置工具"页面,勾选"读功图",点击"开始扫描"按钮,如图 2-2-11 所示。

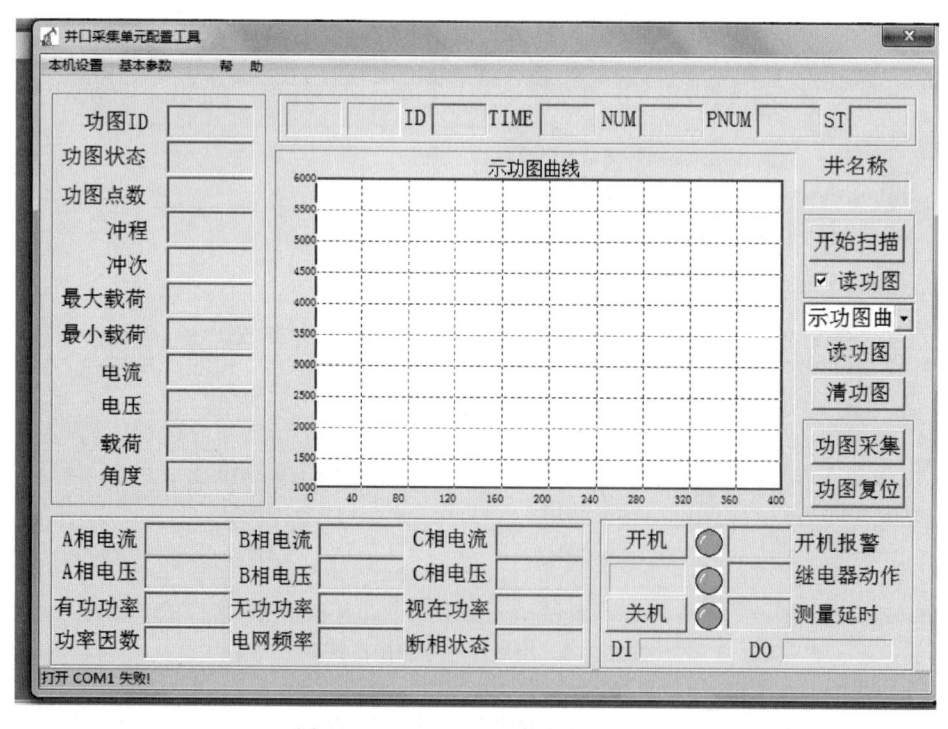

图 2-2-11　RTU 调试软件操作界面

第二步:设置 L308 RPC 通信 COM 口及协议。点击"本机设置"选项,进入通信参数设置界面,如图 2-2-12 所示。

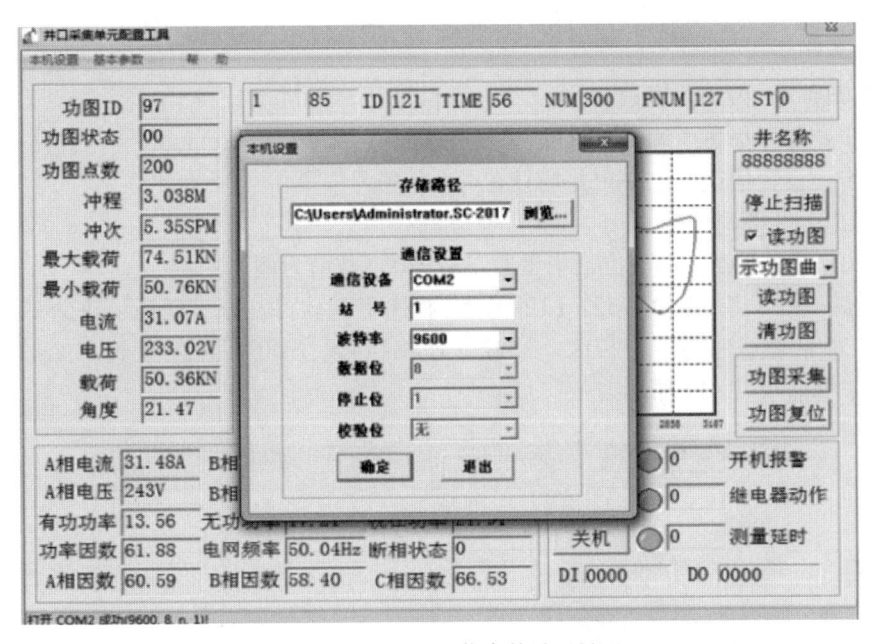

图 2-2-12　RPC 通信参数设置界面

注意：要将电脑 COM 口和调试软件的通信协议信息设置一致。为了调试方便和避免通信连接问题，尽量将 PC 机的端口设置为 COM1 口进行调试。

第三步：点击"基本参数"选项，进入"井口配置基本参数设置"页面，点击"上载"，将参数写入对应位置（"站号"即为"通道"）。点击"下载"，提示"下载成功"后点击"保存"。关闭"井口配置基本参数设置页面"，查看数据采集和示功图形状是否正常，如图 2-2-13 所示。

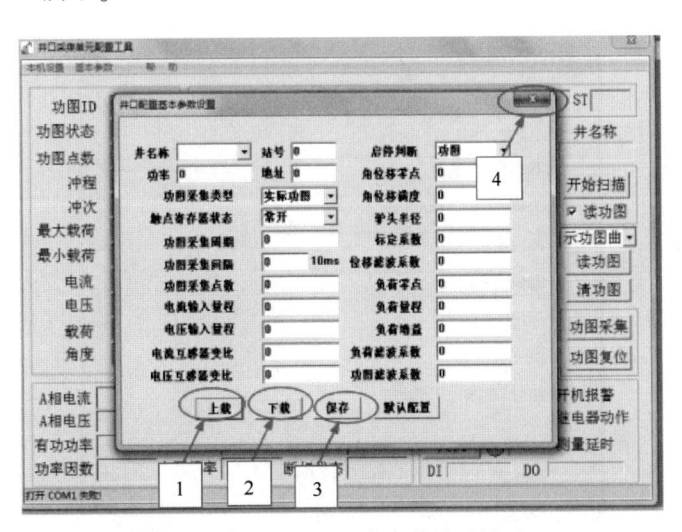

图 2-2-13　RPC 基本参数设置界面

基础设置：主要设置通道号、地址、主电动机保护电流、电流互感器变比等参数。

第四步：对 L308 重新断电、上电（重要）。

L308 采用 ZigBee 无线传输协议，对端设备与之相匹配的以华奥通（SZ930）通信模块为例。

③ 华奥通（SZ930）调试。

第一步：打开华奥通调试配置软件。

第二步：设置信道号，一个井场只有一个信道号。

（2）L201 设备调试。

① L201 程序下载 [以下位端华奥通（SZ930）通信为例]。

第一步：打开"ESD32_V522（UDP）"程序下载软件，如出现提示缺少一个".dll"文件错误对话框，安装"ESD32_v522-1.exe"包，即可正常运行"ESD32_V522（UDP）"，如图 2-2-14 所示。

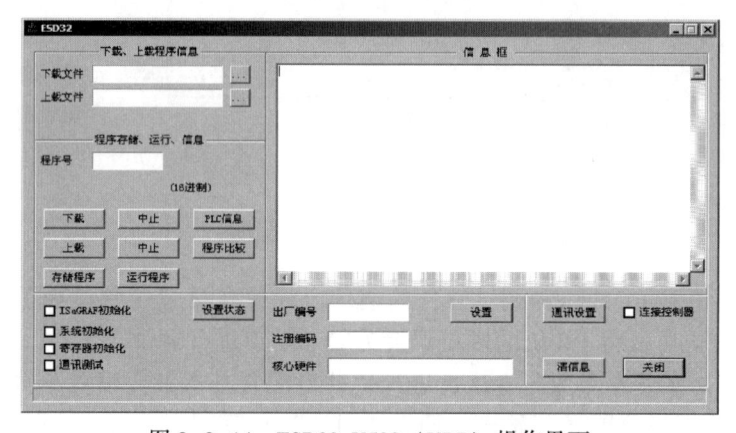

图 2-2-14　ESD32_V522（UDP）操作界面

第二步：点击"通信设置"，在"PC 端口设置"界面配置串口参数，如图 2-2-15 所示。

图 2-2-15　ESD32_V522（UDP）通信参数设置界面

第三步：建立通信连接，在"连接控制器"前的方框中打"√"，如图 2-2-16 所示。

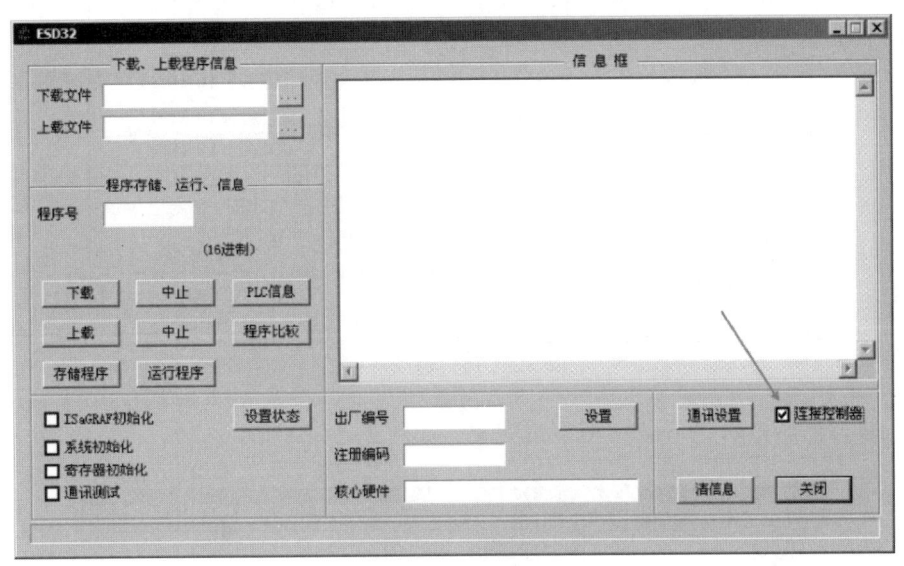

图 2-2-16　ESD32_V522（UDP）通信设置界面

第四步：对 RTU 重新上电（断电后等待 RTU 指示灯全灭，再上电），在"信息栏"出现"下载连接已建立"。取消"连接控制器"方框里的"√"，如图 2-2-17 所示。

图 2-2-17　ESD32_V522（UDP）通信连接界面

第五步：点击"下载文件"右侧"…"按钮，选择"L201/L211 程序"，选中文件"L201_GateWay_ZIGBEE_ v3.23. bin/ L211_GateWay_ZIGBEE_v. bin"点击"打开"，如图 2-2-18 所示。

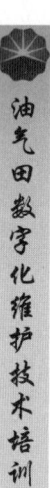

图 2-2-18　程序选择

第六步：然后点击"下载"至下载完成，如图 2-2-19 所示。

图 2-2-19　程序下载

第七步：点击"存储程序"，如图 2-2-20 所示。
第八步：点击勾选"系统初始化""寄存器初始化"，然后依次点击"设置状态""运

图 2-2-20　存储程序操作

行程序"选项,如图 2-2-21 所示。设置成功后程序下载软件。

图 2-2-21 存储程序操作

应注意:
a. 重启 RTU 时,断电后须等待井口 RTU 指示灯全灭,再上电。
b. 设置好状态后,一定要单击"运行程序"按键,将程序运行,否则初始化操作不能执行。控制器初始化后,所有串口参数将恢复为"9600,8,n,1",站号为 1。
c. 程序下载后必须重新上电,程序才能正常运行,否则将造成控制器死机。
② L201 软件调试。
第一步:用网线正确连接 RTU,打开 L201 调试软件"Main_RTU.exe",填写 IP 地址(默认 IP 为 192.168.100.75),选择"端口"为"TCP/IP",点击"打开",如图 2-2-22 所示。

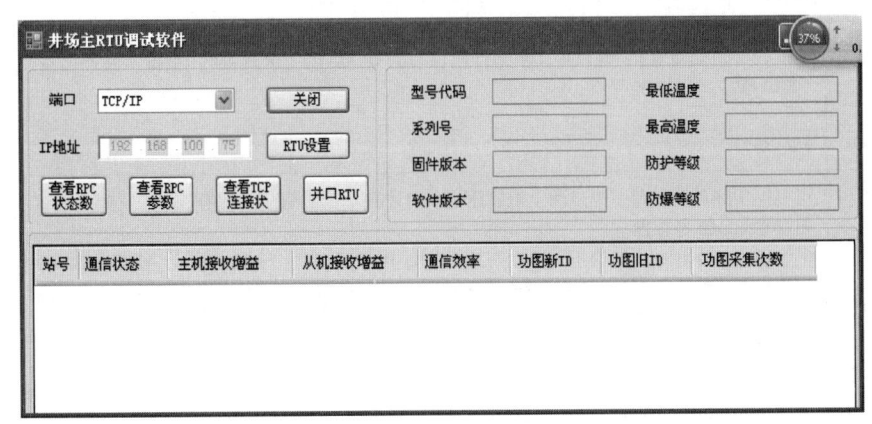

图 2-2-22 L201 软件调试界面

第二步:RTU 设置。
点击"主 RTU 设置",进入参数设置界面,点击"读参数",然后进行参数设置,见表 2-2-2。

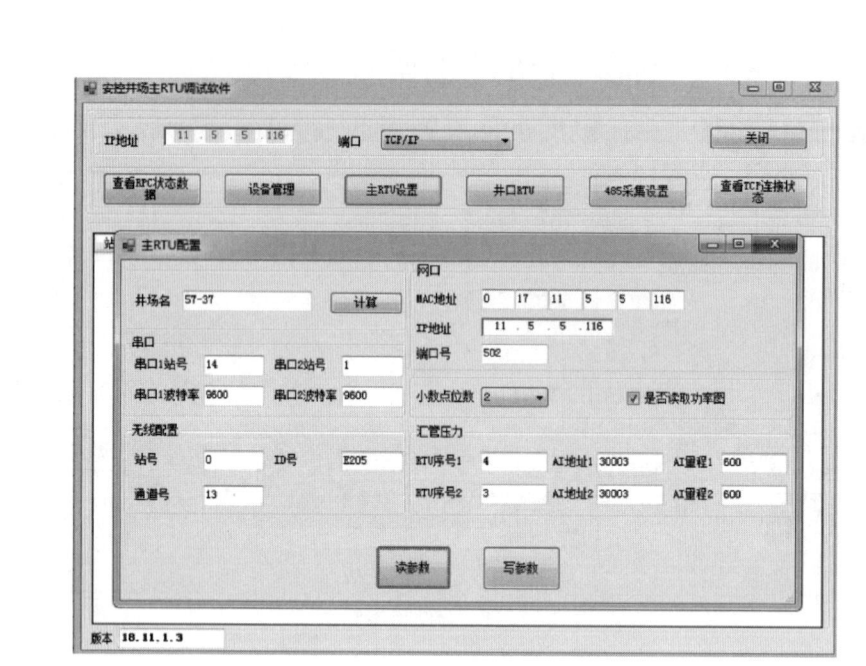

图 2-2-23　L201 调试软件参数配置

表 2-2-2　相关参数设置

参数	说明
井场名	根据井场名称填写即可
串口1	"站号":选用默认值。"波特率":9600
串口2	保持默认
无线配置	"通道号",每个井场设置唯一的通道号,通道号选择范围为 1-15（L308、井口 SZ930、安控阀组间协议箱等保持一致）。"ID":E205。"站号":0
网口参数	"MAC 地址":RTU 的物理地址,网络内具有唯一性。每个地址段取值范围为 0~255,其中第 1 个地址段必须设置为 0,建议后 4 个地址段填写为 IP 地址。"IP 地址":根据实际网络规划进行填写。"端口号":默认 502
小数点位数	默认选择为 2
汇管压力	可根据实际需要配置一个或两个汇管压力。其中第 1 个汇管压力保存在 40051 寄存器、第 2 个压力保存在 40060 寄存器 汇管压力接在井口:汇管压力接在第几个井口 RTU 上,则"RTU 序号"配置为几,"AI 地址"根据实际接线配置（30001……30006,分别对应 RTU 的 AI0……AI5）,如汇管压力接在第 1 口油井上的 AI3 通道,则 RTU 序号为 1,AI 地址为 30004 汇管压力接在 L201/L211 上:"RTU 序号"配置为 0,"AI 地址"根据实际接线配置（30001……30006,分别对应 RTU 的 AI0……AI5）,如汇管压力接在 L201/L211 的 AI2 上,则 RTU 序号配置为 0,AI 地址配置为 30003
AI 量程	根据压力表量程进行配置（需要扩大 100 倍）,如压力表量程为 6MPa,则 AI 量程配置为 600

参数设置完成之后,点击"写参数",如图 2-2-23 所示。

第三步:重启 RTU,然后将电脑本地连接的网段修改为和 RTU 的新配置的 IP 同一网段,重新连接再进行其他的配置。

第四步：井口 RTU 设置。

点击"井口 RTU"，弹出窗口后然后点击"读信息"，弹出窗口如图 2-2-24 所示。

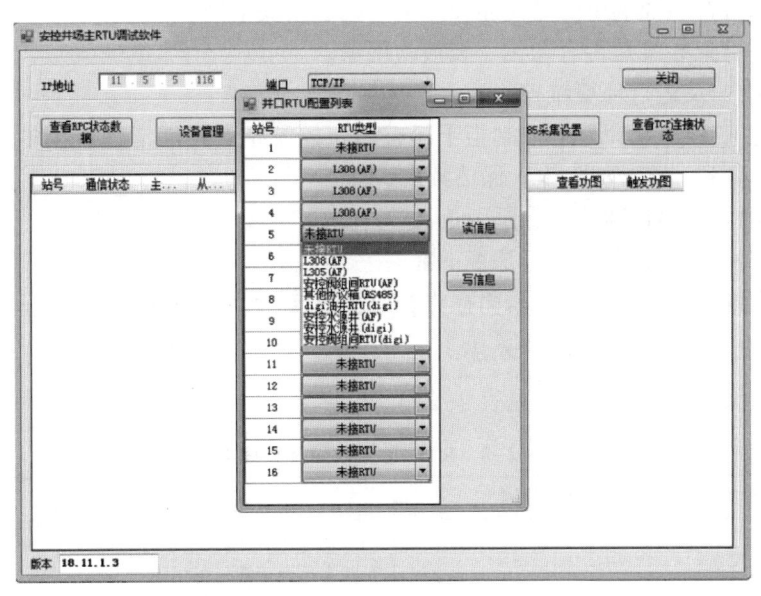

图 2-2-24　L201 调试软件井口 RTU 配置

设置完成之后，点击"写信息"，重启 RTU。

第五步：查看 RPC 状态数据。

重复点击"查看 RPC 状态数据"，直到设置的所有井口 RTU 都有通信状态为止。

第六步：查看示功图。

点击"触发功图"后点击"查看功图"，可查看该油井的示功图和电流图，如图 2-2-25 所示。

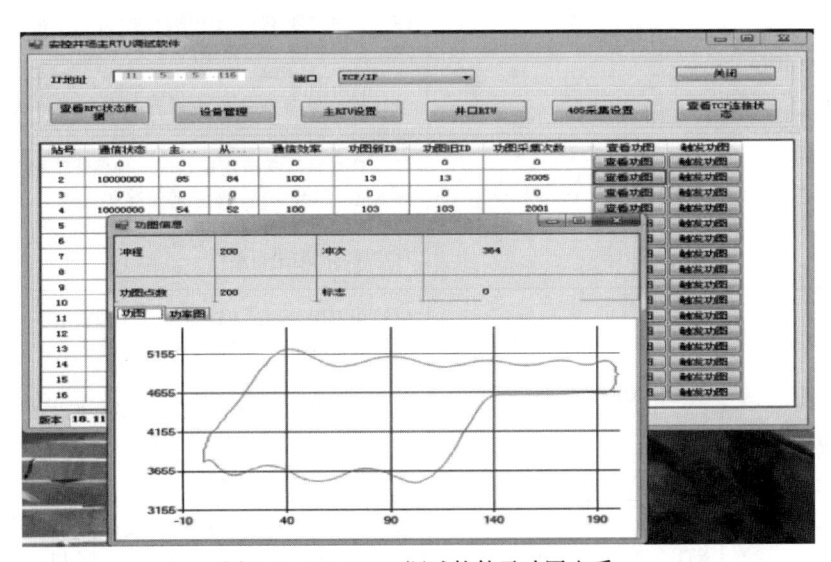

图 2-2-25　L201 调试软件示功图查看

3. RTU 的日常维护

1) RTU 的电路维护

（1）定期检查接线端子的电缆连接。确认端子接线牢固。
（2）定期检查导线是否有老化、破损的现象。

2) 设备维护及运行环境维护

（1）保持 RTU 外观完好、控制柜干净整洁。控制柜要定期清理，在多尘土和有腐蚀气体等恶劣环境下，要增加除尘、保洁频次。
（2）定期检查 RTU 通信状态是否正常。
（3）定期检查 RTU 程序运行是否正常。
（4）日常维护过程中，禁止暴力操作，以免 RTU 受大力碰撞和冲击损坏内部元器件。

4. RTU 的常见故障及处理方法

RTU 的常见故障及处理方法见表 2-2-3。

表 2-2-3　RTU 常见故障及处理方法

序号	故障现象	故障原因	处理方法
1	RTU 设备掉线	RTU 供电故障	（1）查看 RTU 电源指示灯、运行指示灯、故障指示灯运行状态是否正常 （2）如果 RTU 电源指示灯不亮，用万用表检测 RTU 供电电压（24V DC）和供电线路连接是否正常：供电线路连接故障，整改电源线；供电电压为 0 时，排查供电电路和配电箱 24V DC 电源模块，整改供电电路，如果电源模块故障进行更换
		RTU 硬件损坏	（1）如果 RTU 供电电压很小，拆除 RTU 端供电线路后 24V DC 电源电压恢复正常，则 RTU 故障需更换 （2）如果 RTU 运行指示灯或故障指示灯显示异常，重启 RTU （3）重启后指示灯仍然显示异常，刷新控制程序并调试 （4）如果 RTU 控制程序刷新后故障仍未排除，则 RTU 故障，更换 RTU 并重新调试
		数据传输设备故障	（1）检查设备通信模块运行状态和通信线路连接是否正常 （2）核查通信线路连接状况，确保线缆接头无松脱、接触不良、线缆短路、断路等情况发生 （3）核查 PLC 及其配套设备通信参数设置是否正常，并对发现的问题进行整改
2	数据采集异常	现场仪表故障或线路故障	（1）用万用表测试 RTU 数据采集通道电压 （2）如果测试电压正常，然后在测试 RTU 数据采集通道电流（4~20mA） （3）测试电流为零时，需进一步核查电路连接是否有短路、接触不良等情况并进行整改。若电路连接正常，则现场仪表采集故障，需更换仪表
		RTU 数据采集通道故障	用万用表测试 RTU 数据采集通道电压，正常电压为需更换 RTU 数据采集通道或更换 RTU 24V DC。若测试电压为 0，则 RTU 数据采集通道故障

续表

序号	故障现象	故障原因	处理方法
3	现场设备无法远程控制	上位机数据点位设置错误	核查 RTU 上位机软件和服务器控制点位的设置是否正确，保证控制指令能够正常下发
		RTU 参数设置错误	核查 RTU 参数设置是否正常，修改错误参数，确保 RTU 运行正常
		网络数据传输故障	用上位机下发控制指令，核查 RTU 是否成功接收到控制指令，确保数据传输正常。如果 RTU 接收不到控制指令，则数据传输故障，需要排查数据传输链路并进行维护整改
		现场被控设备故障或线路故障	核查现场信号线缆连接情况和被控设备运行情况，整改线路连接中的短路、断路、接触不良、接线端子固定不牢固等情况，对运行异常的被控设备进行维修或更换

二、PLC

可编程逻辑控制器（Programmable Logic Controller，简称 PLC），是专为工业环境下应用而设计的工业控制器。PLC 是以顺序执行存储器中的程序来完成其控制功能的。它采用了可编程序的存储器，并通过数字式或模拟式的输入和输出，控制各种类型机械的生产过程。

1. PLC 的原理、结构及应用要求

1) PLC 的原理

PLC 工作过程一般分为三个阶段，即输入采样、程序执行和输出刷新三个阶段，完成上述三个阶段称作一个扫描周期。在整个运行期间，PLC 的 CPU 以一定的扫描速度重复执行上述三个阶段。

输入采样阶段：PLC 以扫描方式依次地读取所有输入数据，并将它们依次存入 I/O 映象区的相应单元内。

输入采样阶段结束后，PLC 自动进入用户程序执行阶段和输出刷新阶段。在这两个阶段中，即使输入数据发生变化，I/O 映象区中相应单元的数据也不会改变。因此，如果输入信号是脉冲信号，则该脉冲信号的宽度必须大于一个扫描周期，才能保证在任何情况下，该输入信号均能被读取。

程序执行阶段：PLC 总是按由上而下的顺序依次地扫描设备中用户程序。在扫描每一条程序时，按先上后下、先左后右的顺序进行逻辑运算，然后根据逻辑运算的结果，刷新该逻辑在系统随机存取存储器 RAM（Random Access Memory）存储区中对应位的状态，或者刷新该输出在 I/O 映象区中对应位的状态，或者确定是否要执行该程序所规定的特殊功能指令。

输出刷新阶段：当扫描程序结束后，PLC 进入输出刷新阶段。在此期间，CPU 按照 I/O 映象区内对应的数据刷新所有的输出锁存电路，再经输出电路驱动相应的外部设备。

2) PLC 的结构

PLC 的结构如图 2-2-26 所示，主要包括中央处理器（CPU）、存储器（RAM 和

ROM)、输入输出（I/O）接口模块等部分组成。

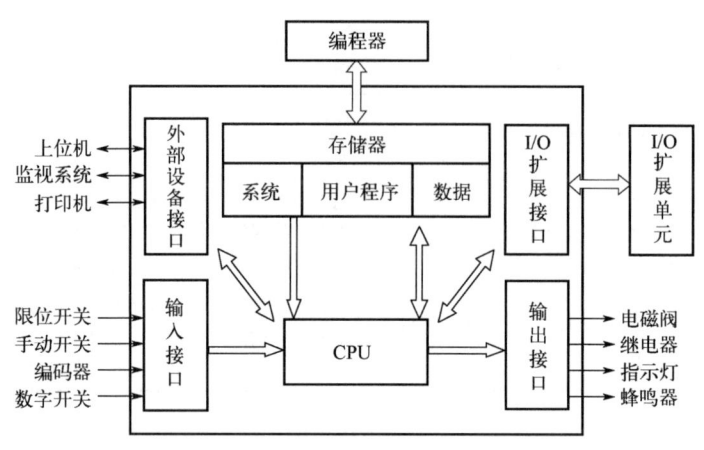

图 2-2-26　PLC 的组成结构图

（1）中央处理单元 CPU（全称 Central Processing Unit）。

CPU 通过 PLC 的输入接口读取外部设备的数据，经过程序运算，将运算结果通过输出装置进行输出，用以控制外部设备。

CPU 一般为双微处理器，一个是字处理器，即主处理器，负责处理字节操作指令、控制系统总线、内部计数器、内部定时器、监视扫描周期、统一管理编程接口，同时协调位处理器及输入输出；另一个为位处理器，也称布尔处理器，即从处理器，作用是处理位操作指令，并在机器操作系统管理下，实现 PLC 编程语言向机器语言转换。

（2）存储器。

PLC 所用的存储器基本上由可编程只读存储器（PROM）、可擦除可编程只读存储器（EPROM）、带电可擦除可编程只读存储器（EEPROM）和随机存取存储器（RAM）组成。它主要用以存储系统程序、用户程序和工作数据。

（3）输入/输出接口模块。

输入/输出接口模块又称 I/O 接口模块，PLC 通过 I/O 接口可以读取被控制对象或被控生产过程的各种参数，并将其作为控制被控对象或被控生产过程的信息依据。同时，PLC 又通过 I/O 接口将 CPU 运算处理结果传送给被控对象或工业生产过程，实现远程控制功能。

（4）编程设备和编程软件。

编程设备是 PLC 开发应用、监测运行、检查维护不可缺少的器件，用于对 PLC 进行编程、对系统进行设定、监控 PLC 及 PLC 所控制的系统的工作状况，但它不直接参与现场设备的控制运行。

（5）电源。

PLC 电源用于为 PLC 各模块的集成电路提供工作电源。按供电类型分类，PLC 电源分为交流电源（220V AC 或 110V AC）和直流电源（常用的为 24V DC）。

按集成模式 PLC 电源分为外部电源和内部电源。外部电源是用来驱动 PLC 输出设备（负载）和提供输入信号的。内部电源是 PLC 的工作电源，它的性能好坏直接影响到 PLC

的可靠性。因此，PLC对内部电源有较高的要求。一般PLC的内部电源都采用开关式稳压电源或原边带低通滤波器的稳压电源。在干扰较强或可靠性要求较高的场合，应该用带屏蔽层的隔离变压器，对PLC系统供电。还可以在隔离变压器二次侧串接LC滤波电路。

（6）底板或机架。

大多数模块式PLC使用底板或机架，主要有两方面作用，其一是实现各模块间的联系，使CPU能访问底板上的所有模块，其二是实现各模块间的连接，使各模块构成一个整体。

3）PLC的应用要求

（1）静电隔离要求。

静电会造成PLC电子组件损坏，在PLC安装、使用和维护过程中，应避免静电对PLC的冲击。通常有下列三种方式：

① 在PLC维护维修时，操作人员应先在静电释放桩放电，去除身上的静电。

② 操作过程尽量不要碰触电路板上的接头或是IC接脚。

③ 电子组件不使用时，用有隔离静电的包装物进行包装存放。

（2）PLC各部件的安装要求。

PLC各部件安装固定必须牢固可靠，各部件间有效连接，禁止短路、断路、线缆接头松动、连接线绝缘层破损等现象发生。PLC电源线接地端必须接地处理。接地不好会导致静电影响、浪涌影响、外部干扰影响等一系列问题。

在I/O模块插入机架上的槽位前，必须确认模块型号与设计一致并且设备完好。I/O模块在插入机架上的导槽时，务必插到底，确保各接触点紧密连接。

PLC电源安装应注意以下问题：

① 隔离变压器与PLC和I/O电源之间最好采用双绞线连接，以控制串模干扰。

② 系统的动力线应足够粗，以降低大容量设备启动时引起的线路压降。

③ PLC输入电路用外接直流电源时，最好采用稳压电源，以保证正确的输入信号，否则可能使PLC接收到错误的信号。

（3）PLC的输入输出要求。

PLC的输入与输出端建议分开走线，开关量与模拟量也要分开敷设。模拟量信号的传送应采用屏蔽线，屏蔽层应一端或两端接地，接地电阻应小于屏蔽层电阻的1/10。

输出端接线分为独立输出和公共输出。在不同组中，可采用不同类型和电压等级的输出电压。但在同一组中的输出只能用同一类型、同一电压等级的电源。

由于PLC的输出端的负载禁止短路。PLC的输出元件集成在印制电路板中，然后与端子板相连接。若连接输出元件的负载短路，将烧毁印制电路板。

（4）抗干扰与接地要求。

PLC的输出负载可能产生干扰，因此要采取措施加以控制，如直流输出的续流管保护，交流输出的阻容吸收电路，晶体管及双向晶闸管输出的旁路电阻保护等。

良好的接地是保证PLC可靠工作的重要条件，可以避免偶然发生的电压冲击危害。

屏蔽层、接地线和大地有可能构成闭合环路，在变化磁场的作用下，屏蔽层内又会出现感应电流，通过屏蔽层与芯线之间的耦合，干扰信号回路。

PLC工作的逻辑电压干扰容限较低，逻辑地电位的分布干扰容易影响PLC的逻辑运算和数据存储，造成数据混乱、程序错误运行或死机。

PLC 控制器为了与所控的各个设备同电位而接地，称为系统接地。接地电阻值不得大于 4Ω，一般需将 PLC 设备系统地和控制柜内开关电源负端接在一起，作为控制系统地。

2. PLC 的安装调试

1）PLC 的安装

进行 PLC 安装前，需要考虑安装环境是否满足 PLC 的使用环境要求，参考各类产品的使用手册。PLC 不能直接安装在以下环境中：含有腐蚀性气体之场所，阳光直接照射到的地方，温度有急剧变化的地方，油、水、化学物质容易侵入的地方，有大量灰尘的地方，振动大且会造成安装件移位的地方。如果必须要在上述环境中使用，则要为 PLC 制作合适的控制箱，采用规范和必要的防护措施。如果需要在野外极低温度下使用，可以使用有加热功能的控制箱。

以 SUPER E50 型 PLC 的安装为例。

工具、用具准备，见表 2-2-4。

表 2-2-4　PLC 安装调试所需工具、用具列表

序号	名称	规格	数量	单位	备注
1	防爆活动扳手	200mm	1	把	
2	防爆开口扳手	规格依据变送器连接件六方尺寸确定	1	把	
3	防爆绝缘一字螺丝刀	3mm×75mm	1	把	
4	防爆绝缘十字螺丝刀	5mm×100mm	1	把	
5	调试串口线	—	1	根	
6	笔记本电脑	—	1	台	

标准化操作步骤（以 SUPER E50 型设备为例）：

（1）安装 DIN 导轨，并将 SUPER E50 模块配套的底座安装在 DIN 导轨上。

（2）安装 SUPER E50 的 I/O 模块，检查 I/O 模块上的防错插头设置与 I/O 底座上的设置是否一致。将 I/O 模块安装在 I/O 底座上，连接外围接线。

（3）安装 SUPER E50 的 CPU 模块，将 CPU 模块安装在控制器底座上。

（4）安装 SUPER E50 的电源模块，将系统电源模块安装在电源底座上，连接电源输入线（参考设备产品说明手册）。

（5）安装节点间的网络线缆，建立 SUPER E50 控制网络。

（6）安装外接电源设备并连接电源输入。

（7）检查 PLC 及负载设备电路连接是否正常，检查通信电缆连接是否正常。

（8）给 PLC 系统上电，检查各设备指示灯运行情况，测试外围线路，检测电源电压。

2）PLC 的调试

以 SUPER E50 型和 S7-200 型 PLC 调试为例。

（1）SUPER E50 型 PLC 调试。

需要安装 PLC 编程软件"PS621cs.exe"和硬件配置软件"Eset2018.exe"。"PS621cs.exe"主要用于用户编程、用户程序仿真运行和程序下载等。"Eset2018.exe"软

件可以建立用户和 PLC 的连接，实现 PLC 通信配置、硬件及通道配置等功能。

① 软件配置。

第一步：启动"PS621cs.exe（OpenPCS）"软件。

在"开始"菜单中选择"程序"，然后点击"infoteam OpenPCS 2008"，即打开编程软件 ControlX 框架，如图 2-2-27 所示。

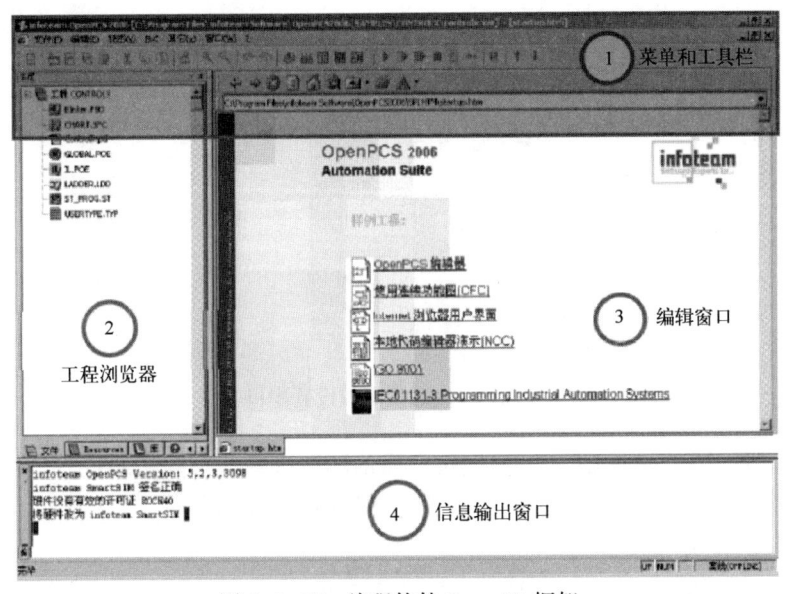

图 2-2-27 编程软件 ControlX 框架

第二步：运行"Eset2018.exe（ESet）"配置软件，对 PLC 的相关参数进行设定，如 PC 通信参数设置，控制器通信参数设置、PID 回路参数、扩展模块等，如图 2-2-28 所示。

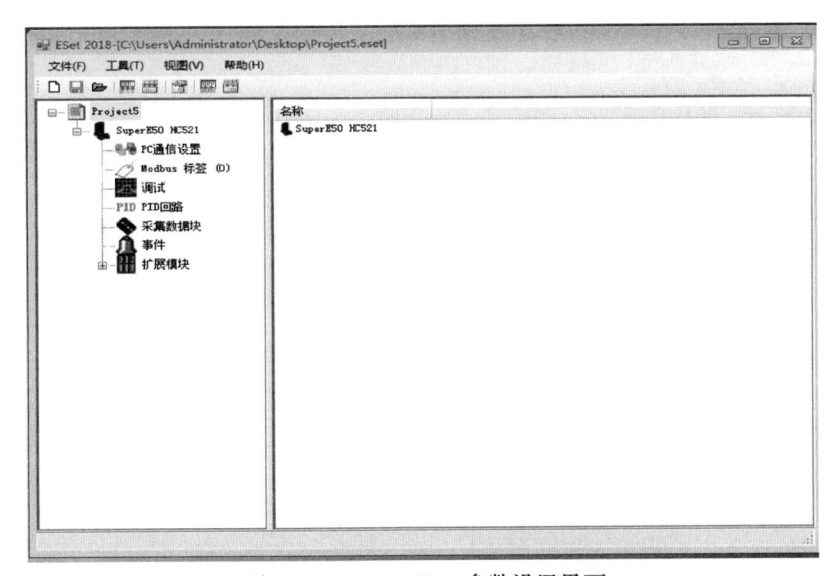

图 2-2-28 ESet2018 参数设置界面

第三步：PC 通信参数设置。

在 ESet2018 中设置 PC 通信参数的步骤如下：

在 ESet2018 参数设置界面左侧的"工程项目栏"中选择"PC 通信参数设置"，在弹出对话框进行参数选择和设置，如图 2-2-29 所示。

图 2-2-29　PC 通信参数设置串口模式

"类型"：用于 PC 机与 CPU 模块连接的通信端口选择。有两种通信方式：网口通信方式（TCP）或串口通信方式（COM）。调试时通常用串口通信方式。

"超时"：默认为 1000ms。

"接收延时"：设置范围为 1~1000，默认为 200。

"站号"：Modbus 协议站号，设置范围为 1~255，默认为 1。

"端口号"：PC 机与 CPU 模块连接的串口号为（COM1~COM10），调试时根据本机选择。

"波特率"：根据实际使用的波特率进行选择，范围为 110~256000，默认为 9600。

"数据位"：根据需要设定，通常设置为 8。

"停止位"：设置为 1。

当"类型"选 TCP 模式时，如图 2-2-30 所示。

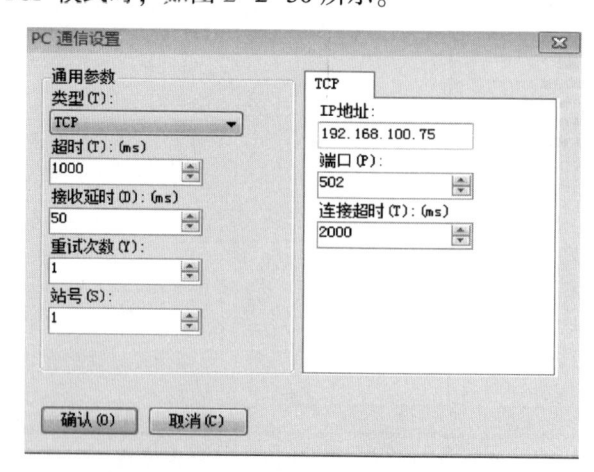

图 2-2-30　PC 通信参数设置 TCP 模式

"IP 地址"：PLC 设备的 IP 地址。

"端口号"：PLC 为 E40 时端口号为 502，E50 端口号为 500。

其他参数设置同串口模式参数设置。

第四步：控制器通信参数设置，主要用于设置 CPU 模块的主要通信参数，如串口参数和网口参数。

在 ESet2018 中设置控制器通信参数的步骤如下：在 ESet2018 参数设置界面左侧的"工程项目栏"中选择"SUPER E50 HC×××"，单击鼠标右键在弹出框里选择参数设置，在"控制器通信参数设置"弹出框里完成串口参数设置、通信设置。

选择"主控模块"，点击"上载"，如图 2-2-31 所示，信息框提示"读控制器数据成功"时，表示电脑与 PLC 连接正常，否则连接失败，依次检查调试线连接是否可靠、PC 通信参数设置是否正确和软件安装是否正确。

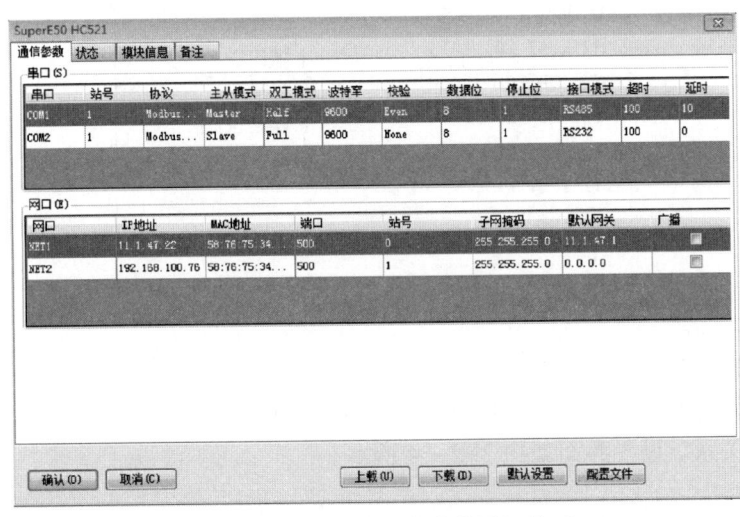

图 2-2-31 控制器通信参数设置界面

串口通信参数设置：

串口参数设置栏中"COM1""COM2"分别对应 PLC 的两个串口，通常"COM1"设置为 RS485 口用于读取现场 RS485 设备数据，"COM2"为串口用于 PLC 调试，也可设置为 RS485 口，同"COM1"。

串口参数设置栏鼠标左键双击相应的端口，弹出"串口参数设置"对话框，如图 2-2-32 所示。

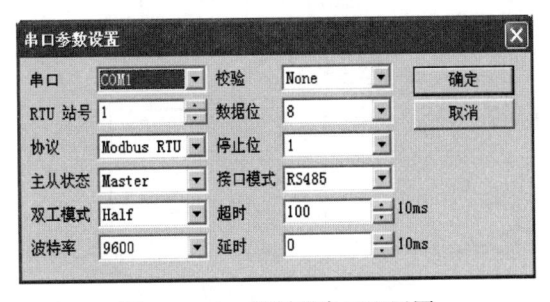

图 2-2-32 控制器串口配置图

RS485端口参数设置必须根据现场设备实际通信参数修改。

网口通信设置：

网口参数设置栏中"NET0""NET1"分别对应PLC的两个网口，双击相应的端口，弹出"网口参数设置"对话框，如图2-2-33所示。

"物理地址"首位为"000"，"IP地址"为PLC设备的IP地址，"端口号"为500，"站号"默认为1。

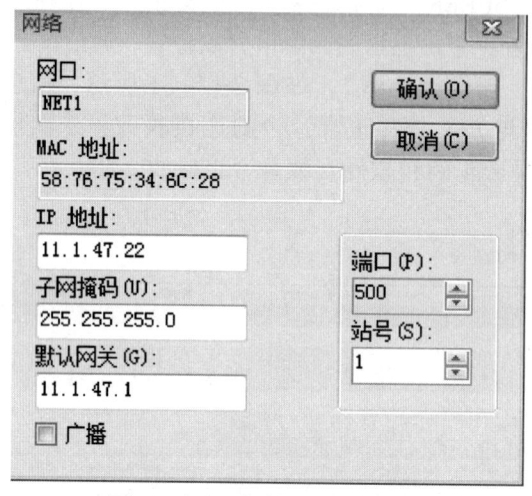

图2-2-33　控制器网口配置图

第五步：扩展模块设置。

主要用于设置CPU模块与用内部总线连接的I/O模块之间（SUPER E50）寄存器地址的一一对应关系。设置界面如图2-2-34所示。

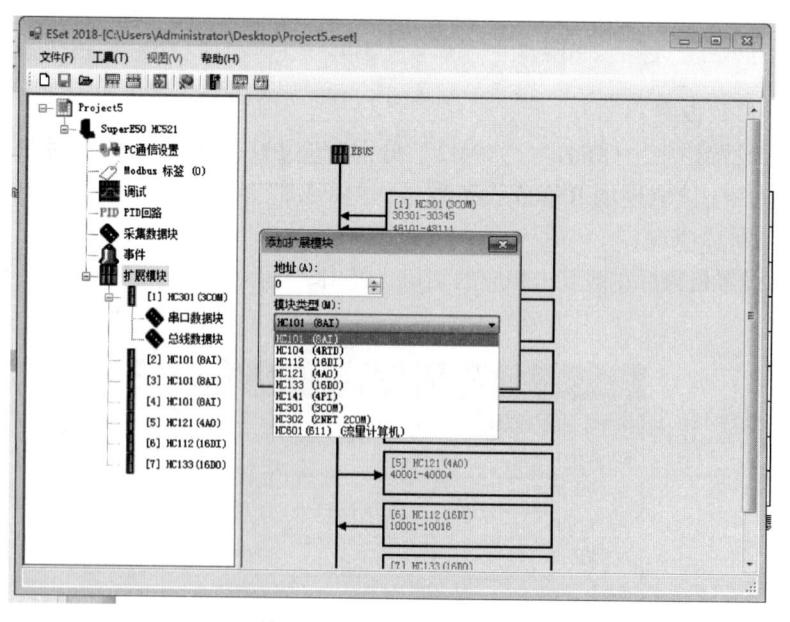

图2-2-34　控制器网口配置

第二章 数据采集设备

模块地址：即扩展模块地址或串口连接设备的 Modbus 通信从站号。
模块类型：根据 PLC 硬件配置依次设定。
第六步：控制器调试。
当采集数据块设置完后并且连接上 PLC 时，可以在控制器调试界面查看寄存器实时运行数据。
② OpenPCS 编程及调试。
目前 SUPER E50 PLC 支持梯形图、指令表、顺序功能图、功能块图等多种通用标准语言进行编程。SUPER E50 的 PLC 支持在线调试功能和仿真功能，如图 2-2-35 所示。

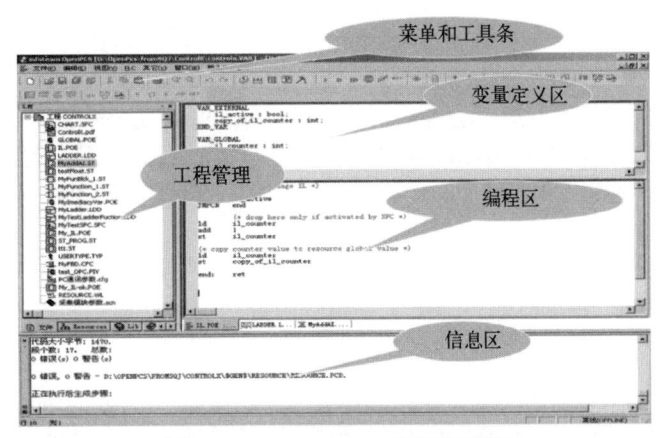

图 2-2-35　OpenPCS 编程界面图

第一步：建立新工程
启动 OpenPCS，选择菜单"文件"→"新建"，在弹出对话框中选择"工程、空白工程"，添入工程名称：字母和小写数字是可用的名称。
第二步：编写代码。
选择菜单"文件"→"新建"，在弹出对话框中选择"POU…ST＼程序"，填写程序名称，并根据功能需求编写程序代码。
第三步：建立连接。
选择菜单"PLC"→"连接"，弹出"连接设置"对话框，如图 2-2-36 所示。

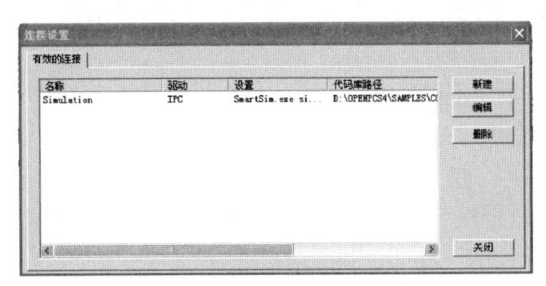

图 2-2-36　连接设置弹出框

选择"新建"按钮创建新的连接，弹出"编辑连接"对话框，如图 2-2-37 所示。
输入新建连接的名字，如"echo"等，点击"选择"，弹出"驱动选择"对话框，选择RS232驱动并确定。点击"设置"弹出"RS232 Setting",如图2-2-38所示。参数设置完成后点"OK"返回,则RS232驱动"echo"新建成功。

图2-2-37 编辑连接弹出框

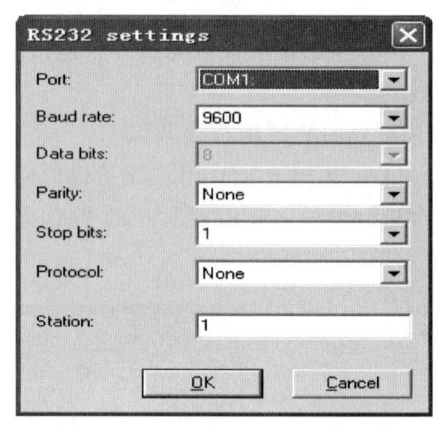

图2-2-38 RS232 Setting弹出框

第四步:设置资源属性。

在菜单栏选"PLC"→"连接",弹出"编辑资源说明"对话框,如图2-2-39所示,正确配置参数后,确定退出。

图2-2-39 编辑资源说明弹出框

第五步:编译下载。

点击菜单栏"PLC"下的"重新生成当前资源"进行编译,如果无错误在状态栏进行显示。

连接属性设置完成后,连接PLC和电脑之间的串口,选择菜单栏下的"PLC"→"PC→PLC"功能或"联机",进行下载,如图2-2-40所示。

第六步:运行程序。

在工具栏选择"冷启动",程序运行正常后断开连接。程序下载完成后,对PLC重新断电,程序开始运行。

(2) S7-200型PLC调试。

① 电脑安装STEP7-Micro/WIN编程软件。

② 用调试线缆连接调试电脑与PLC。

③ STEP7-Micro/WIN调试。

图 2-2-40　联机及程序下载界面

第一步：在电脑桌面找到 S7-200 调试软件 STEP7-Micro/WIN 的图标，打开编程软件，如图 2-2-41 所示。

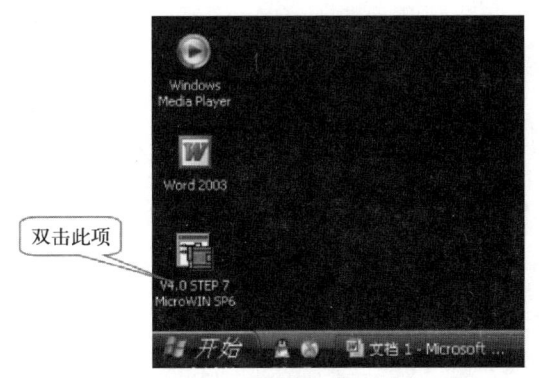

图 2-2-41　打开 STEP7-Micro/WIN 软件

第二步：修改软件菜单显示的语言（重要），选择"Tools"→"Options"选项，如图 2-2-42 所示。

图 2-2-42　打开工具菜单的选项

131

在"Options"弹出界面里选择"General"选项,在"Language"栏里选择中文"Chinese",如图 2-2-43 所示。

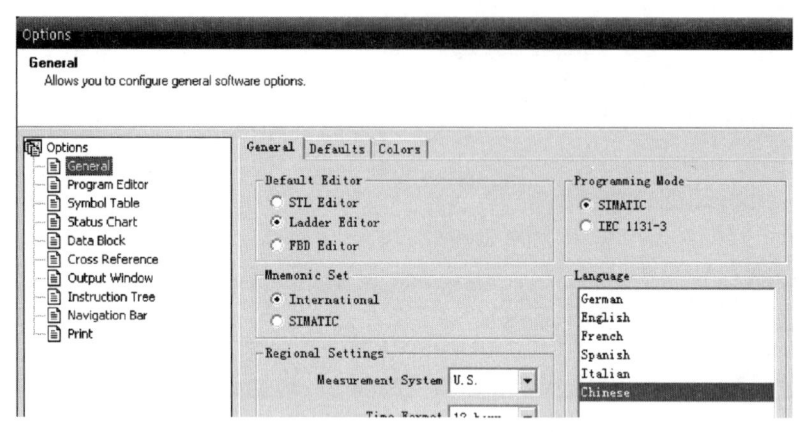

图 2-2-43　把软件的菜单显示语言修改为中文

第三步:重新打开编程软件,然后新建一个工程文件并保存,如图 2-2-44、图 2-2-45 所示。

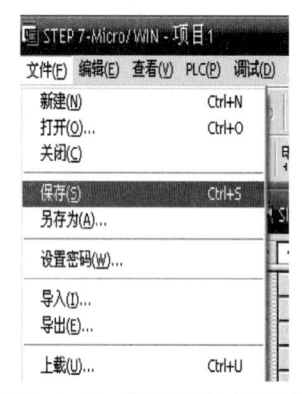

图 2-2-44　新建一工程文件　　　　图 2-2-45　保存新建工程文件

第四步:依据所编制的 PLC 的 I/O 地址表建立符号表,如图 2-2-46、图 2-2-47 所示。

图 2-2-46　编写符号表

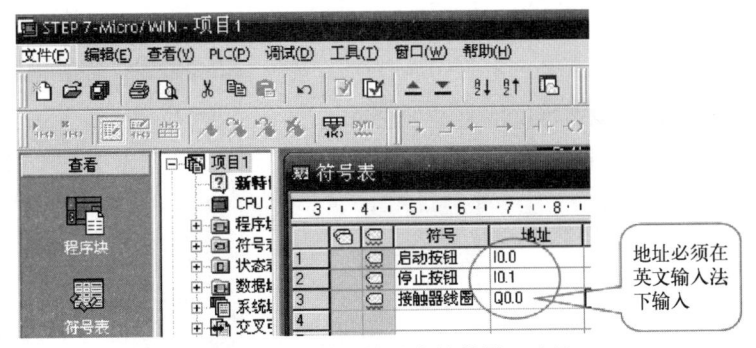

图 2-2-47 添加符号表的符号、地址

第五步：依据控制要求，编写控制程序。在调试软件 STEP7-Micro/WIN 主界面选择"程序块"，在"项目 *"→"程序块"中打开对应程序，并进行编程。如图 2-2-48、图 2-2-49 所示。

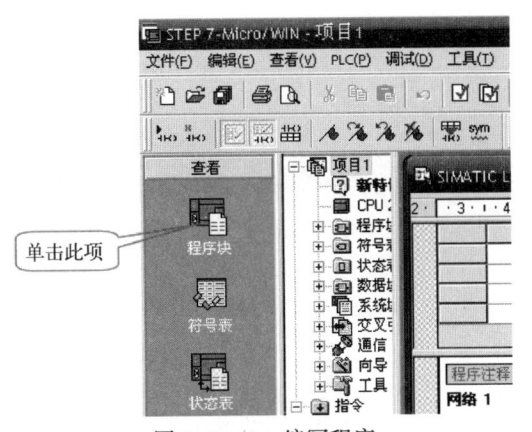

图 2-2-48 编写程序

图 2-2-49 编程并添加注释

第六步：程序编译、调试。选择"PLC"选项→"全部编译"，对编译中出现的错误进

行修改至编译通过，如图 2-2-50、图 2-2-51 所示。

图 2-2-50　编译选项

图 2-2-51　编译结果显示

第七步：设置通信参数。选择"通信"，在弹出的通信界面中直接"刷新"。如图 2-2-52、图 2-2-53、图 2-2-54 所示。

图 2-2-52　选择"通信"按钮

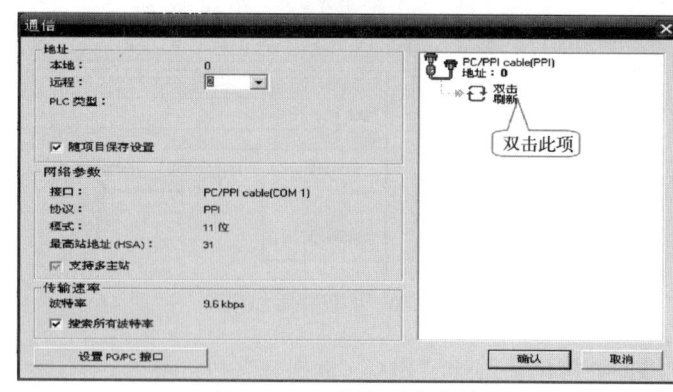

图 2-2-53　刷新通信参数

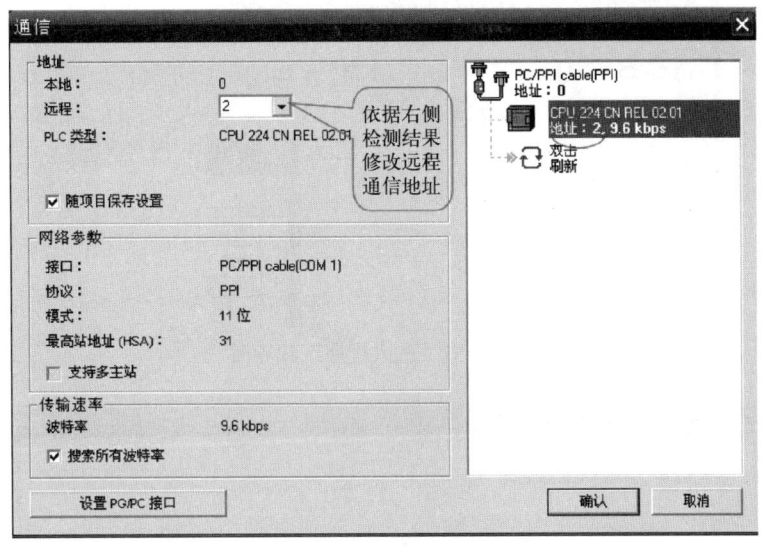

图 2-2-54 设置通信参数

第八步：依据实际情况选择 PLC 的型号，如图 2-2-55、图 2-2-56 所示。

图 2-2-55 选择"类型"按钮

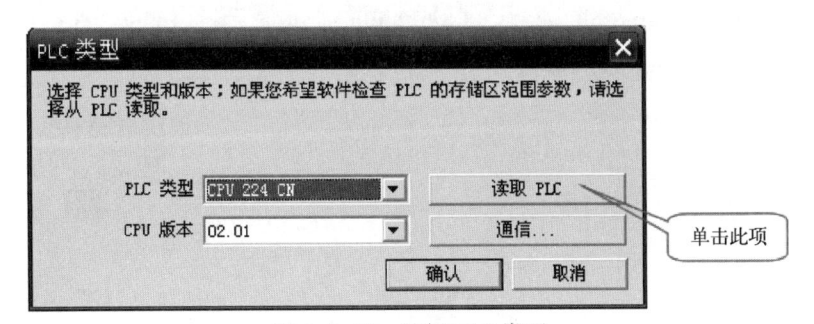

图 2-2-56 选择 PLC 类型

第九步：把程序下载到 PLC 中。操作步骤如图 2-2-57、图 2-2-58、图 2-2-59、图 2-2-60 所示。

第十步：对程序的监控。步骤如图 2-2-61 至图 2-2-68 所示。

第十一步：运行程序，如图 2-2-69 所示。

图 2-2-57　进入程序下载界面

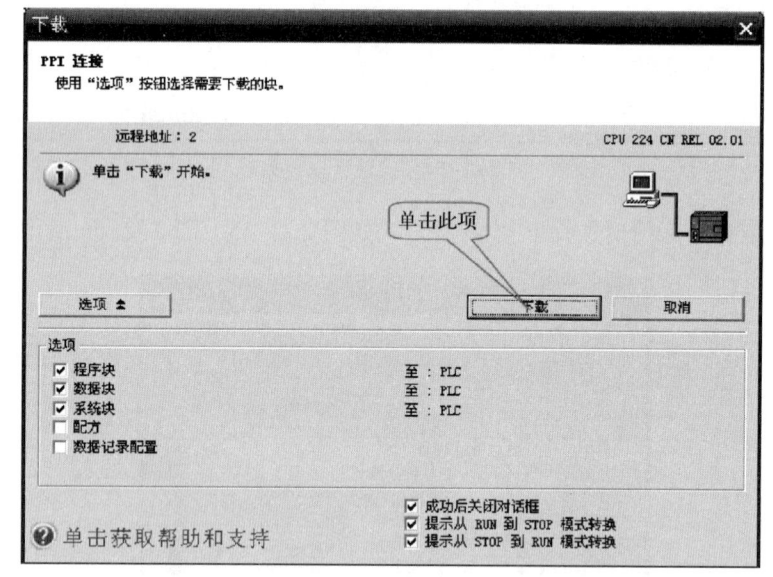

图 2-2-58　程序下载

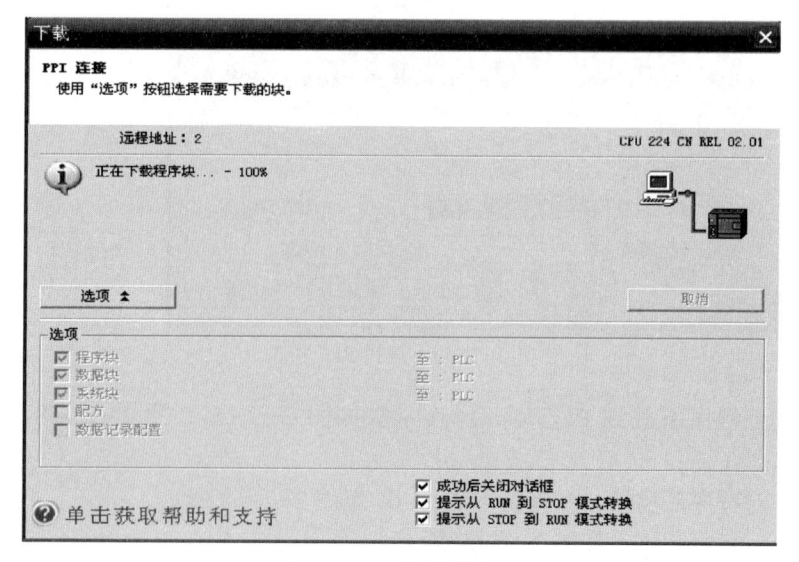

图 2-2-59　下载程序中

图 2-2-60　下载成功

图 2-2-61　进入程序状态监控模式

图 2-2-62　程序状态监控模式

图 2-2-63　建立状态表（1）

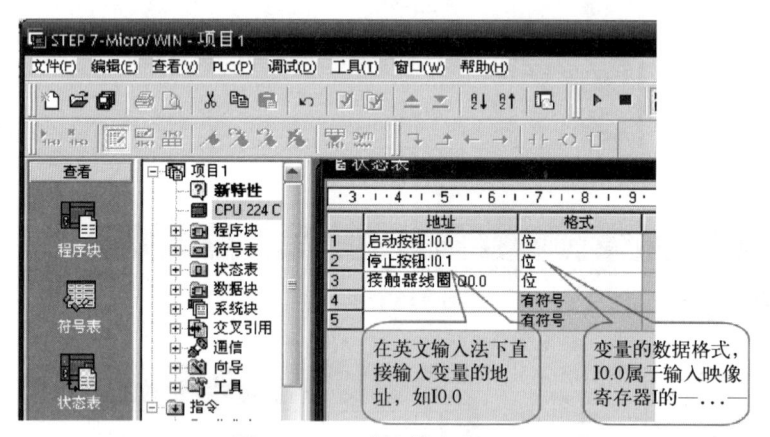

图 2-2-64　建立状态表（2）

图 2-2-65　进入状态表监控模式

3. PLC 的日常维护

1) 电气连接处检查

（1）定期检查接线端子的电缆连接，确认端子接线牢固。

图 2-2-66　强制一个值

图 2-2-67　强制值后效果

图 2-2-68　解除一个强制操作

（2）定期检查导线是否有老化、破损的现象。

2）设备使用过程检查

（1）保持 PLC 外部完好与清洁。要保持设备不积尘土和油污，防止锈蚀现象，在多尘土和有腐蚀气体等恶劣环境下使用要增加清尘、保洁频次，控制机柜内要定期清理灰尘和杂物。

（2）维护过程中，禁止受碰撞和冲击，以免受到剧烈外力后，损坏内部元器件造成故障。

（3）巡检过程中，观察 PLC 指示灯状态，出现问题由专业技术人员进行排查处理。

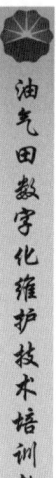

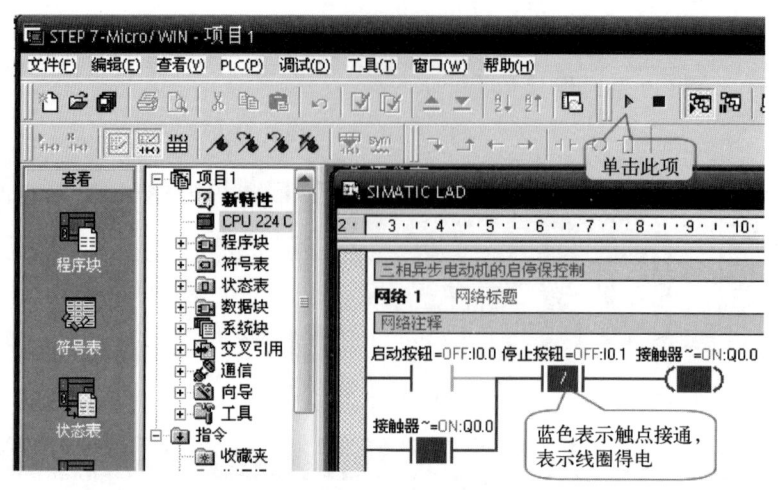

图 2-2-69 运行程序

4. PLC 的常见故障及处理方法

PLC 的常见故障及处理方法见表 2-2-5。

表 2-2-5 PLC 常见故障及处理方法

序号	故障现象	故障原因	处理方法
1	扩展模块 IO 通信状态红灯不亮	PLC 参数配置错误	(1) 打开 ESet2018 软件，在扩展模块中核查采集块地址是否正确 (2) 检查采集块配置数据是否已下载，参考调试步骤下载采集块配置数据
2	CPU 错误状态指示灯总是闪烁	模块参数设置错误或串口设备通信故障	(1) 读取采集模块信息，核查各采集模块运行是否正常，修正错误配置信息 (2) 读取主模块信息，核查扩展模块配置数据是否正确，主模块通信及串口数据采集是否正常，修正错误配置信息 (3) 核查串口线路连接是否正常，串口连接设备有无故障，对检查出的问题进行整改
3	冗余配置网络时断时续，不稳定	网络异常	(1) 核查冗余配置时主模块的 IP 是否与热备模块的 IP 一致，如不一致，进行修正 (2) 检查网段内是否有 IP 冲突，对冲突 IP 进行重新规划和配置
		网线故障	网线是否按照标准的 A 类线序或 B 类线序制作，其他线序屏蔽不好，远距离会产生干扰，造成通信质量差
4	串口采集数据不成功	PLC 硬件	检查 PLC，排查硬件是否存在故障，如果有损坏应进行维护或更换
		参数配置错误	核查串口参数配置是否正常，串口通信参数配置与现场仪表参数设置是否一致，修正错误配置信息
		线路故障	用万用表检测通信线路是否正常，并对短路、断路、信号干扰、电路虚接等电路故障进行整改

续表

序号	故障现象	故障原因	处理方法
5	无法实现冗余	参数配置错误	（1）冗余系统中主备模块运行是否正常，通过看运行指示灯，主模块运行灯 1s1 闪，备状态灯 1s 1 闪 （2）系统中输出的数据点是否放在热备区内，主要包括用户程序的中间变量，PID 的部分配置参数 （3）检查主备模块的配置是否一致 （4）检查主备模块的用户程序是否一致 （5）检查备模块的同步数据区是否可以通过 Modscan 写数据 （6）检查底板是否匹配 （7）对检查出的问题参考设备调试步骤进行修正

三、变频器

变频器是应用变频技术与微电子技术的原理，通过改变电动机工作电源频率的方式来控制交流电动机的电力控制设备。变频器还有很多的保护功能，如过流、过压、过载保护等等。随着工业自动化程度的不断提高，变频器也得到了非常广泛的应用。

1. 变频器的原理、结构及应用要求

1）变频器的原理

变频器就是可以改变频率的器件，它是一个频率和电压能调整输出的交流电源，主要用来给异步电动机进行调速使用。变频器依靠内部绝缘栅双极型晶体管（IGBT）的开断来调整输出电源的电压和频率，根据电动机的实际需要来提供其所需要的电源电压，进而达到节能、调速的目的。变频器运行原理如图 2-2-70 所示。

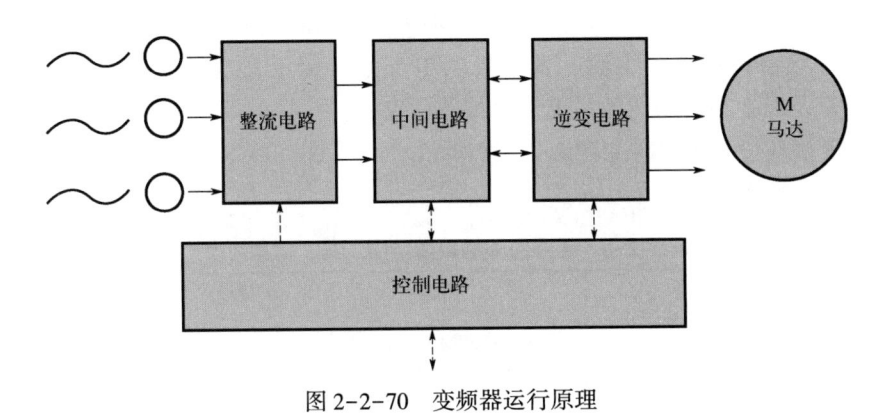

图 2-2-70 变频器运行原理

2）变频器的结构

变频器内部主要由以下部分组成。

（1）整流电路：整流电路是由功率二极管 VD 组成的三相桥式整流电路构成，实现将外部交流电源输入的工频电转变成脉冲直流电。

（2）中间电路：对整流电路的输出波形进行平滑处理，提高直流电源的质量，同时储存、吸收能量。由大容量的电解电容构成，部分机器中间电路有直流电抗器。

（3）逆变电路：通常由 IGBT 在控制电路的控制下交替导通或关断，输出一系列宽度可调和脉冲周期可调的矩形脉冲形波，使输出电压幅值都可调，从而使被控电动机实现节能和调速；而功率二极管构成的续流电路，为电动机和变频器之间的能量传递提供通路。

（4）控制电路：是给变频器中的主电路提供控制信号的回路，主要包括运算电路、电压/电流检测电路、速度检测电路、驱动电路和保护电路等组成部分，主要任务是接受各种信号，并进行运算，输出计算结果，完成对整流电路的电压控制（可控型）和对逆变电路的开关控制，以及完成各种保护功能。

3）变频器应用要求

（1）变频器不宜安装在振动的地方，振动加速度多被限制在 0.3~0.6g 以下。因为变频器里面的主回路连接螺钉容易松动，有不少变频器是因为这样而损坏。

（2）安装场所的周围温度不能超过 -10~50℃。因为电解电容的环境温度每升高 10℃，寿命近似减半，而两个大的整流滤波电解电容，是变频器的核心重要组成部件；还会对变频器内部 IGBT 模块的散热性能产生很大的影响，从而影响变频器的寿命。

（3）空气相对湿度≤90%，无凝露，避免变频器在太阳下直晒。

（4）变频器要安装在清洁的场所。不要在有油性、酸性的气体、雾气、灰尘、辐射区的环境使用变频器。

（5）变频器背面要使用耐温材料。变频器背面是散热片，温度会很高。

（6）安装在控制柜内时，可在柜内安装换气扇。防止柜内温度超过额定值。

2. 变频器的安装调试

1）变频器的安装

以 MD290 系列变频器为例，使用 MD290 系列变频器控制异步电机构成控制系统时，需要在变频器的输入输出侧，安装各类电气元件保证系统的安全稳定。三相380~480V 18.5kW 及以上功率的产品系统构成如图 2-2-71 所示。

变频器安装环境具体要求如图 2-2-72 所示。

工具、用具准备，见表 2-2-6。

表 2-2-6 变频器安装调试所需工具、用具列表

序号	名称	规格	数量	单位	备注
1	万用表	可测交直流电压	1	只	
2	一字螺丝刀	3mm×200mm	1	把	
3	十字螺丝刀	5mm×200mm	1	把	
4	万用表	可测交流电压、电流	1	台	

标准化操作步骤：

（1）将变频器吊装（抬装）至控制柜，对齐变频器四个固定螺丝孔与安装背板的螺丝孔，按照由上至下的顺序拧入固定螺栓，在变频器四个固定螺栓均正常旋入螺丝孔后，按照对角固定方式旋紧固定螺栓，直至变频器固定牢靠。变频器的安装如图 2-2-73 所示。

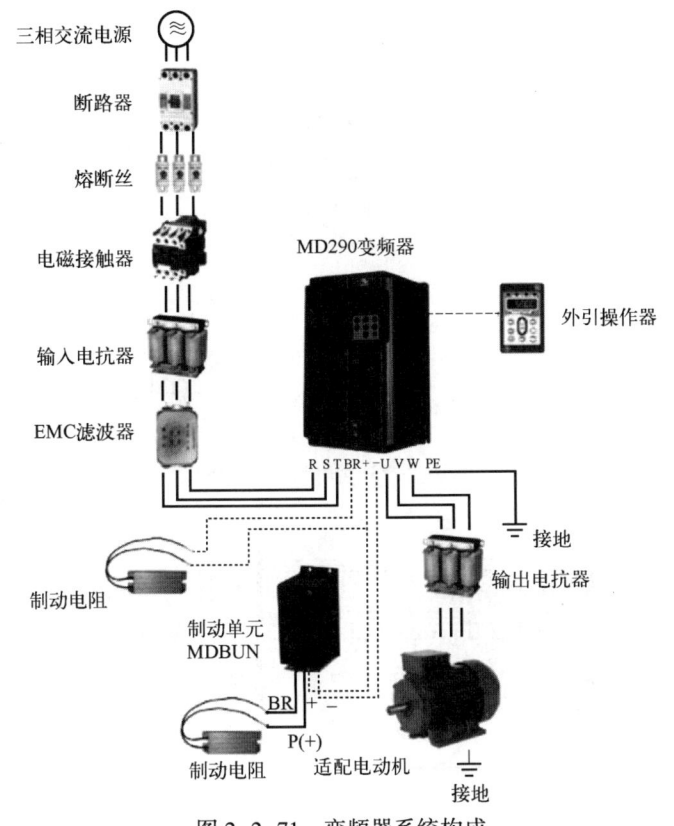

图 2-2-71 变频器系统构成

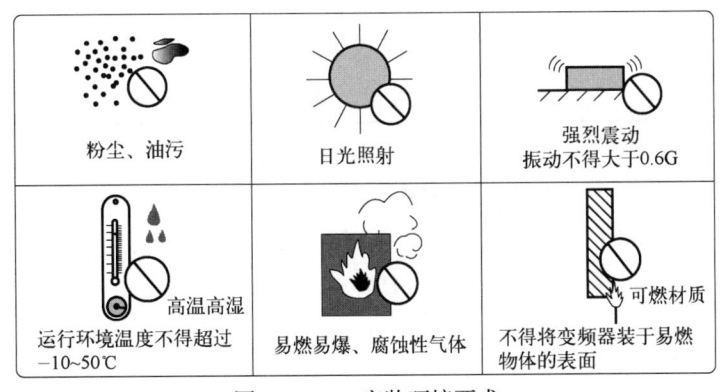

图 2-2-72 安装环境要求

注意：在该种安装方式下，禁止只固定变频器最上面的两个固定螺母，否则长时间运行中可能出现变频器固定部分因受力不均而脱落损坏。

（2）按照电工标准要求对需要接入的线缆压接线耳，做好接线准备。按照标准接线图进行接线，按照从左至右顺序，先将变频器输入电源线接好，然后根据需要接入制动电阻、直流母线，随后接入三相电动机。MD290 系列变频器主回路端子，如图 2-2-74 所示。

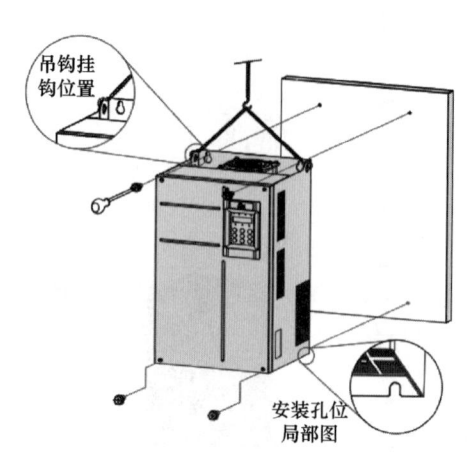

图 2-2-73　变频器的安装

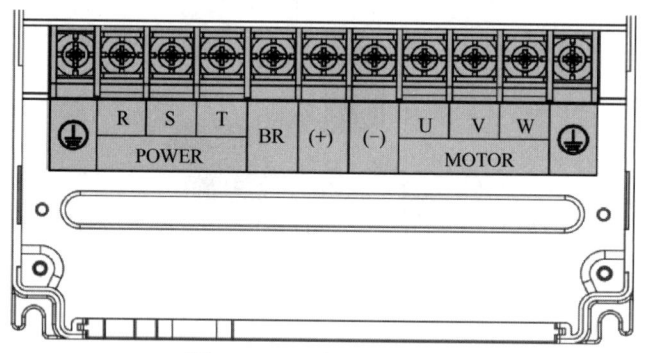

图 2-2-74　主回路端子图

MD290 系列变频器主回路端子说明，见表 2-2-7。

表 2-2-7　MD290 系列变频器主回路端子说明

端子标记	端子名称	功能说明
R、S、T	三相电源输入端子	交流输入三相电源连接点
(+)、(−)	直流母线正、负端子	共直流母线输入点，110kW 及以上外置制动单元的连接点
(+)、BR	制动电阻连接端子	90kW 及以下制动电阻连接点
U、V、W	变频器输出端子	连接三相电动机
⏚	接地端子（PE）	保护接地

MD290 系列变频器输出电动机电缆推荐使用屏蔽线，屏蔽层需要用线缆屏蔽层接地支架在结构上做 360°搭接，并将屏蔽层引出线压接到 PE 端子。线缆屏蔽层接地支架上安装有箍线卡槽，在线箍以上，需用绝缘胶带盖住裸露的屏蔽层，接线方式如图 2-2-75 所示。

接线注意事项：

（1）输入电源 R、S、T 为变频器的输入侧接线，无相序要求。

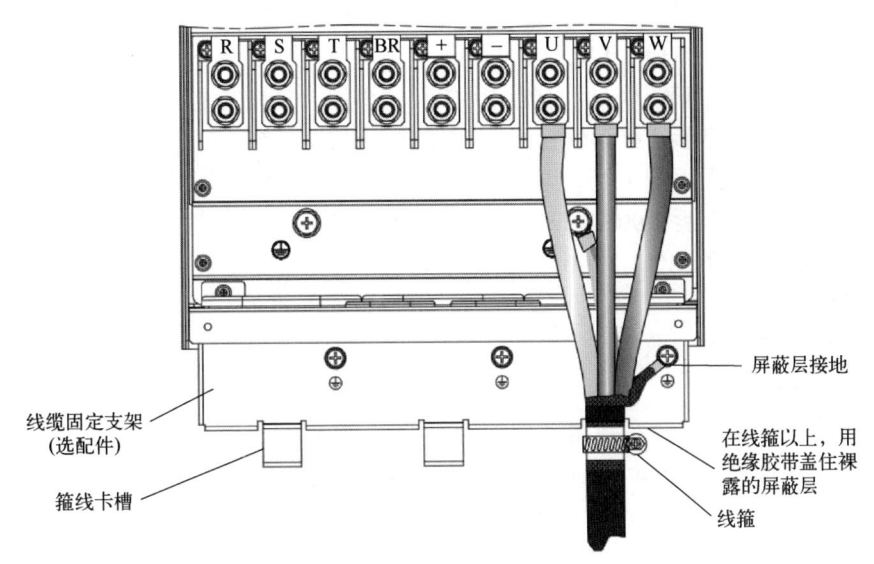

图 2-2-75 输出电缆接线图

（2）外部主回路配线的规格和安装方式要符合当地法规及相关 IEC（国际电工委员会）标准要求。

（3）滤波器的安装应靠近变频器的输入端子，之间的连接电缆应小于 30cm。滤波器的接地端子和变频器的接地端子要连接在一起，并保证滤波器与变频器安装在同一导电安装平面上，该导电安装平面连接到机柜的主接地上，如图 2-2-76 所示。

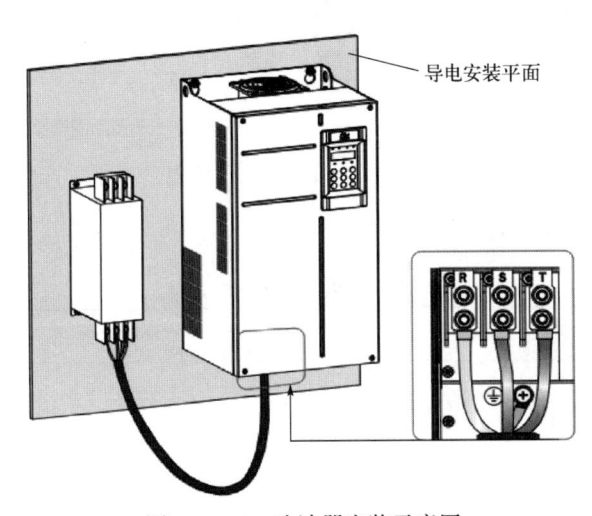

图 2-2-76 滤波器安装示意图

（4）注意刚停电后直流母线（+）(−) 端子有残余电压，须等"CHARGE"灯熄灭，并确认停电 10min 后才能进行配线操作，否则有触电的危险。

（5）90kW 及以上选用外置制动组件时，注意（+）(−) 极性不能接反，否则导致变频器和制动组件损坏甚至火灾。

（6）制动单元的配线长度不应超过 10m，应使用双绞线或紧密双线并行配线。

（7）不可将制动电阻直接接在直流母线上，可能引起变频器损坏甚至火灾。

制动电阻连接端子（+）、BR，应注意：

（1）90kW及以下且确认已经内置制动单元的机型，其制动电阻连接端子才有效。

（2）制动电阻选型参考推荐值且配线距离应小于5m。否则可能导致变频器损坏。

（3）注意制动电阻周围不能有可燃物。避免制动电阻过热引燃周围器件。

（4）连接制动电阻后，90kW以下且已经内置制动单元的机型，根据实际负载合理设置"F6-15"制动使用率和"F9-08"制动单元动作起始电压参数。

2）变频器的调试

（1）变频器调试前的准备。

① 面板操作。

通过该操作面板，可对变频器进行功能码设定/修改、工作状态监控、运行控制（启动、停止）、频率调节等操作。操作面板的外观和操作键名称如图2-2-77所示。

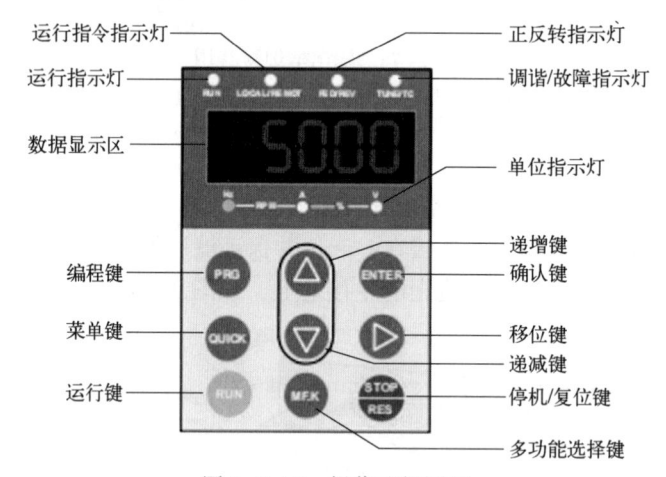

图 2-2-77 操作面板图示

功能键介绍，见表2-2-8。

表 2-2-8 功能键介绍

按键	按键名称	按键功能
PRG	编程键	一级菜单进入或退出
ENTER	确认键	逐级进入菜单画面，设定参数确认
△	递增键	数据或功能码的递增
▽	递减键	数据或功能码的递减

续表

按键	按键名称	按键功能
▷	移位键	在停机显示界面和运行显示界面下，可循环选择显示参数；在修改参数时，可以选择修改参数的修改位
RUN	运行键	在"操作面板"启停控制方式下，用于运行操作
STOP RES	停止/复位	在运行状态时，此按键可以停止运行操作，此特性受功能码 F7-02 制约；故障报警状态时，可用来复位操作
MF.K	多功能选择键	根据 F7-01 的设定值，在选择的功能之间切换
QUICK	菜单模式选择键	根据 FP-03 中值切换不同的菜单模式（默认为一种菜单模式）

② 功能码查看、修改方法。

MD290 变频器的操作面板采用三级菜单结构进行参数设置等操作。三级菜单如图 2-2-78 所示。

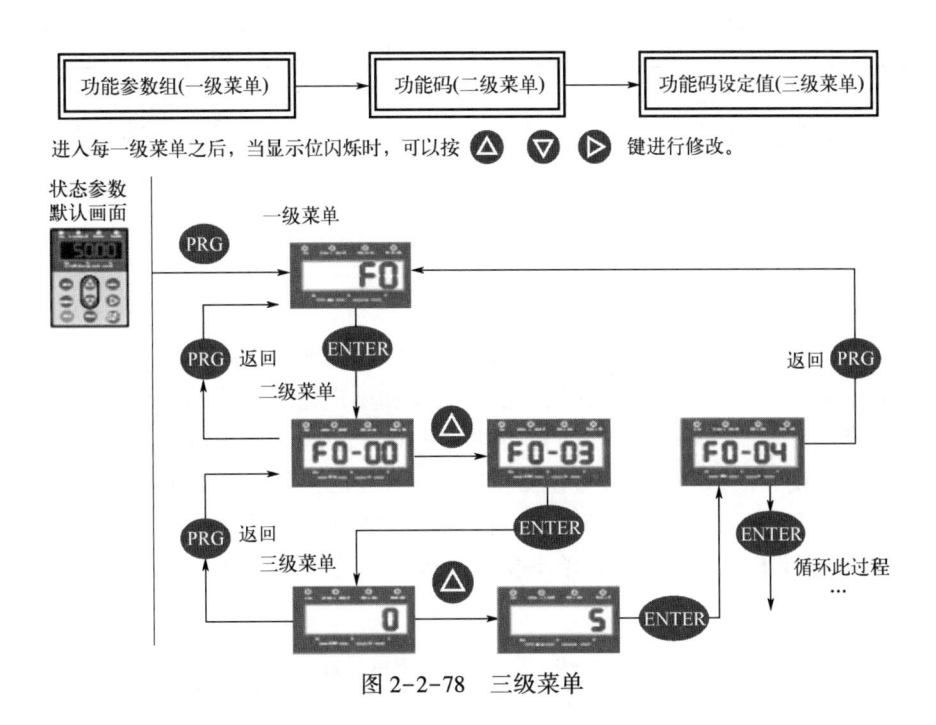

图 2-2-78 三级菜单

变频器在安装完毕供电前，必须对接线进行全面检查，确保接线无误，否则易造成设备损坏或人员伤害。在检查确认接线无误后，可按照总电源—控制电源—变频器供电电源的顺序进行供电，在供电正常后，变频器控制面板显示屏亮起，自检通过即可开始进行变频器运行前调试。调试步骤按照图 2-2-79 所示进行。

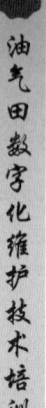

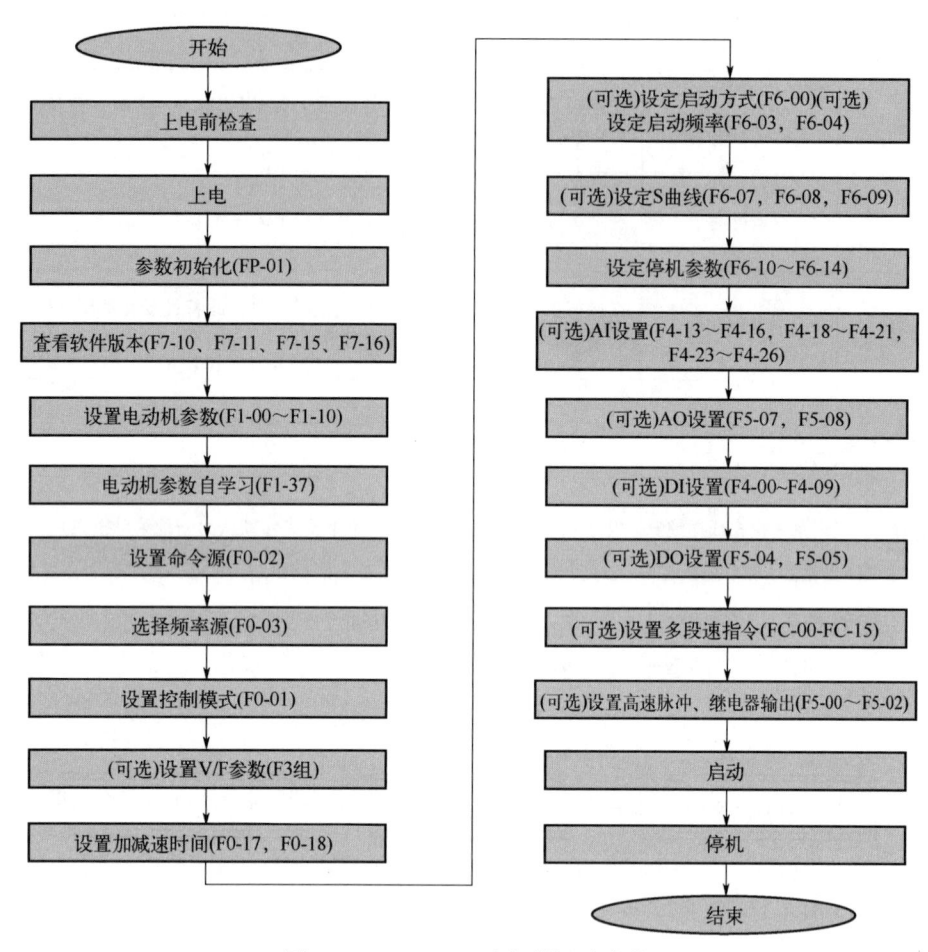

```
开始
  ↓
上电前检查
  ↓
上电
  ↓
参数初始化(FP-01)
  ↓
查看软件版本(F7-10、F7-11、F7-15、F7-16)
  ↓
设置电动机参数(F1-00~F1-10)
  ↓
电动机参数自学习(F1-37)
  ↓
设置命令源(F0-02)
  ↓
选择频率源(F0-03)
  ↓
设置控制模式(F0-01)
  ↓
(可选)设置V/F参数(F3组)
  ↓
设置加减速时间(F0-17, F0-18)
  ↓
(可选)设定启动方式(F6-00)(可选)设定启动频率(F6-03, F6-04)
  ↓
(可选)设定S曲线(F6-07, F6-08, F6-09)
  ↓
设定停机参数(F6-10~F6-14)
  ↓
(可选)AI设置(F4-13~F4-16, F4-18~F4-21, F4-23~F4-26)
  ↓
(可选)AO设置(F5-07, F5-08)
  ↓
(可选)DI设置(F4-00~F4-09)
  ↓
(可选)DO设置(F5-04, F5-05)
  ↓
(可选)设置多段速指令(FC-00-FC-15)
  ↓
(可选)设置高速脉冲、继电器输出(F5-00~F5-02)
  ↓
启动
  ↓
停机
  ↓
结束
```

图 2-2-79　MD290 变频器调试步骤

(2) 变频器调试常用参数及设定值。

变频器安装完成后，需对一些常用参数进行设定，否则变频器无法正常运行。FP-00 设为非 0 值，即设置了用户密码，在功能参数模式和用户更改参数模式下，参数菜单必须在正确输入密码后才能进入。取消密码，需将 FP-00 设为 0。变频器用户密码只是用来锁定面板操作，在设置密码后，通过键盘操作功能码读写时，每一次退出操作后，需再次进入时均需要进行密码验证；在通信操作时可不通过密码直接进行读写操作（FP、FF 组除外）。用户定制参数模式下的参数菜单不受密码保护。具体设定参数及默认值，设定值见表 2-2-9。

表 2-2-9　变频器常用参数设置表

功能码	名称	设定范围	出厂值	更改
F0 组基本功能组					
F0-02	运行指令选择	0：操作面板 1：端子 2：通信	0	根据控制需求进行更改

续表

功能码	名称	设定范围	出厂值	更改
F0-03	主频率指令输入选择	0：数字设定（掉电不记忆） 1：数字设定（掉电记忆） 2：AI1 3：AI2 4：AI3 5：脉冲设定（DI5） 6：多段指令 7：简易PLC 8：通信给定（PID9）	0	根据控制需求进行更改
F0-08	预置频率	0.00Hz~最大频率（F0-10）	50Hz	根据需要修改，一般设置为50Hz
F0-09	运行方向选择	0：默认方向运行 1：与默认方向相反方向运行	0	根据电动机运行方向更改，如电动机不是正转则更改为相反参数
F0-10	最大频率	50.00~500.00Hz	50Hz	根据运行需要进行修改
F0-11	上限频率指令选择	0：F0-12设定 1：AI1 2：AI2 3：AI3 4：脉冲设定 5：通信给定	0	一般保持默认，根据F0-12来设定
F0-12	上限频率	下限频率F0-14~最大频率F0-10	50.00Hz	一般保持默认，根据F0-10来设定
F0-14	下限频率	0.00Hz~上限频率F0-12	0.00Hz	根据现场实际设置，一般不低于20Hz
F0-28	通信协议	0：Modbus协议 1：ProfibusDP、CANopen、Profinet、EtherCAT协议	0	一般保持默认，有特殊要求的按照要求设置
F1组第一电动机参数					
F1-00	电动机类型选择	0：普通异步电动机 1：变频异步电动机	0	根据电动机实际进行更改
F1-01	电动机额定功率	0.1~1000.0kW	机型确定	根据电动机额定功率设置
F1-02	电动机额定电压	1~2000V	机型确定	根据电动机额定电压设置
F1-03	电动机额定电流	0.01~655.35A（变频器功率≤55kW） 0.1~6553.5A（变频器功率>55kW）	机型确定	根据电动机额定电流设置
F1-04	电动机额定频率	0.01Hz~最大频率	机型确定	根据电动机额定频率设置
F1-05	电动机额定转速	1~65535r/min	机型确定	根据电动机额定转速设置

续表

功能码	名称	设定范围	出厂值	更改
FD组通信参数				
FD-00	通信波特率	个位：Modbus 波特率 0：300bps 1：600bps 2：1200bps 3：2400bps 4：4800bps 5：9600bps 6：19200bps 7：38400bps 8：57600bps 9：115200bps 十位：Profibus-DP 0：115200bps 1：208300bps 2：256000bps 3：512000bps 百位：保留 千位：CANLink 波特率 0：20kbps 1：50kbps 2：100kbps 3：125kbps 4：250kbps 5：500kbps	5005	根据实际通信需求设置
FD-01	Modbus 数据格式	0：无校验（8-N-2） 1：偶校验（8-E-1） 2：奇校验（8-O-1） 3：无校验（8-N-1）（Modbus 有效）	0	根据数据采集要求设置
FD-02	本机地址	0：广播地址 1~247（Modbus、ProfibusDP、CAN-link、Profinet、EtherCAT 有效）	1	根据实际需求设置
FD-03	Modbus 应答延迟	0~20ms（Modbus 有效）	2	可保持默认，根据实际需求更改设置
FD-05	数据传送格式选择	个位：Modbus 0：非标准的 Modbus 协议 1：标准的 Modbus 协议 十位：Profibus DP、CANopen、Profinet、EtherCAT 0：PPO1 格式 1：PPO2 格式 2：PPO3 格式 3：PPO5 格式	30	根据需要更改设置，一般 Modbus 协议设置为 1
FD-06	通信读取电流分辨率	0：0.01A 1：0.1A	0	根据数据读取需求更改设置

3. 变频器的日常维护

（1）变频器运行前应检查周围环境的温度及湿度，温度过高会导致变频器过热报警，严重的会直接导致变频器功率器件损坏、电路短路。

（2）空气过于潮湿会导致变频器内部直接短路。

（3）在变频器运行时要注意其冷却系统是否正常，如风道排风是否流畅，风机是否有异常声音。

（4）一般防护等级比较高的变频器如：IP20以上的变频器可直接敞开安装，IP20以下的变频器一般应是柜式安装，变频柜散热效果直接影响变频器的正常运行，变频器的排风系统如风扇旋转是否流畅，进风口是否有灰尘及堵塞物是日常检查不可忽略的地方。

（5）检查电动机变压器等是否过热，有异味。

（6）检查变频器及马达是否有异常响声。

（7）检查变频器面板电流显示是否偏大或电流变化幅度太大。

4. 变频器常见故障及处理方法

1）常见的非变频器原因造成的变频器运行异常

非变频器原因造成的变频器运行异常及处理方法见表2-2-10。

表2-2-10 非变频器原因造成的变频器运行异常及处理方法

序号	故障现象	故障原因	处理方法	备注
1	75G以及上功率段变频器上电无显示	外接直流电抗器端子P、+开路	电抗器没有接入或电抗器直流电抗器损坏。接好直流电抗器	出厂时有短接片接于P、+端子。接入直流电抗器时将此短接片拆掉
2	DI端子都不能用时或者有时好用有时不好用	一般是控制板上OP与+24V的短路片松动导致	固紧此短接片	
3	大功率机器在V/F控制时易报过流	电磁振荡所致	将F3-11（振荡抑制增益）加大，一般在30~60dB	
4	变频器运行一段时间后报E014（模块过热）	载频设置太高，风道堵塞或者风扇损坏	降低载频，或者清理风道，或者更换损坏风扇	

2）变频器常见故障及处理

变频器的常见故障及处理方法见表2-2-11。

表2-2-11 变频器常见故障及处理方法

序号	故障现象	故障原因	处理方法
1	加速过电流，故障代码Err02	变频器输出回路存在接地或短路	检测电动机或者中断接触器是否发生短路
		急加速工况，加速时间设定太短	增大加速时间（F0-17）

续表

序号	故障现象	故障原因	处理方法
1	加速过电流，故障代码 Err02	过流失速抑制设定不合适	确认过流失速抑制功能（F3-19）已经使能；过流失速动作电流（F3-18）设定值太大，推荐在120%~160%范围之内调整；过流失速抑制增益（F3-20）设定太小，推荐在20~40范围之内调整
		手动转矩提升或V/F曲线不合适	调整手动提升转矩或V/F曲线
		对正在旋转的电动机进行启动	选择转速追踪启动或等电动机停止后再启动
		受外部干扰	通过历史故障记录，查看故障时电流值是否达到过流（F3-18），如未达到，则判断为外部干扰，需排查外部干扰源，解除故障。如排查后无外部干扰源，则可能是驱动板或霍尔器件损坏，需联系厂家更换
2	减速过电流，故障代码 Err03	变频器输出回路存在接地或短路	检测电动机是否发生短路或断路
		急减速工况，减速时间设定太短	增大减速时间（F0-18）
		过流失速抑制设定不合适	确认过流失速抑制功能（F3-19）已经使能；过流失速动作电流（F3-18）设定值太大，推荐在120%~150%范围之内调整；过流失速抑制增益（F3-20）设定太小，推荐在20~40范围之内调整
		没有加装制动单元和制动电阻	加装制动单元及电阻
		受外部干扰	通过历史故障记录，查看故障时电流值是否达到过流（F3-18），如未达到，则判断是外部干扰，需排查外部干扰源，解除故障。如排查后无外部干扰源，则可能是驱动板或霍尔器件损坏，需联系厂家更换
3	恒速过电流，故障代码 Err04	变频器输出回路存在接地或短路	检测电动机是否发生短路或断路
		过流失速抑制设定不合适	确认过流失速抑制功能（F3-19）已经使能；过流失速动作电流（F3-18）设定值太大，推荐在120%~150%范围之内调整；过流失速抑制增益（F3-20）设定太小，推荐在20~40范围之内调整
		变频器选型偏小	在稳定运行状态下，若运行电流已超过电动机额定电流或变频器额定输出电流值，请选用功率等级更大的变频器
		受外部干扰	通过历史故障记录，查看故障时电流值是否达到过流（F3-18），如未达到，则判断是外部干扰，需排查外部干扰源，解除故障。如排查后无外部干扰源，则可能是驱动板或霍尔器件损坏，需联系厂家更换

续表

序号	故障现象	故障原因	处理方法
4	加速过电压，故障代码 Err05	输入电压偏高	将电压调至正常范围
		加速过程中存在外力拖动电动机运行	取消此外动力或加装制动电阻
		过压抑制设定不合适	确认过压抑制功能（F3-23）已经使能；过压抑制动作电压（F3-22）设定值太大，推荐在700~770V范围之内调整；过压抑制增益（F3-24）设定太小，推荐在30~50范围之内调整
		没有加装制动单元和制动电阻	加装制动单元及电阻
		加速时间过短	增大加速时间
5	减速过电压，故障代码 Err06	过压抑制设定不合适	确认过压抑制功能（F3-23）已经使能；过压抑制动作电压（F3-22）设定值太大，推荐在700~770V范围之内调整；过压抑制增益（F3-24）设定太小，推荐在30~50范围之内调整
		减速过程中存在外力拖动电动机运行	取消此外动力或加装制动电阻
		减速时间过短	增大减速时间
		没有加装制动单元和制动电阻	加装制动单元及电阻
6	恒速过电压，故障代 Err07	过压抑制设定不合适	确认过压抑制功能（F3-23）已经使能；过压抑制动作电压（F3-22）设定值太大，推荐在700~770V范围之内调整；过压抑制频率增益（F3-24）设定太小，推荐在30~50范围之内调整；过压抑制最大上升频率（F3-26）设定太小，推荐在5~20Hz范围之内调整
		运行过程中存在外力拖动电动机运行	取消此外动力或加装制动电阻
7	缓冲电源故障，故障代码 Err08	母线电压在欠压点上下波动	寻求技术支持
8	欠压故障，故障代码 Err09	瞬时停电	使能瞬停不停功能（F9-59），可以防止瞬时停电欠压故障
		变频器输入端电压不在规范要求的范围	调整电压到正常范围
		母线电压不正常	寻求技术支持
		整流桥、缓冲电阻、驱动板、控制板异常	寻求技术支持
9	变频器过载，故障代码 Err10	负载是否过大或发生电动机堵转	减小负载并检查电动机及机械情况
		变频器选型偏小	选用功率等级更大的变频器

续表

序号	故障现象	故障原因	处理方法
10	电动机过载，故障代码 Err11	电动机保护参数 F9-01 设定是否合适	正确设定此参数，增大 F9-01，可以延长电动机过载时间
		负载是否过大或发生电动机堵转	减小负载并检查电动机及机械情况
11	输入缺相	三相输入电源不正常	检查输入 RST 接线以及三相输入电压是否正常
		驱动板、防雷板、主控板、整流桥异常	寻求技术支持
12	输出缺相	电动机故障	检测电动机是否断路
		变频器到电动机的引线不正常	排除外围故障
		电动机运行时变频器三相输出不平衡	检查电动机三相绕组是否正常并排除故障
		驱动板、IGBT 模块异常	寻求技术支持

四、触摸屏

触摸屏（Touch Panel）又称为"触控屏""触控面板"，是一种可接收触头等输入信号的感应式液晶显示装置，当接触屏幕上的图形按钮时，屏幕上的触觉反馈系统可根据预先编程的程式驱动各种联结装置，可用以取代机械式的按钮面板，并借由液晶显示画面制造出生动的影音效果。

1. 触摸屏的原理、结构及应用要求

1）触摸屏的原理

从技术原理角度来讲，触摸屏是一套透明的绝对坐标定位系统，第一它必须是透明的，必须通过材料科技来解决透明问题；第二它是绝对坐标，手指摸哪就是哪，不需要第二个动作；第三能检测手指的触摸动作并且判断手指位置。

触摸屏技术的本质是传感器，它由触摸检测部件和触摸屏控制器组成。触摸检测部件安装在显示器屏幕前面，用于检测用户触摸位置，接受后送触摸屏控制器；触摸屏控制器从触摸点检测装置接收触摸信息，并将它转换成触点坐标送给 CPU，同时接收 CPU 发来的命令加以执行。

2）触摸屏的类型及结构特点

触摸屏大致被分为红外线式、电阻式、表面声波式和电容式触摸屏四种。红外线技术触摸屏价格低廉，但其外框易碎，容易产生光干扰，曲面情况下图像失真；电容技术触摸屏设计构思合理，但其图像失真问题很难得到根本解决；电阻技术触摸屏的定位准确，但其价格颇高，且怕刮易损；表面声波触摸屏解决了以往触摸屏的各种缺陷，清晰不容易被损坏，适于各种场合，缺点是屏幕表面如果有水滴和尘土会使触摸屏变得迟钝，甚至不工作。

红外线式触摸屏：红外线式触摸屏在显示器的前面安装一个电路板外框，电路板在屏幕四边排布红外发射管和红外接收管，一一对应形成横竖交叉的红外线矩阵。用户在触摸屏幕时，手指就会挡住经过该位置的横竖两条红外线，因而可以判断出触摸点在屏幕的位置。任何触摸物体都可改变触点上的红外线而实现触摸屏操作。

电阻式触摸屏：电阻屏最外层一般使用的是软屏，通过按压使内触点上下相连。内层装有物理材料氧化金属，即 N 型氧化物半导体—氧化铟锡（Indium Tin Oxides，ITO），也叫氧化铟，透光率为 80%，上下各一层，中间隔开。ITO 是电阻触摸屏及电容触摸屏都用到的主要材料，它们的工作面就是 ITO 涂层，用指尖或任何物体按压外层，使表面膜内凹变形，让两层 ITO 相碰导电从而定位到按压点的坐标来实现操控。根据屏的引出线数，又分有 4 线、5 线及多线，门槛低，成本相对价廉，优点是不受灰尘、温度、湿度的影响。缺点也很明显，外层屏膜很容易刮花，不能使用尖锐的物体点触屏面。一般是不能多点触控，即只能支持单点，若同时按压两个或两个以上的触点，是不能被识别和找到精确坐标的。在电阻屏上要将一幅图片放大，就只能多次点击"+"，使图片逐步进阶式放大，这就是电阻屏的基本技术原理。

表面声波式：可以是一块平面、球面或是柱面的玻璃平板，安装在阴极射线显像管（CRT）、发光二极管（LED）、液晶显示器（LCD）或是等离子显示器屏幕的前面。这块玻璃平板是一块没有任何贴膜和覆盖层的纯粹强化玻璃。玻璃屏的左上角和右下角各固定了竖直和水平方向的超声波发射换能器，右上角则固定了两个相应的超声波接收换能器，玻璃屏的四个周边则刻有 45°角由疏到密间隔非常精密的反射条纹。除了一般触摸屏都能响应的两轴坐标外，表面声波触摸屏还响应第三轴坐标，也就是能感知用户触摸压力大小值。

电容式触摸屏：这种触摸屏是利用人体的电流感应进行工作的，在玻璃表面贴上一层透明的特殊金属导电物质。当有导电物体触碰时，就会改变触点的电容，从而可以探测出触摸的位置。但用戴手套的手或手持不导电的物体触摸时没有反应，这是因为增加了更为绝缘的介质。

3）触摸屏的应用要求

（1）触摸屏屏幕要保持清洁。

（2）触摸屏应避免在强电磁环境中安装使用，如必须在上述环境中应用，则需采用屏蔽措施。

（3）定期对触摸屏电路及屏幕进行检查，发现问题及时维修或更换。

2. 触摸屏的安装调试

1）触摸屏的安装

工具、用具准备，见表 2-2-12。

表 2-2-12　PLC 安装调试所需工具、用具列表

序号	名称	规格	数量	单位	备注
1	防爆绝缘一字螺丝刀	3mm×75mm	1	把	
2	防爆绝缘十字螺丝刀	5mm×100mm	1	把	
3	串口线	—	1	根	
4	笔记本电脑	—	1	台	

标准化操作步骤：

(1) 将设备标签条推到导槽上（如果有）。

(2) 将设备从前面装入安装位置。

(3) 为触摸屏供电，首次使用 USB 口和电脑连接，使用驱动程序设置触摸屏 IP 地址。

2) 触摸屏的调试

(1) 组态上传（以威纶通触摸屏为例）。

① 安装好威纶通触摸屏的编程软件"EB pro V×××××_weinview"后（具体安装方法见说明书），打开编程软件，如图 2-2-80 所示。

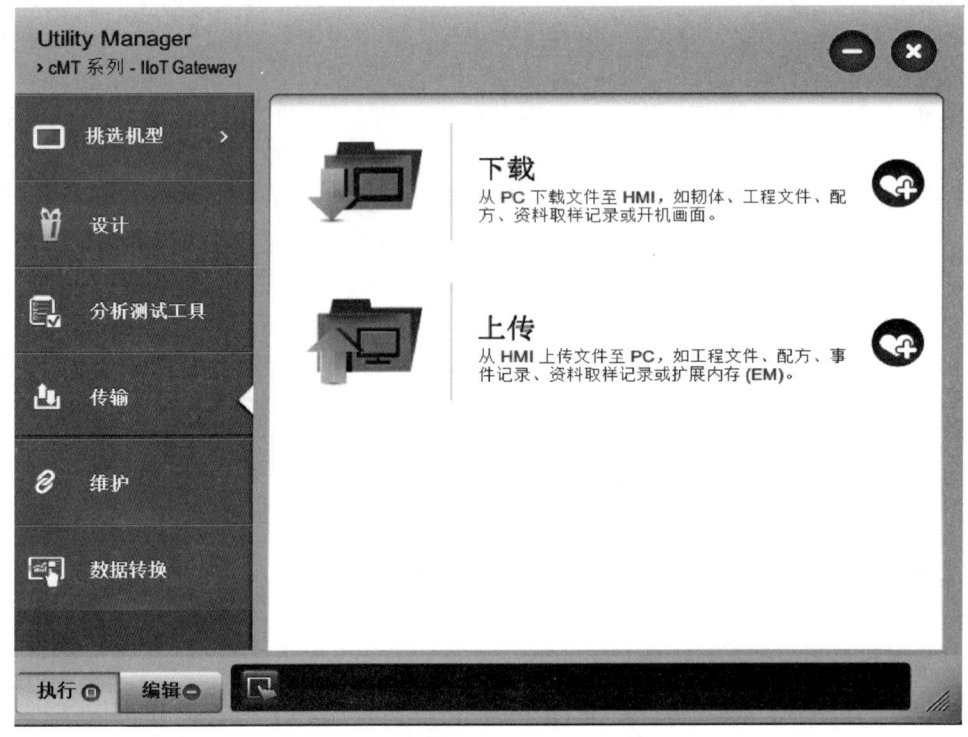

图 2-2-80　打开软件

② 在编程软件主界面"挑选机型"选项中选择我用触摸屏信号，所选型号要与现场使用触摸屏型号一致。选择"传输"→"上传"按钮，弹出窗口如图 2-2-81 所示。

③ 填写触摸屏 IP 地址。

④ 点击浏览，选择上传文件存放位置及名字，点击打开。

⑤ 点击"上传"。上传成功后，会在选择存放的路径下找到"×××.xob"编译文件。但这个文件还不能直接使用，需要将该编译文件"反编译"成"×××.mtp"编辑文件，才能用界面开发软件"EasyBuilder Pro"打开并编辑。

⑥ 在编程软件界面中选择"设计"选项，点击"EasyBuilder Pro"，打开画面开发软件"EasyBuilder Pro"，如图 2-2-82 所示。

⑦ 点击"文件"→"反编译"，弹出如下图对话框，在"XOB 文件名称"一行点击

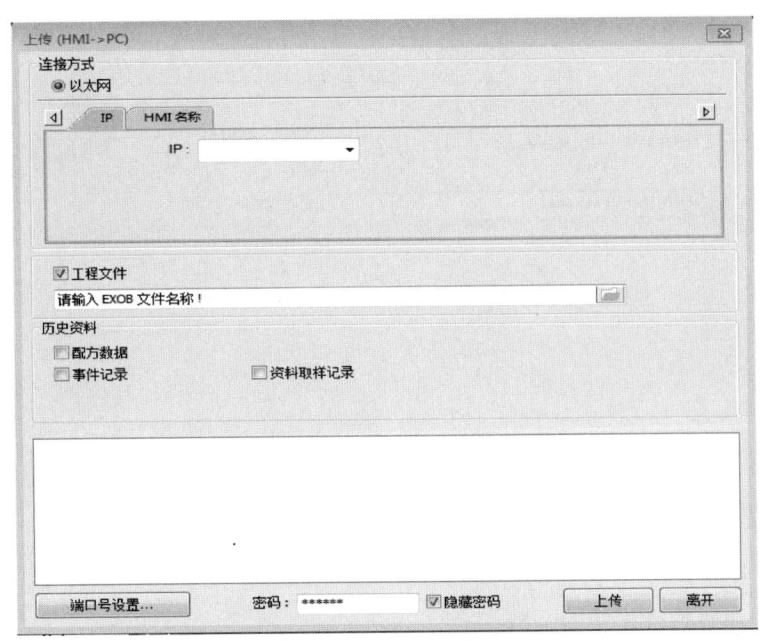

图 2-2-81 上传对话框

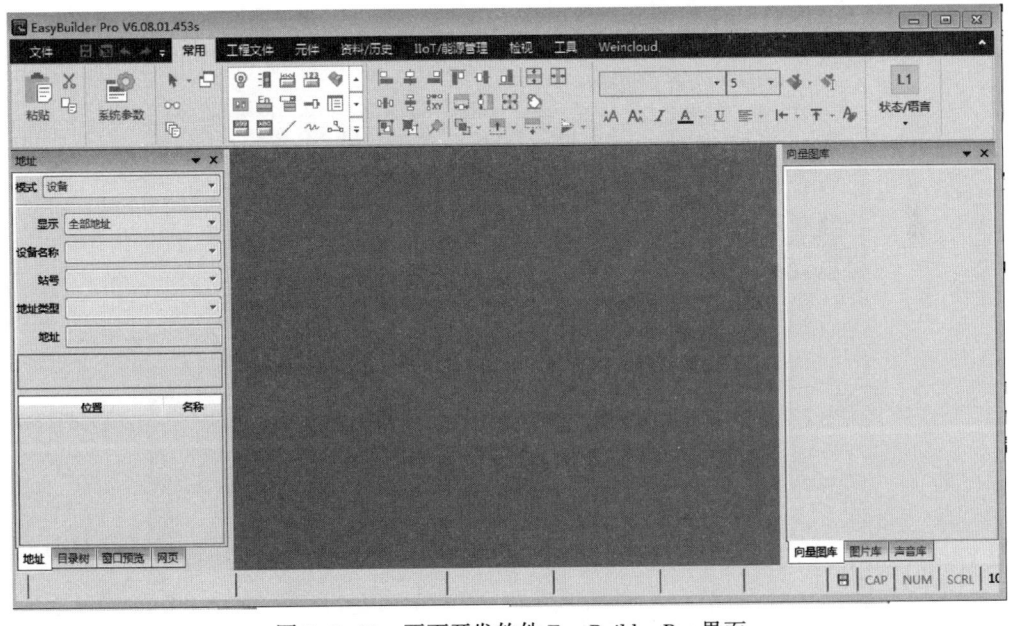

图 2-2-82 画面开发软件 EasyBuilder Pro 界面

"浏览"选择先前已经上传的"×××.xob"文件,"工程文件名称"会默认在同一目录下,文件名也相同,只有后缀不同。"XOB 密码"为"111111"或"000000"。最后点击"反编译"按钮。如图 2-2-83 所示。

⑧ 反编译完成后,在同一目录下可以找到编辑文件"×××.mtp",用画面开发软件的"文件"→"打开"打开"×××.mtp"编辑文件,并对画面进行编辑。

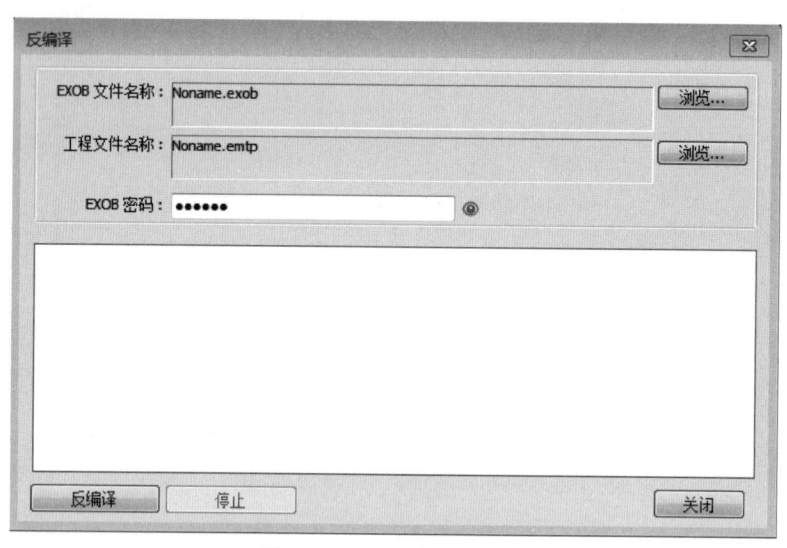

图 2-2-83　反编译对话框

（2）威纶通触摸屏程序的下载。

① 画面开发软件"EasyBuilder Pro"中组态开发完成后，首先"保存"，点击"编译"，会弹出对话框如图 2-2-84 所示，点击"开始编译"。

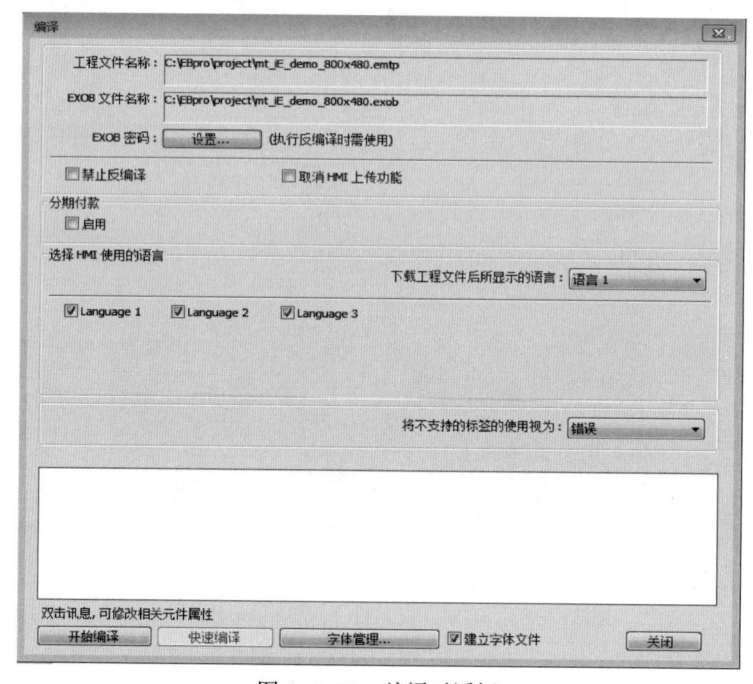

图 2-2-84　编译对话框

② 编译后软件会将编译结果反馈到界面信息栏中。如有错误，在信息栏也会显示出来，通过双击错误信息提示，可以直接转到画面中错误部分；无错误时会显示"成功"，如图 2-2-85 所示。

图 2-2-85　文件编译

③ 编译完成后，在画面开发软件主界面选择"下载（PC->HMI）"选项，弹出对话框如图 2-2-86 所示，输入 IP 地址，勾选相对应参数完成设置后，点击"下载"，至信息栏显示下载完成即可。

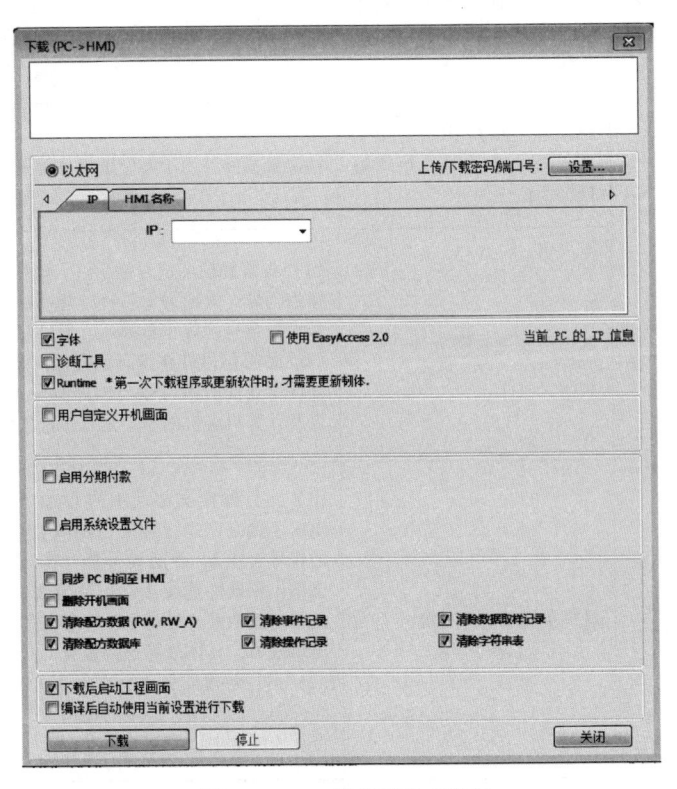

图 2-2-86　组态下载对话框

3. 触摸屏的日常维护

触摸屏由于技术局限性和环境适应性较差，尤其是表面声波屏类触摸屏，需要定期保养维护。触摸屏在使用和维护时还需注意以下问题：

（1）每次在开机之前，用干布擦拭屏幕。

（2）水滴和手指具有相似的特性，如果水滴或饮料落在屏幕上，会使屏幕停止反应，需及时擦除水滴。

（3）触摸屏控制器能自动判断灰尘，但积尘太多会降低触摸屏的敏感性，需要用干布定期擦拭屏幕，保持屏幕清洁。

（4）应用玻璃清洁剂及时清洗触摸屏上的污渍。

（5）严格按规程开、关电源。

4. 触摸屏的常见故障及处理方法

触摸屏的常见故障及处理方法见表2-2-13。

表 2-2-13　触摸屏常见故障及处理方法

序号	故障现象	故障原因	处理方法
1	手指所触摸的位置与鼠标箭头没有重合	在进行校正位置时，没有垂直触摸靶心正中位置	重新校正位置
2	部分区域触摸准确，部分区域触摸有偏差	触摸屏上面积累了大量的尘土或水垢，影响信号的传递	清洁触摸屏，清洁时应将触摸屏控制卡的电源断开
3	触摸无反应	触摸屏上面所积累的尘土或水垢非常严重，导致触摸屏无法工作	清洁触摸屏，用干布定期擦拭屏幕，保持屏幕清洁
		触摸屏发生故障	（1）观察触摸屏信号指示灯，该灯在正常情况下为有规律的闪烁，大约为每秒钟闪烁一次，当触摸屏幕时，信号灯为常亮，停止触摸后，信号灯恢复闪烁 （2）如果信号灯在没有触摸时，仍然处于常亮状态检查硬件所连接的串口号与软件所设置的串口号是否相符，以及计算机主机的串口是否正常工作
		触摸屏驱动程序故障	（1）运行触摸屏驱动中的 COMDUMP 命令，该命令为 DOS 下命令，运行时在 COMDUMP 后面加上空格及串口的代号1或2，并触摸屏幕，看是否有数据滚出。有数据滚出则硬件连接正常，请检查软件的设置是否正确，是否与其他硬件设备发生冲突。如没有数据滚出则硬件出现故障，具体故障点待定 （2）运行触摸屏驱动中的 SAWDUMP 命令，该程序将询问控制卡的类型、连接的端口号、传输速率，然后程序将从控制卡中读取相关数据

第三节 执行机构

一、电动执行机构

1. 电动执行机构的原理、结构及应用要求

1）电动执行机构的原理

电动执行机构内部的控制模块可控制电动机的正转和反转,电动机的旋转通过齿轮机构转换后将动力输出到阀门上,从而实现对阀门的远程控制。通过离合器可将手轮与齿轮传动机构耦合进行手动操作。按照电动执行机构的输出动作方式,电动执行机构通常可分为角行程、直行程和多回转三大类。

角行程电动执行机构一般用于球阀、蝶阀、风门开度等角行程的控制。

直行程电动执行机构一般用于闸阀、截止阀等上下行程的控制。

多回转电动执行机构与阀门减速箱配合可对大口径、大扭矩球阀、蝶阀进行控制。

按电动执行机构的控制方式,电动执行机构还可分开关型和调节型两大类,开关型电动执行机构主要用于球阀、闸阀、旋塞阀等阀门的开关控制,调节型电动执行机构主要用于调节阀、截止阀、蝶阀等阀门的0~100%开度控制。

2）电动执行机构的结构

电动执行机构通常由电动机、控制主板、手轮机构、接线端子、传动机构等部件组成,如图2-3-1所示。

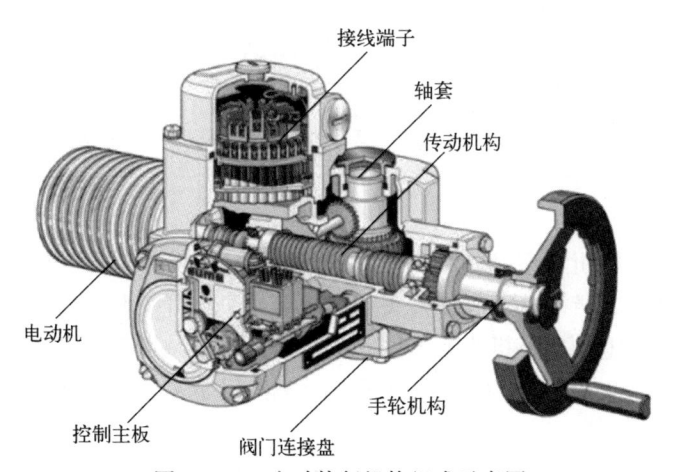

图2-3-1 电动执行机构组成示意图

3）电动执行机构的应用要求

（1）电动执行机构的动作方式应根据工艺要求进行设置。

（2）电动执行机构内部要带有电动机正反转控制单元。

（3）电动执行机构的380V或220V接线端子必须要有绝缘盖进行绝缘保护。

（4）防爆场所必须选用防爆型电动执行机构。

（5）380V供电的电动执行机构通常要有电动机缺相保护和执行机构过力矩保护功能。

（6）一般情况下应选择非侵入式电动执行机构，调试参数时不需要打开外壳，可通过执行机构外部控制按钮或者遥控器进行调整。

（7）防爆安装要求：在防爆区域内打开接线盒前必须断开其电源后方可开盖。电缆进线口应安装防爆电缆密封接头，其备用进出线口要用金属防爆密封堵头进行封堵。

（8）为了确保电动执行机构能够正常工作，电动执行机构出厂前就应完成电动执行机构与下阀体的组装测试。

2. 电动执行机构的安装调试

1）电动执行机构的安装

工具、用具准备，见表2-3-1。

表2-3-1 电动执行机构安装调试所需工具、用具列表

序号	名称	规格	数量	单位	备注
1	防爆活动扳手	200mm	1	把	
2	防爆活动扳手	350mm	1	把	
3	防爆开口扳手	规格依据与下阀体连接螺栓确定尺寸	2	把	
4	防爆梅花扳手	规格依据与下阀体连接螺栓确定尺寸	2	把	
5	防爆撬杠	700mm	1	把	
6	防爆绝缘一字螺丝刀	3mm×75mm	1	把	
7	防爆绝缘十字螺丝刀	5mm×100mm	1	把	
8	万用表	可测直流参数及交流电压	1	台	
9	多功能剥线钳	—	1	把	
10	润滑脂	小桶	1	桶	

标准化操作步骤：

（1）核查电动执行机构型号是否与下阀体匹配。

（2）与工艺管理人员确认下阀体开关状态并可以进行开关测试。

（3）松开角行程电动执行机构或多回转电动执行机构减速箱的开关限位螺栓，用手轮将角行程电动执行机构或多回转电动执行机构减速箱的开关状态调整到与下阀体一致的状态后方可安装。

（4）在下阀体的阀杆、轴套等连接部件上涂抹润滑脂，将角行程电动执行机构或多回转电动执行机构减速箱安装到下阀体上。

（5）对于回转电动执行机构需要将执行机构安装到配套减速箱上。

（6）用一字或十字防爆螺丝刀按照电动执行机构说明书接线图接线。电动执行机构所有接地螺栓均应使用黄绿相间单芯多股铜芯软线进行接地，电动执行机构380V或220V的

动力电源接线、拆线等操作必须由专业电工操作，无电工作业证人员禁止操作。

（7）联系电工给电动执行机构供电，对于带显示表头的电动执行机构，观察表头显示是否正常，若有异常应联系电工排查电源线路是否正常。

2）电动执行机构调试

（1）与工艺管理人员联系确认该电动执行机构下阀体可以进行开关测试。

（2）给电动执行机构供电，按照说明书设置电动执行机构的输出扭矩、动作时间等参数。

（3）松开电动执行机构或减速箱的开关限位螺栓，反复调试电动执行机构的阀位显示与下阀体阀位变化保持一致，调试完成后锁紧电动执行机构或减速箱的限位螺栓。

（4）对于带有远程/就地模式的电动执行机构，还要测试远程就地转换旋钮功能是否正常，远程/就地反馈输出至监控平台的状态是否正常。

（5）测试电动执行机构的手轮机构是否可以正常操作。

（6）与监控平台联系，反复测试电动执行机构的远程控制及阀位反馈情况，确保电动执行机构动作灵敏，电动执行机构现场阀位显示与监控平台阀位显示保持一致。

（7）与工艺管理人员联系，投运该电动执行机构，并跟踪该电动执行机构在不同工况条件下的动作是否正常。

3. 电动执行机构的日常维护

1）电气连接处检查

（1）检查接线端子线缆连接无松动。

（2）检查线缆绝缘层应无老化、破损。

2）密封性检查

（1）检查电动执行机构本体应无漏油，各密封部位应密封良好。

（2）检查电缆进线各密封接头应无松动、破损。

（3）检查电动执行机构接线盒紧固，密封圈无老化、破损。

3）供电检查

定期检查电动执行机构的供电指示灯及阀位指示是否正常。

4. 电动执行机构的常见故障及处理方法

电动执行机构的常见故障及处理方法见表 2-3-2。

表 2-3-2　电动执行机构常见故障及处理方法

序号	故障现象	故障原因	处理方法
1	电动执行机构动作不畅或不动作	执行机构扭矩设置偏低	在下阀体允许扭矩范围内增加电动执行机构的扭矩输出，直至可以正常控制该阀门
		下阀体卡滞	断电后将电动执行机构从下阀体拆卸下来，重新供电后让监控平台给电动阀开关指令，若电动执行机构动作正常，则说明下阀体卡滞，通知工艺管理人员检查或更换下阀体
		电动执行机构内部部件故障	按照说明书对电动执行机构的电动机、齿轮传动机构、手动机构等部件进行排查，更换故障配件或整体更换电动执行机构

续表

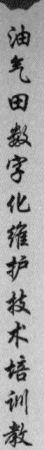

序号	故障现象	故障原因	处理方法
2	电动执行机构发烫	电动执行机构电动机的润滑油或润滑脂缺失	按照说明书要求给电动执行机构的电动机、齿轮传动机构等部件补充润滑脂或润滑油
		电动执行机构动作过于频繁	和工艺管理人员沟通，调整相关参数，减少电动执行机构动作频次
		电动执行机构内部件故障	按照说明书对电动执行机构的电动机、齿轮传动机构、手动机构等部件进行排查，更换故障配件或整体更换电动执行机构
3	电动执行机构供电控制开关自动断开	供电线路绝缘不达标或线路故障	彻底排除解决供电电缆的绝缘及线路故障
		电动执行机构内部件故障	按照说明书对电动执行机构电动机、控制模块等部件进行排查，更换故障配件或整体更换电动执行机构

二、气动执行机构

1. 气动执行机构的原理、结构及应用要求

1）气动执行机构的原理

气动执行机构是以洁净干燥的压缩空气或氮气为动力气源，通过控制其气缸上的电磁阀来驱动气缸内部活塞做往复运动从而带动阀门动作，通过手轮机构可进行手动操作，通过阀位反馈器，可将阀门位置信号传输至监控平台上进行显示。气动执行机构一般分为单作用和双作用两种类型：开关动作均依靠气源来驱动的为双作用 DA（Double Acting）气动执行机构。单作用 SR（Spring Return）气动执行机构通常开阀动作靠气源驱动，而关阀动作则依靠内部弹簧弹力复位完成，所以单作用气动执行机构一般应用于紧急切断工况。

2）气动执行机构的结构

气动执行机构通常由气缸、阀位指示器、活塞、密封圈、弹簧等部件组成，如图 2-3-2 所示。

3）气动执行机构的应用要求

（1）气动执行机构的动作方式应根据工艺要求进行选择。

（2）气动执行机构一般要带现场手轮机构。

（3）气动执行机构的气缸压力等级不能低于动力气源的公称压力。

（4）防爆场所安装的气动执行机构电磁阀、阀位反馈器等电子部件必须符合防爆要求。

（5）气动执行机构的输出扭矩不能超过下阀体所能承受的最大扭矩值。

（6）为了确保气动执行机构能够正常工作，气动执行机构出厂前就应完成气动执行机构与下阀体的组装测试。

（7）电气连接部分：气动执行机构的远程控制电缆和阀位反馈电缆应分开敷设。

（8）防爆安装要求：在防爆区域内打开接线盒前必须断开电源后方可开盖。电缆进线

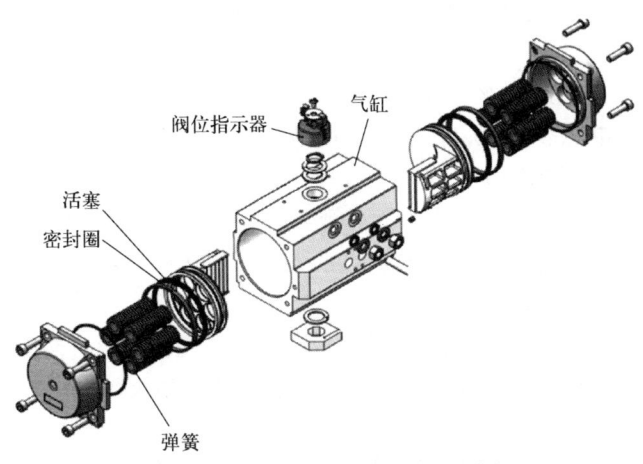

图 2-3-2　气动执行机构组成示意图

口应安装防爆电缆密封接头，其他用进出线口要用金属防爆密封堵头进行封堵。

2. 气动执行机构的安装调试

1）气动执行机构的安装

工具、用具准备，见表 2-3-3。

表 2-3-3　气动执行机构安装调试所需工具、用具列表

序号	名称	规格	数量	单位	备注
1	防爆活动扳手	200mm	1	把	
2	防爆活动扳手	350mm	1	把	
3	防爆开口扳手	规格依据与下阀体连接螺栓确定尺寸	2	把	
4	防爆梅花扳手	规格依据与下阀体连接螺栓确定尺寸	2	把	
5	防爆撬杠	700mm	1	把	
6	防爆绝缘一字螺丝刀	3mm×75mm	1	把	
7	防爆绝缘十字螺丝刀	5mm×100mm	1	把	
8	万用表	可测直流参数及交流电压	1	台	
9	多功能剥线钳	—	1	把	
10	润滑脂	小桶	1	桶	

标准化操作步骤：

（1）核查气动执行机构型号、扭矩是否满足下阀体需求。

（2）与工艺管理人员联系，确认下阀体可以进行开关测试。

（3）松开气动执行机构的开关限位螺栓，用手轮机构将气动执行机构的开关状态调整到与下阀体阀位一致的状态。

（4）在下阀体阀杆、轴套等连接部件上涂抹润滑脂，将气动执行机构安装到下阀体上。

（5）用一字或十字防爆螺丝刀按照说明书上的接线图接线。气动执行机构所有接地螺栓均应使用黄绿相间单芯多股铜芯软线进行接地。

2）气动执行机构的调试

（1）与工艺管理人员确认气动执行机构下阀体可以进行开关测试。

（2）给气动执行机构电子部件供电、供动力气源，按照说明书设置气缸供风压力。用验漏瓶检查各密封部位是否有泄漏。

（3）松开气动执行机构的机械限位螺栓，反复调试气动执行机构的开关与下阀体保持一致，确保下阀体能够准确开关到位，调试完成后锁紧气动执行机构的机械限位螺栓。

（4）测试气动执行机构的手轮机构是否可以正常进行手动操作。

（5）与监控平台联系，反复测试气动执行机构的远程控制及阀位反馈情况，确保气动执行机构动作灵敏，气动执行机构现场阀位显示与监控平台阀位显示保持一致。

（6）与工艺管理人员联系，投运该气动执行机构，并跟踪该气动执行机构在不同工况条件下的动作是否正常。

3. 气动执行机构的日常维护

1）电气连接处检查

（1）检查接线端子线缆连接无松动。

（2）检查线缆绝缘层应无老化、破损。

2）密封性检查

（1）检查确认气动执行机构气源压力正常、气路各密封部位密封良好。

（2）检查电缆进线各密封接头应无松动、破损。

（3）检查执行机构各接线盒紧固，密封圈无老化、破损。

3）其他检查

（1）定期检查气动执行机构的外壳是否有锈蚀。

（2）定期检查阀位指示是否正常。

4. 气动执行机构的常见故障及处理方法

气动执行机构的常见故障及处理方法见表2-3-4。

表2-3-4 气动执行机构常见故障及处理方法

序号	故障现象	故障原因	处理方法
1	气动执行机构卡滞不动作	下阀体卡滞	断电、断动力气源将气动执行机构从下阀体上脱开，重新恢复供电和动力气源后让监控平台远程给执行机构给指令，若执行机构动作正常，则说明下阀体卡滞，通知工艺管理人员检修、更换下阀体
		执行机构扭矩输出偏低	依据气动执行机构说明书，核实执行机构输出最大扭矩要与下阀体最大扭矩值匹配，调整增大气动执行机构扭矩或更换更大扭矩的气动执行机构
		气动执行机构卡滞	按照气动执行机构说明书对相关部件进行排查，拆解维修或整体更换气动执行机构

续表

序号	故障现象	故障原因	处理方法
2	气动执行机构气缸发烫	执行机构气缸内的润滑脂缺失导致润滑不良	按照说明书给执行机构气缸补充润滑脂
		气动执行机构动作过于频繁	和工艺管理人员沟通，调整工况参数，减少气动执行机构动作频次
		气动执行机构故障	按照气动执行机构说明书对相关部件进行排查，拆解维修或整体更换气动执行机构
3	监控平台气动执行机构阀位故障	气动执行机构未开关到位	按照气动执行机构说明书对各部件进行检查，重点检查限位螺栓位置调整正确
		下阀体有杂质不能全开全关到位	和工艺管理人员联系，对下阀体进行拆卸清洁或更换
		气动执行机构阀位反馈故障	按照气动执行机构说明书对阀位反馈器进行维修或更换

三、流量控制器

流量控制器是集成了测量仪表、执行机构、流量控制阀的测控设备。将流量计、电动控制阀结合起来，使设备既具有流量测量功能、还具有流量自动/手动调节控制功能，并能实时显示、传输数据，是目前油田广泛应用的测控仪表。本文以 ZSLT 系列流量计为例。

1. 流量控制器的原理、结构及应用要求

1）流量控制器的原理

流量控制器中的流量计部分采集通过流量计的流体流量，将流量值反馈到集成控制电路，集成控制电路根据预设的允许流量进行判断并自动控制电动执行机构带动控制阀门进行开度调节，以此达到流量控制的目的。

2）流量控制器的结构

流量控制器主要由转换控制仪、电动执行器、流量调节阀、电磁流量计等部分构成，如图 2-3-3 所示。

图 2-3-3 流量控制器结构示意图

转换控制仪是流量控制器的大脑,主要功能是将电磁流量计采集到的流量数据进行计算分析,与用户预设的流量是否匹配,如果流量不匹配则控制电动执行器带动流量控制阀进行流量调节,直至流量调节符合预设。

电磁流量计将流经仪表的流体流量进行采集,将数据发送给转换控制仪。

电动执行器负责执行转换控制仪的指令,调节流量控制阀的开度并反馈开度数值。

流量控制阀负责控制通过设备的流体流量,以达到用户需求。

3) 流量控制器应用要求

正常工作条件:环境温度-20~50℃,相对湿度5%~95%。

室内安装时,必须预留接线、手动操作等维修用空间。

仪表宜安装在通风、光线良好的室内,如必须安装在室外,需加装防护罩等做好保护措施,以防止雨淋、潮湿、暴晒、积雪、强热辐射、强电磁场、强振动等的影响。

仪表如使用在高温区域,可采用分体安装形式。

2. 流量控制器的安装调试

1) 流量控制器的安装

工具、用具准备,见表2-3-5。

表2-3-5 流量控制器安装调试所需工具、用具列表

序号	名称	规格	数量	单位	备注
1	防爆活动扳手	200mm	1	把	
2	防爆活动扳手	300mm	1	把	
3	防爆撬杠	700mm	1	把	
4	防爆绝缘一字螺丝刀	3mm×75mm	1	把	
5	防爆绝缘十字螺丝刀	5mm×100mm	1	把	
6	万用表	可测直流参数及交流电压	1	台	
7	润滑脂	小桶	1	桶	
8	高压密封垫圈	和法兰匹配	2	个	

标准化操作步骤:

(1) 核查流量控制器型号是否与管线管径匹配。

(2) 将流量控制器运送至安装位置,对准流量控制器与连接管线的法兰固定螺丝孔,放入密封垫圈,按照对角方式拧紧固定螺栓,直至将流量控制器与管道完全固定牢靠。

(3) 接线,按照要求对流量控制器进行接线,接线时做好设备接地。

具体接线如图2-3-4所示。

安装注意事项:

(1) 安装前应确认管路所使用的口径、压力、介质等参数与流量控制器的参数一致。

(2) 安装前确认管道介质流向与流量控制器上流向箭头方向一致。

(3) 流量控制器进口端建议配置切断阀或旁通阀,以便维护时可以完全切断介质。

(4) 流量计安装在介质入口,流量调节阀安装在出口处,电磁流量计的前后直管段至少保证前5D后2D,条件允许可以适当长些。

(5) 避免将仪表安装在液体电导率极不均匀的地方。尤其在电磁流量计上游有化学物

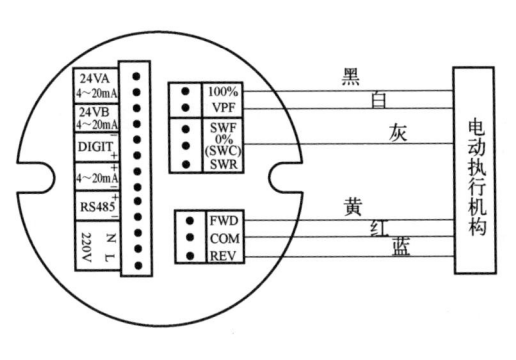

```
24V-A——压力4~20mA信号出
4~20mA——压力4~20mA信号入
24V-B——温度4~20mA信号出
4~20mA——温度4~20mA信号入
DIGIT-——脉冲/频率输出负
DIGIT+——脉冲/频率输出正
4~20mA+——电流输出正
4~20mA-——输出公共地
RS485+——通信输入(RS485-A)
RS485-——通信输入(RS485-B)
AC 220V N——电源输入
AC 220V L——电源输入

100%——阀门全开          SWR——限位开关(下限)
VPF——阀位反馈公共地     FWD——阀门开启
SWF——限位开关(上限)     COM——阀门公共地
0%(SWC)——限位开关(公共端)  REV——阀门关闭
```

图 2-3-4　流量控制器接线图

质注入的情况下，极易导致电导率的不均匀性，从而对流量测量产生严重干扰。建议在仪表下游注入化学物质，如果必须在上游注入化学物质，则应把前直管段加长，以保证液体充分混合均匀。

（6）电磁流量计必须在满管条件下工作，不满管或空管情况下，电磁流量计都不能正常工作。推荐管道垂直安装，介质由下方进上方出，以保证流量计满管计量，确保测量精度。流量计也可以水平安装，但不应安装在顶部水平的管道，避免流量计内气泡集积，影响测量。流量计也不能安装在泵的吸入侧，否则易引起测量管内真空，损坏测量管衬里。

（7）接地要求。

仪表内外必须牢固可靠接地。电磁流量计法兰两端与配对法兰两端串接后可靠接地，接地线截面不小于 16mm^2，连接导线截面积不小于 4mm^2，接地电阻小于 10Ω，防止管道杂散电流对流量测量造成影响。

（8）接地环使用。

工艺管道相对于被测介质是绝缘性的，则要使用接地环安装。接地环材质宜选用与管道相同或与介质腐蚀性相适应的材料。若被测介质是磨损性的，宜用带颈接地环，以保护进口、出口间的衬里，延长流量计使用寿命。在阴极保护管道上使用接地环，接地环和流量计与管道应采用绝缘措施。

（9）焊接操作注意事项。

焊接操作应严格按相应焊接操作规范进行。

为避免管道法兰焊接时的高温传递到电磁流量计衬里而损坏流量传感器，严禁连接流量控制器时焊接管道法兰。

流量控制器配对法兰的批量焊接，应制作与流量控制器连接尺寸一致的工艺管段模型与配对法兰先连接好，然后进行定位焊和全焊。对于单台或小批量焊接，可直接使用流量控制器做定位，定位焊后，取下流量控制器，然后再进行全焊，避免烧伤电磁流量计衬里。

安装时使用相应规格的紧固件和密封垫，按对角错开顺序拧紧螺栓。

（10）防爆型仪表的安装使用注意事项。

现场安装、维护必须断电后开盖。

引入电缆外径为 $\phi 9mm \sim \phi 10mm$，现场使用应拧紧压紧螺母，使密封圈内径与电缆外径紧密贴合，密封圈、电缆护套老化时应及时更换。

安装现场不应存在对铝合金有腐蚀作用的有害气体。

维修必须在安全场所进行，当安装现场确认无可燃气体存在时，方可维修。

2）流量控制器调试

（1）试运转前推荐清洗管道，避免管道内部焊渣或异物损坏流量控制器。

（2）投产前按设计要求用旁通阀或切断阀（流量调节阀阀芯全开）试运行管线，严禁超限使用流量控制器清洁管线，损坏装置。

（3）通电前首先用附带的手柄手动正反转数圈，确保调节阀芯处于灵活状态。

（4）使用手动摇柄时，必须切断电源以防电动伤人。

（5）产品运行前应进行调零。关闭前后切断阀，等来液后，慢慢开启上游阀。当介质充满整个测量管后，慢慢开启下游的调节阀，等到管道内空气排空后，慢慢关紧下游阀，然后再关紧上游阀。观察调零窗口零点数据稳定后，进行多次修正直至为零。

面板显示界面示意图，如图 2-3-5 所示。

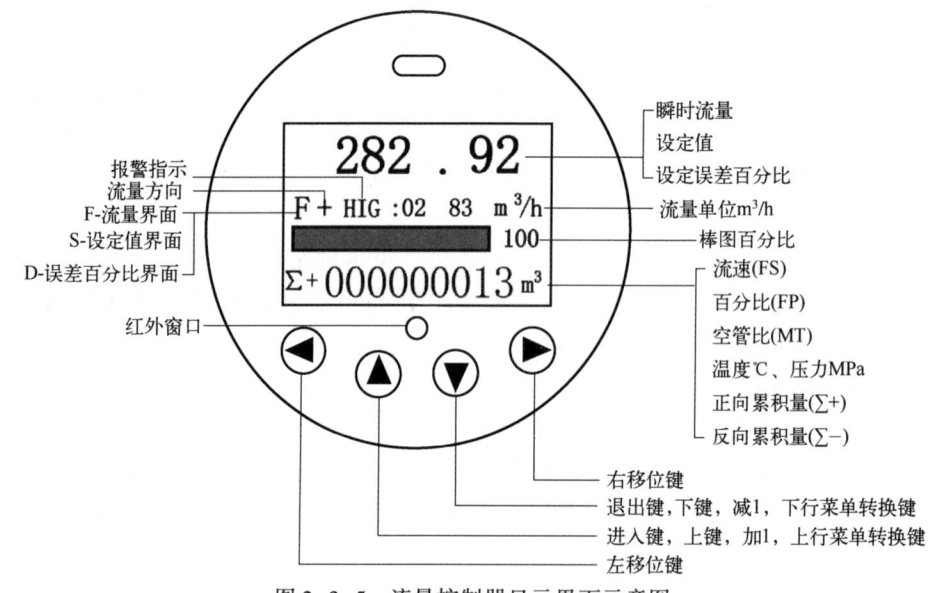

图 2-3-5 流量控制器显示界面示意图

（6）仪表上电时，自动进入测量状态。在自动测量状态下，仪表自动完成各测量功能并显示相应的测量数据。要进行仪表参数设定或修改，必须使仪表从测量状态进入参数设置状态。在参数设置状态下，用户使用面板键，完成仪表参数设置。

（7）按键功能。

① 自动测量状态下按键功能：

上键——循环选择屏幕上行显示内容。

下键——循环选择屏幕下行显示内容。

右移位键——按一下右移位键，仪表进入密码画面，输入密码后可进入参数设置状态。

左移位键+上键——测量状态对比度渐暗。

左移位键+下键——测量状态对比度渐亮。

② 参数设置状态下按键功能：

下键——光标处数字减1，前翻页。

上键——光标处数字加1，后翻页。

按右移位键将光标顺时针移动，按左移位键将光标逆时针移动。

当光标移到上键下面，按上键进入子菜单。

当光标移到下键下面，按下键返回上一级菜单。

功能选择画面及参数设置操作见表2-3-6所示。

表2-3-6 功能选择画面及参数设置操作表

参数编号	功能内容	说明
1	参数设置	选择此功能，可进入参数设置画面
2	总量清零	选择此功能，可进行仪表总量清零操作
3	清除限时	此功能保留

（8）参数设置。

按一下"右移位键"，仪表进入到输入密码"0000"状态，输入相应密码后将光标移到"进入键"下面，按一下"进入键"，出现功能选择画面"参数设置"，然后再按移位键将光标移到"进入键"下面，按一下"进入键"，进入主菜单，进行参数设置。

（9）总量清零。

按一下"右移位键"，仪表进入到输入密码"0000"状态，输入相应密码后将光标移到"进入键"下面，按一下"进入键"，出现功能选择画面"参数设置"，然后再按"上键"或"下键"翻页到"总量清零"，输入总量清零密码（此密码需用户先在参数菜单"总量清零密码"中设定），按"移位键"将光标移到"进入键"下面，按一下"进入键"，当总量清零密码自动变为"00000"后，仪表的清零功能完成，仪表内部的总量为0。

常用参数设置菜单，见表2-3-7。

表2-3-7 常用参数设置菜单表

编号	参数	设置方式	内容	密码级别
流量参数设置					
1	流量单位	选择	L/h、L/m、L/s、m^3/h、m^3/s、UK/h、UK/m、UK/s、US/h、US/m、US/s kg/h、kg/m、kg/s、t/h、t/m、t/s	2
2	流量积算单位	选择	0.001~1m^3、0.001~1L 0.001~1UKG、0.001~1USG 0.001~1kg、0.001~1t	2

续表

编号	参数	设置方式	内容	密码级别
4	仪表量程设置	置数	0~59999	2
11	流量方向择项	选择	正向、反向	2
报警参数设置				
1	上限报警允许	选择	禁止、允许、允许输出	2
2	上限报警数值	置数	按流量设置	2
3	下限报警允许	选择	禁止、允许、允许输出	2
4	下限报警数值	置数	按流量设置	2
5	控制流量精度	置数	0~199.99%	5
6	控制步进时间	选择	10~2510ms	5
7	控制稳定时间	选择	8~99	5
传感器-参数				
1	测量管道口径	选择	3~3000	2
通信参数设置				
1	仪表通信模式	选择	MODBUS-TS、MODBUS-A	2
2	仪表通信地址	置数	0~255	2
3	仪表通信速度	选择	300~38400	2
4	仪表校验模式	选择	No Parity，1 stop＞Odd Parity，1 St＞Even Parity，1 S.、No Parity，2 stop、Odd Parity，2 St、Even Parity，1 S.	2
阀门控制参数				
1	控制参量选择	选择	流量控制、温度控制	5
2	阀门控制模式	选择	禁止模式、点动控制模式、点连控制模式、手动控制模式、测试控制模式	5
3	控制流量数值	置数	按流量设置	5
4	控制温度数值	置数	0~9999	5
5	控制流量精度	置数	0~199.99%	5
6	控制步进时间	选择	10~2510ms	5
7	控制稳定时间	选择	8~99	5

仪表参数设置功能设有 5 级密码。其中，1~4 级为用户密码，第 5 级为制造厂密码。用户可使用第 5 级密码来重新设置第 1~4 级密码。无论使用哪级密码，用户均可以查看仪表参数。但用户若想改变仪表参数，则要使用不同级别的密码。

(10) 阀门控制参数功能说明。

转换控制仪的控制类型,有"流量控制"和"温度控制"两个选项,可以在测量流量值的同时,根据用户的设定值自动控制流量或温度,以满足用户的现场要求。

(11) 阀门控制模式。

阀门的控制模式,有"手动控制模式""测试控制模式""禁止模式""点动控制模式"和"点连控制模式"五个选项。

手动控制模式:用户通过按键手动操作阀门开或关。

测试控制模式:用于出厂测试,用户不要设置这个选项。

禁止模式:关闭控制功能。

点动控制模式:控制仪根据"控制流量计数值"自动控制流量,阀门每次调节开或关的时间为"控制步进时间"。本模式每次阀门调节量小,适合不易控制的场合。

点连控制模式:控制仪根据"控制流量计数值"自动控制流量,当流量值与给定值偏差较小时,阀门每次调节时间为"控制步进时间"称为"点动";当流量值与给定控制值的偏差较大时,阀门每次调节时间为"控制进步时间"的 n 倍称为"连动"。通常控制模式应设为"点连控制模式"。

控制流量数值:控制的给定值,即用户所要控制到的流量值。

控制温度数值:控制的给定值,即用户所要控制到的温度值。

控制流量精度:该值是一个百分比值。控制精度乘以量程为控制偏差值,当测量偏差小于控制偏差值时,控制仪停止控制调节;当测量偏差大于控制偏差值时,控制仪进行控制调节。

控制步进时间:"控制步进时间"为每次阀门调节动作的时间,这个时间可从 20ms 设置到 5000ms,"控制步进时间"时间设置的大,每次阀门调节的流量值大,控制流量达到给定值的时间短;"控制步进时间"时间设置的小,每次阀门调节的流量小,控制流量达到给定值的时间要长。一般每次阀门调节的流量值要小于流量控制偏差的 1/3。

控制稳定时间:每次阀门调节停止后到下一次阀门调节的间隔时间,主要用于阀门调节后流量稳定时间。这个时间可在 8s、10s、12s、14s、16s、18s、20s、25s、30s、35s、40s、50s、60s、70s、80s、99s 中选择,一般"控制稳定时间"要大于流量阻尼时间 2 倍。

3. 流量控制器的日常维护

(1) 流量控制器开每次停用和启用设备必须保证平稳操作,开关阀门要缓,防止压力和流量突然增大造成对传感器的不可逆伤害。

(2) 流量控制器检定按 JJG 1033—2007《电磁流量计检定规程》进行检定,检定周期为二年。

(3) 产品经长期使用后,须对流量调节阀进行润滑、紧固、密封、调整等保养操作,对电动执行机构进行线路、接线紧固等检查操作。

4. 流量控制器的常见故障及处理方法

流量控制器的常见故障及处理方法见表 2-3-8。

表 2-3-8 流量控制器常见故障及处理方法

序号	故障现象	故障原因	处理方法
1	仪表无显示	电源中断	检查电源恢复供电
		仪表熔断丝烧断	更换熔断丝
		仪表供电电源不符合要求	更换供电电压符合要求的电源
2	励磁报警	励磁接线开路	确保励磁接线形成回路
		传感器励磁线圈总电阻与控制仪励磁电流不匹配	更换与励磁电流匹配的总电阻
		控制仪有故障	更换故障控制仪
3	空管报警	测量流体未充满传感器测量管	保证测量液体介质充满测量管
		被测流体电导率低或空管阈值及空管量程设置错误	将控制仪信号线（白色芯线、红色芯线、屏蔽线）短路，此时如果"空管"提示撤销，说明控制仪正常，则需重新设置空管阈值和空管量程
		信号连线错误	重新按照标准接线
		传感器电极故障	检查传感器电极是否正常：使流量为零，观察显示电导比应小于 100%；在有流量的情况下，分别测量端子白色芯线和红色芯线对屏蔽线的电阻应小于 50kΩ（对介质为水测量值，最好用指针万用表测量，并可看到测量过程有充放电现象）。如果传感器故障，则更换新的传感器
4	测量流量不准	流体未充满传感器测量管	使被测流体充满测量管
		信号接线错误	重新按要求连接信号线
		传感器系数、传感器零点设置错误	校准传感器零点并检查重新设置传感器系数
5	阀杆处密封渗漏	密封圈长期运动磨损失效	更换密封圈
6	阀体与阀盖连接处渗漏	连接螺栓紧固不均匀	重新均匀拧紧螺栓
		法兰密封圈损坏或破裂失效	重新修整或更换密封圈
7	阀芯转动不灵活或不能启闭到位	阀芯和套筒有污物和结垢导致卡塞	将阀盖拆卸后清洗阀芯套筒
		电动执行机构传动失效	更换电动执行机构
		电动机力矩不足带不动	更换电动执行机构
		阀芯和套筒长期使用磨损	更换阀芯套筒
8	阀芯最小开度时流量偏大	阀芯和套筒长期使用节流窗口磨损	更换阀芯套筒

第四节　视频监控

一、摄像机

目前油气田场站所使用的摄像机主要为模拟摄像机和网络摄像机,由于模拟摄像机像素分辨率低、安装调试烦琐、需要视频服务器转换视频信号等原因,正在逐步被网络摄像机所替代。网络摄像机是一种传统摄像机与网络技术相结合产生的新一代摄像机,它安装简单,配置简便。可以将影像通过网络传至网络各个节点的另一端,且远端的浏览者可以采用 web 端、客户端软件等多种方式监视其影像。

1. 摄像机的原理、结构及应用要求

1) 摄像机的原理

如图 2-4-1 所示,被摄物体经镜头成像在影像传感器表面,形成微弱电荷并积累,在相关电路控制下,积累电荷逐点移出,经过滤波、放大后输入 DSP 进行图像信号处理和编码压缩,最后形成数字信号输出。

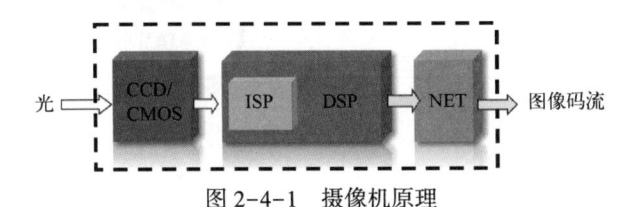

图 2-4-1　摄像机原理

2) 摄像机的结构

摄像机主要由光学系统、光电转换系统、处理电路几部分组成。

光学系统:光学系统的主要部件是光学镜头,影像画面的清晰程度和影像层次是否丰富等表现能力,受光学镜头的内在质量所制约。光学镜头是精密的器件,由透镜系统组合而成,而透镜系统又包含着许多片凹凸不同的透镜,其中凸透镜的中心比边缘厚。当被摄对象经过光学系统透镜的折射后,在光电转换系统的摄像管或固体摄像器件的成像面上成像。

光电转换系统:光电转换系统是摄像机的核心,用于将光信号变为电信号,但其输出的电信号仍为模拟信号,如在数字摄像机中使用还需进行模数转换才能形成数字信号。目前,常用的 CCD 固体摄像器件有单片式和三片式。

处理电路:当光学系统把被摄对象的光学图像转变成相应的电信号后,便形成了被记录的信号源。但是这时的信号很微弱,如果不进行后期处理直接记录的话,很容易会被噪波信号所淹没。处理电路就是用于将摄像器件输出的微弱电信号进行放大、处理、校正、最终编码输出符合标准的影像信号,主要指视频处理及编码电路、系统控制电路等。

摄像机的外形构造如图 2-4-2 和图 2-4-3 所示。

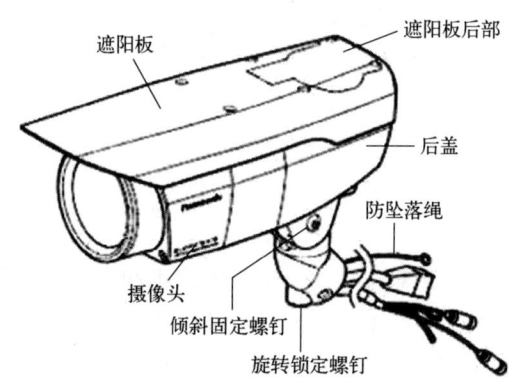

图 2-4-2　网络枪形摄像机外形结构

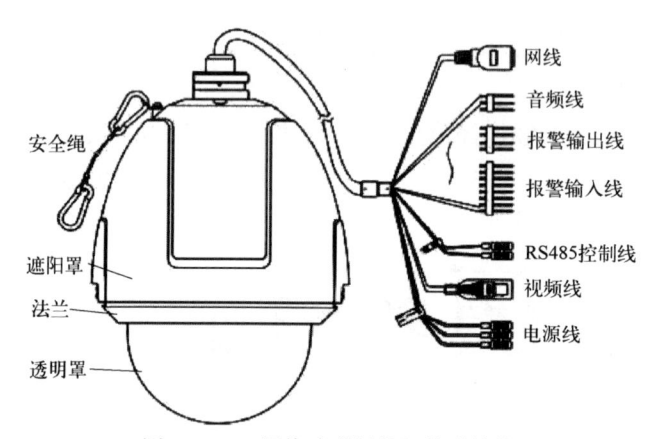

图 2-4-3　网络球形摄像机外形结构

3）摄像机的应用要求

（1）夜晚使用摄像机时，为了避免反射和阴影，通常需要照明设备，可以使用红外灯代替普通灯泡。建议在黑暗环境使用黑白监控摄影机和带有红外灯的摄像机，因为黑白监控摄影机对红外线感光较为灵敏，而彩色监控摄影机则无法正常发挥红外线功能。

（2）摄像机的安装位置应尽可能选择使摄像机处于一种"顺光"的位置，避免强光长时间对摄像机镜头直接照射。在强光的长时间照射下，容易造成摄像机很难以正常色彩定位准确的图像，最终造成像晶片上的彩色滤光器永久性脱色，使摄像机在监控图像中出现条纹、斑块。

（3）在室内环境安装时，建议摄像机的安装高度不低于 2.5m。在室外环境中，建议摄像机的安装距离地面 3.5m 以上的高度，提高摄像机监控视角和摄像机设备安全性。

（4）在摄像机安装布线过程中，应避免与大功率电缆同向传输及同沟敷设，避免强磁干扰对于视频传输的影响。如必须同向铺设，线路之间最少间隔 0.5m 以上。

（5）对于采用无线传输的摄像机，安装位置应避开周边的强磁干扰源，同时确保摄像机与地面的绝缘隔离。

（6）摄像机的云台、支架等辅助配件的安装位置必须符合设计要求，安装应平稳牢固、便于操作维护。支架的背面和侧面距离墙面或阻碍面的距离要符合维修要求。

2. 摄像机的安装调试

1）摄像机的安装

以球形摄像机安装为例。

工具、用具准备，见表 2-4-1。

表 2-4-1 摄像机安装调试所需工具、用具列表

序号	名称	规格	数量	单位	备注
1	防爆活动扳手	200mm	1	把	
2	防爆内六角扳手	规格依据摄像机连接件六角尺寸确定	1	把	
3	防爆绝缘一字螺丝刀	3mm×75mm	1	把	
4	防爆绝缘十字螺丝刀	5mm×100mm	1	把	
5	万用表	可测直流电压及直流 mA 电流	1	台	
6	多功能剥线钳	—	1	把	
7	笔记本电脑	—	1	台	

（1）支架安装。

球形摄像机根据安装环境等因素的不同，可采用不同的安装方式。臂装支架可用于室内或者室外的硬质墙壁结构悬挂安装。

① 检查安装环境，确定符合以下条件：

a. 墙壁的厚度应足够安装膨胀螺栓。

b. 墙壁至少能承受球形摄像机加支架等附件的重量。

② 检查支架及其配件，支架配件包括螺母、膨胀螺栓及其平垫片。

③ 打孔并安装膨胀螺栓固定支架，线缆从支架内腔穿出后，将配备的六角螺母垫上平垫圈后锁紧穿过壁装支架的膨胀螺栓。

（2）球形摄像机安装。

① 将安全绳挂钩系于支架的挂耳上，连接各类线缆，并将剩余的线缆拉入支架内。

② 连接球形摄像机与支架。确认支架上的两颗锁紧螺钉处于非锁紧状态（锁紧螺钉没有在内槽内出现），将球形摄像机送入支架内槽，旋转一定角度至牢固。

③ 连接完成后，锁紧螺钉，去除红外灯保护膜。

④ 接线，按照接线图连接摄像机供电线、网线、控制线缆、音频线缆及报警输入输出线缆。

线缆说明，如图 2-4-4 所示。

2）摄像机的调试

（1）对摄像机供电，供电正常后摄像机会开始自检。

（2）待摄像机自检完成后，进行摄像机参数配置：

① 对摄像机所使用网线进行检查、测试。

② 将网线两头分别插入摄像机网络接口、笔记本电脑网卡接口，通过软件扫描摄像

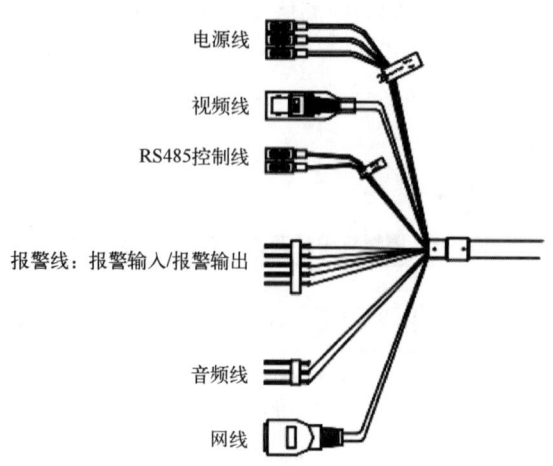

图 2-4-4 摄像机线缆说明

机原始 IP 地址或参照摄像机说明书获得摄像机管理 IP 地址。

③ 将笔记本电脑静态 IP 与摄像机管理 IP 设置成同一网段。

④ 通过在网页浏览器输入摄像机管理 IP 地址的方式,进入摄像机配置网页界面,按照提示设置摄像机登录密码。

⑤ 进入摄像机配置界面,按照管理规范及建设标准,设置摄像机 OSD 通道名称(所监控区域的名称)、时间日期、视频分辨率、视频帧率。

⑥ 若视频录像采用摄像机本地存储卡存储,在计划配置中启用摄像机的定时录像功能,并覆盖至全部日期,实现 24h 滚动录像。

⑦ 根据网络要求,修改摄像机网络 IP 地址,并在系统设置中重启摄像机使 IP 地址生效。

(3)摄像机视频功能测试。

① 将调试笔记本电脑固定 IP 与摄像机修改后的 IP 设置成同一网段。

② 根据摄像机 IP 地址,使用调试时设置的密码通过浏览器进入摄像机管理界面。

③ 安装视频预览及控制插件,查看视频图像,并通过页面内插件控制摄像头数码变焦、云台旋转等操作,检测摄像机的控制功能是否正常。

3. 摄像机的日常维护

1)电气连接处检查

定期检查供电线路、网络线路的连接,确认接线牢固;定期检查线路是否有老化、破损的现象。

2)设备使用的过程检查

(1)保持摄像机外部完好与清洁。要保持设备不积尘土和油污,防止锈蚀现象,在多尘土等恶劣环境下使用要增加清尘、保洁频次。

(2)维护过程中,禁止受碰撞和冲击,以免受到剧烈外力后,损坏内部元器件,造成故障。

(3)定期检查摄像机录像是否正常。

4. 摄像机常见的故障及处理方法

摄像机常见故障及处理方法见表 2-4-2。

表 2-4-2　摄像机常见故障及处理方法

序号	故障现象	故障原因	处理方法
1	摄像机红外灯频繁闪烁，摄像机反复重启或上电后无法启动	供电输入功率过低	使用大于摄像机功率40%的电源适配器
		多个摄像机共用一个电源适配器	为每台摄像机单独设置电源适配器
		同一电路中存在大功率设备	避免与大功率设备使用同一电路
2	摄像机网络正常，无法登录	用户名和密码错误	检查用户名和密码是否正确
		http 端口被修改	检查设备 http 端口是否修改，可采用客户端登录
3	摄像机无法浏览	浏览器安全设置拦截	检查浏览器安全配置
		浏览器控件未安装	检查浏览器控件是否安装完好
4	摄像机显示网络访问异常	网络异常	检查网络是否稳定，是否存在丢包情况、检查设备是否存在 IP 地址冲突
		线路故障	检查设备供电是否正常、检查连接设备网线及连接水晶头压线是否良好、检查设备输出线是否因安装时网线造成损伤

二、硬盘录像机

1. 硬盘录像机的原理、结构及应用要求

1) 硬盘录像机的原理

硬盘录像机在录像时由硬盘录像机的应用程序和操作系统通过 CPU 对视频处理器下指令，由它通知视频模/数转换器截取图像信号，该信号经压缩处理后送入主机存盘。回放过程是将保存在磁盘上的压缩文件通过应用程序在主机上解压缩，监控时由硬盘录像机的应用程序和操作系统通过主机的 CPU 对视频处理器下指令，由它通知视频模/数转换器截取图像信号，该信号不经压缩处理，直接由视频处理器送入主机。远端监控先由本地机的应用程序告知操作系统，操作系统告知本地网络连接器完成接网动作以实现远程查看。

2) 硬盘录像机的结构

以 DS-7600N-K2/16N 系列的 NVR 网络硬盘录像机为例，硬盘录像机的外观结构如图 2-4-5、图 2-4-6 所示。

图 2-4-5　网络硬盘录像机前面板组成

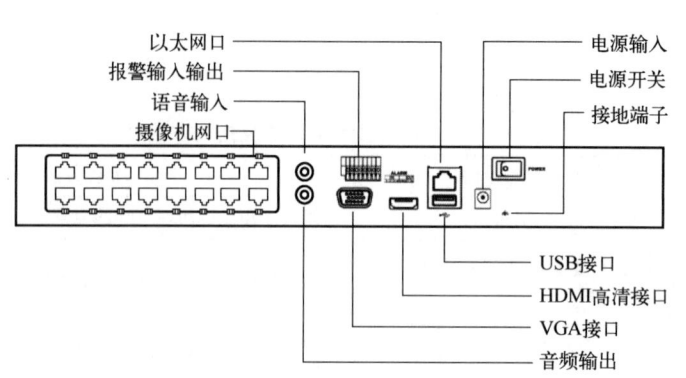

图 2-4-6 网络硬盘录像机后面板组成

3）硬盘录像机的应用要求

（1）硬盘录像机型号应根据视频存储时长及摄像头型号进行选择。

（2）应安装在通风良好的位置。安装多台设备时，设备本体的垂直间距应大于2cm。

（3）安装建议环境温度为10~35℃、湿度为10%~85%。

（4）设备需可靠接地。

（5）清洁设备时，应先拔掉电源线，彻底切断电源。清洁设备时请勿使用酒精、苯或稀释剂等挥发性溶剂。

（6）2U及以上机箱需搭配机架，使用托盘承重，4U及以上机箱需搭配机架，使用滑轨或托盘承重。

（7）硬盘录像机需使用带稳压功能的UPS（不间断电源）来供电。

2. 硬盘录像机的安装调试

1）硬盘录像机的安装

工具、用具准备，见表2-4-3。

表2-4-3 硬盘录像机安装调试所需工具、用具列表

序号	名称	规格	数量	单位	备注
1	防爆活动扳手	200mm	1	把	
2	防爆绝缘一字螺丝刀	3mm×75mm	1	把	
3	防爆绝缘十字螺丝刀	5mm×100mm	1	把	
4	万用表	通用型	1	台	
5	笔记本电脑	带网线一根	1	台	
6	电脑液晶显示器	带VGA或HDMI接口	1	台	

标准化操作步骤：

（1）在机柜内安装硬盘录像机。

（2）根据录像要求（录像类型、录像资料保存时间），确定所需总容量。

（3）安装硬盘：底部固定式硬盘安装，需将硬盘安装并固定在机箱底部；支架式硬盘安装，需打开设备机箱盖板，并将硬盘安装在内部支架；前置插拔式硬盘安装，需通过前置面板锁打开机箱前挡板，并将硬盘安装在插槽内。

（4）连接网络交换机及摄像机的网线。

（5）连接本地显示器、键盘、语音喊话等线缆。

（6）连接硬盘录像机电源线，并将所有接地螺栓使用黄绿相间单芯多股铜芯软线进行接地。

（7）通电后开机进入调试环节。

2）硬盘录像机的调试

（1）按照出厂说明书要求进行激活操作。

（2）设置管理和登录密码，密码强度应符合网络信息安全要求。

（3）按照出厂说明书要求配置网络参数。

（4）按照出厂说明书要求添加IP通道，一台IP设备最多支持被一台硬盘录像机接入，否则会引起对IP设备的管理混乱。

（5）设置视频摄像头的移动侦测、遮挡、录像分辨率、码流等参数。

（6）模拟测试视频摄像头的移动侦测、遮挡等报警功能是否正常。

（7）对已产生的视频录像进行回放，查看有无异常。

3. 硬盘录像机的日常维护

（1）查看设备信息：主要包括设备名称、型号、序列号、主控版本和设备验证码等信息。

（2）检查通道状态：查看各通道的状态信息，比如移动侦测、遮挡、视频丢失等事件的状态信息。

（3）检查报警状态：主要查看设备各输出口的报警输入、输出的状态及联动信息。

（4）检查各通道的录像状态及编码参数。

（5）网络检测：对网络流量进行监控、延时丢包测试等。

（6）检查硬盘状态是否正常，必要时对硬盘进行检测。

（7）定期对系统进行升级操作。

4. 硬盘录像机的常见故障及处理方法

硬盘录像机的常见故障及处理见表2-4-4。

表2-4-4 硬盘录像机常见故障及处理方法

序号	故障现象	故障原因	处理方法
1	硬盘录像机无法启动	输入电源不正确	供电线路或供电电压不正确，重新排查供电线路
		硬盘损坏	重新更换硬盘
		硬盘录像机部件故障	按照说明书对设备进行排查更换故障配件或整体更换硬盘录像机
2	硬盘录像机经常重启	硬盘有坏道或硬盘线接触不良	更换硬盘重新安装硬盘线
		散热不良	对录像机风扇进行检查，对内部灰尘进行清理，确保硬盘录像机安装机柜内的环境温度不超过允许范围
		电磁干扰严重	核实硬盘录像机周围电磁干扰情况，若有大型用电设备，请将硬盘录像机本体及输入输出线路采取屏蔽措施

续表

序号	故障现象	故障原因	处理方法
3	硬盘录像机无法控制摄像机云台	前端云台故障	维修或更换前端云台
		云台解码器设置、连线、安装不正确	重新排查云台解码器设置、连线、安装是否正常
		云台解码器和硬盘录像机协议或地址不匹配	按照厂家说明资料重新匹配云台解码器、硬盘录像机协议及地址

三、监控软件

视频监控软件可以统一管理监控设备，在一个平台下即可实现多子系统的统一管理与互联互动，真正做到"一体化"的管理，提高用户的易用性和管理效率，满足领域内弱电综合管理的迫切需求。

1. 监控软件的安装及应用

1）监控软件的安装

（1）运行环境要求。

以海康威视视频监控软件安装环境要求为例。

服务端软件运行环境要求，服务器CPU最低4核，内存16GB，服务器操作系统最低为64位2008版。

客户端软件运行环境要求，PC机或工控机CPU最低i3，内存4GB以上，硬盘500GB以上，浏览器支持IE8/IE9/IE10，不支持兼容模式，操作系统需是Windows7/Windows8，显示器分辨率在1024×768以上，硬件支持DirectX9.0c或更高版本。

注意：2.7.1版本开始，CS客户端对于硬件和操作系统的安装要求越来越高，建议客户端安装在具有独立显卡的主机上，勿将客户端安装在服务器上。

（2）软件安装说明。

以海康威视视频监控软件安装为例。按照监控软件说明文档，对CMS、Servers、Central Workstation等文件进行安装，见表2-4-5。

表2-4-5 管理软件安装说明

安装文件名称	说明
CMS	中心管理服务：集成PostgreSQL数据库、ActiveMQ消息转发服务和Tomcat服务，实现平台中心管理服务一键式安装
Servers	服务器：提供视频、门禁、对讲、报警等硬件设备接入，以及相关事件分发，联动处理，视频转发，录像管理等功能
Central Workstation	客户端：提供各业务子系统的基本操作，如视频预览、回放、上墙、门禁控制、事件处理等功能

2）监控软件的应用

（1）服务端视频监控设备添加。

以海康威视视频监控软件服务端添加方法为例。

① 登录。

浏览器中输入服务器 IP 地址、用户名、密码，登录监控软件服务端管理界面，如图 2-4-7 所示。

图 2-4-7　管理软件登录

② 添加编码设备。

选择"视频"—"基础配置"，进入基础配置界面，如图 2-4-8 所示。

图 2-4-8　基础配置界面

在"硬件设备管理"界面的组织资源树中，选择作业区级架构，点击"添加"，弹出"添加编码设备"界面。

在"基本信息"界面中，选择设备类型，填写视频设备 IP 地址、用户名、密码等基础信息，再点击"远程获取"按钮，获取设备通道与名称，点击"下一步"，进入"智能属性"界面，如图 2-4-9 所示。

注意：添加设备时需在右上角关联中心 VAG。若获取的设备序列号中存在"-"，需

图 2-4-9　添加编码设备界面

将"-"修改为"_"或删除，否则无法保存。

在"智能属性"界面中，勾选所需要的功能，添加海康设备时，一般只用勾选周界防范，点击"保存"即可。

③ 添加监控点。

在"硬件设备管理"界面的组织资源树中，选择相应的中心站或站点级组织架构，点击"添加"，在"添加监控点"界面中勾选监控点，点击"确定"，如图 2-4-10 所示。

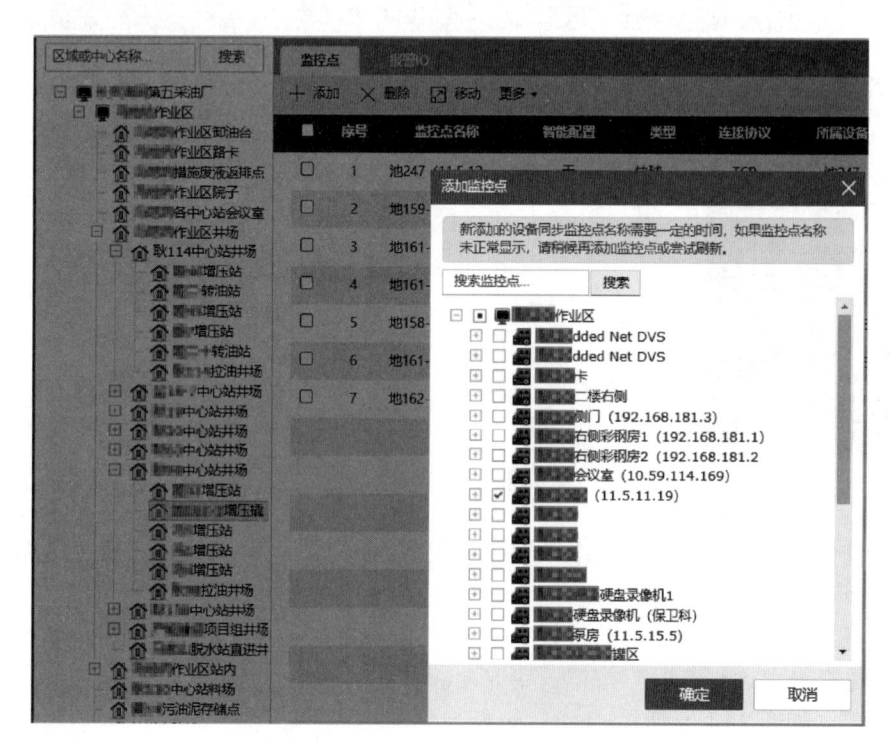

图 2-4-10　添加监控点弹窗界面

第二章　数据采集设备

（2）服务端监控点录像配置。

在"基础配置"界面中，点击"录像计划配置"进入配置页面，在组织资源树中，点击选择监控点所在的组织架构名，在右侧监控点列表中，勾选拟配置的监控点，如图 2-4-11 所示。

图 2-4-11　录像计划配置界面

在"录像计划配置"弹窗中，勾选"CVR 存储"，根据实际需要选择"主码流"或"子码流"，点击"存储位置"下拉框，选择已添加到平台中的 CVR 服务器，点击"磁盘分组"下拉框，选择 CVR 上配置的磁盘分组，根据下方提示和现场实际情况选择取流方式，配置完成后点击"确定"，如图 2-4-12 所示。

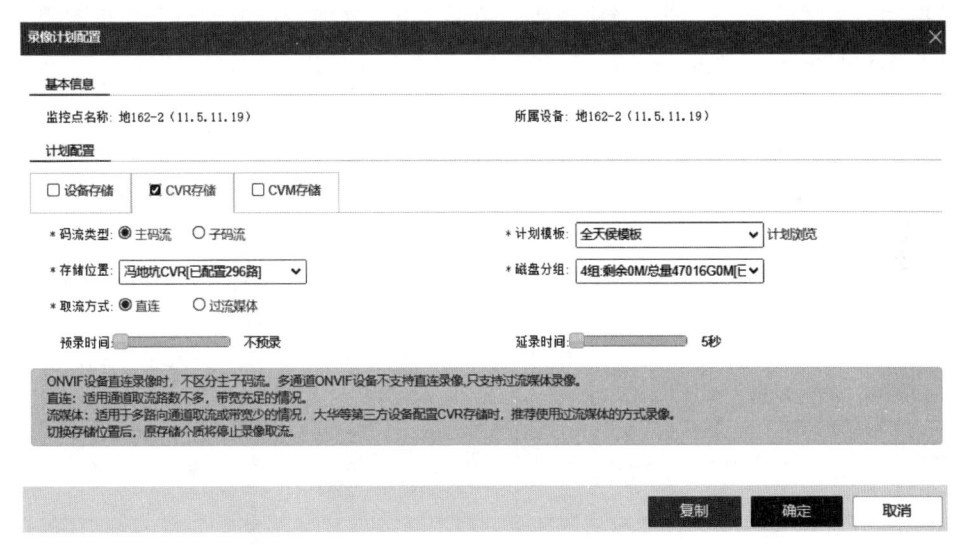

图 2-4-12　CVR 存储配置界面

（3）客户端功能应用。

① 视频预览。

登录客户端，选择"视频预览"进入监控软件预览界面，初次启动时，播放面板默认以 2×2 播放窗口显示，可通过画面分割按键进行窗口分割的选择，如图 2-4-13 所示。

双击监控点预览：单击选中一个预览窗口，双击资源树上的监控点，选中的预览窗口即开始播放该监控点的实时视频。

双击区域预览：双击资源树上的区域节点，则在当前画面分割模式下，依次播放该区域下的监控点的实时视频。

185

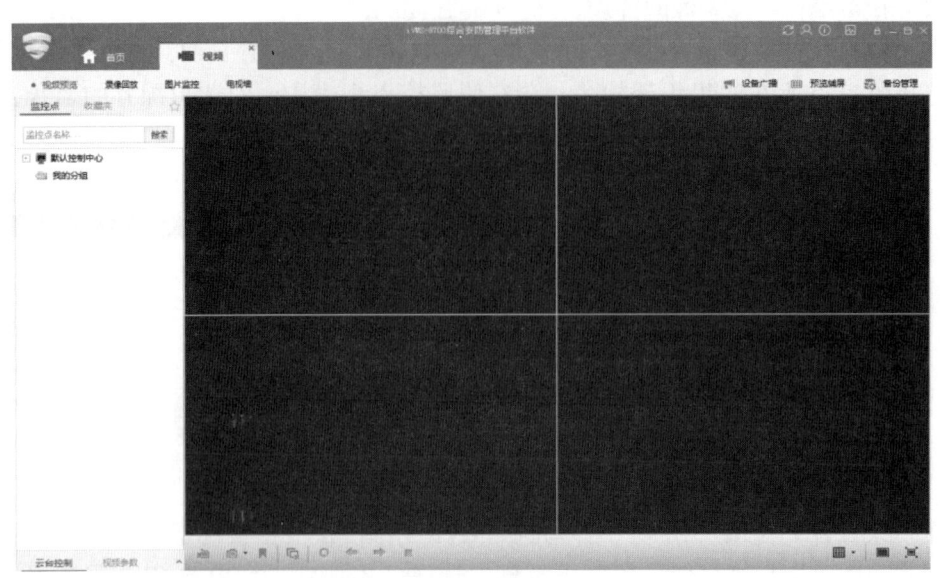

图 2-4-13 视频预览界面

拖动预览：拖动监控点到一个预览窗口，则该窗口开始播放拖动的监控点的实时视频。若拖动的是区域节点，则在当前画面分割模式下从当前选中的窗口开始依次播放该区域下的监控点的实时视频。

播放界面下按键说明见表 2-4-6。

表 2-4-6 预览功能键说明

按键	说明	按键	说明
	原始比例/占满窗口		关闭全部预览
	全部窗口抓图		全部窗口即时录像
	暂停轮巡/停止轮巡		轮巡上一页/下一页
	画面分割模式选择按键		全屏/还原按键
	连续抓图		

② 录像回放。

监控软件支持 1/4/9/16 个画面分割回放，可根据需求选择回放窗口布局。

点击展开监控点，将监控点下 CVR 拖入回放窗口中，即可回放当天录像。点击录像条下方的日期或指针上方日期时间框，可搜索相应时间段的录像，如图 2-4-14 所示。

点击 " " 按钮，调整下载时间，选择需要下载的录像段，点击"确定"，即可下

图 2-4-14　录像回放

载该时间段录像，如图 2-4-15 所示。

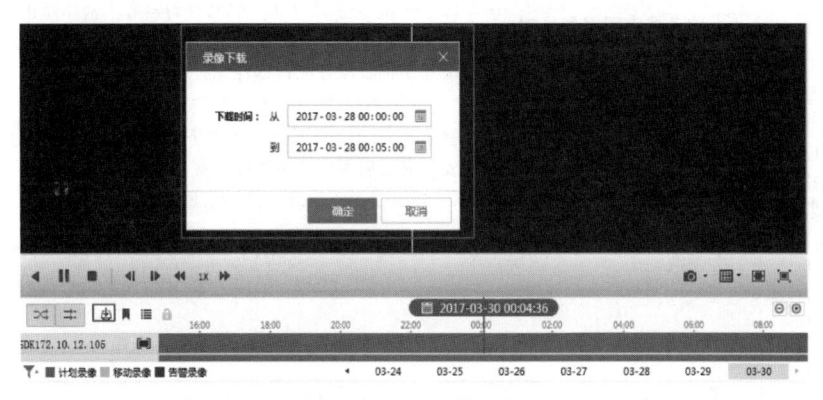

图 2-4-15　录像下载

2. 监控软件的常见故障及处理方法

监控软件常见故障及处理方法见表 2-4-7。

表 2-4-7　监控软件常见故障及处理方法

序号	故障现象	故障原因	处理方法
1	管理页面添加设备远程获取失败	填写信息有误	浏览器中输入摄像机 IP 地址，登录摄像机管理页面，并与管理页面中添加的设备信息进行比对，修改填写有误信息
		网络异常	先检查输入的摄像机 IP 地址是否正确，若 IP 地址确认无误，在转发服务器中利用 ping 命令或在交换机中测试 IP 地址网络是否正常，如果网络不通，需排查网络原因，如果网络正常多尝试几次即可
		摄像机认证方式与管理软件不匹配	浏览器登录到摄像机管理页面，选择配置—系统—安全管理—认证方式，选择修改相匹配的认证方式，完成后在系统维护中重启摄像机，重启后再次尝试添加即可
2	录像回放提示查询失败	平台与存储服务交互失败	ping 存储服务器 CVR 地址和存储管理服务 VRM 的 IP 地址是否正常，如果不通，需排查网络原因。如果两个 IP 地址均可 ping 通，排查服务启动是否正常； 服务器地址查看方法：浏览器登录平台—视频模块—基础配置—服务器管理，点击相对应名称可查看各服务的 IP 地址； 应用服务的检查方法：在服务器上检查看门狗（watchdog）中 VRM 服务的状态是否正常运行，如果处于停止或正在启动状态，全部停止服务，再全部重启服务，查看服务运行是否正常，正常后再次查看录像是否正常
		监控点录像未配置	登录管理界面，在"录像计划配置"界面中查看监控点录像是否配置并下发成功，若未配置则需进行配置，若未下发成功则需重新配置下发，直至提示下发成功即可

续表

序号	故障现象	故障原因	处理方法
3	全部视频预览失败	网络异常	检查客户端所在主机与服务器之间的网络是否正常，若网络不通，则需用 ping 命令或从交换机中逐级排查从主机到服务器网络情况
		服务器应用服务异常	登录服务器查看看门狗（watchdog）视频接入 VAG 服务和流媒体 SMS 是否正常启动，如果启动异常，全部停止，再全部重启服务，如果启动正常，浏览器登录平台，在服务器管理中远程配置，检查服务能否远程配置成功
4	CS 客户端安装时勾选视频子系统，但在安装后 CS 客户端缺少视频子系统	未安装运行时环境	登录服务端管理页面，在"下载中心"下载"运行时环境"，安装完成后再次登录软件观察
		未安装.NET4.5（Win7系统）	下载安装.NET4.5 插件，安装完成后再次登录软件观察

第五节　数字化集成设备

一、增压橇

增压橇，全称为油气混输一体化增压集成装置，又称数字化橇装增压集成装置或原油接转橇。它将原油混合物的过滤、加热、分离、缓冲、增压等多功能高度集成，配套智能控制系统，通过阀门切换可实现多种工艺流程要求，适用于低渗透油田的增压站场。

1. 增压橇的原理、结构及应用要求

1）增压橇的原理

（1）增压橇根据现场生产需求不同，工艺上分为加热增压流程、加热缓冲增压流程、不加热不缓冲增压流程和 2 个辅助生产流程。增压橇基本结构如图 2-5-1 所示。

① 加热增压。

油井采出物（含水含气原油）由各井组输至增压站场，经原油集油橇混合、收球装置收球、快开过滤器过滤后，进入装置加热区加热至 30~35℃，通过混输泵增压外输。

适用范围：橇燃烧系统有单独的燃料供给。

② 加热缓冲增压。

油井采出物（含水含气原油）由各井组输至增压站场，经原油集油橇混合、收球装置收球、快开过滤器过滤后，进入橇加热区加热至 30~35℃后，一部分通过混输泵增压外输，另外一部分进入装置缓冲分离区进行气液分离，分离出的干气作为装置加热区燃料使用，此段油气混合物经混输泵增压外输。

适用范围：橇主推生产流程。

③ 不加热不缓冲增压。

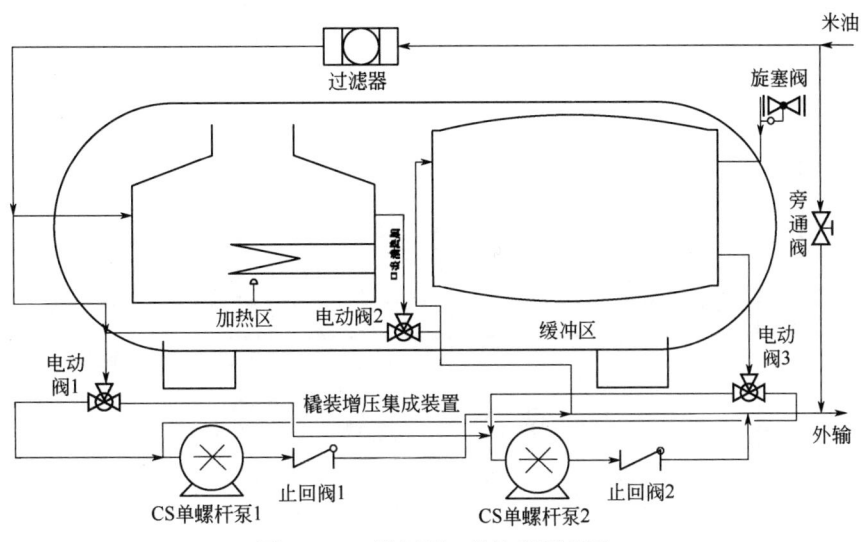

图 2-5-1 增压橇工艺流程原理图

油井采出物（含水含气原油）由各井组输至增压站场，经原油集油橇混合、收球装置收球、快开过滤器过滤后，通过混输泵增压外输。

适用范围：环境温度较高等不需要加热的场合，也适用于投产作业箱原油外输。

④ 辅助生产流程。

场景 1：加热不增压。

油井采出物（含水含气原油）由各井组输至增压站场，经原油集油橇混合、收球装置收球、快开过滤器过滤后，进入装置加热区加热至 30~35℃，不增压直接外输。

适用范围：所在增压站场与下一站高差不大、距离较近的场合，且装置燃烧系统有单独的燃料供给（如套管气）。

场景 2：投产作业箱（可选）。

油井采出物（含水含气原油）由各井组输至增压站场，经原油集油橇混合、收球装置收球、快开过滤器过滤后，进入装置加热区加热至 30~35℃后，不增压直接输至投产作业箱。

适用范围：非正常生产状态下，如混输泵检修（装置检修时推荐原油通过装置大旁通进入投产作业箱）。

(2) 增压橇控制系统。

① 原油接转橇控制系统以一主一辅两台混输泵增压输出流程设计，以油气经加热密闭混输为前提，分离出气体满足加热炉燃烧后，剩余全部混输至下一级站；两台混输泵一对一配套两台变频器，具备远程启停和调频功能；自动动态控制两台混输泵的转速使压力（或液位）与其对应，实现油气平稳输送。两泵可相互一键式切换，单泵能满足来油输送时可单泵运行。

② 液量较少时，采用"加热—缓冲—增压"流程外输；液量较大时，通过"加热—增压"和"加热—缓冲—增压"双流程外输。主泵采用定量（或压力）控制，辅泵通过缓冲区液位进行控制，同时保持缓冲区液位和压力稳定，确保装置运行平稳。

2) 增压橇的结构

增压橇主要由监控部分、数据采集与传输部分、橇装部分和配套设施等组成，如图 2-5-2 所示。

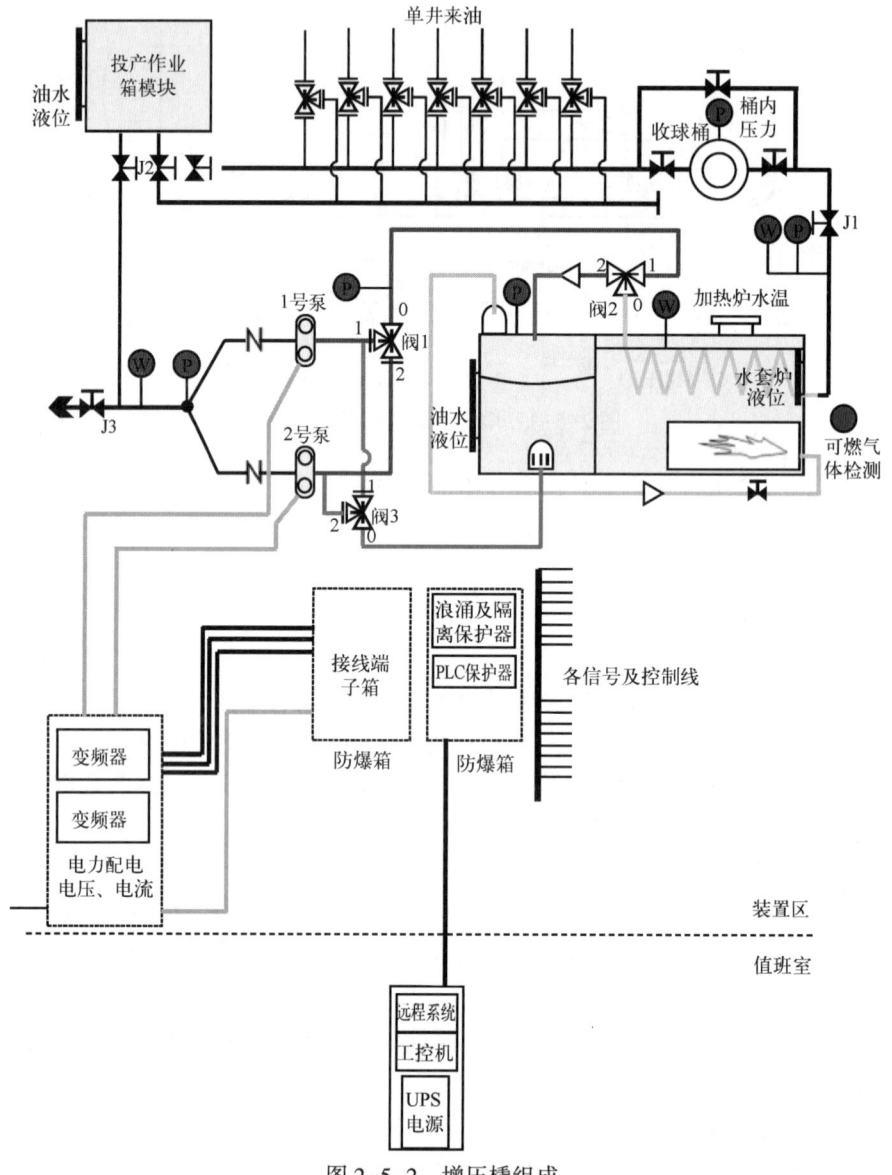

图 2-5-2 增压橇组成

监控部分主要包括智能监控平台和触摸屏 HMI 监控界面。

数据采集与传输部分主要包括 PLC、变频器、电动阀、流量计及压力变送器等采集仪表。

橇装部分包括油气混输增压泵、加热装置、缓冲罐、管线及橇装底座等设备和装置。

配套设施：投产作业箱 1 具，用于事故来油储存和站内外管线吹扫；原油集油橇、收球装置各 1 套，分别用于混合各井组来油和收球作业；循环泵橇及 5m³ 水箱各 1 套，用于补水；电控橇，用于远程控制和数据采集；必要的电气、土建等系统配套（如装置用于无人值守站场，以上配套设施可根据现场情况增减，但需满足安全及生产要求）。

3）增压橇的应用要求

（1）增压橇应在设计参数范围内工作，如现场介质条件不符合装置相关参数，使用方需考虑其他应对措施。

（2）增压橇安装位置应注意避开滑坡、塌方、沉陷、洪水等不良工程地质影响区。

（3）增压橇缓冲区属二类压力容器，使用单位应按照特种设备相关管理规定，及时到当地特种设备安全管理部门办理相关手续。

（4）为防止管线结垢结砂，延长装置使用寿命，建议在原油混合物进入装置前设除垢、除砂及过滤设施。

（5）与增压橇连接且埋深不足的地埋管道均需采用电伴热和保温措施。

2. 增压橇的安装调试

1）增压橇的安装

（1）检查增压橇安装环境。增压橇露天安装时，其位置必须满足国家相关标准要求。

（2）增压橇安装前，现场需根据工艺等相关专业设计图纸，确保收球装置、投产作业箱、循环泵和水箱以及土建等各项配套设施安装到位。

（3）增压橇基础制作。增压橇基础采用C25混凝土现场浇筑，基础混凝土垫层下做300mm厚3:7灰土垫层，灰土垫层下素土翻夯700mm，分层碾压夯实，压实系数不小于0.95，其余部分基础底面以上至场地室外地坪之间素土夯实，上做混凝土地坪，详见土建专业设计图纸。

（4）增压橇安装应严格按照产品使用说明书要求进行，设备与基础采用螺栓连接，保持地脚螺栓的紧固，保证接地良好。

（5）对与增压橇连接且埋深不足的管道、配套设施等采用电伴热保温或其他保温措施。

（6）线缆敷设安装，对数据采集与控制系统进行安装调试。

2）增压橇的调试

（1）准备工作。

① 送电前检查：

a. 检查设备安装符合要求、管线连接牢固、无破损、连接可靠。

b. 工作人员处于安全距离之外，装置上无杂物。

c. 检查控制柜内电源断路器、变频器断路器、柜内空气开关处于关闭状态，电路连接无异常。

d. 将电源断路器置于"ON"，查看供电电源三相电压表，不缺相且电压偏差不超过±10%。

e. 将变频器断路器置于"ON"，检查变频器电源指示灯显示正常；打开柜内所有空气开关，检查PLC供电是否正常，RUN指示灯应常亮；柜内风扇正常运转。

② 检查触摸屏流程显示参数无异常。

（2）手动操作调试。

手动控制设备时，对设备操作前必须核查现场电动阀状态及各个运行参数，确认工艺流程与装置运行流程相符。

（3）自动操作调试。

增压橇自动控制功能调试，需要调试人员拥有专业的电工操作技能和 PLC 专业知识。一般在设备安装时，由厂家委派工程师到现场调试。

3. 增压橇的日常维护

（1）增压橇运行时，必须保证加热区液位不低于液位计最低液位以上 250mm，以确保盘管完全浸没在介质中；装置冬季非正常停炉，需及时将加热区液位降至低液位以下，并将液位计中的液体完全排放。

（2）增压橇运行初期，防爆门内会产生少量冷凝水，使用单位需及时进行清理，以防止对烟管造成腐蚀，清理过程需确保安全。

（3）必须制定计划定期对增压橇主要动静设备进行检查，确保设备安全稳定运行。

（4）安全阀需按照相关要求定期校验，系统正常运行前，安全阀进出口管线上的切断阀必须保证全开（加铅封或锁定），确保安全阀的安全泄放。

4. 增压橇的常见故障及处理方法

增压橇的常见故障及处理方法见表 2-5-1。

表 2-5-1　增压橇常见故障及处理方法

序号	故障现象	故障原因	处理方法
1	数据采集错误	监控平台及数据传输故障	核查监控平台点位连接是否正确、检查网络通信是否正常，并对检查出的问题进行整改
		PLC 或采集仪表故障	带电状态下用万用表检查 PLC 通道和采集仪表，对故障通道或仪表进行更换
		线路故障	用万用表检查数据信号线缆通断及连接状态，对短路、断路、虚接等情况进行整改
2	设备无法远程控制	监控平台及数据传输故障	核查监控平台点位连接是否正确；检查网络通信是否正常，并对检查出的问题进行整改
		PLC 或控制设备故障	带电状态下用万用表检查 PLC 通道和控制设备，对故障通道和控制设备进行更换
		线路故障	用万用表检查数据信号线缆通断及连接状态，对短路、断路、虚接等情况进行整改
3	控制系统处于脱机状态	现场设备故障	迅速赶往生产现场确认装置运行是否正常，若装置运行异常，立刻打开装置应急生产流程，让来油走旁通。然后，及时通知站技术人员进行检查，如果不能排除故障，尽快联系厂家技术人员进行维护
		数据传输故障	若装置运行正常，逐一排查装置所配套的电控柜、监控设备、网络连接等相关设施的供电、运行是否正常。如果上述措施不能排除故障，尽快联系相关技术人员和厂家进行维护

续表

序号	故障现象	故障原因	处理方法
4	混输泵出口处出现较频繁的响声	为保护单螺杆混输泵，原油接转橇在混输泵出口处安装有止回阀，当原油混合物中含气量较大时，止回阀阀瓣会被介质中的气体频繁顶起而出现响声	油气混输过程中气量较大时止回阀出现响声属正常现象，但使用单位需定期检查止回阀内部构件情况，如发现止回阀功能失效，需及时进行更换维护
5	配电柜漏电保护器闭合后接触式开关红灯不亮	配电柜出现断路	根据说明书中的配电柜接线图，利用万用表，逐步检测，判断故障原因，并进行维护

二、注水橇

注水橇是油田开发过程中，将来水升压后注入地下油气储层的一体化装置。它具有缓冲、过滤、加压、计量、水量自动调节等功能，可替代小型注水站，应用于油田超前注水、边远小区块开发、高压欠注井增注、采出水回注等生产工艺。它通过实现远程数据采集和控制，满足数字化管理要求。

1. 注水橇的原理、结构及应用要求

1) 注水橇的原理

智能型注水橇是专为油田注水设计的一种集成管线流程、注水泵、变频控制柜、控制与检测单元等于一体的智能化橇装设备，它采用可编程序逻辑控制器（PLC）+上位机为控制核心，利用高精度、高可靠性的压力、液位变送器与变频器联动调节，实现恒压注水装置的自动化控制。利用装置上安装的稳流测控装置，自动调节流量，实现平稳精细注水。

（1）注水橇注水流程根据来水注入过程的不同，工艺上分为三个注水流程和一个加药流程，工艺流程如图2-5-3所示。

① 直输流程。

来水不经过水箱和水处理装置，经过滤后直接进入注水泵入口，当来水压力达到注水泵启泵压力时，启动注水泵注水。

② 增压注水。

来水通过水处理装置，经增压、过滤或加药后再进入注水泵入口，当来水压力小于注水泵启泵压力时，启动喂水泵对来水增压，当来水压力达到注水泵启泵压力时，启动注水泵注水。

③ 缓冲增压注水。

来水通过水箱缓冲后进入水处理装置，经增压过滤或加药后再进入注水泵入口，当液位大于设定值时，启动喂水泵增压；当来水压力达到注水泵启泵压力时，启动注水泵注水。

④ 加药流程。

根据工艺要求，将药剂加入加药罐（水处理装置附件），手动启动搅拌器进行搅拌，

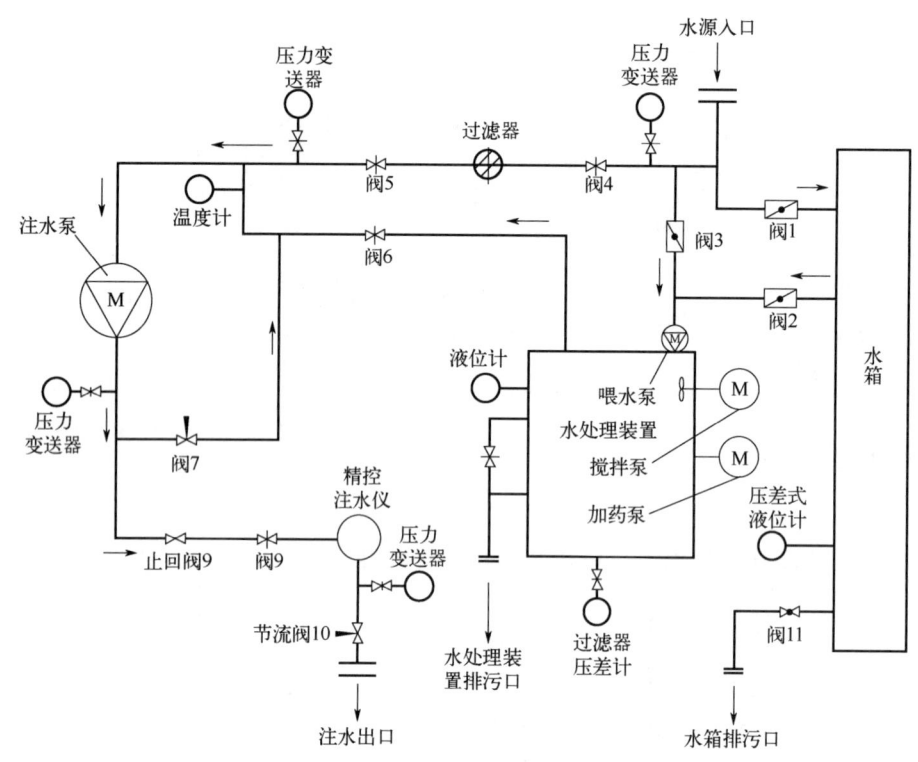

图 2-5-3 智能注水橇工艺流程图

搅拌均匀后，手动停止搅拌器；启动加药泵，当液位小于设定值，自动停止加药泵。

（2）注水橇控制系统分为手动控制和自动控制两种模式。在自动控制模式下，流程切换仍需要手动开关阀门，无法实现三个注水流程间自动切换。流程切换操作时，需手动打开所需阀门，设定流程，当条件满足时，注水装置自动启动，条件不满足时，装置自动停止。

注水橇控制流程及说明：

① 直输流程。

启泵：开启水源泵，当注水泵进口压力大于 0.1MPa 时，开启注水泵。

停泵：当注水泵的进口压力小于 0.02MPa 或大于 1.0MPa，出口压力大于 25MPa 时，报警并连锁停注水泵，再停水源泵。

注水泵出口压力调节：通过注水泵出口压力（设定值可修改），调节注水泵变频器的频率，实现注水压力的自动调节。

水源泵供水量调节：通过喂水泵进口压力（设定值可修改），调节水源泵变频器的频率，实现水量的自动调节。

② 增压注水。

启泵：开启水源泵，当喂水泵进口压力小于 0.1MPa 时，开启喂水泵，当注水泵进口压力大于 0.1MPa 时，开启注水泵。

停泵：当喂水泵进口压力大于 0.6MPa，注水泵的进口压力小于 0.02MPa 或大于

1.0MPa，出口压力大于 25MPa 时，报警并连锁停注水泵，再停喂水泵，最后停水源泵。

注水泵出口压力调节：通过注水泵出口压力（设定值可修改），调节注水泵变频器的频率，实现注水压力的自动调节。

水源泵供水量调节：通过喂水泵进口压力（设定值可修改），调节水源泵变频器的频率，实现水量的自动调节。

③ 缓冲增压注水。

启泵：开启水源泵，当水箱液位为 0.8m（实际值 1.1m）时，开启喂水泵，当注水泵进口压力大于 0.1MPa 时，开启注水泵。

停泵：当注水泵的进口压力小于 0.02MPa 或大于 1.0MPa，出口压力大于 25MPa 时，报警并连锁停注水泵，再停喂水泵，最后停水源泵。

注水泵出口压力调节：通过注水泵出口压力（设定值可修改），调节注水泵变频器的频率，实现注水压力的自动调节。

水源泵供水量调节：通过水箱液位（设定值可修改），调节深井泵变频器的频率，实现水量的自动调节。

2）注水橇的结构

注水橇主要由平台监控系统、数据采集与控制系统和橇装装置组成。

平台监控系统主要包括智能监控平台和触摸屏 HMI 监控界面。

数据采集与控制系统主要包括 PLC、变频器、电动阀、流量计及压力变送器等采集仪表设备。

橇装装置包括水箱、喂水泵、注水泵、水处理装置、管线及橇装底座等设备和装置。

3）注水橇的应用要求

（1）注水泵首次运行时需人工启停，待运行平稳、自控参数调整好后，再转入自控流程。

（2）注水橇操作及维修需严格按照使用说明书操作，严禁违章操作。

（3）注水橇安装时应注意避开滑坡、塌方、沉陷、洪水等不良的地质影响区。

（4）当心高压管线：带压工作时，非操作人员禁止靠近。若有渗漏及异常响声，应停机检查，严禁带压操作。

2. 注水橇的安装调试

1）注水橇的安装

（1）检查注水橇安装环境。依托井场露天布置时，距离油气井的净距离不小于 20m，其安装位置必须满足国家相关标准的要求。

（2）注水橇安装前，需确保现场水源、电源等配套设施安装到位。

（3）制作橇装装置基础。注水橇装置基础图随说明书一起附带，必须结合图纸，对设备实际安装尺寸进行校核后才能施工。

（4）设备安装应严格按照产品使用说明书要求进行，设备与基础采用螺栓连接，保持地脚螺栓的紧固，保证接地良好。

（5）对于与注水橇连接且埋深不足的管道，应采用电伴热和保温措施。

（6）线缆敷设安装，对数据采集与控制系统进行安装调试。

2）注水橇的调试

（1）准备工作。

① 送电前检查：工作人员处于安全距离之外，装置上无杂物。

② 检查控制柜内电源断路器、变频器断路器、柜内空气开关处于关闭状态。

③ 将电源断路器置于"ON"，查看供电电源三相电压表，不缺相且电压偏差不超过±10%。

④ 将变频器断路器置于"ON"，检查变频器电源指示灯显示正常；打开柜内所有空气开关，检查 PLC 供电是否正常，RUN 指示灯应常亮；柜内风扇正常运转。

⑤ 确认急停按钮没有按下；查看控制柜面板指示灯状态，所有设备处于停止状态。

⑥ 检查触摸屏流程显示参数无异常。

⑦ 装置停止运行超过 7 天后恢复运行时，应先在手动模式下试运转，试运转时间不得小于 30min；停止运行未超过 7 天恢复运行时，可以在自动模式下直接启动。

（2）手动操作。

① 手动启动。

查看现场设备阀门状态及运行参数，确认工艺流程与装置运行流程相符。

打开水处理装置进水口阀门，将注水泵、喂水泵、搅拌泵、加药泵控制开关打到手动位置。

根据流程，依次启动喂水泵、注水泵。

② 手动停止。

根据流程依次停注水泵、喂水泵。

将注水泵、喂水泵、搅拌泵、加药泵控制开关置于"停止"位置。

关闭柜内所有空气开关，将变频器断路器置于"OFF"，将供电电源断路器置于"OFF"，查看供电电源三相电压表显示为"0"。

（3）自动操作。

① 自动启动。

确认液晶屏显示的装置运行参数、现场阀门的开关状态与设定的自动运行工艺流程相符。

将注水泵、喂水泵、搅拌泵、加药泵转换开关转到自动位置。

查看设备阀门状态，确认阀门状态与流程相符；当运行参数达到启泵条件时，控制系统自动依次启泵。

② 自动停止。

当运行参数满足停泵条件时，控制系统自动依次停泵。

将注水泵、喂水泵、搅拌泵、加药泵控制开关置于"停止"位置。

关闭柜内所有空气开关，将变频器断路器置于"OFF"，将供电电源断路器置于"OFF"，查看供电电源三相电压表显示为"0"。

3. 注水橇的日常维护

（1）启动注水泵前，一定要打开进出口开关和回流阀，使泵无载启动，以免发生事故。

（2）超压后，要及时调整回流阀，以保证正常注水。

(3) 安全阀、压力变送器，用户应按国家部门规定定期送检。

(4) 冬季停用时，一定要将管网及泵中的水排放干净，以免冻裂发生安全事故。长期停用时将水放空，以减少水对管网的腐蚀。

(5) 该装置要定期检查采集仪表的数据准确性和控制系统的可靠性。

4. 注水橇的常见故障及处理方法

注水橇的常见问题及处理方法见表 2-5-2。

表 2-5-2 注水橇常见故障及处理方法

序号	故障现象	故障原因	处理方法
1	数据采集错误	监控平台及数据传输故障	核查监控平台点位连接是否正确；检查网络通信是否正常，并对检查出的问题进行整改
		PLC 或采集仪表故障	带电状态下用万用表检查 PLC 通道和采集仪表，对故障通道或仪表进行更换
		线路故障	用万用表检查数据信号线缆通断及连接状态，对短路、断路、虚接等情况进行整改
2	设备无法远程控制	监控平台及数据传输故障	核查监控平台点位连接是否正确；检查网络通信是否正常，并对检查出的问题进行整改
		PLC 或控制设备故障	带电状态下用万用表检查 PLC 通道和采集仪表，对故障通道或仪表进行更换
		线路故障	用万用表检查数据信号线缆通断及连接状态，对短路、断路、虚接等情况进行整改
3	流量不足或输出压力太低	吸入管道阀门稍有关闭或阻塞，过滤器堵塞	打开阀门、检查吸入管道和过滤器，并对检查出的问题进行整改
		阀接触面损坏或阀面上有杂物使阀面密合不严	检查阀的严密性，必要时更换阀门
		柱塞填料泄漏	更换填料或拧紧填料压盖
4	压力波动	安全阀、导向阀工作不正常	调校安全阀，检查、清理导向阀
		管道系统漏气	对管道漏气处进行整改
5	异常响声或振动	轴与驱动机同心度不好	重新找正
		轴弯曲	校直轴或更换新轴
		轴承损坏或间隙过大	更换轴承
		地脚螺栓松动	紧固地脚螺栓
6	轴承温度过高	轴承内有杂物	清除杂物
		润滑油质量或油量不符合要求	更换润滑油、调整油量
		轴承装配质量不好	重新装配
		轴与驱动机对中不好	重新找正
7	密封泄漏	填料磨损严重、填料老化	更换填料
		柱塞磨损	更换柱塞

三、数字化抽油机控制柜

1. 数字化抽油机控制柜的原理、结构及应用要求

数字化抽油机控制柜是以 RTU 为核心，实现冲次手/自动调节、平衡手/自动调节、工/变频切换功能，同时实现无线远程监控的一体化智能控制系统。该系统具有良好的稳定性和自适应能力，控制柜外观如图 2-5-4 所示。

1）数字化抽油机控制柜的原理

（1）电器控制的原理。

① 主回路。

主回路为数字化抽油机控制柜的主电动机和平衡电动机的供电回路，主电动机主回路主要分为工频回路和变频回路，工频回路主要由断路器、工频交流接触器、电机综合保护器等电器元器件组成，保证主电动机工频运行供电；变频回路主要由变频器、制动单元、变频交流接触器组成，保证主电动机变频运行供电等功能。平衡主回路主要由上行、下行交流接触器及空气开关组成，保证平衡电动机正常工作供电。

图 2-5-4　数字化抽油机控制柜

② 控制回路。

二次回路为数字化抽油机控制柜电气控制部分，主要完成控制柜的变/工频转换、抽油机启停、手/自动平衡调节转换、手/自动冲次调节转换功能，同时还具备过流、过载、缺相等保护功能，当变频器发生故障时，系统可自动切换到工频状态，实现抽油机平稳、安全运行。

（2）RTU 控制原理。

① 示功图采集：通过 AI 接口实时采集负荷传感器、电流变送器和角位移传感器信号，形成示功图和电流图。

② 汇管压力采集：通过 AI 接口采集汇管压力变送器信号，计算汇管压力。

③ 冲次状态采集：通过 DI 接口采集冲次和平衡度的自动、手动调节状态，确定是否进行自动调节计算。

④ 平衡状态采集：通过 DI 接口采集平衡调节电动机的行程开关状态，在自动调节时，控制调节的运行状态。

⑤ 抽油机启停控制：通过 DO 接口控制外接继电器，可直接控制抽油机的启停。

⑥ 平衡电动机启停控制：通过 DO 接口控制外接继电器，控制调平衡电动机的运行。

⑦ RS485 数据采集：通过 RS485 接口与 LED 显示器连接，显示当前冲次和当前平衡度。二者之间通信协议为 Modbus RTU，其中 LED 显示器为从站，控制器为主站。

（3）冲次调节原理。

冲次指在抽油机井中，抽油杆每分钟上下往复运动的次数。调节冲次就是改变抽油机的运行速度，减速箱的输出转速，最直接的办法就是改变电动机的转速，常规游梁式抽油机的冲次是采用更换皮带轮来调整，劳动强度大，操作不方便，且不具备无级调速，数字化抽油机采用直接改变电动机转速的方法来调节冲次。

普通三相异步电动机调速方法如下：

① 改变供给异步电动机电源的频率调速。

这种调速方法需要有频率可调的交流电源。它是采用可控硅调速系统，先将交流电变换为电压可调的直流电，然后再变换为频率可调的交流电。这就是现在较为流行的变频调速。缺点是投资大、维修难，但具备无级调速，操作方便快捷。

② 改变异步电动机的转差率调速。

这种方法可在转子上串联电阻，或改变定子绕组上的电压来改变转差率。这种调速方法仅限于绕线式转子异步电机。缺点是功率损耗大，效率低。

③ 改变定子绕组磁极对数调速。

这种调速方法由于磁极对数只能成对的改变，因而是有级调速，即变极调速，一般只能做到 2 速、3 速、4 速等。控制器通过 DI 接口采集平衡调节电动机的行程开关，在自动调节时，控制调节的运行状态。

基于以上原因，数字化抽油机采用变频器改变电动机电源频率的方法调节电动机输出频率，达到调节抽油机冲次的目的。

2）数字化抽油机控制柜的结构

数字化抽油机控制柜分上下两层设计，上层为 RTU 控制系统，下层为工频和变频控制回路、平衡控制回路、二次回路、其他电气元件及接线端子。

上层 RTU 系统从左向右依次为开关电源模块、数据通信模块、电量采集模块以及控制器模块 RTU。

下层电气控制回路从左向右，从上向下依次为断路器、浪涌保护器以及电流互感器部分，变频器部分，接触器、电动机综合保护器、中间继电器、时间继电器以及插座部分，接线端子、电流变送器、温控器以及接地汇流铜排部分，如图 2-5-5 所示。

（1）控制面板。

控制面板由工频和变频转换按钮、启动按钮、停止按钮、复位按钮、冲次调节按钮、平衡调节按钮和数据显示模块等组成。该部分可实现抽油机的本地启动/停止、工频/变频切换，冲次的本地调节、平衡的本地调节及抽油机实时冲次及平衡度显示，如图 2-5-6 所示。

（2）变频控制系统。

变频控制系统由变频器、制动单元、交流接触器、继电器以及相关电器元件等组成，实现抽油机冲次手/自动调节、电动机软启动和电机智能保护等功能。

（3）工频控制系统。

工频控制系统由继电器、断路器、接触器等相关电器元件组成，具有工频启动、停止、过流、过载、缺相等保护功能。当变频器发生故障时，系统可自动切换到工频状态，实现抽油机平稳、安全运行。

（4）尾平衡调节系统。

尾平衡调节系统由继电器、平衡电动机接触器、行程开关等相关电器元件组成，具有增加和减少配重的能力，实现自动/手动调节平衡的功能。

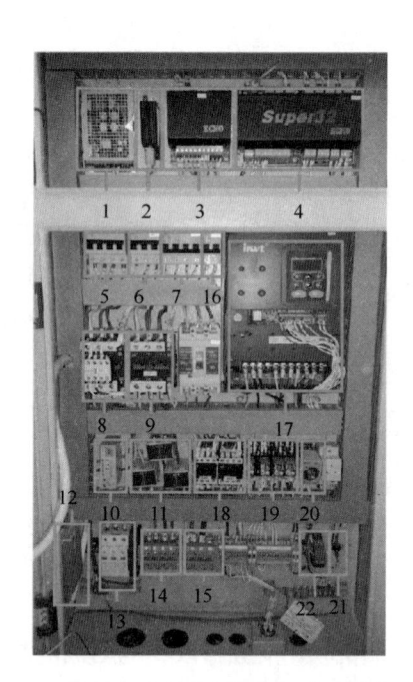

图 2-5-5 数字化抽油机控制柜内部结构布局

1—开关电源；2—通信模块；3—三相电参模块；4—RTU 模块；5—避雷模块电源空气开关 QF2；6—平衡电动机电源空气开关 QF3；7—三相电参模块空气开关 QF4；8—变频接触器 KM2；9—工频接触器 KM1；10—综合电动机保护器 DCS；11—电流互感器；12—加热器；13—浪涌保护器 SPD；14—主电源进线端；15—电动机电源端子；16—二次回路电源空气开关 QF5；17—变频器；18—平衡电动机接触器 KM3、KM4；19—中间继电器 K1、K2、K3、K4；20—延迟继电器 KT1；21—温控器；22—电流变送器

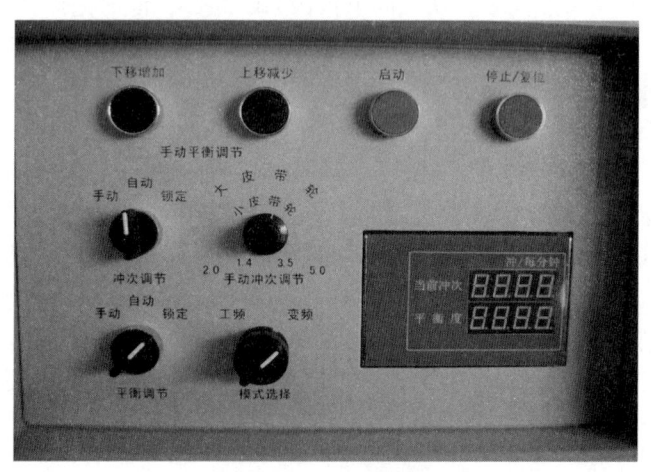

图 2-5-6 控制面板

(5) 数据采集及传输系统。

数据采集及传输系统由井口 RTU 控制器、三相电参采集模块和数据通信模块等部分组成。该系统为整个控制柜的核心所在，主要完成：载荷、角位移数据的采集，井口三相电参的采集，示功图、电流图的生成，抽油机的远程启停，冲次、平衡的自动调节，控制柜的智能保护以及数据的远程传输等功能，如图 2-5-7 所示。

图 2-5-7　数据采集及传输系统

3）数字化抽油机控制柜的应用要求
（1）数字化抽油机控制柜的适用条件。
环境温度：-30~60℃。
供电电源：380(1±20%)V。
电源频率：50Hz±5Hz。
运行频率：20~50Hz。
适用电动机：三相交流异步电动机。
适用抽油机机型：游梁式抽油机。
（2）数字化抽油机控制柜功能要求。
数字化抽油机控制柜应具备八种功能：数据采集功能、冲次调节功能、平衡度调节功能、主电动机保护功能、平衡电动机保护功能、运行模式切换功能、数据传输功能、防护功能，具体功能特性，见表 2-5-3。

表 2-5-3　数字化抽油机控制柜功能特性

序号	功能	特性
1	数据采集功能	油井载荷、位移和三项电参数自动采集功能，计算出示功图、电流图、功率图
2	冲次调节功能	变频运行情况下，在给定泵径的条件下，根据油井示功图，RTU 模块计算出油井最佳冲次，并实现自动冲次调节；可实现就地手动调节冲次和远程手动调节冲次
3	平衡度调节功能	（1）根据电流自动计算平衡度，并实现自动调节，使抽油机平衡度在一定的范围内运行，平衡度计算周期可远程设定 （2）可实现就地手动调节平衡和远程手动调节平衡
4	主电动机保护功能	（1）软件保护：电流保护，在抽油机运行过程中，RTU 实时监视主电动机的电流值，若电流超过设定最大值一定时间（超限时间）时，则 RTU 控制主电动机供电断开，停止运行 （2）硬件保护：综合电动机保护器保护、变频器保护。在抽油机工频运行过程中，当出现短路、缺相、过载等故障时，综合电动机保护器常闭点自动断开，工频接触器 KM1 停止工作，对电动机起保护作用
5	平衡电动机保护功能	（1）限位保护：在平衡调节过程中，当平衡块到达极限位置时，将触发限位开关，通过电器控制回路使调节继电器断开，停止平衡调节操作，保护电动机 （2）电流保护：在调节过程中，RTU 需监视调平衡电动机的电流值，若电流超过设定最大值一定时间（超限时间），则 RTU 控制调节继电器断开，停止调节。此种保护方式是在限位开关失效或平衡块卡死时使用

续表

序号	功能	特性
6	运行模式切换功能	具备工频和变频两种工作模式,且可实现变频故障时自动切换到工频运行
7	数据传输功能	RTU 的通信端口可支持 RS485、RS232 有线方式传输,也可连接无线数传模块,进行无线传输
8	防护功能	系统应具备防雷电、防电源闪断功能,具备电动机过载保护、电流限幅、输入缺相检测、输出缺相检测、加速过流、减速过流、恒速过流、接地故障检测、散热器过载和负载短路等保护功能

2. 数字化抽油机控制柜的常见故障及处理方法

数字化抽油机控制柜的常见故障及处理方法见表 2-5-4。

表 2-5-4　数字化抽油机控制柜常见故障及处理方法

序号	故障现象	故障原因	处理方法
1	变频正转工频反转	工频主回路相序有误	调整进线端电源线相序,L1/L2/L3 任何 2 个互换位置进行测试
2	工频正转变频反转	变频主回路相序有误	同时调整进线端电源线相序(L1/L2/L3 任何 2 个互换位置)与出线端相序(U/V/W 任何 2 个互换位置)进行测试
3	工频变频都反转	控制柜电动机相序有误	调整控制柜出线端电源线的相序,U/V/W 任何 2 个互换位置进行测试
4	手动无法调节冲次	冲次调节转换开关故障	检查冲次调节转换开关是否打到手动状态,接线是否与说明一致,若都正常则需更换转换开关
4	手动无法调节冲次	变频器端子线路故障	检查变频器 S2/COM 端子接线是否与说明书一致,变频器模拟量输入端子 AI1、GND、+10V 接线是否与说明书一致,检查变频器电路板上 J16 跳线是否正常
4	手动无法调节冲次	电位器故障	检查电位器与变频器连接线路是否正常,若线路正常,则转动电位器测试电位器电阻是否变化,若无变化,则需更换电位器
5	无法手动调平衡	空气开关 QF3 故障	检查空气开关 QF3 输入端供电是否正常,若不正常则需排查恢复输入电源,若正常,检查空气开关 QF3 输出端电压,若不正常,说明空气开关 QF3 故障需更换
5	无法手动调平衡	平衡调节按钮故障	测量平衡调节按钮通断情况,若不正常,则需更换平衡调节按钮,若正常,则需检查旋钮是否在手动挡上,若不是,则需调整到手动挡
5	无法手动调平衡	交流接触器故障	检查交流接触器 KM3/KM4 上端是否有电压(351、352、353),若无电压,则需更换交流接触器,如有限位开关,需检查开关常开点是否正常,若不正常,则需更换限位开关
5	无法手动调平衡	电路及航空插头故障	用万用表检查抽油机从平衡电动机出线端到控制柜电动机接线端子线路是否正常,各个航空插头连接是否到位,接线是否有脱落,更换恢复不正常线路和航空插头
5	无法手动调平衡	中间继电器故障	检查接线是否有脱落,若有脱落重新连接紧固即可,若无脱落用万用表测量中间继电器 K3、K4 的常闭触点 4 号、12 号是否正常,若不正常则需更换中间继电器
5	无法手动调平衡	平衡装置电动机故障	检查平衡装置是否机械卡死,用万用表测量平衡装置电动机是否故障,若故障则需更换平衡装置电动机

续表

序号	故障现象	故障原因	处理方法
6	工频和变频都无法启动	控制柜供电异常	将柜内所有断路器断开，用万用表测量控制柜进线端子 XT1 的 L1、L2、L3 之间电压是否为 380V AC，L1/L2/L3 与 N（零线）和 PE（接地线）之间的电压是否为 220V AC，如果以上测量不达标则说明控制柜供电不正常，需要检查供电线路及上游配电柜情况，恢复正常供电
		断路器故障	检查断路器 QF1、QF5 的进线端接线是否松动，若松动则需进行紧固（紧固时不可带电操作）； 若连接紧固，用万用表测量 QF1 的 L1/L2/L3 之间电压是否为 380V AC，QF5 的 L/N 之间电压是否为 220V AC，如二者电压均达标，闭合 QF1 和 QF5，检测其输出端电压是否为 380V AC 和 220V AC，若不正常则表示断路器故障，更换断路器（更换断路器不可带电操作）； 若断路器正常，则断开 QF1、QF5，进入控制回路的检测工作
		工频/变频转换开关故障	用万用表测量"工频/变频转换开关"的接线端子，将转换开关打到"工频状态"若 1NC 与 2NC 端子连通，3NO 与 4NO 断开，打到"变频状态"，若 1NC 与 2NC 端子断开，3NO 与 4NO 连通，则说明转换开关正常，若不正常则需更换工频/变频转换开关
		启动、停止按钮故障	用万用表测量"启动按钮"的接线端子，按下"启动按钮"为连通，松开之后为断开，说明"启动按钮"正常，反之则说明按钮故障需更换。 用万用表测量"停止按钮"的 1NC/2NC 端子，按下"停止按钮"为断开，松开之后为连通，说明"停止按钮"正常，反之则说明按钮故障需更换
		控制器模块端子故障	检查控制器模块 DO1 常闭端子、DO0 常开端子接线是否正常，用万用表测量 DO1 的 DO1 端子与 NC 端子，若连通则 DO1 正常，DO0 的 DO0 端子与 NO 端子，若断开则 DO0 正常，如若不正常则需更换控制器模块
		工频控制回路故障	用万用表测量综合电动机保护器的 K1、K2 端子，若连通，则说明保护器正常，否则为故障需更换保护器；测量交流接触器 KM2 的常闭端子 21NC、22NC，若连通，则该端子正常，否则为故障需更换交流接触器 闭合 QF4，测量交流接触器 KM1 的线圈 A1/A2 端子之间的电压，若为 220V AC，则说明该线圈正常，否则为故障需更换交流接触器 KM1；将"工频/变频转换开关"打到"工频状态"按下"启动按钮"，交流接触器 KM1 吸合，按下【停止按钮】，交流接触器 KM1 断开，说明交流接触器 KM1 控制部分正常 闭合 QF1，按下【启动按钮】，测量 KM1 输出端三相电压，若三相之间线电压 380V AC，三相与零线之间相电压为 220V AC，则说明交流接触器 KM1 正常，控制柜工频部分正常，否则为故障需更换交流接触器 KM1；若一切正常需检查控制柜到电动机线缆及电动机
		变频控制回路故障	用万用表测量中间继电器 K1 的 4 号、12 号端子，若连通说明该端子正常，否则为故障需更换中间继电器 K1 测量交流接触器 KM1 的常闭端子 21NC、22NC，若连通，则该端子正常，否则为故障需更换交流接触器 KM1

续表

序号	故障现象	故障原因	处理方法
6	工频和变频都无法启动	变频控制回路故障	闭合 QF5，测量交流接触器 KM2 的线圈 A1/A2 端子电压，若为 220V AC，则说明该线圈正常，否则为故障需更换交流接触器 KM2
			将"工频/变频转换开关"打到"变频状态"按下"启动按钮"，交流接触器 KM2 吸合，按下"停止按钮"，交流接触器断开，说明交流接触器 KM2 控制部分正常
			闭合 QF1，按下"启动按钮"，KM2 吸合，变频器启动，测量 KM2 输出端三相电压，若三相之间线电压为 380V AC，三相与零线之间相电压为 220V AC，按下"停止按钮"KM2 与变频都断开，则说明交流接触器 KM2 与变频器都正常，控制柜变频部分正常
			若变频器未启动，检查变频器 S1/COM 端子接线是否松动，同时将 S1/COM 短接，若变频器启动，等变频器完全稳定工作后，将 S4/COM 短接，变频停止，则说明变频器正常
			检查 KM2 常开点 73NO/74NO 之间电压，若为 0，则说明正常，若为 220V AC 则该组端子故障，断开电源更换 KM2 常开点；若一切正常需检查控制柜到电动机线缆及电动机

四、一体化自动掺水选井计量装置

1. 一体化自动掺水选井计量装置原理、结构及应用要求

1）一体化自动掺水选井计量装置原理

集油区掺水干线来水通过橇内汇管按所需量分配后，与单井来液管道伴热并在油井井口进行回掺。掺热水后的含水原油首先进入橇内多通阀装置，经选井后，需计量的含水原油直接进入橇内计量装置进行计量，而后再与无须计量的含水原油经集油干线混输至联合站。如图 2-5-8 所示。

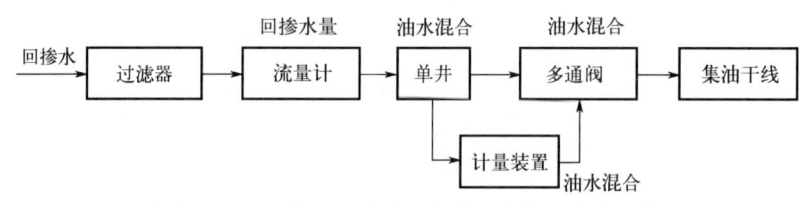

图 2-5-8 一体化自动掺水选井计量装置集输工艺

（1）选井。

正常工作时，计量的单井来液通过单井入口进入多通阀，由计量口进入计量设备，其余井由单井入口进入多通阀，由集输口进入集油线，通过远程计算机、远程触摸屏和本地手动方式控制电动执行器，带动阀芯旋转，进行选井操作，如图 2-5-9 所示。

（2）计量。

单井原油进入计量器罐体中上部的分离器中，并经过翻斗称重，算出该口油井的产液量。单井的产液进入罐体底部，由浮子调节器控制液位始终高于单井出口，避免气体从底

图 2-5-9 多通阀选井流程

1—多通阀；2—多通阀单井入口；3—单井来液；4—管汇总伴热；
5—集油线；6—多通阀计量线；7—注汽管线

部排出。气体经油分离器进一步将气体中的油分离出来，避免了对气体流量计的污染。气体流量计装在气体的出口，达到了在计量单井产液量的同时，计量了产气量，如图 2-5-10 所示。

图 2-5-10 计量流程

1—多通阀计量线；2—计量器；3—计量器排空线；4—计量器排污线；
5—计量器进口管线；6—计量器出口；7—多通阀出口

2）一体化自动掺水选井的计量装置结构

主要由掺水装置、多通阀装置和计量装置组成，橇内主要设置掺水装置、多通阀装置、计量装置、离心泵、过滤器、工艺配管、防爆现场仪表以及仪表控制柜、配电箱等，如图 2-5-11 所示。

（1）多通阀。

多通阀主要由阀体、阀盖、阀芯、电动执行器四大部分组成。阀盖上有 8~15 口油井来油入口，阀体上有一个集输口、一个计量口。阀芯上口与要计量的单井入口相通，下口与计量口相通，阀盖上安装有电动执行器，如图 2-5-12 所示。

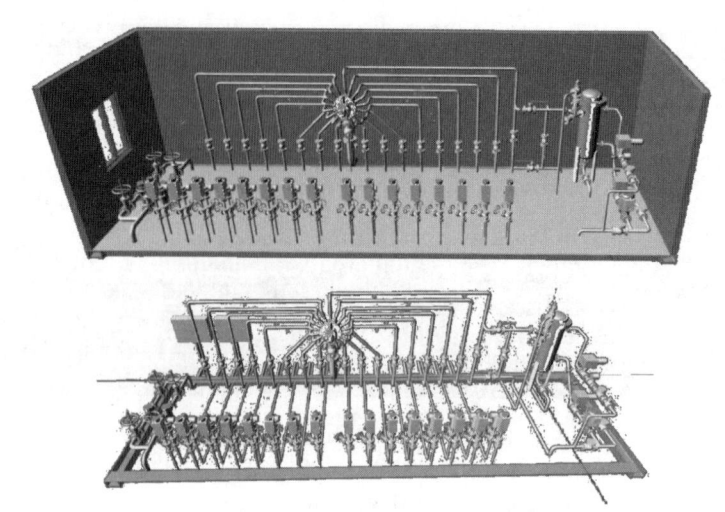

图 2-5-11　一体化自动掺水选井计量装置三维效果图

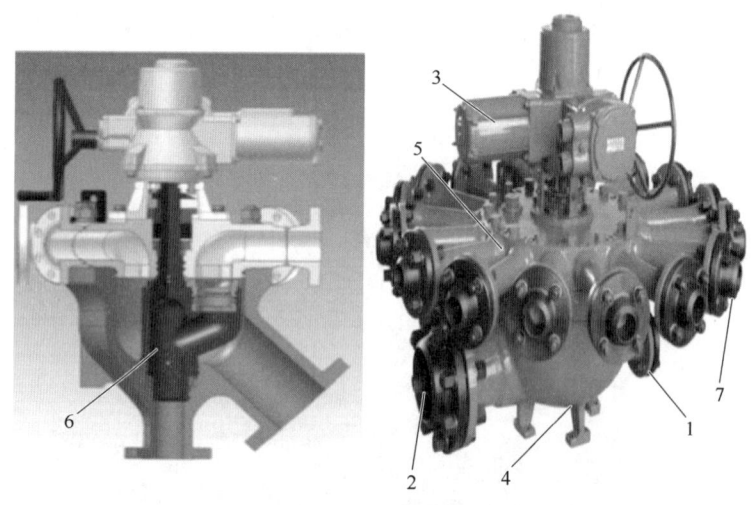

图 2-5-12　多通阀装置
1—计量口；2—集输口；3—电动执行器；4—阀体；5—阀盖；6—阀芯；7—单井入口

（2）计量装置。

计量装置的主体为称重式油井计量器，由罐体、浮子调节器、出油口、分离器、称量装置、气体流量计等其他检测部分组成，如图 2-5-13 所示。

3）一体化自动掺水选井计量装置的原理应用要求

（1）工艺安装要求。

一体化自动掺水选井计量装置：单井管道接口有 12/16 个（每个接口配管由单井来液管道 $D60×3.5/20$ 和单井掺水管道 $D32×3/20$ 伴热敷设组成），集油管道接口 1 个（配管采用 $D168×5/20$ 无缝钢管道），掺水管道接口 1 个（配管采用 $D89×4/20$ 无缝钢管道），排污管道接口 1 个（配管采用 $D60×3.5/20$ 无缝钢管道），安全阀放空管道接口 1 个（配管采用 $D48×3.5/20$ 无缝钢管道），预留管道接口位置应从橇体一侧集中伸出橇外至少 300m，管道中心距为 0.4m，装置接口与外部管道接口采用焊接形式。

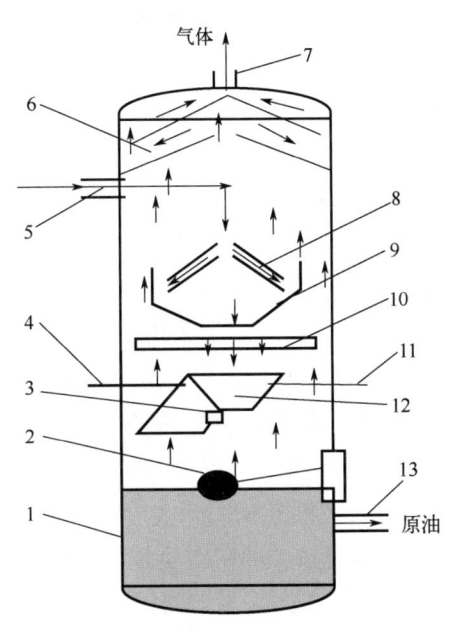

图 2-5-13 称重式油井计量器结构图

1—罐体；2—浮子调节器；3—称重传感器；4—左位置传感器；5—单井入口；6—油气分离器；7—气出口；8—气体分离器；9—集料斗；10—分布器；11—右位置传感器；12—翻斗；13—液出口

（2）仪表配置要求。

检测仪表选用电动仪表，模拟量输入/输出信号采用 4~20mA，具备现场显示功能。仪表环境温度按 -40~60℃ 考虑。室外安装仪表防护等级不低于 IP65，室内安装仪表防护等级不低于 IP54。防爆区域仪表应选用隔爆仪表，防爆等级不低于 ExdⅡBT4。

（3）软件配置要求。

系统软件包括正版操作系统软件、组态软件、人机界面软件、各种应用软件，软件版本是最新且成熟的，组态、编程灵活、扩展性强。

（4）视频监控系统要求。

视频监控系统要求采用 UPS 供电，供电规格：220V AC，50Hz，0.5kW。

（5）电气部分要求。

橇上自带的防爆动力配电箱集中放置在一体化自动掺水选井计量装置仪表控制间内，为各用电设备提供电源。

① 计量装置间电气设备防爆等级不低于 ExdⅡBT4Gb，防护等级不低于 IP54，防腐等级不低于 WF1。

② 电缆采用穿镀锌钢管保护沿墙明敷设，电缆穿管明敷时，在墙面上钢管卡固定间距不大于 1500mm，钢管卡采用 25mm×4mm 热镀锌扁钢制作。

③ 防爆动力配电箱底装高 1.5m。防爆照明开关、防爆控制按钮装高 1.4m，防爆轴流风机配电电缆采用防爆挠性管接入，防爆电器的安装见国标 12D401-3，灯具安装见国标 03D702-3。

④ 电暖器用防爆插接装置装高 0.4m，壁挂空调用防爆插接装置装高 1.8m。

⑤ 导线采用 ZB-BV-450/750V 型导线，导线颜色规定如下：L1、L2、L3 相分别为黄、绿、红色，工作零线为淡蓝色，保护接地线为黄绿相间色。导线穿管明敷时，在墙面上钢管卡固定间距不大于 1500mm，钢管卡采用 25mm×4mm 扁钢制作，导线穿钢管沿墙明敷设做法见国标图集 03D301-3。

⑥ 所有电气设备、工艺设备金属外壳、工艺金属管线、穿线（缆）钢管等均应可靠接地；埋地管道仅在出入户处做防静电接地，并与站区接地网连接。室内接地线采用 40mm×4mm 扁钢，电缆沟内接地线采用 ϕ12mm 圆钢。4 根及以下螺栓连接的油气管道法兰及连接过渡电阻 R>0.03Ω 的法兰、阀门两端采用 BVR-450/750V 6mm^2 导线（两端带铜接线端子）跨接。接地装置的做法见国标图集 14D504 相关部分。

⑦ 电气配管与暖气管线交叉时，管间净间距应不小于 100mm，并分别用石棉绳缠绕隔热，缠绕长度不小于电线管外径的 2 倍。

⑧ 橇体内所有孔洞均须用防火堵料密封。

⑨ 一体化自动掺水选井计量装置按二类防雷建筑物进行设计，采用 ϕ10mm 圆钢接闪带作防直击雷装置，避雷带安装在女儿墙及屋面上，固定间距：水平 1.0m，拐弯处 0.5m。屋顶上所有凸起的金属构筑物、管道及排风管等，均应与接闪带可靠连接。接闪带应与屋面可靠连接。

⑩ 防雷引下线沿墙面明敷设至室外接地板，引下线上部与屋顶接闪带可靠连接，下部在距室外地坪 1.8m 处预留检测点接地板，要求地下 0.3m 到地面上 1.7m 采用 L50mm×5mm 保护，做法见国标 15D501。引下线冲击接地电阻不应大于 10Ω。防雷设施安装做法详见国标图集 15D501-1 相关部分。

2. 一体化自动掺水选井计量装置的安装调试

1) 一体化自动掺水选井计量装置的安装

工具、用具准备，见表 2-5-5。

表 2-5-5　一体化自动掺水选井计量装置安装调试所需工具、用具列表

序号	名称	规格	数量	单位	备注
1	防爆活动扳手	200mm	1	把	
2	防爆活动扳手	300mm	1	把	
3	防爆开口扳手	规格依据流量计螺母尺寸确定	1	把	
4	防爆绝缘一字螺丝刀	3mm×75mm	1	把	
5	防爆绝缘十字螺丝刀	5mm×100mm	1	把	
6	多功能剥线钳	—	1	把	
7	笔记本电脑	带 RS485 连接线	1	台	带 RS485 信号输出使用

标准化操作步骤：

（1）制作橇装装置基础。根据安装图和基础图，按照安装图的尺寸准备好基础，做好混凝土地面，地基必须水平。安装只能在混凝土基础浇筑和养护期后进行。依托井场露天布置时，距离油气井的净距离不小于20m，其安装位置必须满足国家相关标准的要求。

（2）设备就位时，应考虑好管道安装和连接。设备就位后，必须按说明书中设备自重来选配吊车吨位。安装顺序应根据现场环境确定。

（3）根据安装图，连接管道。

（4）安装完成后，设备与基础底板必须连接固定。同时，检查所有管道是否有泄漏。

（5）将电控柜的控制线接到设备上，接线时注意风机和电动机的转向。控制柜应放在通风处，保持干燥，但一般不能放在露天。免受日晒、雨淋等。以免控制板和连接器漏电，烧坏控制板。

（6）注意设备安装图和管道连接图按标准连接和布置。

（7）设备安装应严格按照产品使用说明书要求进行，设备与基础采用螺栓连接，保持地脚螺栓的紧固，保证接地良好。

（8）线缆敷设安装，对数据采集与控制系统进行安装调试。

2）一体化自动掺水选井计量装置的调试

（1）准备工作。

① 检查设备安装符合要求，管线连接牢固、无破损、连接可靠。

② 工作人员处于安全距离之外，装置上无杂物。

③ 检查控制柜内电源断路器、柜内空开处于关闭状态，电路连接无异常。

④ 将电源断路器置于"ON"，查看供电电源三相电压表，不缺相且电压偏差不超过±10%。

⑤ 打开柜内所有空开，检查PLC供电正常，RUN指示灯常亮；柜内风扇正常运转。

⑥ 检查液晶屏流程显示参数无异常。

（2）手动操作调试。

手动控制设备时，对设备操作前必须核查现场多通阀状态及各个运行参数，确认工艺流程与装置运行流程相符。

（3）自动操作调试。

自动控制功能调试需要调试人员拥有专业的电工操作技能和PLC专业知识。一般在设备安装时，由厂家委派工程师现场完成。

3. 一体化自动掺水选井计量装置的日常维护

（1）每日对一体化计量装置运行情况进行巡检，包括仪器仪表、多通阀、安全阀、控制柜等，做好巡检记录。

（2）安全阀、压力变送器等设备应按国家部门规定定期送检，出现问题及时向校检部门联系。

（3）当被测介质较脏或易结垢时，应定期清洗流量计内壁，在进行维护检查时不得将液体及杂物留于壳内。

（4）安全阀需按照相关要求定期校验，系统正常运行前，安全阀进出口管线上的切断阀必须保证全开（加铅封或锁定），确保安全阀的安全泄放。

（5）装置要定期检查现场数据采集仪表的数据准确性和控制系统的可靠性。

（6）建议每年进行两次常规检修或定期维修。

4. 一体化自动掺水选井计量装置的常见故障及处理方法

一体化自动掺水选井计量装置的常见故障及处理方法见表 2-5-6。

表 2-5-6　一体化自动掺水选井计量装置常见故障及处理方法

序号	故障现象	故障原因	处理方法
1	数据采集错误	监控平台及数据传输故障	（1）核查监控平台点位连接是否正确 （2）检查网络通信是否正常，并处置网络故障
		PLC 或采集仪表故障	带电状态下用万用表检查 PLC 通道点位和采集仪表是否正常，对故障通道点位或仪表进行更换
		线路故障	万用表检查数据信号线缆通断及连接状态是否正常，对短路、断路、虚接等情况进行整改
2	管道有流量，流量计无输出	流量计电源出现故障	重新供电或者更换电源
		供电电源未接通	接通电源
		连接电缆断线或者接线错误	重新接线，检查电缆
3	多通阀现场动作，远方不动作	PLC 里边对应阀动作的继电器故障	更换对应继电器
		线路故障	万用表检查线缆通断及连接状态，对短路、断路、虚接等情况进行整改
4	多通阀现场不动作，远方动作	调节现场远方的电路板坏了或者进水了	拿出来晒一下或更换电路板
5	多通阀现场远方均不动作	多通阀内部接线端子的线烧断或者松动	重新接线
		调节旋钮故障	更换调节阀旋钮
		电动执行机构模块损坏	更换故障模块

第六节　生产监控系统

油气田生产数据监控系统主要用于监测抽油机的载荷、位移，单井工况，注水井的注水压力、流量，以及站内、管道等各类场所内运行设备的生产参数；同时采集现场的视频数据，通过有线或无线网络，将检测数据和视频数据传输到监控中心，监控中心依据监控站后台设定的超限值，自动判断现场设备及流程工作是否正常、并且给出报警信息，同时启动视频监控现场，根据现场情况和告警情况分析判断并通知相关人员采取措施。

生产监控系统在油气田中的应用特点有以下 6 点：

（1）无线传输与有线传输技术相结合，随时随地上传关键图片及视频资源至监控管理系统，具有安装开通快捷、维护迁移方便、造价低等诸多优点。

（2）周界入侵报警系统如光纤震动报警系统的接入，实现与视频监控系统及业务系统联动应用。

（3）作业车辆、采油采气井等集约化管理，实现自动化、综合化、集中化、智能化、可视化管理。

（4）生产管理遥视化、自动化，提高生产效率，节约维护费用，保证员工安全。

（5）主辅流编码技术，实现辅码流上传，主码流现场备份存储，可为事故处理、应急处理提供不同应用需求。

（6）智能化系统运用，通过运用智能事件检测、视频质量诊断、视频智能分析三大类视频智能分析功能，满足油气田关键场景下的智能分析需求。

目前国内油气田常用的生产监控系统主要有 SCADA 系统及 DCS 系统两种系统。

一、SCADA 系统

1. 系统简介

SCADA（Supervisory Control And Data Acquisition）系统，即数据采集与监视控制系统，它是以计算机为基础的生产过程控制与调度自动化系统，可以对现场的运行设备进行监视和控制，以实现数据采集、设备控制、测量、参数调节以及各类信号报警等各项功能，它广泛应用于电力系统、给水系统、石油、化工等诸多领域。

1）系统架构

采油作业区 SCADA 系统总体架构，如图 2-6-1 所示。传统 SCADA 系统采用 5 台服务器来搭建，2 台实时数据库服务器（冗余配置）、1 台历史数据库服务器、1 台视频转发服务器、1 台示功图服务器。

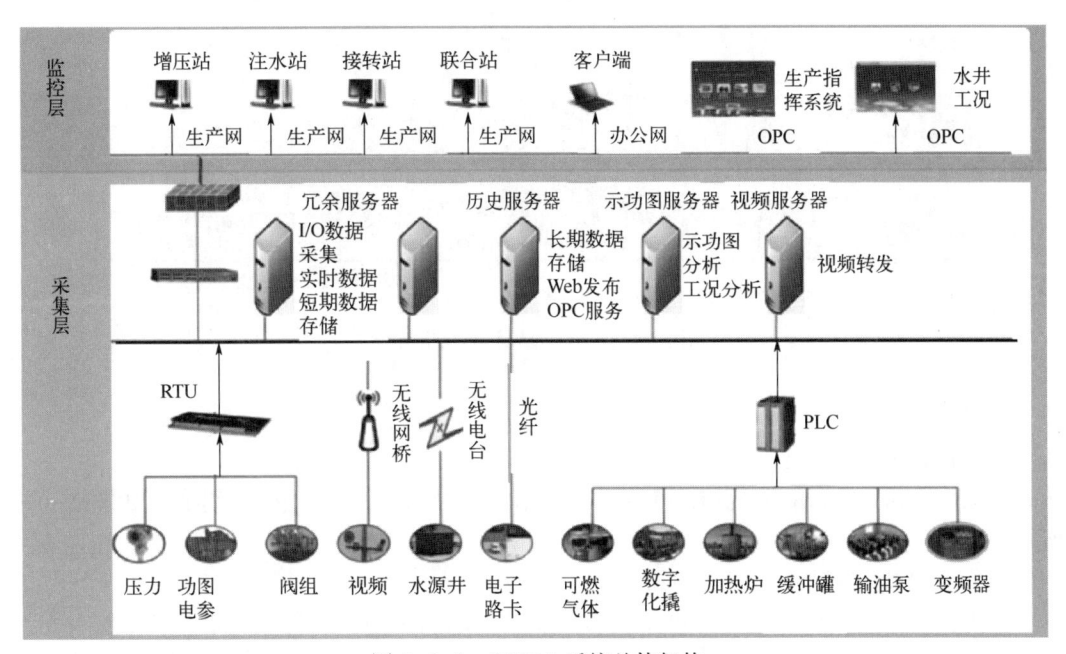

图 2-6-1 SCADA 系统总体架构

2) 关键技术性能指标

SCADA 系统关键技术性能指标见表 2-6-1。

表 2-6-1　SCADA 系统关键技术性能指标

序号	名称	指标要求
1	系统热启动或复位后启动时间	≤20s
2	冗余服务器手动/自动切换时间	≤10s
3	冗余服务器数据自动/手动同步时间	≤2min
4	发送控制命令响应时间	≤2s
5	SCADA 系统时钟自动同步精度	≤1s
6	控制客户端与 Web 客户端数据自动同步时间	≤2s
7	SCADA 服务器的运行负荷	≤20%
8	SCADA 系统单台服务器下挂 PLC 或 RTU 的数量	≤250 套
9	数据标签（位号或变量名）允许的字节数	≤64 个字节

3) 人机界面

SCADA 系统人机界面如图 2-6-2 所示。

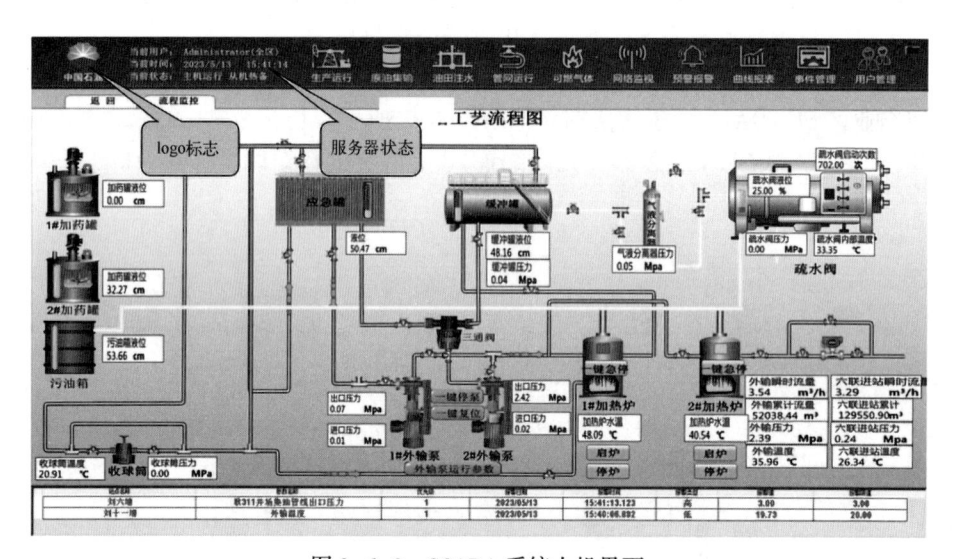

图 2-6-2　SCADA 系统人机界面

2. 系统功能

1) 标准功能模块

采油作业区 SCADA 系统由八个基本功能模块、两个基本管理模块组成，如图 2-6-3 所示。

（1）生产运行模块。

生产运行模块主要完成作业区下辖各站点、井场的产液量、注水量和配产、配注的实时监测、趋势分析等，出现异常波动时，系统自动预警提示，如图 2-6-4 所示。

一级界面包括产量监控与注水量监控两部分。

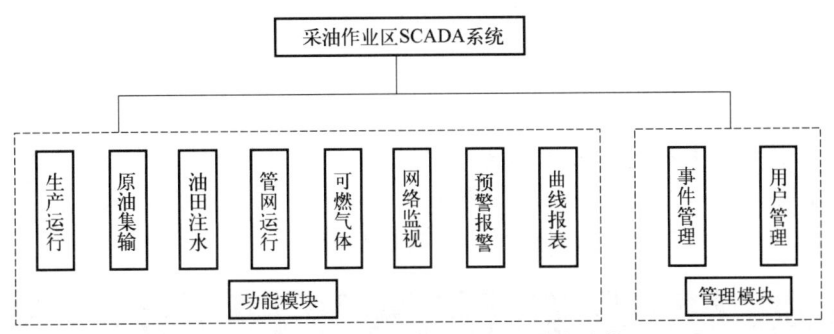

图 2-6-3 采油作业区 SCADA 系统功能

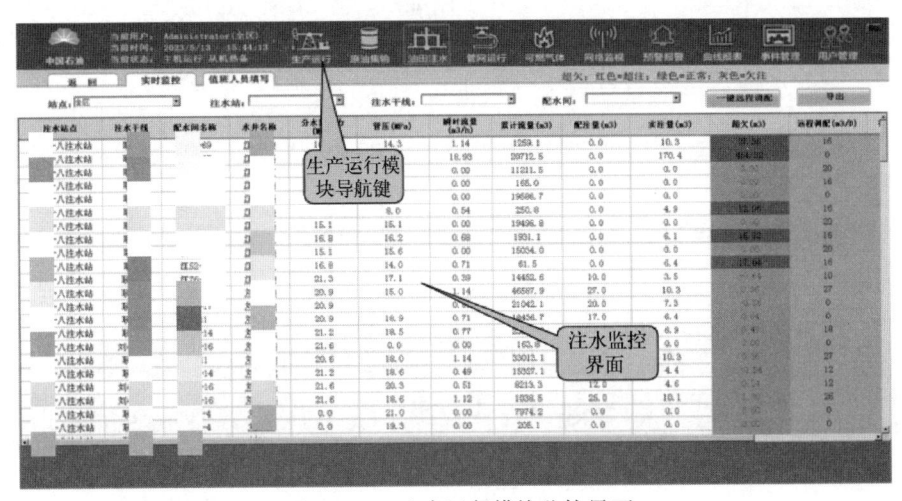

图 2-6-4 生产运行模块监控界面

① 产量监控。

产量监控模块显示全区各站场进液量，并与配产计划比较，欠产站点预警提示，欠产原因简单分析。数据项至少包含站点名称、总井数、开井数、日配产液量、前日产液量、库存、产量进度、数据分析等，如图 2-6-5 所示。

图 2-6-5 油井产液量分析界面

点击数据分析，进入二级监控界面，实现井场产液量实时监控，及单井运行状态监控。

② 注水量监控。

注水量监控模块主要是监控全区注水干线注水量，根据配注情况自动显示欠注干线，分析欠注原因。数据项至少包含站点名称、总井数、开井数、日配产注水量、前日注水量、当日注水量、配注差值、数据分析等，如图2-6-6所示。

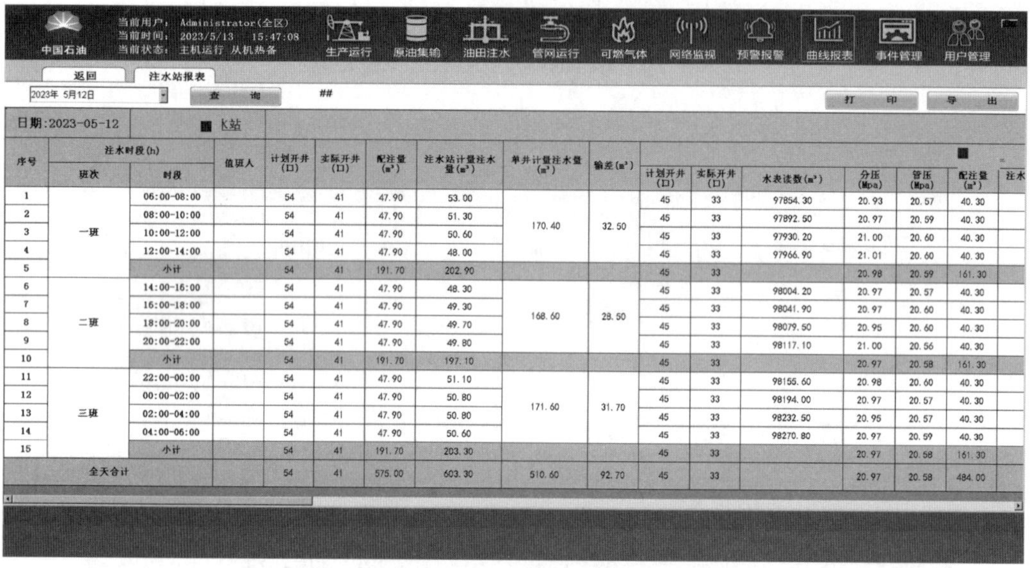

图2-6-6 注水量监控界面

点击数据分析，进入二级监控界面，实现该站所属阀组注水量实时监控，如图2-6-7所示。

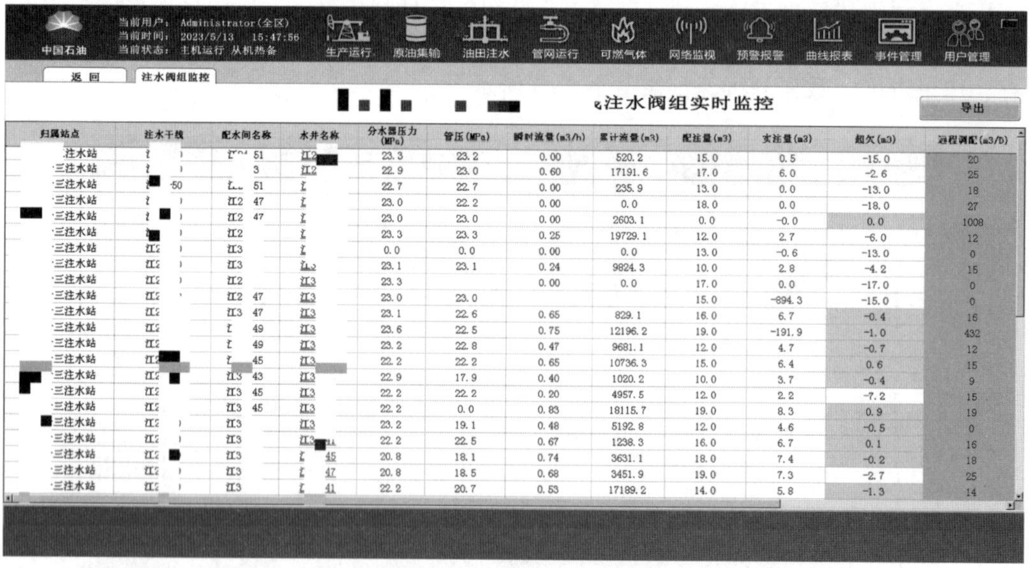

图2-6-7 注水量监控界面

(2) 原油集输模块。

实现"采、集、输、处"一体化监控。

一级界面包括集输流程和数字化装备两部分。

① 油系统流程：显示作业区下辖所有站点的原油集输流程总貌图，如图 2-6-8 所示。

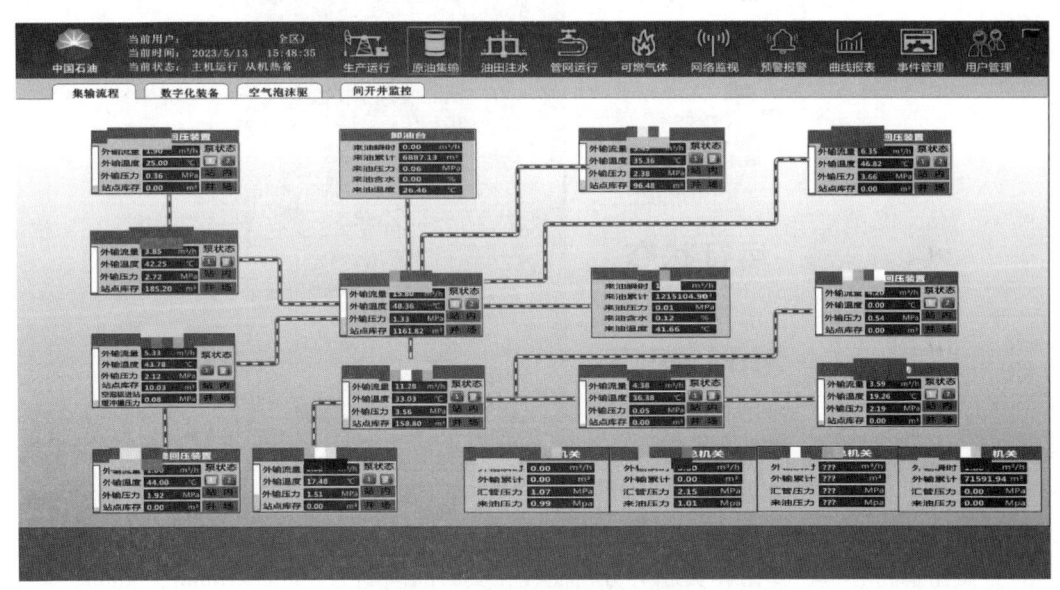

图 2-6-8　原油集输流程一级界面

② 点击站点导航，进入站内流程监控界面，实现站内生产状态的实时监控，如图 2-6-9 所示。

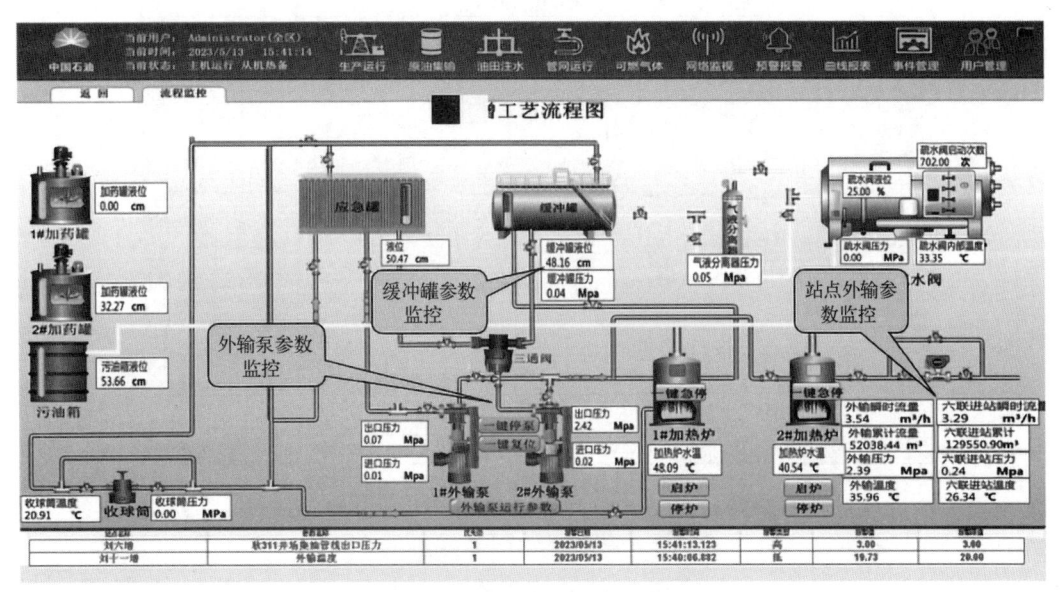

图 2-6-9　原油集输流程二级界面

③ 点击输油泵泵体，弹出输油泵的电参、频率、运行状态、控制方式等，同时实现

对输油泵的远程启、停控制，如图 2-6-10 所示。

图 2-6-10　泵控制界面

④ 点击运行参数，弹出相关趋势分析曲线，其时间间隔为 5min、10min、30min 可选，也可自定义时间段。趋势分析曲线从历史数据库调用，不能实时刷新显示，如图 2-6-11 所示。

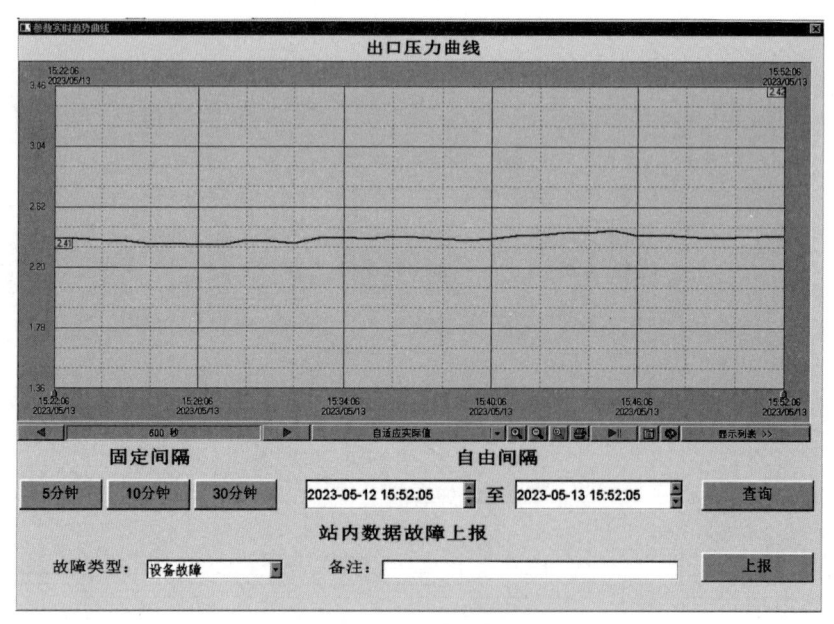

图 2-6-11　曲线监控界面

⑤ 点击井场导航，进入油井生产状态实时监控。井场导航模块包含常规抽油机与数字化抽油机两部分，如图 2-6-12 和图 2-6-13 所示。

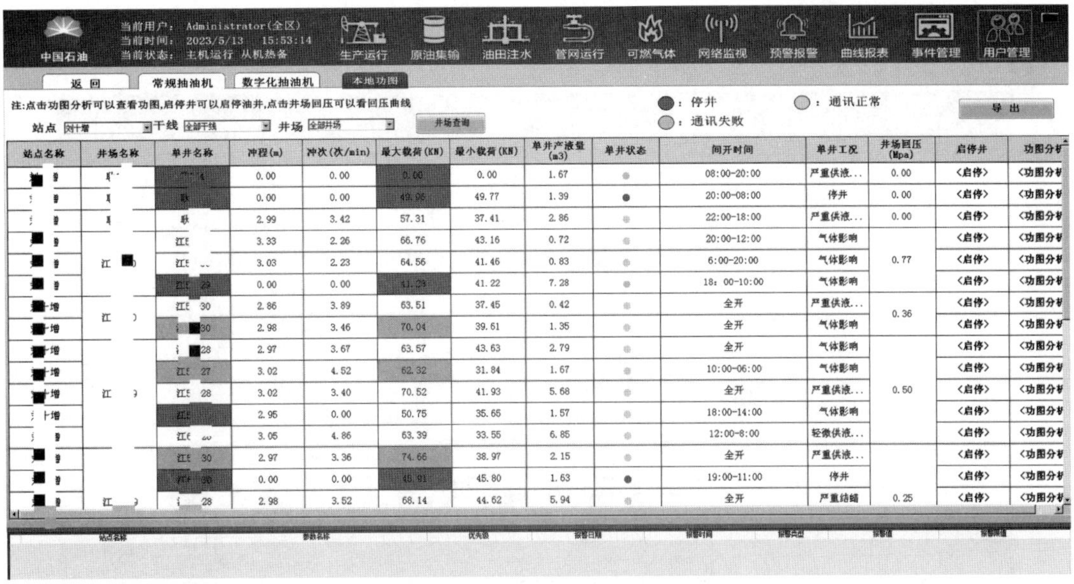

第二章　数据采集设备

图 2-6-12　油井实时监控界面功能

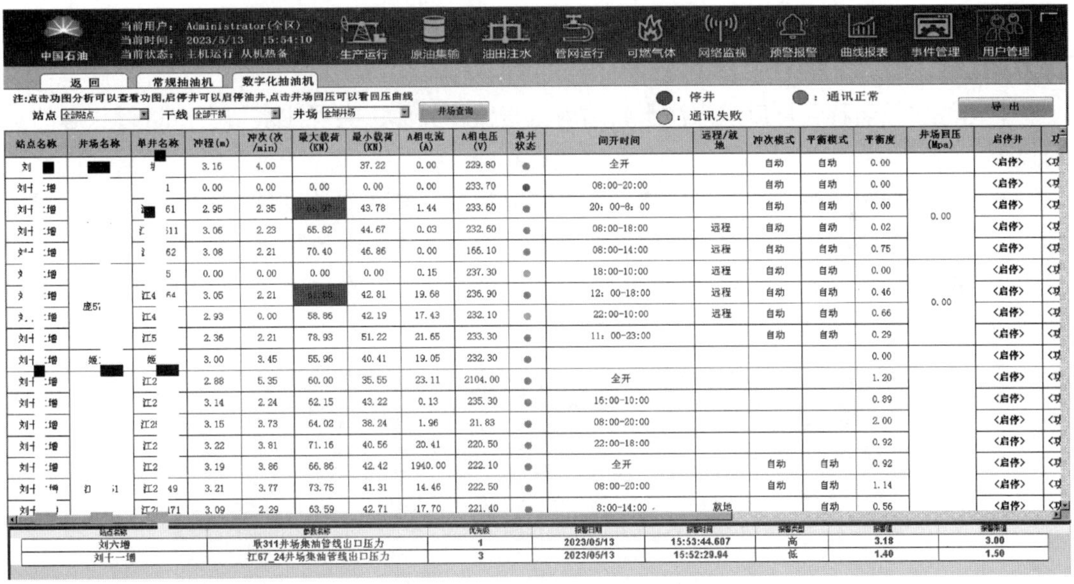

图 2-6-13　油井实时监控界面

常规抽油机：可显示井场名称、油井名称、冲程、冲次、最大载荷、最小载荷、油井运行状态、井场回压、三相电参等数据项。同时还有油井启停控制与示功图分析按钮。

数字化抽油机：除具备常规抽油机功能外还具备频率和平衡调节功能。

数字化抽油机和常规抽油机都可以实现远程启停抽油机（点击启停井按钮，在弹出的油井启停窗口，输入保护口令后，完成油井远程启停控制）。

⑥ 点击示功图分析，弹出油井工况分析结果（链接作业区油井示功图客户端分析结果数据）。

(3) 油田注水模块。

实现"源、供、注、配"一体化监控，如图 2-6-14 所示。

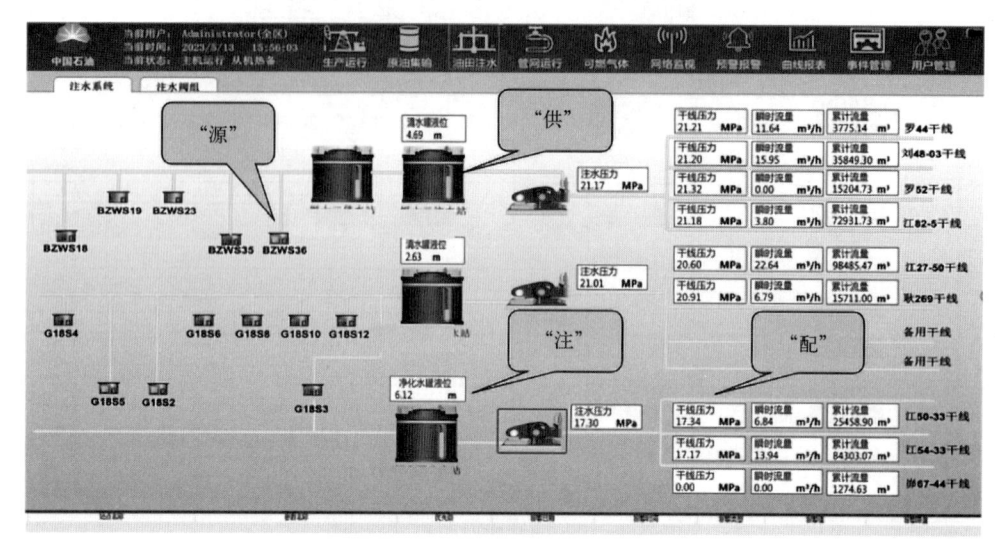

图 2-6-14　油田注水模块监控界面

界面显示：清水罐液位、污水管液位、分水器压力、干线压力、瞬时流量、累计流量等数据。

点击注水站名称，可以进入注水站站内流程监控界面，实现注水站生产运行状态的实时监控。

站内流程监视的数据项至少包含：来水瞬时流量、来水累计流量、源水罐液位、清水罐压力、反冲洗罐液位、污水池液位、喂水泵压力、注水瞬时流量、注水累计流量、干线压力、干线瞬时流量、干线累计流量等。点击运行参数，弹出相关趋势曲线，如图 2-6-15 所示。

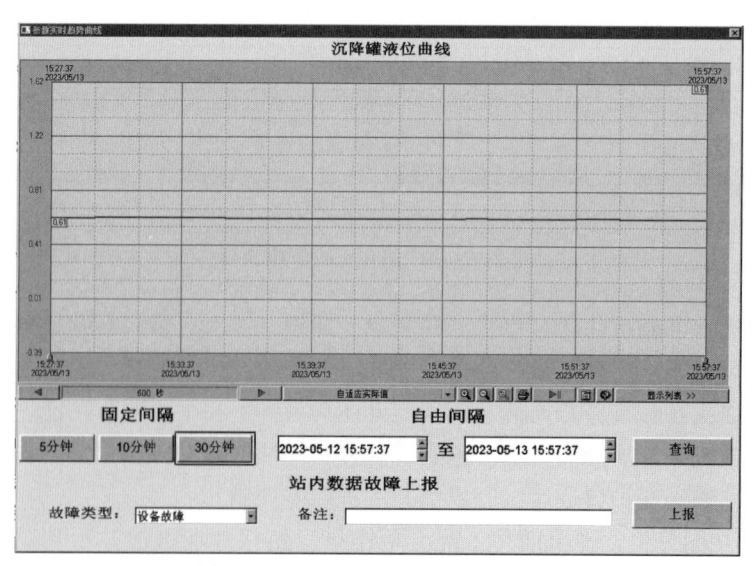

图 2-6-15　油田注水曲线监控界面

点击注水支线，可以进入相关阀组数据监控界面，实现每口注水井的生产运行实时监控；还可以通过更改远程配注量，实现注水井远程调配。

阀组间至少包含阀组名称、注水井名称、分水器压力、管压、计划注水量、当前注水量、瞬时流量、累计流量等数据项，以及远程调配、工况分析、所属干线、计划修改等导航按钮，如图 2-6-16 所示。

图 2-6-16　注水阀组实时监控界面

点击水源井，进入水源井实时监控界面，实现水源井生产状态的实时监控及远程启停。数据项至少包含压力、瞬时流量、累计流量、电参等。

（4）管网运行模块。

实现作业区下辖管网运行状态的实时监控。站点管网流程图上需标示原油外输流向，如图 2-6-17 所示。

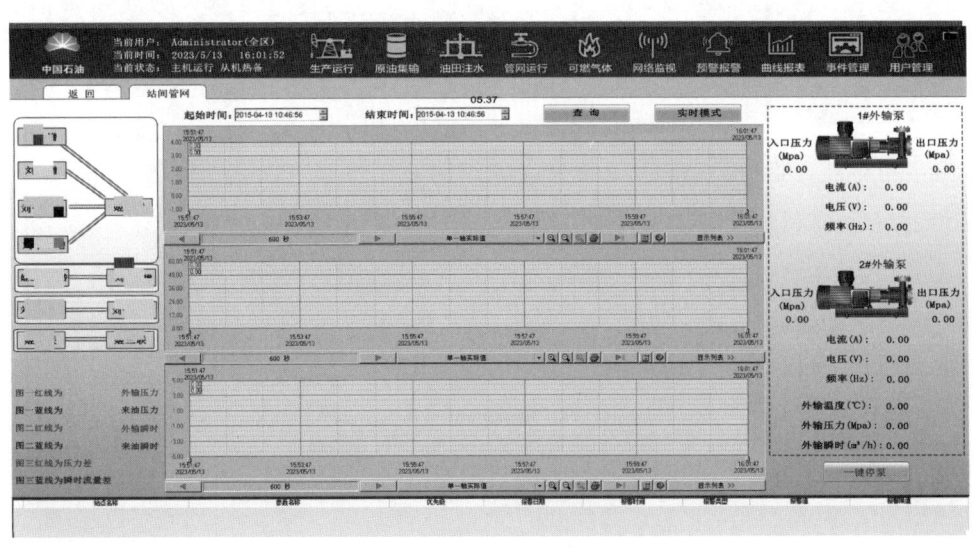

图 2-6-17　站间管网监控界面

① 点击站点名称，进入站间管网监控，此模块实现了站间管网进出口压力、流量，以及外输泵进出口压力、电参的实时监测。紧急情况可一键停泵。

② 点击井组管网，进入井场集油管线实时监控界面，集中监控井组管网运行状态，如图 2-6-18 所示。

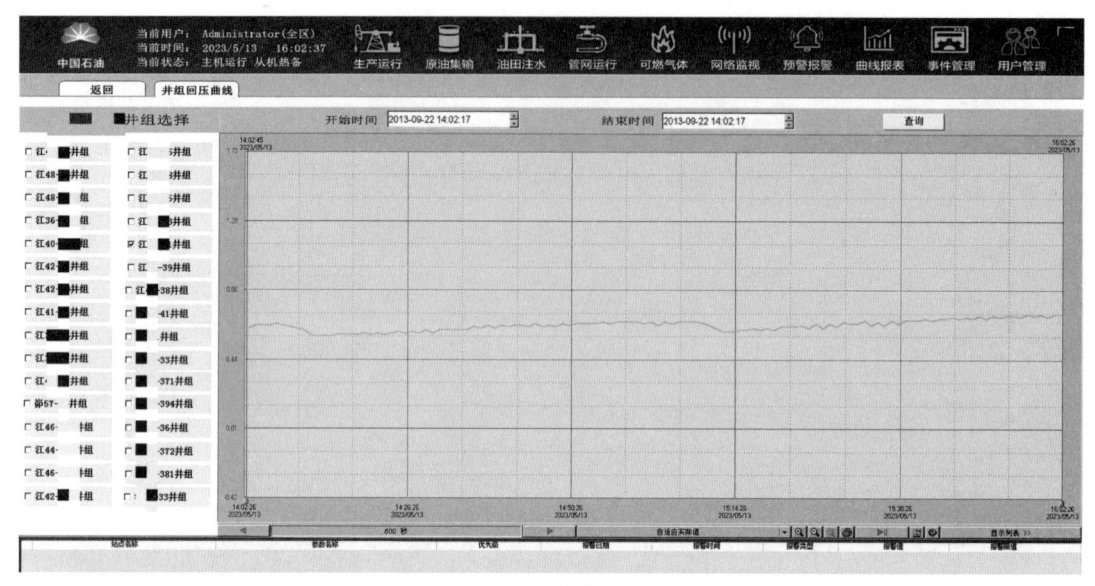

图 2-6-18 井组管网监控界面

（5）可燃气体模块。

实现管辖区域可燃气体的集中监测。显示作业区所辖站点可燃气体探测仪数量及报警数量，自动统计全区安装数量与报警数量，提示下次校验日期。点击站点，进入站内可燃气体监测界面。如图 2-6-19 所示。

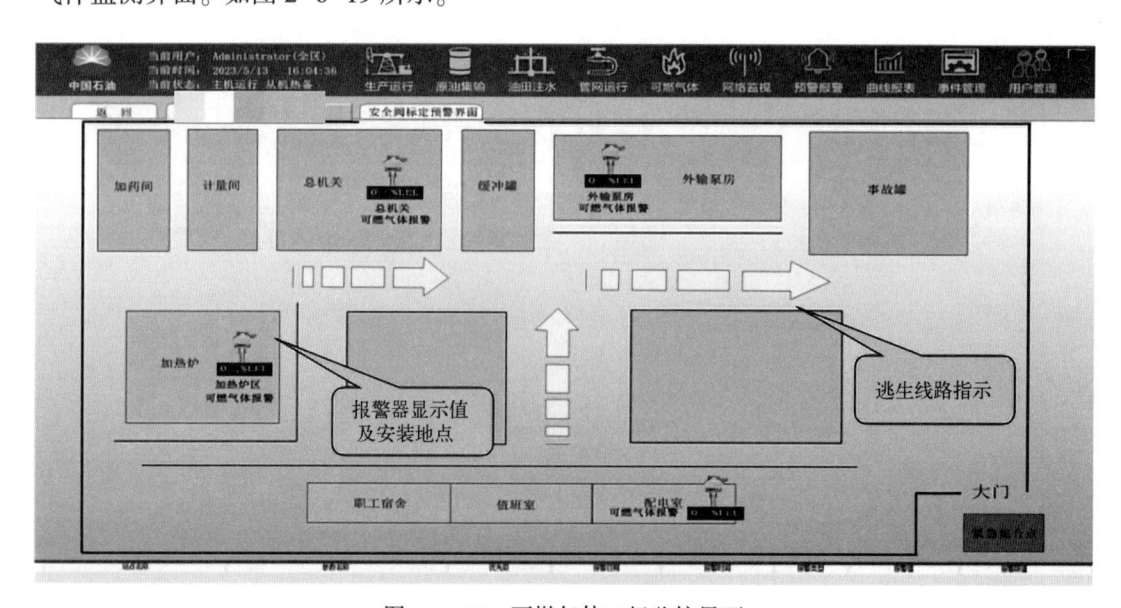

图 2-6-19 可燃气体二级监控界面

2）辅助功能模块

（1）网络监视模块。

① 对作业区所辖站点、井场的网络状况进行实时监测，显示作业区所辖各站网络运行异常数量，如图 2-6-20 所示。

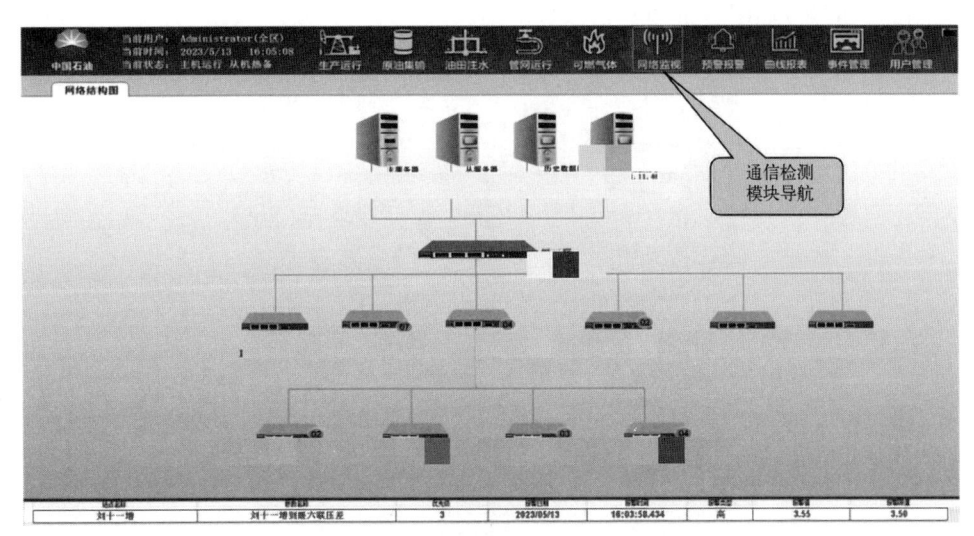

图 2-6-20　网络通信监控界面功能

② 点击站点，进入所辖井场网络实时监测界面。

③ 点击 IP 地址，弹出网络自检界面。

④ 点击井场名称，弹出井场通信状态曲线图。

（2）曲线报表模块。

① 趋势曲线：岗位员工可直观监视本站和上下游相关站点的实时外输情况，在同一坐标系下可自由设置、显示岗位员工关心数据的当前变化趋势，设置内容可保存。趋势曲线从实时数据库调用生成，如图 2-6-21 所示。

图 2-6-21　曲线报表监控界面

② 生产报表：自动提取与人工补录相结合，自动生成作业区生产参数运行监控报表，具备数据导出功能。

（3）预警报警模块。

预警报警模块主要是实现生产状态异常报警，可以查看实时报警、历史报警、报警处置及报警设置功能，如图 2-6-22 所示。

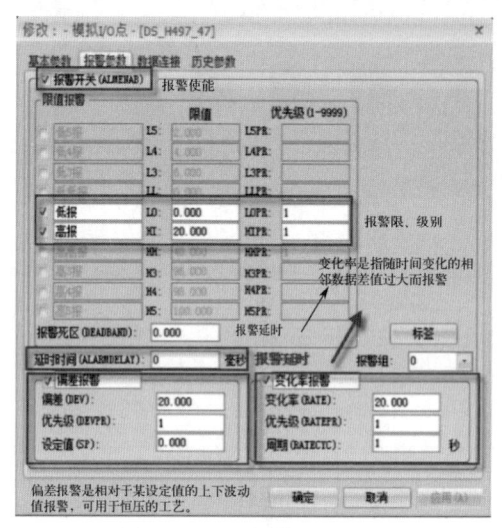

图 2-6-22　报警设置界面

① 实时报警信息至少包含报警类别、报警时间、报警数值、报警限值、确认时间、报警确认（处置）等。

② 历史报警信息至少包含处置时间、是否恢复、恢复时间、处置办法等。

③ 报警处置信息包含处置时间、处置人、是否恢复、恢复时间、处置办法等数据项。

④ "报警死区"设置为 2%，报警延时设置为 0~60s。

（4）事件管理模块。

事件管理模块主要负责记录系统状态、操作记录、用户登录等事件，确保事件可追溯。

事件管理开发要求：

① 报警限值修改、设备远程控制等操作信息必须写入事件管理。

② 点的描述、油井启停状态等信息不能用编码语言表示。

③ 显示数值应保留两位小数。

④ 登录用户的 Windows 用户名和 IP 地址必须写入事件管理。

（5）用户管理模块。

用户管理模块主要包含：用户实名授权、权限分级设置。

3. 系统日常维护和故障排查

以亚控 KingSCADA 系统为例。

1）SCADA 系统的日常维护

（1）站控本地客户端安装。

① SCADA 安装软件拷贝到本地工控电脑下。

② 软件安装顺序依次为：安装主程序—安装驱动程序—安装加密锁程序，以上软件安装在默认路径下即可。安装过程中，用户名和单位默认即可，远程部署代理服务安装第二项，如图 2-6-23 所示。

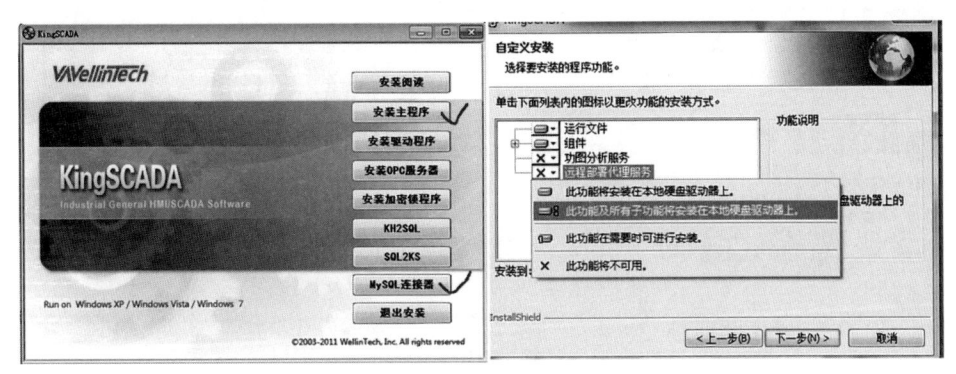

图 2-6-23　系统安装示意图

③ 将"KingHtmlView.ocx"控件拷贝到"KingSCADA"安装目录的"bin"文件夹下。
④ 将控件注册文本里的内容复制到运行窗口（win+R 键）内，点击确定，注册控件。双击"mysql-connector-odbc-5.1.5-win32.msi"，将 MySQL 连接器安装到默认路径。
⑤ 将微软雅黑安装字体的压缩文件解压，将解压后的两个字体安装到控制面板的字体中。

将客户端工程解压，双击桌面上"KingSCADA"图标，进入开发态，点击工具栏上的"打开"按钮，找到客户端工程解压位置，找到"XX 作业区客户端工程.kcapp"文件，双击即可。

（2）网页版客户端安装。
① 打开浏览器，依次点击"工具""Internet 选项"。
② 点击"安全"，选择"受信任的站点"，然后点击"站点"，如图 2-6-24 所示。

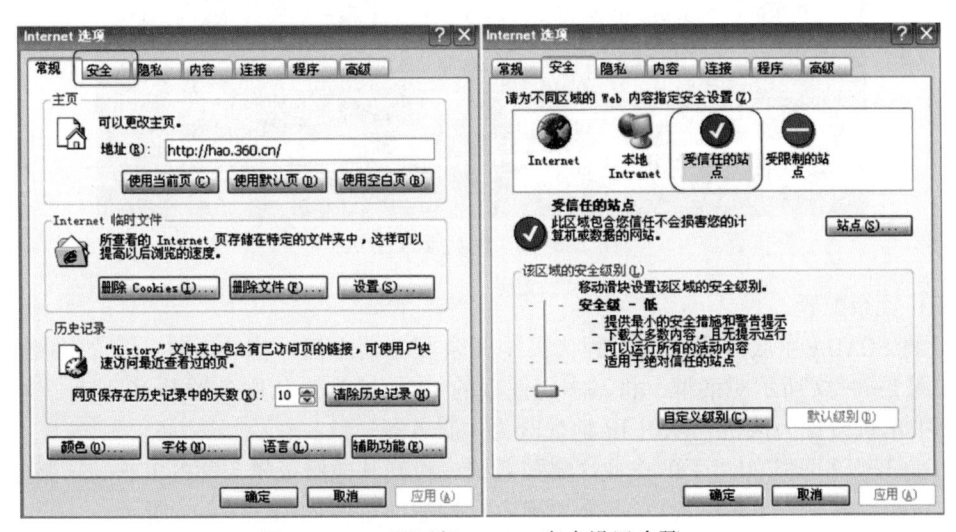

图 2-6-24　网页版 SCADA 安全设置步骤一

③ "将该网站添加到区域中"内填写作业区 WEB 发布地址，如图 2-6-25 所示。

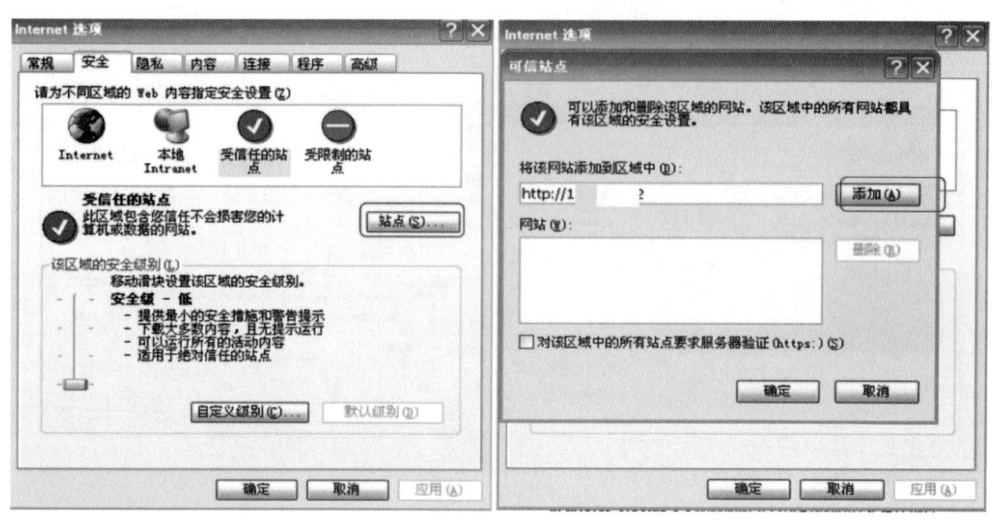

图 2-6-25　网页版 SCADA 安全设置步骤二

④ 在地址栏输入作业区 WEB 发布地址，按照提示点击"确定"按钮。正常运行后，如图 2-6-26 所示。

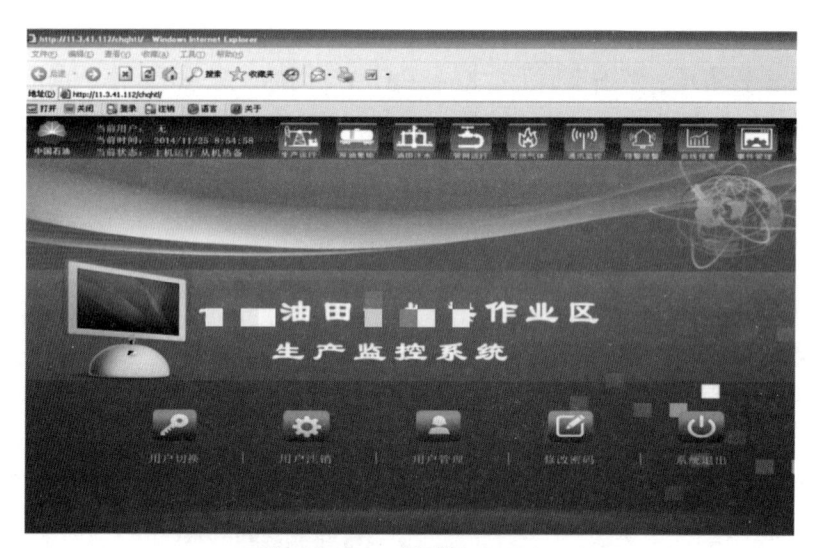

图 2-6-26　网页版 SCADA

（3）冗余配置。

① 将 SCADA 主服务器上的工程拷贝至冗余服务器上后，点击 IOServer 的网络配置，弹出如图 2-6-27 所示对话框，将基本属性中的 IP 地址改为从服务器的 IP 地址。将冗余属性页中本机设置为从机，从机 IP 地址改为主服务器地址。

② 打开服务器应用组下的作业区集控系统，找到其他服务器下面的 IOServer 服务站点管理，点击刷新站点 IOServer2，点击"确定"按钮即可，如图 2-6-28 所示。

③ 找到本服务器设置，点击打开如下图所示。将本地站点 IP 修改为主服务器 IP，本地站点设置为从站，将主站 IP 改为冗余服务器 IP，如图 2-6-29 所示。

图 2-6-27　冗余配置说明

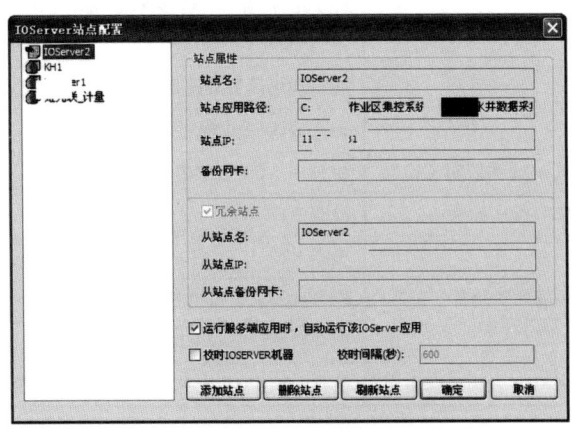

图 2-6-28　冗余配置说明

图 2-6-29　冗余配置说明

(4) 服务器日常清理操作。

打开主服务器目录"C：\inetpub\logs\logfiles"，找到文件名为"v3svc1"的文件夹，根据日期酌情删减。工业库服务器的清理操作需进入工业库，每个作业区存储路径不同，进入相应的存储盘内找到"kinghistorian3.1/server/datafile"文件夹，根据日期删除较早的备份来腾出空间。

注意事项：一般在磁盘满或者快满的情况下进行清理操作。

2) SCADA 系统的常见故障及处理方法

SCADA 系统的常见故障及处理方法见表 2-6-2。

表 2-6-2　SCADA 系统常见故障及处理方法

序号	故障现象	故障原因	处理方法
1	SCADA 系统监控数据与现场数据不符	RTU 异常	记录现场设备显示数据，通过 Modscan32 连接 RTU 检查 RTU 中采集的数据，与现场数据对比，如果不一致，检查 RTU 采集程序
		SCADA 系统组态错误	如果 RTU 数据与现场数据一致，对比 RTU 数据存储的寄存器地址与 IOServer 上组态信息是否一致
2	SCADA 系统监控数据异常波动	RTU 程序异常	检查现场设备数据是否波动
			检查 RTU 采集程序是否正确
		SCADA 系统组态错误	检查 SCADA 系统中异常点数据格式是否正确
3	SCADA 系统监控数据显示错误	RTU 程序异常	检查 RTU 采集程序是否正确
		现场设备异常	检查 RTU 与 SCADA 系统服务器通信是否正常
			检查现场设备供电是否正常，数据显示是否正常
			检查现场设备与 RTU 通信是否正常
		SCADA 系统组态错误	检查 SCADA 系统异常数据点组态是否正常

二、DCS 系统

1. 系统简介

DCS（Distributed Control System）分布式控制系统，是由过程控制级和监控级组成的以通信网络为纽带的计算机系统，其基本思想是分散控制、集中操作、分级管理、配置灵活、组态方便。具有高可靠性、开放性、灵活性等特点。

DCS 系统由硬件、软件两部分组成，其中硬件主要由工程师站、操作员站、服务器、控制器、I/O 模块、系统网络等组成（图 2-6-30）。软件主要包括工程师站组态软件、操作员站在线监控软件、控制器运行软件、服务器运行软件等。

系统主要功能：

① 重要运行参数实时监测。

② 关键运行参数自动控制。

③ 工艺流量参数自动计量。

④ 易燃易爆、有毒气体泄漏自动报警。

⑤ 工艺参数异常自动联锁。
⑥ 紧急情况自动停车。
⑦ 电源故障自动切换。
⑧ 运行故障自动诊断。
⑨ 多权限、多级别用户管理。
⑩ 非法入侵自动隔离。

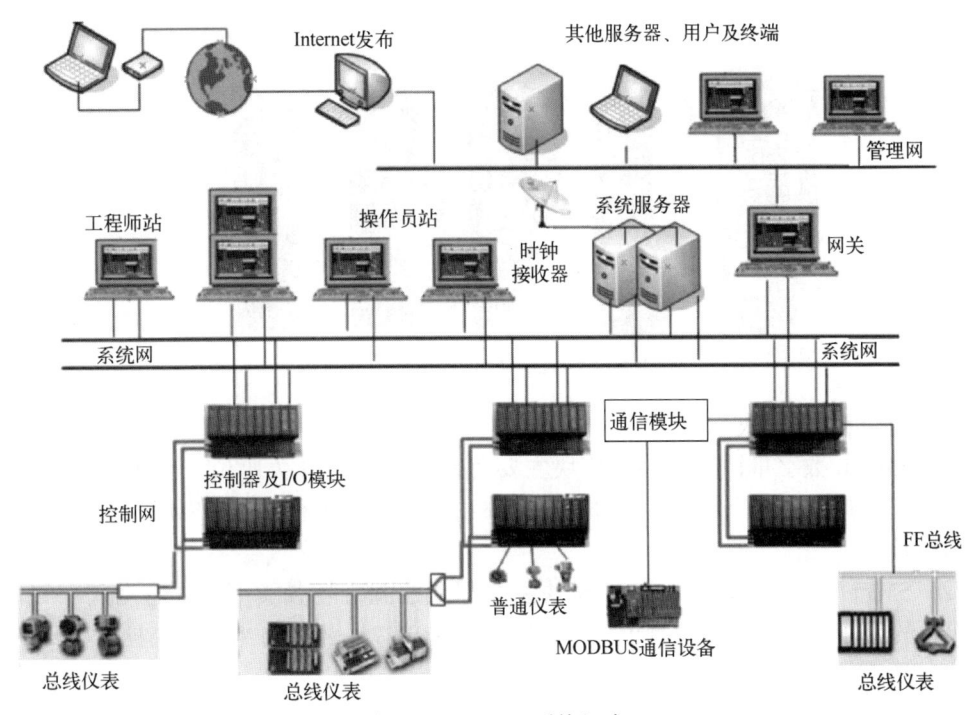

图 2-6-30 DCS 系统组成

2. 硬件介绍

以 MACS-S 系统为例,对 DCS 系统主要硬件进行介绍。

1) 主控单元模块

SM201 主控单元模块是控制系统的中央处理单元,主要承担信号处理、控制运算、与上位机及其他系统通信等任务。主控模块具备冗余功能,当在用模块出现故障时能够自动切换至备用模块上,并可实现数据自动保存,如图 2-6-31 所示。

2) 电源及非数字量 I/O (输入/输出) 模块

(1) SM900 电源模块主要用来对主控模块、各 I/O 模块及现场仪表供电,可构成无扰切换的冗余供电方式,其输出电压为直流 24.5V 或 5.1V。

(2) SM410 模拟量输入 (AI) 模块主要用来采集现场直流 4~20mA 输出的各类变送器信号,该模块共有八个通道,两块 SM410 模块可组成冗余控制单元。

图 2-6-31 主控单元模块

（3）SM434 热电阻（RTD）输入模块主要用来采集现场各类热电阻温度计电阻信号，该模块共有八个通道，两块 SM434 模块可组成冗余控制单元。

（4）SM472 热电偶（TC）输入模块主要用来采集现场各类热电偶温度计直流电压信号，该模块共有八个通道，两块 SM472 模块可组成冗余控制单元。

（5）SM520 模拟量输出（AO）模块主要用来控制各类调节阀、风门开度等调节类仪表设备，该模块共有六个通道，两块 SM520 模块可组成冗余控制单元。

（6）电源及非数字量 I/O 模块如图 2-6-32 所示。

图 2-6-32　电源及非数字量 I/O 模块

3）数字量 I/O 模块

（1）SM610 数字量输入（DI）模块主要用来采集阀门开关阀位、设备启停状态、控制按钮、报警开关等直流数字量信号，该模块共有十六个通道，两块 SM610 模块可组成冗余控制单元。

（2）SM711 数字量输出（DO）模块主要用来控制现场各类两位式电动阀、气动阀、泵或设备的启停等，该模块共有十六个通道，两块 SM711 模块可组成冗余控制单元。

（3）数字量 I/O 模块如图 2-6-33 所示。

4）端子模块

端子模块主要用来与各类 I/O 模块配套使用，可实现不同的 I/O 功能，是一种辅助型模块，如图 2-6-34 所示。

图 2-6-33　数字量 I/O 模块

图 2-6-34　端子模块

3. DCS 系统的日常巡检和故障排查

1）日常巡检的内容

（1）查看自控系统机柜间、工程师站等温湿度数值是否在规定范围内，在任何情况下不允许 DCS 系统设备设施产生结露现象。

（2）对主控单元及机柜滤网的清洁度和完好程度进行检查。

（3）各机柜各设备散热风扇应运转良好，无异响。

（4）DCS 系统各设备、各模块运行指示灯显示正常。

（5）互为冗余的电源模块、主控单元或服务器等在用、备用设备无异常。

（6）操作员站和工程师站运行正常。

（7）向监控平台操作人员了解系统运行状况，及时解决出现的各类问题。

（8）对系统出现的软硬件异常故障记录进行分析并处理。

2）DCS 系统的常见故障与处理

DCS 系统常见故障及处理方法见表 2-6-3。

表 2-6-3 DCS 系统常见故障及处理方法

序号	故障现象	故障原因	处理方法
1	模拟量输入监测点显示值波动大	现场至控制室输入信号电缆未采用屏蔽双绞线	调整或更换波动监测通道的信号电缆为屏蔽双绞线
		现场至控制室输入信号电缆屏蔽层多点接地	将现场至控制室输入信号电缆屏蔽层在机柜间单点接地
		现场至控制室输入信号电缆屏蔽层及铠装层未接地	现场至控制室输入信号电缆屏蔽层在机柜间单点接地，将线缆铠装层现场和控制室均接地
		机柜直流电源系统及卡件系统接地不良	排查机柜直流电源系统及卡件系统接地是否正常，接地电阻是否合格，若异常对故障部位重新进行接地
2	DCS 系统遇雷雨天气出现部分硬件损坏	机柜及硬件接地不良	按照自控系统接线图等资料全面排查接地系统是否良好，接地电阻应小于 4Ω，若超过 4Ω，重新对自控系统接地进行整改
		DCS 接地点与避雷针引下线接地共用接地或距离过近	重新排查接地系统是否符合规范要求，并保持 DCS 系统接地与防雷接地距离 15m 以上
		DCS 系统未安装防浪涌保护器或防浪涌保护器失灵	为 DCS 系统安装防浪涌保护器或更换防浪涌保护器
3	DCS 系统时钟不准确	各控制器、操作员站、工程师站、服务器等未采取时钟同步措施	为各控制器、操作员站、工程师站、服务器等设置时钟同步
		时钟服务器故障	排查修复或更换时钟服务器
		各控制器、操作员站、工程师站、服务器等与时钟服务器之间的通信不正常	排查修复与时钟服务器的通信故障

第三章　数据传输

第一节　油气田数字化常用通信接口

一、RS485

1. RS485 的通信原理

RS485 是一种在工业上作为数据交换的手段而广泛使用的串行通信方式，数据信号采用差分传输方式，也称作平衡传输，因此具有较强的抗干扰能力。它采用一对双绞线，将其中一线定义为 A，另一线定义为 B。

通常情况下，RS485 的信号在传送出去之前会先分解成正负对称的两条线路（即我们常说的 A、B 信号线），当到达接收端后，再将信号相减还原成原来的信号。发送驱动器 A、B 之间的正电平为 2~6V，是一个正 1 逻辑状态；负电平为 -2~6V，是一个负 0 逻辑状态；另有一个信号地 C。在 RS485 中还有一"使能"端。"使能"端是用于控制发送驱动器与传输线的切断与连接。当"使能"端起作用时，发送驱动器处于高阻状态，称作"第三态"，即它是有别于逻辑"1"与"0"的第三态。

接收端与发送端的电平逻辑规定，收、发端通过平衡双绞线将 AA 与 BB 对应相连，当在接收端 AB 之间有大于 +200mV 的电平时，输出正逻辑电平，小于 -200mV 时，输出负逻辑电平。接收器接收平衡线上的电平范围通常为 200mV~6V。

2. RS485 接口的通信方式

RS485 接口组成的半双工网络，一般是两线制，多采用屏蔽双绞线传输（以前有四线制接法，只能实现点对点的通信方式，现很少采用）。这种接线方式为总线式拓扑结构，在同一总线上最多可以挂接 32 个结点。在 RS485 通信网络中一般采用的是主从通信方式，即一个主机带多个从机。很多情况下，连接 RS485 通信链路时只是简单地用一对双绞线将各个接口的"A""B"端连接起来，如图 3-1-1 所示。

3. RS485 接口的引脚说明

RS485 接口通常也采用 9 针的 DB9 型连接器，但 RS485 在 DB9 上没有接线标准，通常是引脚。引脚 3 为 RS485A、引脚 8 为 RS485B。DTE（针头）端和 DCE（孔头）端都是如此，通信双方接线直连。

注意：特定的 RS485 连接器可能具有不同的引脚排列。如遇到特定连接器，需根据随附的文档确定实际配置。

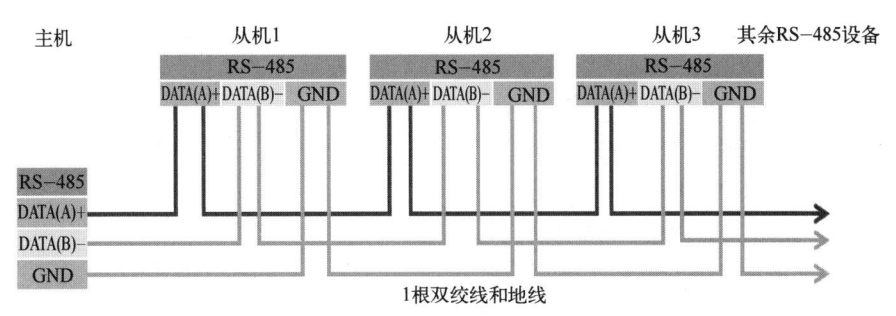

图 3-1-1　RS485 接口连接示意图

4. RS485 的特点

（1）RS485 采用差分信号负逻辑，逻辑"1"以两线间的电压差为 2~6V 表示；逻辑"0"以两线间的电压差为-6~-2V 表示。接口信号电平比 RS232 低，不易损坏接口电路的芯片，且该电平与 TTL 电平兼容，可方便与 TTL 电路连接。

（2）RS485 最大的通信距离约为 1200m，最大传输速率为 10Mbps，传输速率与传输距离成反比。

（3）RS485 接口是采用平衡驱动器和差分接收器的组合，抗共模干扰能力增强，即抗噪声干扰性好。

（4）RS485 总线一般最大支持 32 个节点，如果使用特制的 485 芯片，可以达到 128 个或者 256 个节点。

二、RS232

1. RS232 的概念

RS232-C（简称 RS232）是由美国电子工业协会（EIA）联合贝尔系统、调制解调器厂家及计算机终端生产厂家共同制定的用于串行通信的标准，它描述了计算机及其相关设备间较低速率的串行数据通信的物理接口和协议。它的全名是"数据终端设备（DTE）和数据通信设备（DCE）之间串行二进制数据交换接口技术标准"。RS 是英文"推荐标准"的缩写，232 为标识号，C 表示修改次数（最新一次修改在 1969 年）。

2. RS232 通信接口的特性

1）机械特性

RS232 标准采用的接口是 25 针的 DB25 型连接器和 9 针的 DB9 型连接器，常用的一般是 DB9 型连接器，如图 3-1-2 所示，其各引脚定义见表 3-1-1。

注：DTE 是针头（俗称"公头"），DCE 是孔头（俗称"母头"）。

表 3-1-1　DB9 型连接器的引脚定义

引脚序号	接口指示	引脚名称
1	DCD（Data Carrier Detect）	数据载波检测
2	RXD（Received Data）	串口数据输入

续表

引脚序号	接口指示	引脚名称
3	TXD(Transmitted Data)	串口数据输出
4	DTR(Data Terminal Ready)	数据终端就绪
5	SGND(Signal Ground)	信号地线
6	DSR(Data Send Ready)	数据发送就绪
7	RTS(Request to Send)	发送数据请求
8	CTS(Clear to Send)	清除发送
9	RI(Ring Indicator)	铃声指示

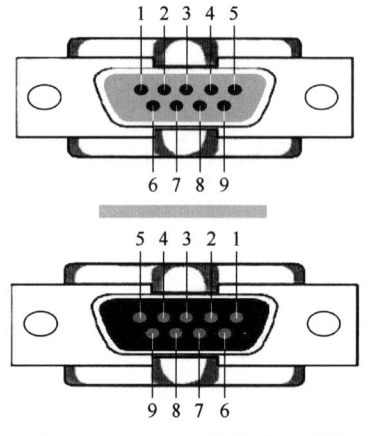

图 3-1-2 DB9 连接器串口引脚示意图（上 DTE 下 DCE）

（1）数据载波检测（CDD）：此控制信号在串口服务器通知计算机它已检测到计算机可以用于数据传输的载波时使用。

（2）串口数据输入（RXD）：用于两个源之间的数据传输。一个例子是从串口服务器接收的数据传输到计算机。

（3）串口数据输出（TXD）：实际承载传输数据的线路。

（4）数据终端就绪（DTR）：表明计算机已准备好进行传输的信号。

（5）信号接地（SGND）：是指与地面的物理连接，用于测量电路中电压的基线或用于返回电流的共享路径。

（6）数据发送就绪（DSR）：该信号通知计算机或终端串口服务器正在运行并且能够接收数据。

（7）发送数据请求（RTS）：发送正电压，以允许执行发送请求，数据集和数据终端之间可以进行无干扰的传输。

（8）清除发送（CTS）：在数据终端和串口服务器之间建立连接后，发送此信号，以确认数据终端已确认可以开始通信。

（9）铃声指示（RI）：提醒运行数据集的串口服务器已检测到低频。该信号只是警告数据终端，而不会影响设备之间的数据传输。

2）电气特性

RS232 标准对电器特性、逻辑电平和各种信号线功能都做了规定。

（1）在 TXD 和 RXD 上：

① 逻辑 1（MARK）= -3～-15V。

② 逻辑 0（SPACE）= 3～15V。

（2）在 RTS、CTS、DSR、DTR 和 DCD 等控制线上：

① 信号有效（接通，ON 状态，正电压）= 3～15V。

② 信号无效（断开，OFF 状态，负电压）= -3～-15V。

3）RS232 与 TTL 转换

RS232C 是用正负电压来表示逻辑状态，与 TTL 以高低电平表示逻辑状态的规定不同。因此，为了能够同计算机接口或终端的 TTL 器件连接，必须在 RS232 与 TTL 电路之间进行电平和逻辑关系的变换。实现这种变换的方法可用分立元件，也可用集成电路芯片。

3. RS232 通信接口的优点

（1）信号线少，在一般应用中，使用 3~9 条信号线就可以实现全双工通信，采用三条信号线（RXD、TXD 和 SGND）能实现简单的全双工通信过程。

（2）灵活的波特率选择，RS232 规定的标准传送速率有 50bps、75bps、110bps、150bps、300bps、600bps、1200bps、2400bps、4800bps、9600bps、19200bps，可以灵活地适应不同速率的设备。对于慢速外设，可以选择较低的传送速率；反之，可以选择较高的传送速率。

4. RS232 通信接口缺点

（1）接口的信号电平值较高，易损坏接口电路的芯片，且与 TTL 电平不兼容，故需使用电平转换电路方能与 TTL 电路连接。

（2）传输速率较低，在异步传输时，波特率为 20kbps。

（3）接口使用一根信号线和一根信号返回线而构成共地的传输形式，这种共地传输容易产生共模干扰，所以抗噪声干扰性弱。

（4）传输距离有限，最大传输距离实际上也只能用在 15m 左右。

三、RJ45

1. RJ45 接口的定义

RJ 是 Registered Jack 的缩写，意思是"注册的插座"。在 FCC（美国联邦通信委员会标准和规章）中 RJ 是描述公用电信网络的接口，计算机网络的 RJ45 是标准 8 位模块化接口的俗称。

RJ45 是由插头（接头、水晶头）和插座（模块）组成，这两种元器件组成的连接器连接于导线之间，以实现导线的电气连续性。

RJ45 插头又称水晶头，有 8 个凹槽和 8 个触点，主要用在网线两端连接插座，RJ45 水晶头分为非屏蔽和屏蔽两种，屏蔽水晶头和非屏蔽水晶头的规格是一样的，区别是屏蔽水晶头外围用屏蔽包层覆盖。

2. 网线线序标准

将 RJ45 插头正面（有铜针的一面）朝自己，有铜针一头朝上方，连接线缆的一头朝下方，从左至右将 8 个铜针依次编号为 1~8，双绞线与其对应的两种接线标准线序如下。

（1）T568A 线序：①白绿、②绿、③白橙、④蓝、⑤白蓝、⑥橙、⑦白棕、⑧棕。

口诀 1：白绿绿，白橙蓝，白蓝橙，白棕棕。

（2）T568B 线序：①白橙、②橙、③白绿、④蓝、⑤白蓝、⑥绿、⑦白棕、⑧棕。

口诀 2：白橙橙，白绿蓝，白蓝绿，白棕棕。

注意：如果不按照标准线序接线，网线在传输网络时，可能会出现信号衰减严重，或者直接中断网络的情况，同时也为维护带来一定的困扰。

3. 网线连接类型

网线连接类型有直通和交叉两种，直通线即网线两端的线序相同，同为T568A标准或T568B标准，直通线用来连接两个不同性质的接口；交叉线即网线两端的线序不同，一端为T568A标准，另一端为T568B标准，交叉线用来连接两个性质相同的端口。一般可以这么理解：同种类型设备之间使用交叉线连接，不同类型设备之间使用直通线连接。

在以前的设备端口收发线序是固定的，而现在端口是可以自动校正，通信设备的RJ45接口都能自我适应，如果网线不匹配，可以自动翻转端口的接收和发射，所以网线基本已经统一用直通线接法，为达到最佳兼容性，制作直通线时一般采用T568B标准。

4. 网线的制作

（1）准备工作：准备好一条适当长度的网线，若干个RJ45水晶头，一把网线钳，一台网线测试仪，见表3-1-2，工具模型如图3-1-3所示。

表3-1-2 制作网线所需工具

序号	名称	规格	数量	备注
1	网线	标准网线	适当长度	5类、超5类、6类
2	RJ45S水晶头	与网线对应	适量	
3	网线钳	有功能8P	1把	
4	测线器	—	一套	

图3-1-3 制作网线准备工用具

（2）将网线一端插入网线钳的剥线口（末端离刀口3~5cm），轻握网线钳缓慢旋转一圈，去掉外部线皮，看到两两相互缠绕的8根铜线。

（3）将8根铜线分开并拉直，同时按照T568B标准排好线序（白橙、橙、白绿、蓝、白蓝、绿、白棕、棕），用网线钳将末端剪齐，保留1.5cm左右。

（4）将8根铜线插入RJ45水晶头中（卡扣朝下，开口朝向网线），检查8根铜线是否全部充分、整齐地排列在水晶头里，如图3-1-4所示。

（5）将铜线置于水晶头内，（从水晶头最前端看，要能看到8根铜线的铜丝切口，紧切水晶头最内壁），将接好线的水晶头放到网线钳的压线口内（注意要捏紧，线与线头不能有松动），然后握住网线钳使劲压紧，以确保水晶头的铜触片能划破铜线的保护层与铜线接触。

（6）重复以上操作，制作好网线的另外一端，分别把网线的两头插到网线测试仪上，打开测试开关，观察指示灯闪烁情况判断连通性，如图3-1-5所示。

|剥线|排线|穿线|

图 3-1-4　制作网线

|固定线芯|水晶头|测试|

图 3-1-5　制作水晶头

如果测试仪两端的 8 个指示灯同步亮绿灯，说明网线制作正确；若指示灯没有同步亮，说明对应的线序可能存在问题；若指示灯不亮，说明对应的芯线未连接或接触不良。

对于测试不成功的网线，通过观察 8 根铜线在水晶头内的位置以及水晶头铜片卡入深度判断问题端所在，剪掉存在问题的一段，重新压制水晶头，直到测试成功，此网线才能实际使用。

第二节　传输方式

一、光纤

1. 光纤的基本概念

光纤是光导纤维的简写，是一种由玻璃或塑料制成的纤维，可作为光传导工具。

传输原理是"光的全反射"，光纤一端的发射装置使用发光二极管或一束激光将光脉冲传送至光纤，另一端的接收装置使用光敏元件检测光脉冲。

通常光纤与光缆两个名词会被混淆。多数光纤在使用前必须由几层保护结构包覆，包覆后的缆线即被称为光缆。

2. 光纤的分类

光纤根据传输模式分为单模光纤和多模光纤。

（1）单模光纤：单条光路径，只传输一种模式的光（即只传输从某特定角度射入光纤的一束光），由于完全避免了模式色散，使得单模光纤的传输频带很宽，因而适用于大容量、长距离的传输系统，以发光二极管或激光器为光源，采用1310nm和1550nm两个波段。

（2）多模光纤：多条光路径，可同时在一根光纤中传输多种模式的光，由于色散和相差，其传输性能较差、频带较窄、容量小、距离也较短，以激光器为光源，采用850nm和1300nm两个波段。

3. 光纤连接器

光纤连接器是光源与光纤、光纤与光纤以及光纤与探测器之间进行可拆卸连接的器件，它把光纤的两个端面精密对接起来，使发射光纤输出的光能量最大限度地耦合到接收光纤中去，并使其介入光链路而对系统造成的影响减到最小，这是光纤连接器的基本要求。

按连接头结构形式可分为：FC、SC、ST、LC、D4、DIN、MU、MT等各种形式，如图3-2-1所示。其中，ST连接器通常用于布线设备端，如光纤配线架、光纤模块等；而SC和MT连接器通常用于网络设备端。

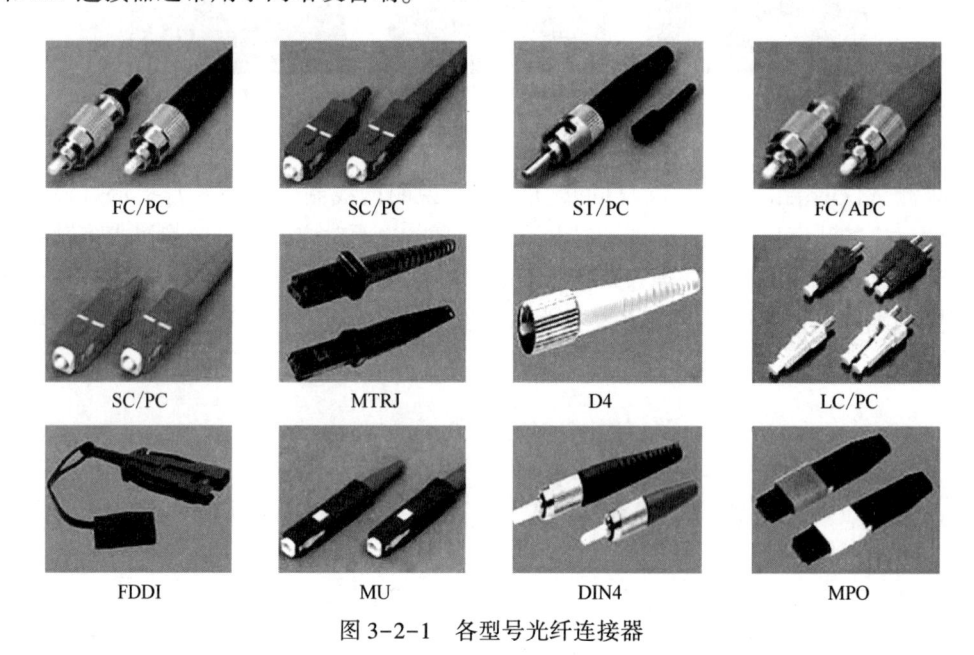

图3-2-1 各型号光纤连接器

1）FC型光纤连接器

最早是由日本NTT研制。FC是Ferrule Connector的缩写，表明其外部加强方式是采用金属套，紧固方式为螺纹紧固。最早，FC类型的连接器，采用的陶瓷插针的对接端面是平面接触方式（FC）。此类连接器结构简单，操作方便，制作容易，但光纤端面对微尘较为敏感，且容易产生菲涅耳反射，提高回波损耗性能较为困难。后来，对该类型连接器做了改进，采用对接端面呈球面的插针（PC），而外部结构没有改变，使得插入损耗和回波损耗性能有了较大幅度的提高。

2）SC型光纤连接器

由日本NTT公司开发的光纤连接器。其外壳呈矩形，所采用的插针与耦合套筒的结构尺寸与FC型完全相同。其中插针的端面多采用PC或APC型研磨方式；紧固方式是采用插拔销闩式，不需旋转。此类连接器价格低廉，插拔操作方便，介入损耗波动小，抗压强度较高，安装密度高。

ST 和 SC 接口是光纤连接器的两种类型，对于 10Base-F 连接来说，连接器通常是 ST 类型的，对于 100Base-FX 来说，连接器大部分情况下为 SC 类型的。ST 连接器的芯外露，SC 连接器的芯在接头里面。

3）LC 型连接器

由贝尔研究所研发，采用操作方便的模块化插孔（RJ）闩锁机理制成。其所采用的插针和套筒的尺寸是普通 SC、FC 等所用尺寸的一半，为 1.25mm。这样可以提高光纤配线架中光纤连接器的密度。当前，在单模 SFF 方面，LC 类型的连接器实际已经占据了主导地位，在多模方面的应用也增长迅速。

光纤连接器的性能有光学性能、互换性、重复性、温度、插拔次数等。

（1）光学性能：对于光纤连接器的光性能方面的要求，主要是插入损耗和回波损耗这两个最基本的参数。

插入损耗即连接损耗，是指因连接器导入而引起的链路有效光功率的损耗。插入损耗越小越好，一般要求应不大于 0.5dB。

回波损耗是指连接器对链路光功率反射的抑制能力，其典型值应不小于 25dB。实际应用的连接器，插针表面经过专门的抛光处理，使回波损耗更大，一般不低于 45dB。

（2）互换性、重复性：光纤连接器是通用的无源器件，同类型的光纤连接器，可以任意组合使用、并可重复多次使用，其导入的附加损耗一般小于 0.2dB。

（3）温度：要求在-40~70℃的温度下能够正常使用。

（4）插拔次数：要求可以插拔 1000 次以上。

4. 光纤传输优缺点

1）光纤传输的优点

（1）相较传统的铜缆与电缆，光纤传输带宽更大，尤其是针对现代电磁干扰设备较为复杂的环境，光波分复技术大大地提高了光纤传输容量，目前单波光纤传输速率通常为 2.5~10Gbps。

（2）光缆采用的石英材质损耗比目前使用的其他传输介质都低，这也意味着光纤传输系统跨越中继距离也更大，对于长距离传输而言，能够降低系统成本，简化布线系统。

（3）光纤的基本成分是石英，只传光，不导电，不受电磁场的作用，在其中传输的光信号不受电磁场的影响，故光纤传输对电磁干扰、工业干扰有很强的抵御能力。也正因为如此，在光纤中传输的信号不易被窃听，因而利于保密。

（4）光纤传输一般不需要中继放大，不会因为放大引入新的非线性失真。只要激光器的线性好，就可高保真地传输电视信号。

（5）光纤非常的细，其组成的光缆直径，相比于标准同轴电缆直径要小得多，加上光纤的比重小，使光纤具有直径小、重量小的特点，便于铺设和运输。

（6）光纤的材料（石英）来源十分丰富，随着技术的进步，成本还会进一步降低；而电缆所需的铜原料有限，价格会越来越高，相较于电缆，具有成本低廉的优势。

（7）一个系统的可靠性与组成该系统的设备数量有关。设备越多，发生故障的机会越大。因为光纤系统包含的设备数量少（不像电缆系统那样需要几十个放大器），工作性能可靠，可靠性自然高。

2）光纤传输的缺点

（1）光缆较电缆具有质地脆、机械强度差的特点，光纤外面虽然有保护层，但内部导体材质还是较为脆弱。虽然理论上来说光纤抗拉强度甚至大于钢，但在生产过程中光纤表层会存在微裂痕，从而导致光纤抗拉强度很低，所以光缆中的裸光纤很容易被折断。

（2）光缆接续基本上都是使用光纤熔接机的高压电弧将两根光纤熔化后连接起来，在熔接时如果光纤上附着有杂质，端面与轴心不垂直，端面不平等情况，都会影响熔接质量，所以光缆具有续接难度大的特点。

（3）光纤光缆的弯曲半径不能过小，光纤弯曲时部分光纤内的光会因散射而损失掉，从而造成损耗，如果弯曲角度过于小还有可能造成通信中断的情况。

二、网桥

1. 网桥的概念

网桥也叫桥接器，是连接两个局域网的一种存储/转发设备，它能将一个大的局域网分割为多个网段，或将两个以上的局域网互联为一个逻辑局域网，使局域网上的所有用户都可相互访问。

网桥（Bridge）与中继器比较类似。中继器从一个网络电缆里接收信号，放大它们，将其送入下一个电缆。相比较而言，网桥对从关卡上传下来的信息更敏锐。网桥是一种对帧进行转发的技术，根据 MAC 分区块，可隔离碰撞。网桥将网络的同一网段在数据链路层连接起来，只能连接同构网络（同一网段），不能连接异构网络（不同网段）。

2. 网桥原理

网桥将两个相似的网络连接起来，并对网络数据的流通进行管理。它工作于数据链路层，不但能扩展网络的距离或范围，还可提高网络的可靠性和安全性。

网络 1 和网络 2 通过网桥连接后，网桥接收网络 1 发送的数据包，检查数据包中的目的地址，如果地址属于网络 1，网桥就将其滤除，如果地址属于网络 2，网桥则将数据转发到网络 2 中，如图 3-2-2 所示。

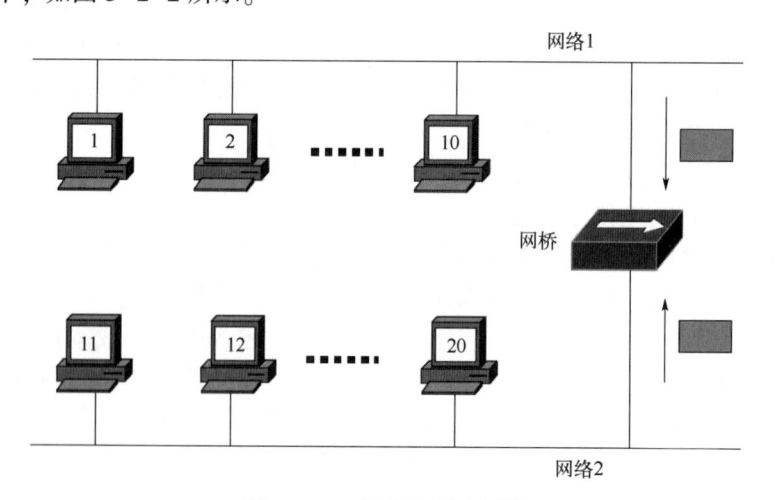

图 3-2-2　网桥原理示意图

这样可利用网桥隔离信息，将同一个网络号划分成多个网段（属于同一个网络号），隔离出安全网段，防止其他网段内的用户非法访问。由于网络的分段，各网段相对独立（属于同一个网络号），一个网段的故障不会影响到另一个网段的运行。

网桥可以是专门硬件设备，也可以由计算机加装的网桥软件来实现，这时计算机上会安装多个网络适配器（网卡）。

3. 网桥的特性

（1）网桥在数据链路层上实现局域网互联。
（2）网桥能够连接两个采用不同传输介质与不同传输速率的网络。
（3）网桥以接收、存储、地址过滤与转发的方式实现互联的网络之间的通信。
（4）网桥需要互联的网络在数据链路层以上采用相同的协议。
（5）网桥可以分隔两个网络之间的通信量，有利于改善互联网络的性能与安全性。

4. 网桥的分类

网桥一般分为两种，透明网桥和源路由网桥。透明网桥一般用于连接以太网段，而源路由网桥则一般用于连接令牌环网段。

1）透明网桥

透明网桥以混杂方式工作，它接收与之连接的所有局域网传送的每一帧。当一帧到达时，网桥必须决定将其丢弃还是转发。如果要转发，则通过查询网桥中目 MAC 地址表而做出决定发往目的地址。

网桥在接入前，所有 MAC 地址表均为空。由于网桥不知道任何目的地址的位置，因而把每个到来的、目的地不明的帧输出到连在此网桥的所有 LAN 中（除了发送该帧的 LAN）随着时间的推移，网桥了解每个目的地址的位置。一旦知道了目的地址位置，发往该处的帧就只放到适当的 LAN 上，而不再散发。

透明网桥采用的算法是逆向学习法。网桥按混杂的方式工作，故它能看见所连接的所有局域网上传送的帧。查看源地址即可知道在哪个局域网上可访问哪台机器，于是在 MAC 地址表中添上一项。

到达帧的路由选择过程取决于发送的 LAN（源 LAN）和目的地所在的 LAN（目的 LAN），如下所示：

（1）如果源局域网和目的局域网相同，则丢弃该帧。
（2）如果源局域网和目的局域网不同，则转发该帧。
（3）如果目的局域网未知，则进行扩散。

2）源路由网桥

源路由网桥的核心思想是，假定网络中的每台终端都知道所有其他终端的最佳路径。

发送终端以广播方式向欲通信的目的终端发送一个发现帧，每个发现帧都记录所经过的路由，发现帧到达目的终端时就沿原路由返回。发送终端在得知这些路由后，从所有可能的路由中选择出一个最佳路由。

当发送帧到另外的局域网时，发送终端将目的地址的高位设置成 1 作为标记，并在帧头添加此帧应走的最佳路由。

源路由网桥只关心那些目的地址高位为 1 的帧，当见到这样的帧时，它扫描帧头中的路由，寻找发来此帧的局域网编号。如果发来此帧的局域网编号是本网桥路由表中的编号，则将此帧转发对应的局域网。如果该局域网编号不在本网桥路由表中，则不转发此帧。

5. 网桥优缺点

1）网桥的优点

（1）过滤通信量，网桥可以使局域网的一个网段上各工作站之间的信息量局限在本网段的范围内，而不会经过网桥溜到其他网段去。

（2）扩大了物理范围，也增加了整个局域网上的工作站的最大数目。

（3）可使用不同的物理层，可互联不同的局域网。

（4）提高了可靠性。如果把较大的局域网分割成若干较小的局域网，并且每个小的局域网内部的信息量明显地高于网间的信息量，那么整个互联网络的性能就变得更好。

2）网桥的缺点

（1）由于网桥对接收的帧要先存储和查找站表，然后转发，这就增加了时延。

（2）在 MAC 子层并没有流量控制功能。当网络上负荷很重时，可能因网桥缓冲区的存储空间不够而发生溢出，以致产生帧丢失的现象。

（3）具有不同 MAC 子层的网段桥接在一起时，网桥在转发一个帧之前，必须修改帧的某些字段的内容，以适合另一个 MAC 子层的要求，增加时延。

（4）网桥只适合于用户数不太多（不超过几百个）和信息量不太大的局域网，否则有时会产生较大的广播风暴。

三、4G/5G 网络

1. 1G 到 5G 的移动通信技术的发展

1G：这是指第一代无线电话技术，即移动通信。它使用模拟信号，速度可达到 2.4kbps。大哥大使用 1G 网络，只能拨打电话。

2G（GPRS）：这是指第二代移动技术，使用数字电信标准。数据速率为 56~114kbps。2G 实现了语音通信数字化，功能机有了小屏幕可以发短信了。

3G（WCDMA/CDMA 2000/TD-SCDMA）：指第三代移动电话技术。它提供 384kbps 的数据速率，因此可以轻松浏览网站和流式传输音乐。

4G：是第四代移动技术，被称为 LTE（长期演进）。比起 1G 至 3G，它是这几种中最好的，与家中或办公室的 Wi-Fi 一样，稳定快速。

5G：是第 5 代移动通信技术，是 4G 系统后的延伸。美国时间 2018 年 6 月 13 日，圣地亚哥 3GPP 会议订下第一个国际 5G 标准。相比前者，5G 网络主要有三大特点，极高的速率（eMBB）、极大的容量（mMTC）、极低的延时（URLLC）。

2. 5G 对比 4G 的优势

（1）高速度：通信依赖托电磁波，而电磁波的频率资源很有限，频率不同，速度也就不同。所以频率越大，带宽也就更大，速度就越快。

目前我们 4G 使用的都是低频段，它的优点在于性能好，覆盖面广，能够有效减少运营商在基站的投入，节省资金。但缺点就是，用的人多，数据传输的"路"就会出现拥窄现象。尽管已经对现有的技术进行过优化，但速率的提供依旧有限。而 5G 使用的就是高频段，使用高频不但能缓解低频资源的紧张，由于没有拥窄现象，使得"道路"更加宽广，提高带宽的速率。但受限于高频的传播性能，很多高频段频率资源没有被使用，正是5G 可以好好利用的资源。

高频传输依靠大规模天线（massive MIMO），MIMO 就是"多进多出"，多根天线发送，多根天线接收。

高频资源的频率很高，波长就很短，在天线设计时就可以做到天线阵子和他们之间的距离很小，就可以在很小的范围内集成天线阵列。天线阵子数量的增加可以带来额外的增益，结合波束赋形，波束追踪技术以弥补高频通信在传播上的受限。

在这些特性下，5G 提供高达 10Gbps 的峰值数据下载速率。与 4G 的峰值速率（大概为 100Mbps）相比，速度提升 100 倍。

（2）大容量：高频段毫米波能够提升传输速率，但高频信号很难穿过固体。随着传输距离的增加，传输速率会相比 4G 的低频段下降得更快。为保证高效稳定的传输速率，需要更多基站，以便稳定的信号传输效果。5G 技术引入了体积小，耗能低的微基站，这种基站可以安装部署在城市的任何位置，可以安装到路灯、信号灯、商场、住房等。每个基站可以从其他基站接收信号并向任何位置的用户发送数据。信号接收均匀，承载量大，形成泛在网，解决高频段长距离传输差的缺点。

这也让物联网成为一种可能。在 5G 网络中，除了智能手机、PC 等常见 3C 产品。更多的终端设备也可以纳入网络中，如可以通过网络控制的智能家具产品，如智能插座、智能空调、智能冰箱以及智能穿戴设备等。而在物联网领域中，不同的应用场景。网络的需求不尽相同。一些终端设备需要大量实时数据快速处理反馈，而一些终端设备只需要少量数据或几个 bit 的数据传输。它对传输的速度反应要求都不高，甚至可能一两月才更新少量的数据。比如水表、电表类的使用量信息显示。所以在 5G 网络中，需要能自动识别出设备终端对网络的需求，分别使用不同的网络带宽。当少量数据传输时，5G 智能识别使用耗能较小的窄带网络对数据的传输，从而有效减少能源的消耗和使用，保证终端设备的低耗长时运作的使用性。实现真正的万物互联。

（3）低延时：相比 4G 来说，5G 在现有的技术架构上进行了很大的优化和调整。为实现超低延时，5G 从接入网、承载网、核心网、骨干网各个方面一起着手进行。

在大幅度降低空口传输延时的同时，尽可能减少转发节点，缩短节点之间的距离。引入网络切片技术，把物理上的网络切片，划分为 n 张逻辑网络以适应不同应用场景。将核心网控制功能下沉，部署到接入网边缘，趋近用户，缩减传输距离，减少延时。

4G 网络应用服务器集中于中心机房，距离终端远，中间需要经过多个传输节点。5G 通过边缘计算技术将接入网与互联网业务进行深度融合，在接入网边缘部署计算、处理和存储功能的云计算设备，构建移动便捷云，提供信息技术服务环境和云计算能力。可以减少数据传输过程中的转发和处理时间，降低端到端的延时。

3. 5G 技术简介

5G 将不同于传统的几代移动通信，它不仅是更高速率，更大带宽，更强能力的空口技术，更是面向业务应用和用户体验的智能网络。5G 将是一个多业务、多技术融合的网络，通过技术的演进与创新，满足未来包含广泛数据和连接的各种业务的快速发展需要，提升用户体验。

5G 之前的移动通信是一种以人为中心的通信，而 5G 将围绕人和周围的事物，是一种万物互联的通信。5G 需要考虑物联网（IoT）业务，如汽车通信和工业控制等人与机器、机器与机器之间的互联互通业。IoT 带来海量的数据连接，5G 对海量传感设备及机器通信的支撑能力将成为系统设计的重要指标之一。以 IoT 为代表的一些新型业务也成为 5G 的亮点，特别是自动驾驶和工业控制。

5G 不再以单一的多址技术作为主要技术特征，而是一组关键技术来共同定义，即大规模天线阵列、超密集组网、全频谱接入、新型多址技术以及新型网络架构将成为 5G 的最核心技术。

（1）大规模天线阵列可以大幅度提升系统频谱效率，超密集组网通过增加基站部署密度，可实现百倍量级的容量提升。新型多址技术通过发送信号的叠加传输来提升系统的接入能力，可有效支撑 5G 网络的千亿设备连接需求。全频谱接入技术通过有效利用各类频谱资源，有效缓解 5G 网络频谱资源的巨大需求。

（2）新型多址接入是无线物理层的核心技术之一，基站通过多址技术来区分并同时服务多个终端用户。当前移动通信采用正交的多址接入，即用户之间通过在不同的维度上（频分、时分、码分等）正交划分的资源来接入，如 LTE（LongTerm Evolution-3.9G 技术）采用正交频多分址技术（OFDMA）将二维时频资源进行正交划分来接入不同用户。

（3）5G 采用新型网络架构，如软件定义网络（SDN）、网络功能虚拟化（NFV）和云计算等技术。在网络技术方面，集中化的、协作的、"云"化的无线接入网（C-RAN）技术，软件定义网络（SDN）/网络功能虚拟化（NFV）技术，超密集网络技术（UDN），自组网技术（SON），多制式网络融合技术（Multi-RAT），设备到设备（D2D）等是 5G 网络架构的候选关键技术。

以上介绍的技术只是 5G 技术的冰山一角。随着科技的进步以及人对宇宙万物的理解不断加深，新技术、新设备必然如雨后春笋般涌现，会不断改变我们的生活，甚至颠覆我们已有的认知。

四、LoRaWAN

1. LoRaWAN 概述

LoRaWAN 是 LoRa 联盟推出的一个基于开源的 MAC 层协议的低功耗广域网（Low Power Wide Area Network）标准，LoRaWAN 定义并控制设备在大型网络中的行为。它优化各种无线参数，以达到最佳网络容量和可靠性。其主要优点是覆盖范围广和极低的功耗，再加上简单的网络拓扑结构，使得 LoRaWAN 的网络部署非常简单，基本上是"即插即用"。

LoRaWAN 与 LoRa 区别：LoRa 是一种基于线性调频扩频（CSS）技术衍生的扩频调制技术，是一个物理层的协议。LoRaWAN 是在 LoRa 物理层传输技术基础之上的以 MAC 层为主的一套协议标准。对应产品包括 LoRaWAN 节点，LoRaWAN 网关和 LoRaWAN 的协议和数据云平台。

LoRaWAN 网络通常采用星形拓扑结构，由拓扑中的网关来转发终端与后台网络服务器间的消息。网关通过标准 IP 连接来接入网络服务器，而终端则通过单跳的 LoRa 或者数字调制（FSK）来和一个或多个网关通信。

虽然主要传输方式是终端上行传输给网络服务器，但所有的传输通常都是双向的。终端和网关间的通信被分散到不同的信道频点和数据速率上。数据速率的选择需要权衡通信距离和消息时长两个因素，使用不同数据速率的设备互不影响。LoRa 的数据速率范围可以从 0.3kbps 到 50kbps。为了最大限度地延长终端的电池寿命和扩大网络容量，LoRa 网络使用速率自适应（ADR）机制来独立管理每个终端的速率和无线电射频（RF）输出。

2. LoRaWAN 的网络架构

一个 LoRaWAN 网络架构中包含了终端、基站、网络服务器、应用服务器这四个部分。基站和终端之间采用星形网络拓扑，由于 LoRa 的长距离特性，它们之间得以使用单跳传输，终端节点可以同时发给多个基站。基站则对网络服务器和终端之间的 LoRaWAN 协议数据做转发处理，将 LoRaWAN 数据分别承载在了 LoRa 射频传输和 TCP/IP 上，如图 3-2-3 所示。

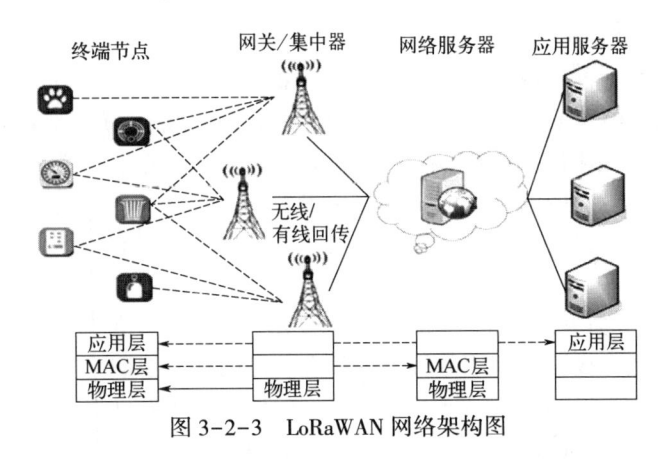

图 3-2-3 LoRaWAN 网络架构图

3. LoRaWAN 协议概述

1）终端节点的分类

（1）协议规定了 Class A/B/C 三类终端设备，这三类设备基本覆盖了物联网所有的应用场景。

（2）双向传输终端（Class A）：终端先发送，在发送后开启一段时间的接收窗口，终端只有在发送后才可以接收。也就是说上行没有限制，下行的数据只有在上行包发送上来的时候终端才可以接收到（功耗最低）。

划定接收时隙的双向传输终端（Class B）：终端和服务器协商好接收的窗口开启的时间以及何时开启，然后再约定的时间进行接收，可以一次接收多个包（功耗次低）。

（3）最大化接收时隙的双向传输终端（Class C）：终端在发送以外的其他时间都开启接收窗口。更耗能，但通信延时最低（功耗最高）。

2）LoRaWAN 物理层（PHY）帧格式

（1）上行消息。

上行消息是由终端发出，经过一个或多个网关转发给网络服务器。

上行消息使用 LoRa 射频帧的严格模式，消息中含有 PHDR 和 PHDR_CRC。载荷有 CRC 校验来保证完整性。PHDR，PHDR_CRC 及载荷 CRC 域都通过射频收发器加入。

上行 PHY 帧格式：

Preamble	PHDR	PHDR_CRC	PHYPayload	CRC

（2）下行消息。

下行消息是由网络服务器发出，经过单个网关转发给单个终端。

下行消息使用射频帧的严格模式，消息中包含 PHDR 和 PHDR_CRC。

下行 PHY 帧格式：

Preamble	PHDR	PHDR_CRC	PHYPayload

（3）接收窗口。

每个上行传输后终端都要开两个短的接收窗口。接收窗口开始时间的规定，是以传输结束时间为参考。

4. 终端节点的加网

在正式收发数据之前，终端都必须先加网。有两种加网方式：Over-the-Air Activation（空中激活方式 OTAA）、Activation by Personalization（独立激活方式 ABP）。

商用的 LoRaWAN 网络一般都是走 OTAA 激活流程，这样安全性才得以保证。此种方式需要准备 DevEUI、AppEUI、AppKey 这三个参数。

DevEUI 是一个类似 IEEE EUI64 的全球唯一 ID，标识唯一的终端设备。相当于是设备的 MAC 地址。

AppEUI 是一个类似 IEEE EUI64 的全球唯一 ID，标识唯一的应用提供者。比如各家的垃圾桶监测应用、烟雾报警器应用等等，都具有自己的唯一 ID。

AppKey 是由应用程序拥有者分配给终端。终端在发起加网 Join 流程后，发出加网命令，NS（网络服务器）确认无误后会给终端做加网回复，分配网络地址 DevAddr（32 位 ID），双方利用加网回复中的相关信息以及 AppKey，产生会话密钥 NwkSKey 和 AppSKey，用来对数据进行加密和校验。

如果是采用第二种加网方式，即 ABP 激活，则比较简单，直接配置 DevAddr、NwkSKey、AppSKey 这三个 LoRaWAN 最终通信的参数，不再需要进入网络申请（Join）流程。在这种情况下，这个设备是可以直接发应用数据的。

5. 数据收发

LoRaWAN 规定数据帧类型有需要应答（Confirmed）和不需要应答（Unconfirmed）两种类型，可以根据应用需要选择合适的类型。

除了利用 AppEUI 来划分应用外，在传输时也可以利用 FPort 应用端口来对数据分别处理。FPort 的取值范围是 1~223，由应用层来指定。

6. ADR 机制

LoRa 调制中，不同的扩频因子会有不同的传输距离和传输速率，且对数据传输互不影响。为了扩大 LoRaWAN 网络容量，在协议上了设计一个 LoRa 速率自适应（Adaptive data rate-ADR）机制，不同传输距离的设备会根据传输状况，尽可能使用最快的数据速率。这样也使得整体的数据传输更有效率。

7. MAC 命令

针对网络管理需要，在协议上设计了一系列的 MAC 命令，来修改网络相关参数。比如接收窗口的延时，设备速率等。

地区参数：LoRa 联盟官方在协议之外，还发布了一个配套补充文档《LoRaWAN 地区参数》，见表 3-2-1，这份文档描述了全球不同地区的 LoRaWAN 具体参数。

第三章 数据传输

表 3-2-1 LoRaWAN 地区参数

区域	前导码格式 同步字	前导码格式 长度	信道频率 默认上行信道数	信道频率 默认下行信道数	速率和发射功率 速率	速率和发射功率 发射功率	CFList	ChMask-Cnt1	载荷最大长度	RX2 接收窗口	默认设置
欧洲 863-870	0x34	8	3 (868.10868.30868.50)	3 (868.10868.30868.50)	DR0-DR7	2-20dBm	有	0/6	59-230	869.525MHz1DR0	14dBm
美国 902-928	0x34	8	64+200kHz+8×1.6MHz	8×600kHz	DR0-DR4DR8-DR13	10-30dBm	无	0-7	19-230	923.3MHzDR8	20dBm
中国 779-787	0x34	8	6 (779.5~780.9)	6 (779.5~780.9)	DR0-DR7	-5~10aBm	有	0/6	59-230	786MHzDR0	10dBm
欧洲 433	0x34	8	3 (433.175433.375433.575)	3 (433.175433.375433.575)	DR0-DR7	-5~10dBm	有	0/6	59-230	434.665MHz/DR0	
澳洲 915-928	0x34	8	64×200kHz+8×1.6MHz	8×600kHz	DR0-DR4DR8-DR13 l	10-30dBm	无	0-7	19-230	923.3MHz/DR8	20dBm
中国 470-510	0x34	8	96×200kHz（部分电力共用频段不可用）	48+200kHz	DR0-DR5	2-17dBm	无	0-6	59-230	505.3MHz1DR0	14dBm
亚洲各国 923	0x34	8	2 (923.20923.40)	2 (923.20923.40)	DR0-DR7	看各国情况	有	0/6	59-230	923.2MHz1DR2	14dBm
韩国 920-923	0x34	8	3 (922.10922.30922.50)	3 (922.10922.30922.50)	DR0-DR5	0-20dBm	有	0/6	73-250	921.90MHz/DR0	10/14dBm

第三节　传输设备

一、无线网关

1. 无线网关概述

无线网关广义上是指将一个网络连接到另一个网络的接口。它是复杂的网络连接设备，可以支持不同协议之间的转换，实现不同协议网络之间的互联。

而在工业应用中，无线网关则是指将无线网络中的设备连接到另外一个有线网络中，从而实现设备的无线物联。

2. 无线网关的功能及特点

无线网关是无线网络的通信基站，它具有如下功能：

（1）可建立无线网络、传输仪表采集数据、配置仪表信息、监控仪表状态等，同时与上位机系统进行数据传输。

（2）具有报警数据优先、地址优先级、数据重发等机制，确保采集数据的可靠传输。

（3）可管理多台无线设备。

无线网关具备的特点：

（1）采用 MESH（无线网格）自由组网模式，支持中继、路由方式。

（2）传输距离可以通过路由器进行扩展，采用 2.4GHz 信号传输，抗干扰能力强。

（3）数据传输可靠性强，内置 AES 加密算法。

（4）系统可扩展，支持兼容协议的设备接入。

（5）支持对无线仪表的远程操作，通信稳定。

3. 无线网关的安装与调试

无线网关的种类很多，下文将会以 ACI-2W 无线网关为例讲述其安装及调试方法，如遇到其他型号产品，请以其说明书为准进行安装调试。

1）工具、用具准备

所需工具、用具见表 3-3-1。

表 3-3-1　安装 ACI-2W 无线网关所用工具

序号	名称	规格	数量	单位	备注
1	防爆活动扳手	0~300mm	1	把	
2	内六方工具	—	1	套	
3	多功能剥线钳	—	1	把	
4	防爆绝缘十字螺丝刀	—	1	把	
5	防爆绝缘一字螺丝刀	—	1	把	
6	数字式万用表	—	1	台	

2）标准化操作步骤

（1）ACI-2W 无线网关安装（图 3-3-1、图 3-3-2）。

ACI-2W 无线网关采用三种安装方式：标准导轨安装、管道支架安装、磁性吸盘安装。其中标准导轨方式可以很快捷地实现设备的安装，只需要将设备固定到导轨上即可。

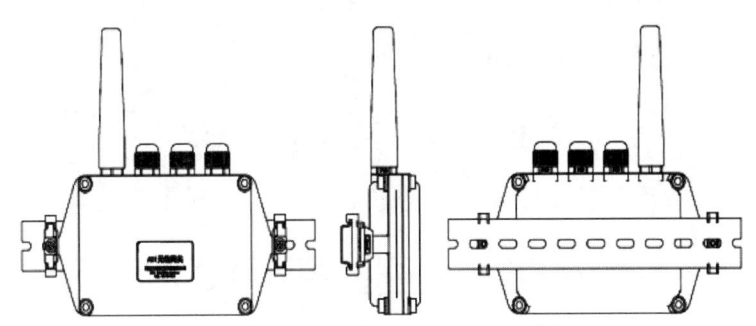

图 3-3-1 标准导轨安装方式示意图

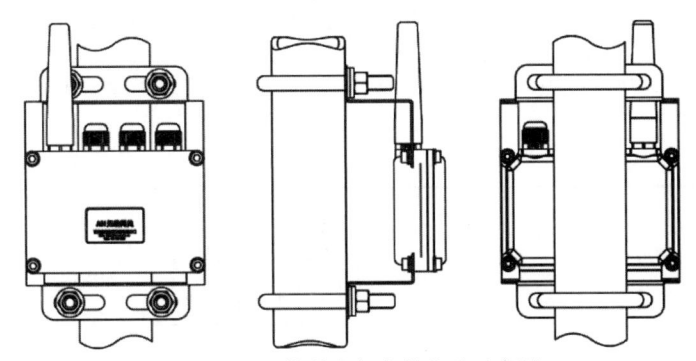

图 3-3-2 管道支架安装方式示意图

（2）安装 ACI-2W 无线网关天线安装。

标准无线网关出厂时配套普通的 5dB 全向吸盘天线，如果选用增强型或外置天线时要保持天线竖直安装，并且保证天线周围没有金属屏蔽等。

为了实现最佳的无线覆盖范围，无线网关或远程天线应安装在距地面 2.6~7.6m 的高度，或者安装在障碍物及其他主要基础结构上方 2m 的高度。

（3）无线网关接线（图 3-3-3）。

① RS485 总线连接方法：连接总线的 A、B 到网关的端子上，接线屏蔽应收口并绝缘，防止与其他端子接触。总线终端电阻可以直接并联到总线端子上。

② 电源连接方法：根据无线网关的技术参数，确定系统供电参数，将符合的电源连接到电源端子（例如，示意图中的设备输入电源是 24V 直流电）。同时为了方便现场调试，可在网关外部增加供电开关。

③ 信号输出连接方法：设备在出厂时已完成配置，可以输出电流或电压。通过配置内部的寄存器可以将现场无线仪表的采集数据输出为电流信号，方便 DCS 系统接入。同时也可以定制输出为电压信号，输出范围为 0~5V。

注意：接线过程严禁带电操作。电流输出时需要注意带负载能力。

（4）通电观察指示灯状态（图 3-3-4），指示灯说明见表 3-3-2。

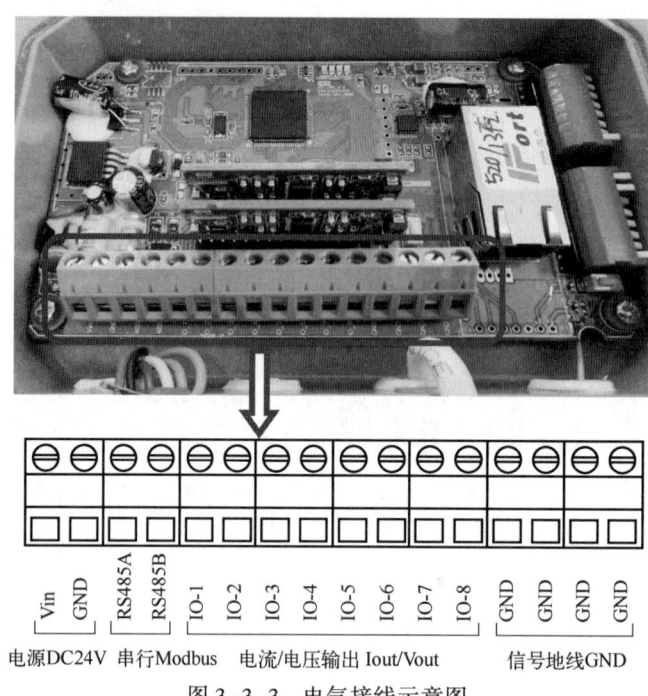

图 3-3-3　电气接线示意图

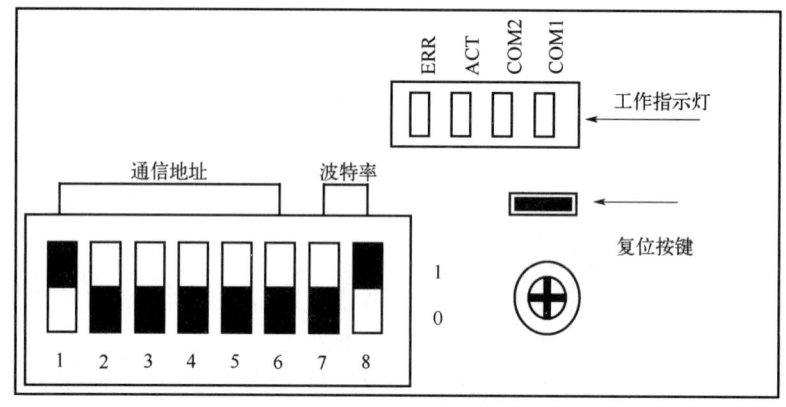

图 3-3-4　指示灯示意图

表 3-3-2　指示灯说明表

指示灯	名称	说明
ERR	系统故障、参数错误指示灯	当系统正常运行且参数设置正确时，该灯不亮
ERR	系统故障、参数错误指示灯	当出现系统异常或参数设置错误时，该灯长亮
ACT	系统运行指示灯	当系统正常运行后，该灯由长亮变为闪烁
ACT	系统运行指示灯	按复位按键时会闪烁5次后重新启动
COM2	RS485总线通信指示灯	RS485总线通信正常时，该灯闪烁
COM2	RS485总线通信指示灯	RS485总线通信异常时，该灯不亮
COM1	无线通信指示灯	无线仪表通信正常时，该灯闪烁
COM1	无线通信指示灯	无线仪表通信异常时，该灯不亮

3）无线网关的调试

（1）用串口线将无线网关与电脑连接起来。

无线网关默认配置为 RS485 总线，通信协议为 Modbus-RTU，如图 3-3-5 所示。

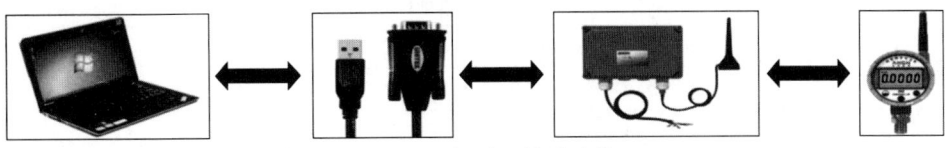

图 3-3-5　调试工具及连接

（2）通信调试。

通信配置见表 3-3-3。

表 3-3-3　无线网关通信配置表

参数	选择范围	默认值
波特率	2400、4800、9600、19200	9600
数据位	8 位、7 位	8 位
校验位	无校验、奇校验、偶校验	无校验
停止位	1 位、2 位	1 位
出厂地址	1~255	1

注意：修改配置寄存器后地址信息会立即生效，所以一定要预先配置好再进行系统连接。在配置完成后需要重启无线网关。

参数配置，通过拨码开关（图 3-3-6）上下拨动可实现通信地址和波特率的设定。通信地址和波特率参数配置见表 3-3-4。通信寄存器地址配置如表 3-3-5 所示。

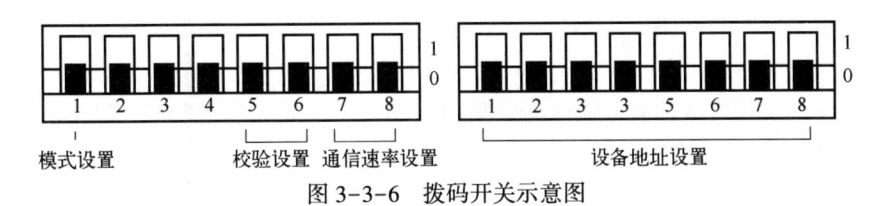

图 3-3-6　拨码开关示意图

表 3-3-4　地址和波特率配置表

功能	拨码位	说明
RTU 地址设置 ［40019］	bit1-8 位	［地址设置］ 拨码地址范围为 0~255，Modbus-RTU 网关的地址设置
RTU 通信波特率设置 ［40020］	bit1-7 位 bit2-8 位	1：波特率为 2400bps 拨码设置为［00］ 2：波特率为 4800bps 拨码设置为［01］ 3：波特率为 9600bps 拨码设置为［10］ 4：波特率为 19200bps 拨码设置为［11］ *：该寄存器通过硬件拨码开关设定，软件修改后无效

表 3-3-5　通信寄存器配置表

寄存器地址	数据类型	说明	
40021	uint（16bit）	［0x0000］数据位为 8bit	数据位
		暂不支持其他位数设定	
40022	uint（16bit）	［0x0000］1bit 停止位（默认）	停止位
		［0x0001］2bit 停止位	
40023	uint（16bit）	［0x0000/1］无校验（默认）	校验
		［0x0002］奇数校验	
		［0x0003］偶数校验	
40024	uint（16bit）	［0x0000］半双工 RS485（默认）	效率
		［0x0001］全双工 RS422	
		［0x0020~0x00FF］应答延时（单位 ms）	

（3）无线网关连接配置。

无线网络配置的具体参数，见表 3-3-6。

表 3-3-6　无线参数配置表

寄存器地址	数据类型	说明
40033	uint（16bit）	［网络 ID 设置］：可设置范围（1~65535）

无线网关主要负责无线网络的组件、无线地址的分配、通信信道分配等。无线网络配置寄存器主要包括以下内容。

无线网关主要负责无线网络的组件、无线地址的分配、通信信道分配等。

无线网关的通信配置主要是网络 ID 的设定，通过写入寄存器即可配置网关的网络 ID。一般出厂默认会配置好网络 ID，如果在现场出现网络 ID 冲突或异常时需对网络 ID 进行配置。如果修改了网关的网络 ID，则所有在网的仪表要全部重新设定网络 ID，并重启仪表进行网络连接操作。

特别注意：定制版本的 433MHz 通信频率的网关，固定工作在 433.00MHz，仪表同样工作在该频段。

（4）数据采集测试。

第一步：Modscan32 软件连接网关

打开 Modscan32 软件，点击"Connection"选择"Connect"打开"Connection Details"对话框，选择连接"Remote TCP/IP Server"，输入无线网关的 IP 地址和设备端口号后，选择"OK"进行连接，操作如图 3-3-7 所示。

连接成功后，填入设备地址、寄存器地址、寄存器长度等参数，选择相应的数据类型和命令类型，就能看到相应的数据，如图 3-3-8 所示。

第二步：网络 ID 参数配置。

无线网关的网络 ID 配置寄存器为［40033］，其中［40030~40032］为内部参数请勿调整，配置完成后请重启无线网关，等待 30s 后即可按照新配置参数连接无线网关，操作如图 3-3-9 所示。

第三章　数据传输

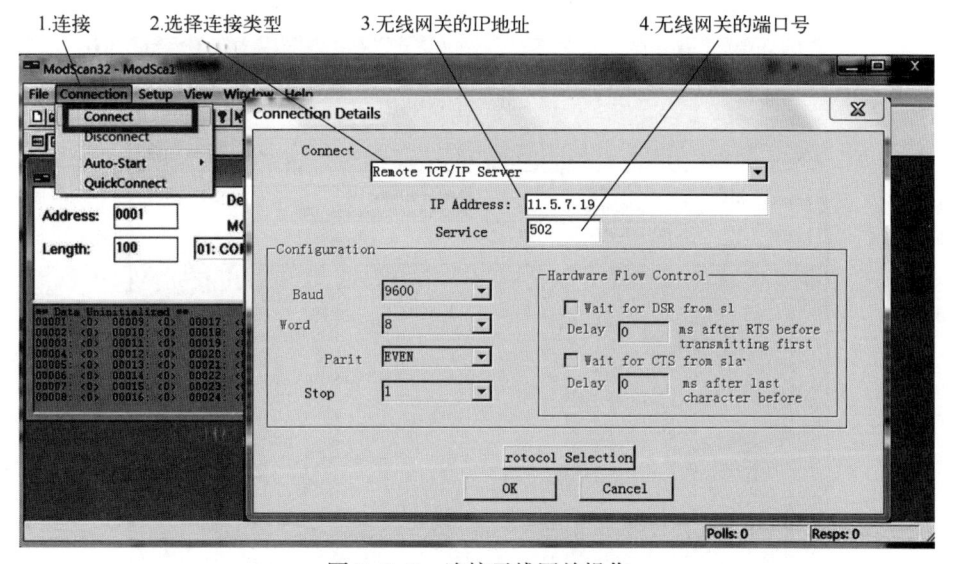

图 3-3-7　连接无线网关操作

图 3-3-8　通信参数配置示意图

图 3-3-9　网络 ID 参数配置示意图

第三步：无线仪表采集数据信息。

无线仪表的数据存储方式为 32 位（bit）浮点型（Float），所以采集数据时请注意解析，数据采集如图 3-3-10 所示。

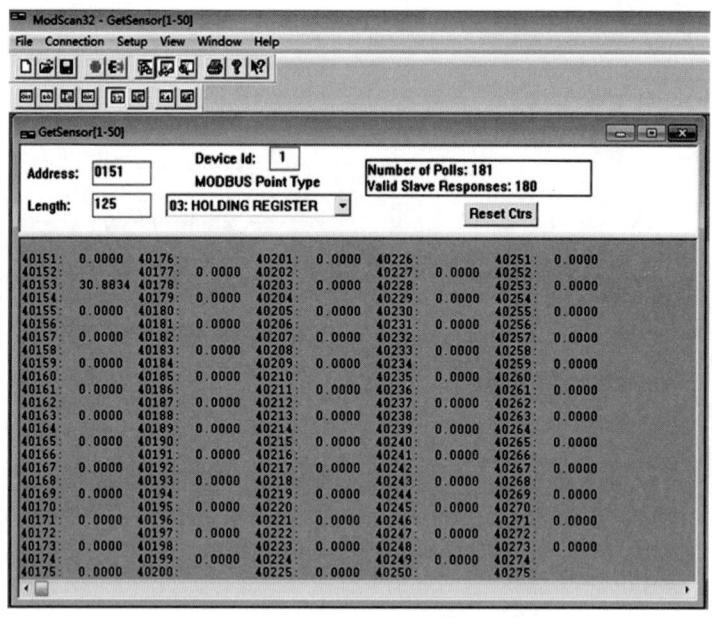

图 3-3-10　无线仪表采集数据示意图

4. 无线网关的常见故障及处理方法

无线网关的常见故障及处理方法见表 3-3-7。

表 3-3-7　无线网关常见故障及处理方法

序号	故障现象	故障原因	处理方法
1	无线网关无法通信	主要是线路故障、通信配置故障等因素造成	检查 RS485 总线连接是否正确
			检查无线网关的通信速率设置是否正确
			检查无线网关的通信地址设置是否正确
			检查通信频率和响应超时设置是否正确
			以上检查均无误后,确认无线网关的地址是否大于 63,如果无线网关地址大于 63,且拨码开关也配置为 63,则可以将地址设置为 1,然后重启无线网关进行测试
2	无线仪表数据上传失败	主要是仪表参数设置、网络覆盖范围等因素造成	检查无线仪表的通信地址是否正确,或网络内有相同地址导致冲突,需重新设定通信地址
			检查通信距离是否在信号覆盖范围之内
			检查仪表设定的通信频率是否正确
3	无线仪表数据上传速度过慢	主要是通信距离和现场信号干扰影响	检查无线仪表的休眠设置是否正确
			缩短通信距离或增加天线的功率进行测试,确保通信距离在正常的覆盖范围
			检查网络覆盖范围内是否有相同频率的网络信号干扰

续表

序号	故障现象	故障原因	处理方法
4	无线仪表值显示异常	主要是测量范围和电流信号输出不匹配	检查无线仪表与无线网关是否正常通信
			通过 RS485 数据线，使用 Modscan32 软件确认无线网关采集的数据是否正常
			如果采集的数据正常，而输出信号不正常时，可以按照说明书中电流信号配置的方法进行量程配置
5	无线仪表连接失败	主要是仪表参数设置、网络覆盖范围等因素造成	确认无线仪表与无线网关通信参数是否配置正确
			检查无线仪表的地址是否配置正确
			缩短通信距离或增加天线的功率进行测试，确保通信距离在正常的覆盖范围
			以上均检查无误后，请重启无线仪表，在仪表端输入"3101"指令，检查仪表是否已经连接到无线网关

二、无线网桥

1. 无线网桥的结构、工作原理及使用条件

无线网桥顾名思义就是无线网络的桥接，它利用无线传输方式实现在两个或多个网络之间搭起通信的桥梁；无线网桥从通信机制上分为电路型网桥和数据型网桥。

1）无线网桥组成结构

无线网桥由室外单元、转接电缆、基带电缆（网线）、室内单元、接地等组成，如图 3-3-11 所示（以奥维通设备为例）。

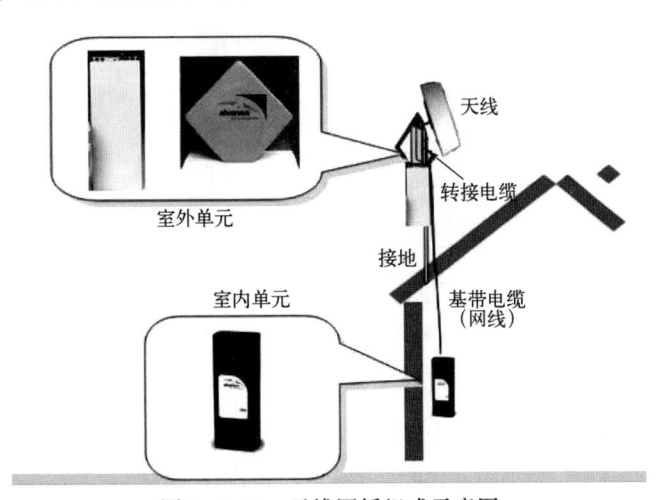

图 3-3-11　无线网桥组成示意图

2）无线网桥的工作原理

无线网桥使用无线信号将无线设备连接到一个有线网络，从而提供无线访问网络的

能力。简单来说，就是网桥通过气体作为传输介质来收发信号，一端网桥将网线中的信号转化为无线电磁波信号并定向发射到空气中，另一端的网桥作用刚好相反，它接收空气中的无线电磁波信号并转化为有线信号。

3）无线网桥的使用条件

（1）传输距离。

无线网桥收发信号的传输距离，要确保网桥收发信号的最大传输距离大于两端设备间的距离，因为实际应用环境下的雨、雾、雪等天气会导致网桥传输性能下降，应预留充足的性能余量。

（2）传输带宽。

无线网桥的传输速率有很多种，如150Mbps、300Mbps、450Mbps、600Mbps、900Mbps等，实际应用中要考虑的是网桥在特定距离下的传输性能，而不是理论带宽数据。

（3）工作频率。

无线网桥的工作频率主流有2.4GHz和5.8GHz两种。

一般来说，2.4GHz的无线网桥是当前主流频段，兼容性好，衍射能力好，但抗干扰性比较差，易受其他设备发射的无线信号干扰。5.8GHz的信道比较纯净，抗干扰能力比较好，传输距离远，但是衍射能力差。

所以一般远距离传输、码流较大、2.4GHz干扰比较多的地方选择5.8GHz的无线网桥。其他如传输距离较近、比较偏僻、同频干扰较少等就用2.4GHz的无线网桥。

（4）天线的选择。

天线是无线网桥的重要组成部分，用来发射和接收无线信号，没有天线，无线网桥无法实现通信。天线的种类很多，有全向天线、定向天线等，如图3-3-12所示。全向天线用于近距离的覆盖和传输，远距离桥接应选择定向天线并且天线增益越大，无线网桥性能越优。

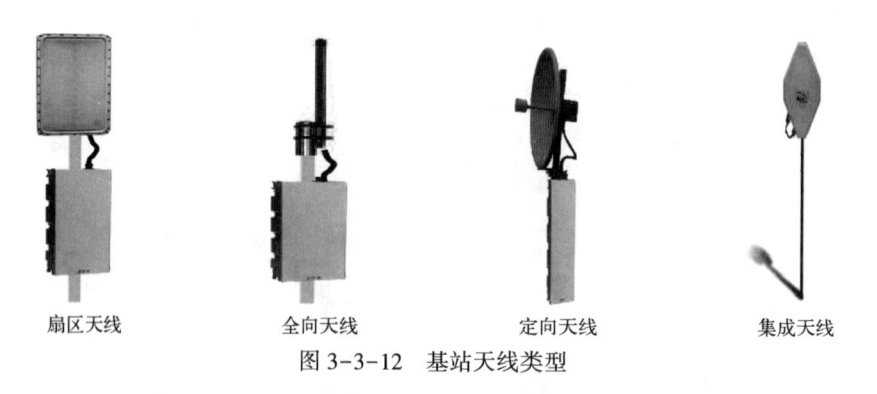

图3-3-12 基站天线类型

（5）供电方式。

无线网桥的工作环境通常会涉及室外一些复杂的环境，比如森林、港口、隧道、水库等地方，所以供电是个较为麻烦的问题。选择支持POE网线供电的无线网桥可以很好地解决这个难题。

（6）防护等级。

无线网桥多工作于室外，环境多变，如下雨、雨雪、高温等，首要要求防水、防尘、耐热、抗冷凝。

(7) 配对方式。

目前网桥主流的配对方式有三种：按键配对、拨码配对、自动配对。就应用的简便性而言，自动配对无疑是最佳选择，可大大减轻工作量。

2. 无线网桥的应用方式

1) 点对点方式

点对点型（PTP），即"直接传输"。无线网桥设备可用来连接分别位于不同地点中两个固定的网络。它们一般由一对桥接器和一对天线组成。两个天线必须相对定向放置，室外的天线与室内的桥接器之间用电缆相连，而桥接器与网络之间则是物理连接，如图 3-3-13 所示。

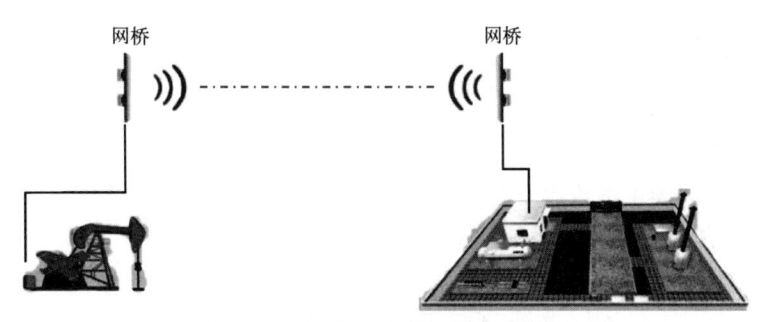

图 3-3-13　点对点无线网组示意图

2) 中继方式

中继方式即"间接传输"。BC 两点之间不可视，但两者之间可以通过 A 点间接可视。并且 AC 两点，BA 两点之间满足网桥设备通信的要求。可采用中继方式，A 点作为中继点，BC 各放置网桥，定向天线。

A 点可选方式有：

(1) 放置一台网桥和一面全向天线，这种方式适合对传输带宽要求不高，距离较近的情况，如图 3-3-14 所示。

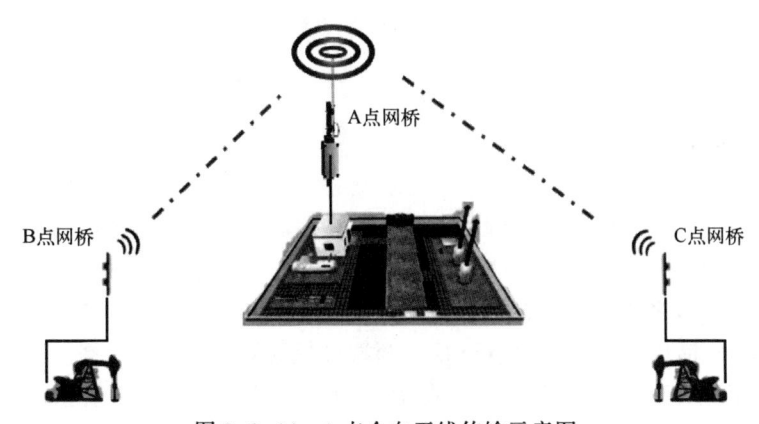

图 3-3-14　A 点全向天线传输示意图

(2) 如果 A 点采用的是单点对多点型无线网桥，可在中心点 A 的无线网桥上插两块无线网卡，两块无线网卡分别通过馈线接两部天线，两部天线分别指向 B 网和 C 网。

（3）放置两台网桥和两面定向天线，如图 3-3-15 所示。

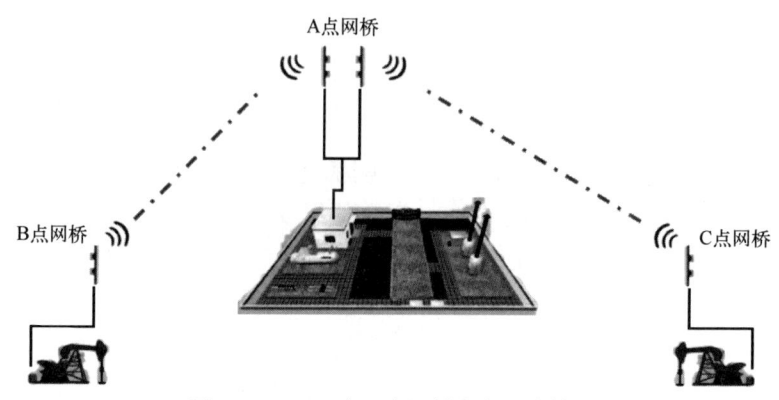

图 3-3-15　A 点两台网桥定向天线传输

3）单点对多点传输

A 点与多点之间满足网桥设备通信的要求，A 点采用单点对多点型无线网桥组建无线网络（A 点为基站，其他为远端站），如图 3-3-16 所示。

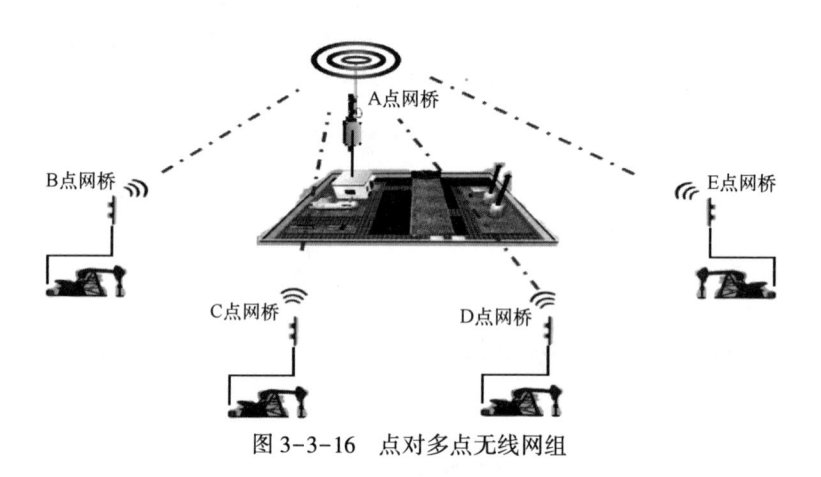

图 3-3-16　点对多点无线网组

3. 无线网桥的安装调试

1）无线网桥的安装要求

（1）安装高度。

无线网桥在进行无线传输的过程中，树木、楼房和大型钢筋建筑物等障碍物都会阻挡削弱无线信号。为提高无线传输性能，防止信号受损而出现信号弱的情况，安装时应尽可能保证无线网桥的传输路线中没有障碍物阻隔，满足两端相互可视的传输条件。

两端可视不能简单理解为点对点可视，两端可视指的是在天线传播的菲涅耳区（无线电波术语）内不能有障碍物也不能有潜在障碍物。天线之间的主要射频能量在此区域传输，所以发射天线必须高于障碍物足够的高度来使它和接收天线之间保持视线路径畅通，以保证通信链路正常工作。

(2) 角度及信号的调试。

无线网桥信号的强弱直接关系到链路的带宽和稳定性，所以安装时必须进行无线网桥信号的调试（可以通过调节两边天线方向，俯仰角等方式达到调节信号强度的目的）。可根据网桥设备的信号状态指示灯或者软件查看信号强度状况。

(3) 避雷针要求。

无线网桥野外安装时，若附近没有高大建筑物或避雷针保护，需要考虑防雷措施，通常使用避雷针，若周边有避雷针保护时，可不单独设置避雷针。

由于避雷针的尖端放电特性，比一般设备易引起雷击放电，所以如果避雷针无法与被保护设备绝缘隔离，反倒加大设备雷击的概率。因此，避雷针接地需要与设备接地分开，不能共用一个接地。

(4) 供电要求。

网桥的 PoE 供电模块正常供电输入电压为 100~240V 输出电压为 24~48V，低于或高于该电压均会影响设备正常工作或导致 PoE 供电模块异常损坏。针对野外供电电压不稳以及电压偏高的情况，需要设计一套适应工作电压的 PoE 供电解决方案（如稳压电源、UPS 供电）。

由于网桥属于精密电子设备，对于供电要求较高，且易受其他供电设备的冲击和影响，所以网桥供电的取电应与其他大功率设备如抽油机、输油泵等分开取电。在同一位置取电时，应加装 UPS、稳压电源或隔离变压器，过滤掉大功率电机等工作时对电源的影响和干扰。

使用 PoE 模块通过网线给网桥供电时，建议距离不超过 60m。超过该距离建议将输电线路移至网桥附近，以满足建议供电距离要求。

(5) 设备接地要求。

无线网桥应接地使用，设备不接地会导致设备运行异常、损坏等问题，设备接地电阻应当小于 4Ω，且不能与避雷针、强电线路等共用接地。若使用 PoE 电源，地线也需要接地。可通过带地线的超 5 类（或以上）屏蔽网线与 PoE 适配器相结合进行接地，可以方便有效地防止静电和雷击危害。接地线和接地点应使用防水胶布、防水胶泥按照防水要求制作防水，防止接地线、接地点因长期暴露在空气中导致氧化、生锈等影响接地效果。

2) 无线网桥的安装

工具、用具准备，见表 3-3-8。

表 3-3-8 无线网桥安装调试所需工具、用具列表

序号	名称	规格	数量	单位	备注
1	防爆活动扳手	0~250mm	1	把	
2	防爆绝缘十字螺丝刀	—	1	把	
3	防爆绝缘一字螺丝刀	—	1	把	
4	多功能剥线钳	—	1	把	
5	网线钳	—	1	把	
6	网线	—	1	箱	
7	电气胶带	—	若干	卷	
8	数字式万用表	—	1	台	

无线网桥的安装分为室外和室内两个部分，如图3-3-17所示。

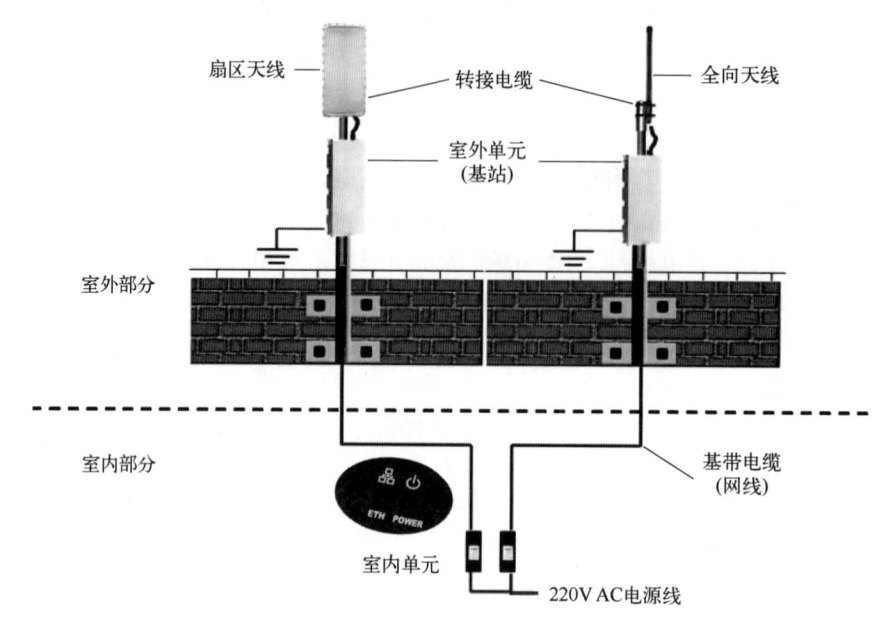

图3-3-17 无线网桥的安装

标准化操作步骤：
（1）天线必须用配套的卡具固定。
（2）馈线弯折度不可过小，需留有冗余。
（3）馈线接头处，必须做防水处理。
（4）设备底部的网线接口必须安装防水帽（因为无线设备的室内单元与室外单元之间的基带电缆，除了数据传输，还有两芯是电源，所以务必做好屏蔽和防水）。
（5）接地端子必须接地，避免雷击。
（6）保证室内单元的供电稳定（220V AC，50~60Hz）。
（7）室内单元放置在干净、干燥的位置。
（8）连接线美观，遵从横平竖直的原则。
（9）多个室内单元摆放保持整洁。

室外单元安装注意事项：
（1）室外天线的固定要牢固，连接跳线要与接头连接良好，并且做好防水措施，集成天线的SU（远端）除外。
（2）外接天线的转接线无明显的折、拧现象，馈线无裸露铜皮，无松动，馈线转弯处应圆滑均匀。
（3）接地端子要用标准的接地线与建筑的接地相连，免因雷击或其他原因引起的电涌烧毁设备或接口。
（4）防水帽必须拧紧。
（5）室外单元接口电缆注意固定。
（6）连接室外单元与室内单元的双绞线为RJ45接头，不要进行热插拔操作，以免烧毁设备或接头。

第三章　数据传输

3）无线网桥调试

(1) 开通无线系统的必要条件。

① ESSID(Extended Service Set Identifier，服务区别号) 一致。

② 频率一致。

③ IP 规划（便于统一集中管理）。

④ 接入站点与基站接入点之间无明显障碍物。

⑤ 天线配置合理。

⑥ 硬件安装符合规范。

(2) 硬件调试。

① 对天线进行校准与固定。

② 对基带电缆接头进行可靠性测试。

③ 对状态指示灯进行故障检测，以奥维通无线网桥状态指示灯为例，室外单元、室内单元如图 3-3-18 所示，状态指示灯说明见表 3-3-9。如安装其他设备请参考其使用手册。

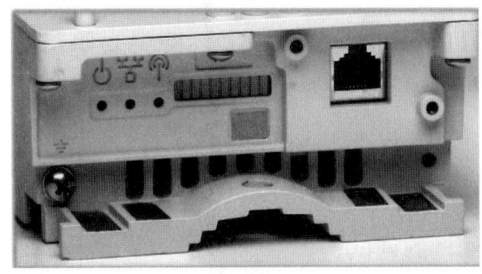

(a) 室外单元　　　　　　　　　　(b) 室内单元

图 3-3-18　室内单元、室外单元状态指示灯（奥维通）

表 3-3-9　室内单元、室外单元状态指示灯说明（奥维通）

室外单元

status	室外单元自检
Ethernet	以太网指示
W-LINK	无线链路状态指示
SNR LED	信噪比指示（限于 SU）

室内单元

Power	电源指示灯
ETH	自检、以太网连接指示

④ 将室内单元与室外单元进行连接，设备以 Breeze Access VL 为例，如图 3-3-19 所示。

(3) 软件调试。

无线网桥的设备多种多样，其调试软件也有多种以奥维通配套管理软件为例，对其设备进行调试。

无论是中心基站端（AU），还是远端站（SU），为正常通信和管理都需要进行以下几项配置：

(1) IP 地址及子网掩码：要求相互通信的设备必须在一个网段内。

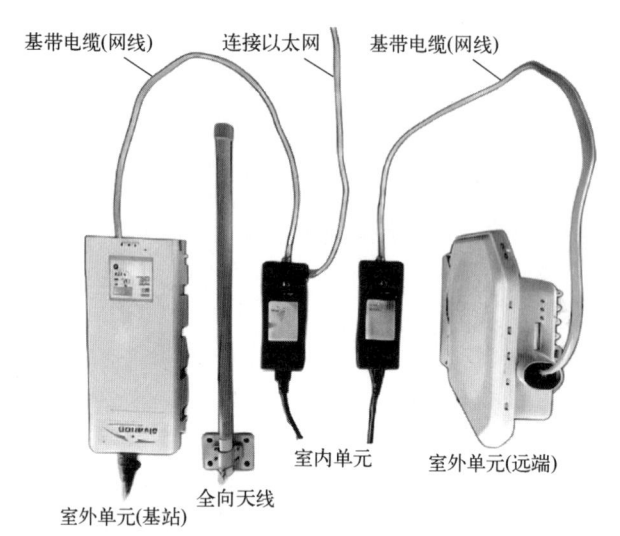

图 3-3-19 室内单元与室外单元的连接

（2）中心频点：相互通信的设备工作频率必须一致，默认状态下，远端站（SU）的频点是全部开放的。也就是说，只要设置了中心基站端（AU）的中心频点，远端站（SU）可以自动搜索中心基站端（AU），在其他条件也满足的情况下，与 AU 的中心频点同步，实现正常通信。

（3）ESSID：用来标识无线网络中不同工作单元的设备 ID 号，相互通信的设备必须具有相同的 ESSID。

以"brzmgr.exe"调试软件为例来演示网桥的调试。

打开软件，输入密码"private"，如图 3-3-20 所示。

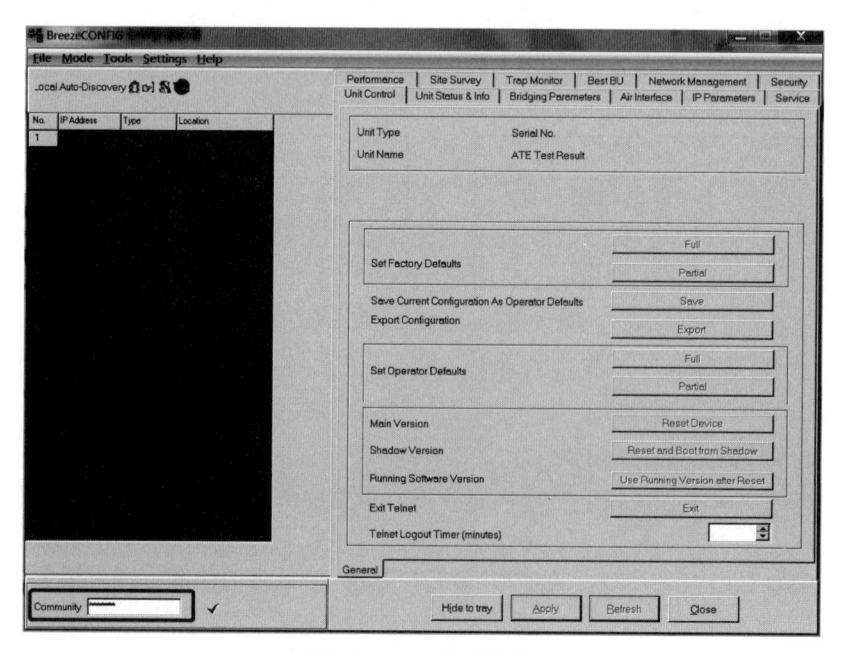

图 3-3-20 输入密码

第三章　数据传输

第一步：修改 IP 地址。

将本机的 IP 地址配置到与无线网桥设备同一网段内，点击"Local Auto-Discovery"搜索设备或点击定位设备，输入已知 IP 地址，如图 3-3-21 所示。

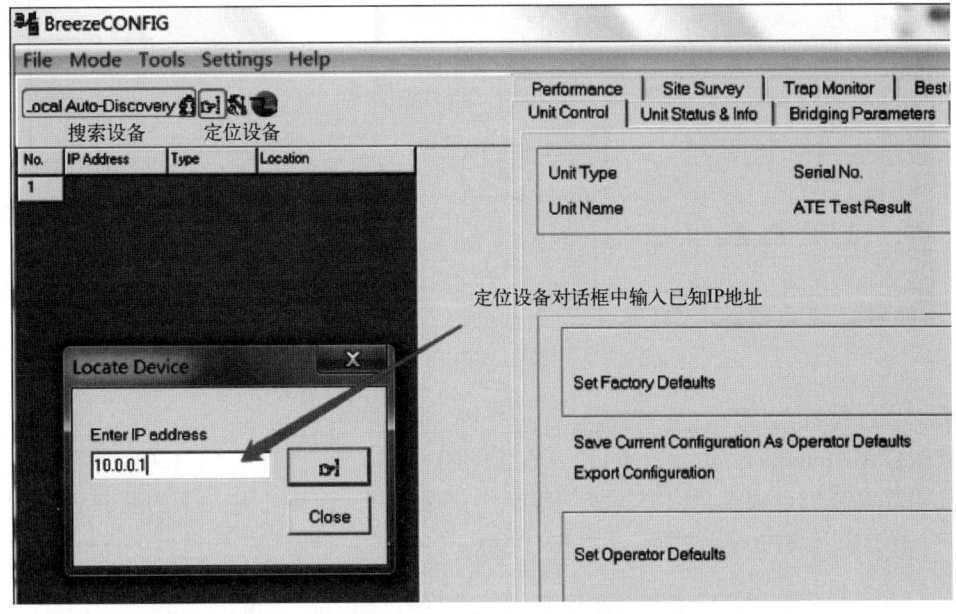

图 3-3-21　搜索、定位设备

注意：此设备的出厂默认 IP 地址为 10.0.0.1，子网掩码为 255.0.0.0（请以使用设备为准），当设备的 IP 地址未知时，在室内单元和室外单元正常连接的情况下，长按室内单元的"RESET!"按键即可恢复为出厂设置。

双击搜索出来的无线设备，点击"IP Parameters"（IP 参数），在"IP parameters"中输入规划的新 IP 地址、子网掩码、网关，点击下方的"Apply"（应用）即可，如图 3-3-22 所示。

图 3-3-22　修改 IP 地址

点击"Set IP Address"（设定 IP 地址）图标，在弹出的对话框中输入设备的 MAC 地址和规划好的 IP 地址、子网掩码、网关，如图 3-3-23 所示（建议将 MAC 地址后 4 位修改为 IP 地址，避免设备 MAC 地址冲突）。

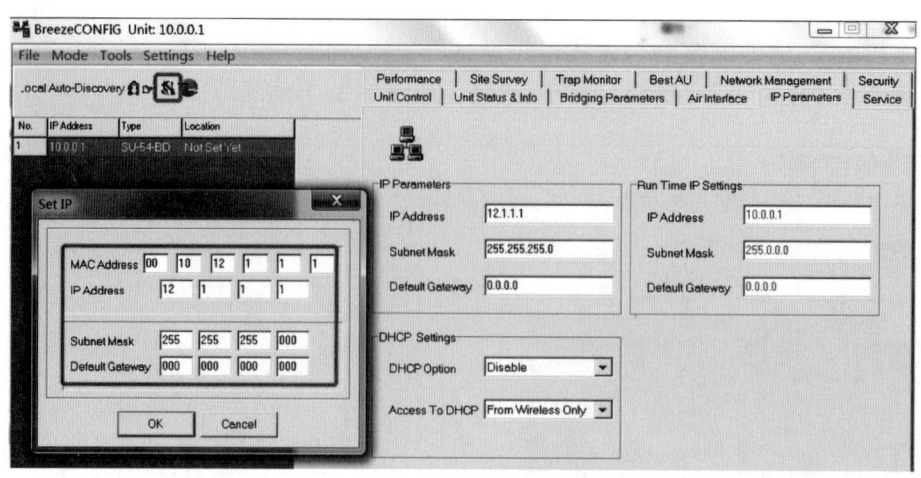

图 3-3-23　修改 MAC 地址

第二步：配置 ESSID。

点击"Air Interface"（无线接口），在 ESSID 中输入少于 31 位的 ASCII 字符，推荐将安装日期等安装信息编入，以方便维护等工作；保证同一个中心基站下的所有无线设备的 ESSID 一样，如图 3-3-24 所示。

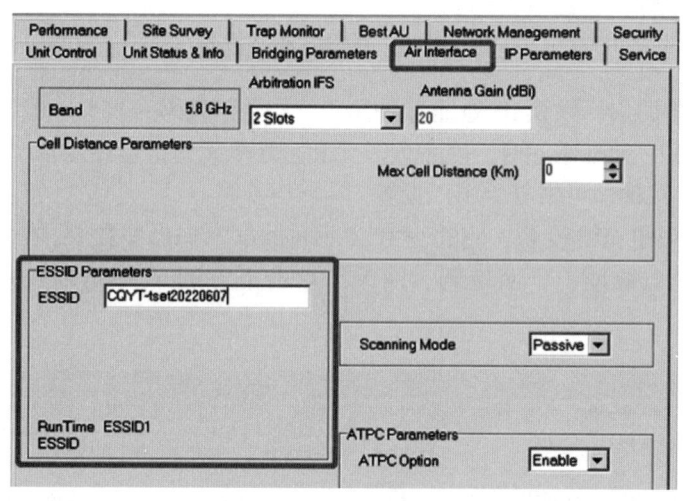

图 3-3-24　配置 ESSID

第三步：配置频率。

点击"Air Interface"（无线接口），在左下角选择"Frequency"，输入规划好的频率，如图 3-3-25 所示。需要注意的是，频率只需要修改中心基站端即可，远端站会自动扫描，匹配到 ESSID 号后自动更改频率。

第四步：配置设备名。

点击"Unit Status & Info"（设备状态信息），选择左下角"Unit Status"（设备状态），将界面中"Unit Name"（设备名称）和"Location"（安装位置）的信息修改为需要配置的设备名，建议修改为安装地点+设备类型，以便进行区分，如图 3-3-26 所示。

第三章　数据传输

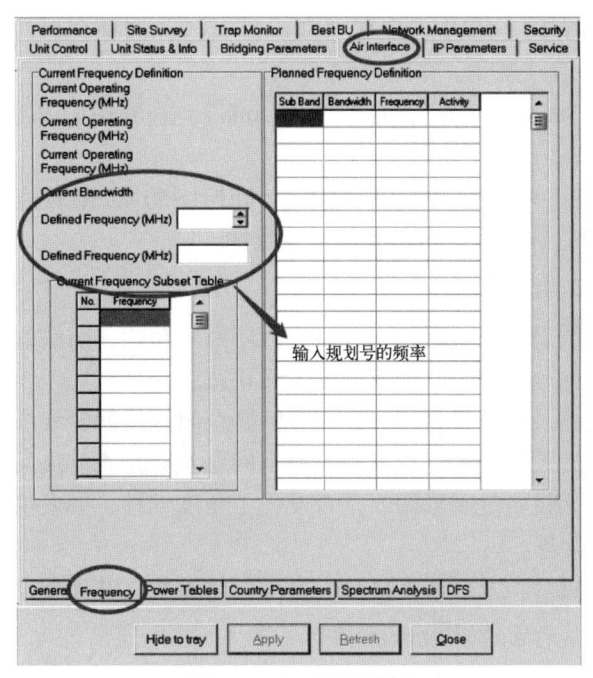

图 3-3-25　配置频率

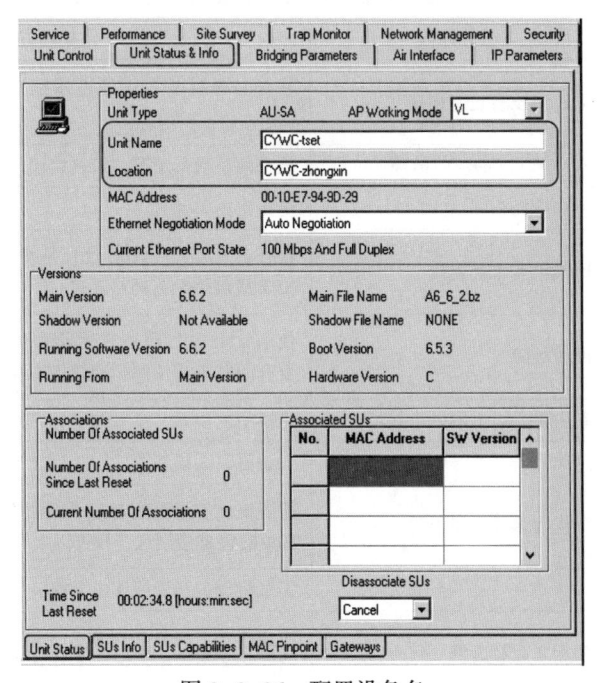

图 3-3-26　配置设备名

通信质量与传输带宽测试：

（1）首先 ping 本端无线设备的 IP 地址，测试本端设备的连接情况是否正常，ping 对端无线设备的 IP 地址，测试无线链路的运行情况是否正常，首先要保证 ping 本端设备正常，无丢包。

（2）在 BreezeCONFIG 软件中，点击"Site Survey"，选择"Per Mod. Level Counters"，查看远端站（SU）的信号强度，并记录 SNR 值。

（3）点击"Unit Status & Info"，选择"RB info"，查看中心基站端（AU）的信号强度，并记录 SNR 值。

注意：建议 50>SNR>23，当 SNR 值过大时（SNR>50），则通信效果不佳，如果一端的接收 SNR 与另一端差别很大，则需改善安装条件。

4. 无线网桥的日常维护

（1）周期性对无线设备进行巡检，同时进行防潮、防尘、防腐的维护工作。

（2）检查防雷接地是否完好，如有问题及时整改。

（3）检查供电线路及设备是否完好，如有问题及时更换问题线缆和设备。

（4）检查室内单元设备是否运行良好，如有问题及时排查解决问题。

（5）检查室外单元设备是否紧固，是否发生了角度偏移，如发生偏移，及时调整角度并重新紧固室外单元设备。

（6）网络调整变更后，及时清网排障，合理调整参数，并更新设备资料档案。

5. 无线网桥的常见故障及处理方法

无线网桥的常见故障及处理方法见表 3-3-10。

表 3-3-10　无线网桥的常见故障及处理方法

序号	故障现象	故障原因	处理方法
1	室内单元 Power 灯不亮	电源线没有正确连接	检查电源线是否正确连接到室内单元，电源插头是否插好
		室内单元 Power 灯故障	检查网桥通信情况，若网络正常，进行标记即可
		室内单元损坏	更换室内单元
2	室内单元 Link 灯不亮	网线没有正确连接	检查室内单元 RADIO 接口是否与室外单元连接，ETHERNET 接口是否与网络连接
		网线故障	使用 RJ45 测线仪器测试网线的 8 根线是否全部正常连接，若有问题则需按照标准线序重新制作网线
		室内单元以太网网口损坏	更换室内单元
3	信号质量高但是吞吐量低	干扰太多或多径干扰	尝试更改无线频段
			检查统计值是否有超过 10% 的包重传，检查是否有超过 10% 的包是错误包，检查以太网统计值
			尝试将设备和天线移出干扰区
4	信号质量低	两点之间有遮挡	检查两点之间是否可视，无遮挡，若有遮挡则需避开遮挡区，或建立中专点，避开遮挡区
		频段被干扰	更换无线频段
		天线安装有问题	检查天线高度
			检查天线极化方向
			检查天线调整角度

续表

序号	故障现象	故障原因	处理方法
5	信号质量下降，网络时断时续，甚至网络中断	天线未固定牢靠，或者是天线支架未固定牢靠，导致天线角度偏离正确方向	检查天线和天线支架是否固定牢固，若天线偏离，则重新对准后进行紧固
		接头防水没有处理好导致进水	打开两端的接头检查是否进水，若进水导致损坏需更换设备，做好防水处理
6	无线链路无法建立	无线网络参数设置不对	检查无线网络设置是否正确配置
		无线链路有遮挡	检查是否视距可视
		天线安装有问题	检查天线安装及设备连接是否正确
7	室外单元 ETH 灯亮红灯	网线没有正确连接	检查室内单元 RADIO 接口是否与室外单元连接，ETHERNET 接口是否与网络连接
		网线故障	使用 RJ45 测线仪器测试网线的 8 根线是否全部正常连接，若有问题则需按照标准线序重新制作网线
		室外单元以太网网口损坏	观察网口是否存在锈蚀、烧毁、缺损的情况，若存在以上情况则需更换室外单元

三、网络交换机

网络交换机是一个扩大网络的器材，能为子网络提供更多的连接端口，以便连接更多的计算机。随着通信业的发展以及国民经济信息化的推进，网络交换机市场呈稳步上升态势。它具有性能价格比高、高度灵活、相对简单、易于实现等特点。所以，以太网技术已成为当今最重要的一种局域网组网技术，网络交换机也就成了最普及的交换机。

1. 网络交换机的原理及分类

1）网络交换机的原理

当交换机收到数据时，它会检查它的目的 MAC 地址，然后把数据从目的主机所在的接口转发出去。交换机之所以能实现这一功能，是因为交换机内部有一个 MAC 地址表，MAC 地址表记录了网络中所有 MAC 地址与该交换机各端口的对应信息。某一数据帧需要转发时，交换机根据该数据帧的目的 MAC 地址来查找 MAC 地址表，从而得到该地址对应的端口，即知道具有该 MAC 地址的设备是连接在交换机的哪个端口上，然后交换机把数据帧从该端口转发出去，如图 3-3-27 所示。

（1）MAC 地址表初始化。

交换机刚启动时，MAC 地址表内无表项。

（2）MAC 地址表学习过程。

① PCA 发出数据帧。

② 交换机把 PCA 的帧中的源地址 MAC_A 与接收到此帧的端口 E1/0/1 关联起来。

③ 交换机把 PCA 的帧，从所有其他端口发送出去（除了接收到帧的端口 E1/0/1）。

④ PCB、PCC、PCD 发出数据帧。

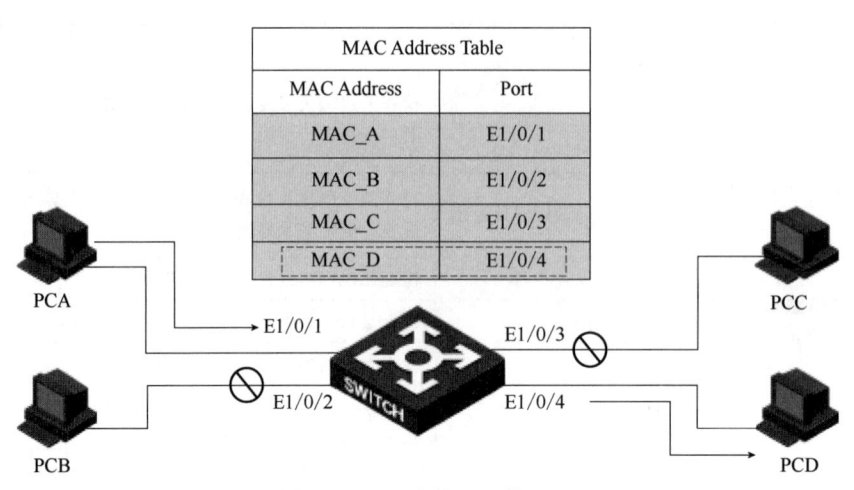

MAC Address Table	
MAC Address	Port
MAC_A	E1/0/1
MAC_B	E1/0/2
MAC_C	E1/0/3
MAC_D	E1/0/4

图 3-3-27　交换机工作原理

⑤ 交换机把接收到的帧中的源地址与相应的端口关联起来。

（3）数据帧转发过程。

① PCA 发出目的到 PCD 的数据帧。

② 交换机根据帧中的目的地址，从相应的端口 E1/0/4 发送出去。

③ 交换机不在其他端口上转发此单播数据帧。

2）网络交换机的分类

从广义上来看，交换机分为两种：广域网交换机和局域网交换机。

广域网交换机主要应用于电信领域，提供通信基础平台。而局域网交换机则应用于局域网络，用于连接终端设备，如 PC 机及网络打印机等。

按照现在复杂的网络构成方式，网络交换机被划分为接入层交换机、汇聚层交换机和核心层交换机。核心层交换机全部采用机箱式模块化设计，基本上都设计了与之相配备的 1000Base-T 模块。接入层支持 1000Base-T 的以太网交换机基本上是固定端口式交换机，以 10/100M 端口为主，并且以固定端口或扩展槽方式提供 1000Base-T 的上联端口。汇聚层 1000Base-T 交换机同时存在机箱式和固定端口式两种设计，可以提供多个 1000Base-T 端口，一般也可以提供 1000Base-X 等其他形式的端口。接入层和汇聚层交换机共同构成完整的中小型局域网解决方案。

按照交换机的可管理性，又可把交换机分为可管理型交换机和不可管理型交换机，它们的区别在于对 SNMP、RMON 等网管协议的支持。可管理型交换机便于网络监控、流量分析，但成本也相对较高。而有大中型网络在汇聚层应该选择可管理型交换机，在接入层视应用需要而定，核心层交换机则全部是可管理型交换机，可管理型交换机如图 3-3-28 所示。

2. 网络交换机的安装调试

1）交换机设备的安装

工具、用具准备，见表 3-3-11。

图 3-3-28 可管理（配置）型交换机

表 3-3-11 交换机安装调试所需工具、用具列表

序号	名称	规格	数量	单位	备注
1	防爆绝缘十字螺丝刀	—	1	把	
2	防爆绝缘一字螺丝刀	—	1	把	
3	多功能剥线钳	—	1	把	
4	网线钳	—	1	把	
5	网线	—	若干	米	

标准化操作步骤：
（1）用机柜专用十字螺钉，将交换机固定在机柜中。
（2）用黄绿接地线将交换机与网络机柜的接地端子相连接。
（3）制作网线将交换机与接入的终端设备相连接。
（4）给交换机通电，等待交换机运行平稳后则可进行配置。
2）交换机的基本配置
（1）交换机的登录方式。

登录交换机以对其进行配置管理，可分为本地或远程登录，本地通过 Console 口访问；远程登录使用 Telnet 终端访问或者使用 SSH 终端访问。

通常在设备的前面板上，有 Console 或 Con 单词标识的接口，即为设备的 Console 配置接口，有些设备会存在"con/aux"标识的接口，也代表着是 Console 配置接口。

电脑使用 Console 线缆连接到设备 Console 接口，电脑上使用 SecureCRT、Xshell、Putty 等工具进行登录，登录时，协议一定要选择"串口"或"serial"；目前电脑都已不配备串口（com），故需要 USB 转 COM 线缆。登录成功进入设备后，可进行相关配置操作，如图 3-3-29 所示。

（2）交换机的基本配置命令。

VLAN 技术简介：VLAN（虚拟局域网）是对连接到的第二层交换机端口的网络用户的逻辑分段，不受网络用户的物理位置限制而根据用户需求进行网络分段。一个 VLAN 可以在一个交换机或者跨交换机实现。VLAN 可以根据网络用户的位置、作用、部门或者根据网络用户所使用的应用程序和协议来进行分组。基于交换机的虚拟局域网能够为局域网解决冲突域、广播域、带宽问题。VLAN 相当于 OSI 参考模型的第二层的广播域，能够将广播风暴控制在一个 VLAN 内部，划分 VLAN 后，由于广播域的缩小，网络中广播包消耗带宽所占的比例大大降低，网络的性能得到显著的提高。不同的 VLAN 之间的数据传输是

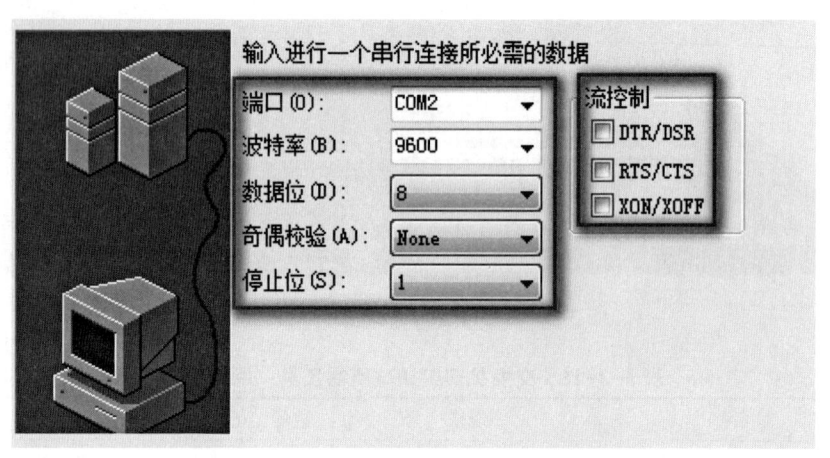

图 3-3-29　交换机 Console 口缺省配置

通过第三层（网络层）的路由来实现的，因此使用 VLAN 技术，结合数据链路层和网络层的交换设备可搭建安全可靠的网络。网络管理员通过控制交换机的每一个端口来控制网络用户对网络资源的访问，同时 VLAN 和第三层、第四层的交换结合使用能够为网络提供较好的安全措施。另外，VLAN 具有灵活性和可扩张性等特点，方便于网络维护和管理，这两个特点正是现代局域网设计必须实现的两个基本目标，在局域网中，有效利用虚拟局域网技术能够提高网络运行效率。

本节配置命令以新华三交换机为例。

交换机接口类型分为 Access 和 Trunk 口：

① Access 端口的 PVID（Port-base Vlan ID 即端口的虚拟局域网 ID 号）就是其所在的 VLAN，接收到不带标签的报文后打上 PVID 标签，发送时剥离数据帧的标签；常用于连接不需要识别 VLAN 标签的设备，如主机、路由器等。

② 允许多个 VLAN 数据帧通过的端口称为 Trunk 端口，一般用于交换机互联，或上联；Trunk 链路上除了缺省 VLAN 的数据帧，其他的都是带着标签走。Trunk 端口转发 PVID 的数据帧时剥掉标签，接收到不带标签的数据帧时打上 PVID。

配置登录用户，命令：

① <H3C>system-view　//进入配置视图。

②［H3C］　//配置视图（配置密码后必须输入密码才可进入配置视图）。

③［H3C］sysname xxx　//配置设备名＊＊＊（命名格式：一级单位_二级作业区_三级站点_设备型号）。

配置 Console 接口：

①［H3C］user-interface console 0　//进入 Console 端口用户界面视图。

②［H3C-line-Console0］authentication-mode password　//设置通过 Console 端口登录进行密码认证。

③［H3C-line-Console0］set authentication password simple 123456　//设置 Console 端口登录的明文密码为 123456。

注意：为保障安全性，设置的密码应为强密码。

配置 Telnet 远程登录账户：

① [H3C] Telnet server enable。

② [H3C] user-interface vty 0 63。

③ [H3C-line-vty0-63] user-role level-15。

④ [H3C-line-vty0-63] authentication-mode password。

⑤ [H3C-line-vty0-63] set authentication password simple 123456。

配置 Vlan 和 IP 地址（创建 Vlan，范围 1~4094）：

① [H3C] Vlan 801   //创建 Vlan 801，并进入 Vlan 801 配置视图，如果 Vlan 801 存在就直接进入 Vlan 801 配置视图。

② [H3C-Vlan10] quit   //回到配置视图。

③ [H3C] interface Vlan-interface 801   //进入 Vlan801 接口视图。

④ [H3C-Vlan-interface801] ip address 192.168.1.2 255.255.255.0   //定义 Vlan801 管理 IP（也可理解为交换机的 IP 地址）三层交换网关路由。

⑤ [H3C-Vlan-interface801] quit   //退出 Vlan801 接口配置。

配置端口链路并加入 Vlan 中：

① 单个端口配置。

[H3C] interface GigabitEthernet1/0/0   //进入 1 号插槽上的第一个千兆网口配置视图中，0 代表第一个接口。

② 配置为 Access 类型：

a. [H3C-GigabitEthernet1/0/0] port link-type access   //配置端口的链路类型为 Access 类型。

b. [H3C-GigabitEthernet1/0/0] port access Vlan 801   //将这个端口加入 Vlan 801 中。

c. [H3C-GigabitEthernet1/0/0] quit   //退出配置。

③ 配置为 Trunk 类型：

a. [H3C-GigabitEthernet1/0/0] port link-type trunk   //配置端口的链路类型为 Trunk 类型。

b. [H3C-GigabitEthernet1/0/0] port trunk permit Vlan all   //将这个端口加入所有 Vlan 中。

c. [H3C-GigabitEthernet1/0/0] quit   //退出配置。

④ 多端口批量配置（将 1~20 端口配置为 Access 类型，21~24 端口配置为 Trunk 类型）：

a. [H3C] interface range g1/0/1 to g1/0/20   //进入多个端口视图（千兆电口）。

b. [H3C-if-range] port link-type access   //配置端口的链路类型为 Access 类型。

c. [H3C-if-range] port access Vlan 801   //配置端口接入 Vlan 801 [H3C-if-range] quit。

d. [H3C] interface range g1/0/21 to g1/0/24   //进入多个端口视图（千兆电口）。

e. [H3C-if-range] port link-type trunk   //配置端口的链路类型为 Trunk 类型。

f. [H3C-if-range] port trunk permit Vlan all   //配置端口接入所有 Vlan 中。

g. [H3C-if-range] quit   //退出配置。

保存设置和重置命令：

① <H3C>save force   //强制保存配置信息。
② <H3C>reset saved-configuration   //重置交换机的配置。
③ <H3C>reboot   //重新启动交换机后配置恢复到出厂设置。

常用的显示命令（用户视图模式下）：
① <H3C>display esn   //显示设备硬件信息。
② <H3C>display version   //显示版本信息。
③ <H3C>display current-configuration configuration   //显示当前配置信息。
④ <H3C>display ip routing-table   //显示 IP 地址子网信息。
⑤ <H3C>display ip interface brief   //显示接口 IP 状态与配置信息。
⑥ <H3C>display Vlan all   //查看 Vlan 信息。
⑦ <H3C>display interface GigabitEthernet 1/0/24   //查看单个端口状态。
⑧ <H3C>display mac-address   //查看 MAC 地址列表。

3. 网络交换机的日常维护

（1）温度是设备维护避不开的问题，交换机能耗高，产生热量多，机房如果温度较高就会导致机器散热困难，造成交换机元件发生参数的变化，严重时还会发生设备损坏的情况。因而要控制好交换机机房的温度，一般 18~25℃较为适宜。

（2）湿度对交换机来说影响很大。空气太过干燥有静电的影响，空气太过潮湿不仅会使金属部件生锈，严重时还会引发电路短路。因此，交换机机房的湿度要维持在 40%~60%较为适宜。

（3）防尘除尘设备在运行时会产生电磁场，对灰尘会产生吸附力。交换机需要定期清洁，防止灰尘杂物进入交换机的里面，导致短路的出现，引发系统故障。同时要加强交换机机房的卫生，保持机房的干净整洁。

（4）不允许无故更换电路板和元器件，更不能私自拆卸交换机，在交换机出现故障时，要交给专业人员进行维修。

（5）定期检查软硬件的功能，记录好机房的环境温度和湿度的情况，输入电压、输出电压、电流、频率等指示的情况是否在正常的运行范围之内，测试各种音源的信号是否正常，检查备品、备件、工具、仪表是否齐全，充分了解好各系统的工作情况，做好记录和检查。

（6）安排专业的交换机维修人员周期性地做好服务器和维护终端的全面杀毒工作，确保各服务器的安全运行。

（7）制定好机房的各种规章制度，做好原始数据的记录制度，交换机操作人员的维护权限要进行合理有效的设定，避免由于人为原因造成系统故障，同时还要做好安全保密的工作。

（8）对于交换机数据的删减和修改，一定要先进行备份，以免丢失原始数据。

4. 网络交换机的常见故障及处理方法

交换机运行中出现故障是不可避免的，但出现故障后应当迅速地进行处理，尽快查出故障点，排除故障。要做到这一点，就必须了解交换机故障的类型及具备对故障进行分析和处理的能力。网络交换机的常见故障及处理方法，见表 3-3-12。

表 3-3-12 网络交换机常见故障及处理方法

序号	故障现象	故障原因	处理方法
1	电源故障	外部电源供电故障	检查外部电源是否正常
		供电电压不稳	检查供电电压是否稳定,可添加稳压器来避免瞬间高压或低压现象
2	端口故障	端口有杂物堵塞	电源关闭后,用酒精棉球清洗端口
		端口烧坏	通过更换所连端口位置,来判断其是否损坏,如确认端口损坏,则更换端口位置。更换端口位置时,需确认端口配置是否一直
3	背板故障	环境潮湿,电路板受潮短路	保障环境温度在正常范围内,确认电路板短路后,更换交换机重新配置
		元器件因高温、雷击等因素而受损,造成电路板不能正常工作	检查供电及接地是否正常,整改供电及接地后,更换交换机重新配置
4	交换机接口无法启动	接口连接错误	确认是否连接到了对应的接口上
		线缆或接头故障导致	检查线缆是否完好,更换有问题的线缆或接头
		两端光模块类型不一致	若确认两端光模块类型不一致,则需更换为类型一致的光模块
		收发光不能满足要求	收发光若不满足设备要求,则需更换满足要求的设备
5	同一交换机上的两台终端不能互相通信	终端本地连接有问题	检查终端的本地连接是否正常
		两台终端并未在同一 IP 网段	两台终端是否同一 IP 网段
		连接终端的交换机接口可能未设置成 UP	查看连接相应终端的接口配置是否已经 UP
		两台终端并未在同一 Vlan 中	两台终端的接口是否在同一 Vlan
6	交换机下的设备网络延迟高	上联端口带宽占用率高	在用户视图下用"dis int"命令查上联端口带宽,若端口带宽过高,则需升级带宽
		交换机中存在环路	在用户视图下用"display lldp neighbor-information list"命令查询端口是否环路,拔掉环路的其中一个接口

四、光纤收发器

1. 光纤收发器的原理及作用

光纤收发器是一种将短距离的双绞线电信号和长距离的光信号进行互换的以太网传输媒体转换单元,被称为光电转换器。

光纤收发器一般应用在以太网电缆无法覆盖、必须使用光纤来延长传输距离的实际网络环境中,同时在帮助把光纤"最后一公里"线路连接到城域网和更外层的网络上也发挥了巨大的作用。有了光纤收发器,也为需要将系统从铜线升级到光纤,为缺少资金、人力或时间的用户提供了一种廉价的方案。光纤收发器的作用是将要发送的电信号转换成光信号,并发送出去,同时,能将接收到的光信号转换成电信号,输入到接收端。

2. 光纤收发器的分类

国外和国内生产光纤收发器的厂商很多，产品线也极为丰富。为了保证与其他厂家的网卡、中继器、集线器和交换机等网络设备的完全兼容，光纤收发器产品必须严格符合 10Base-T、100Base-TX、100Base-FX、IEEE802.3 和 IEEE802.3u 等以太网标准，除此之外，在 EMC 防电磁辐射方面应符合 FCC Part15。

1）按性质分类

（1）单模光纤收发器：传输距离 20~120km。

（2）多模光纤收发器：传输距离 2~5km。

5km 光纤收发器的发射功率一般为 -20~-14dB，接收灵敏度为 -30dB，使用 1310nm 的波长；而 120km 光纤收发器的发射功率多为 -5~0dB，接收灵敏度为 -38dB，使用 1550nm 的波长。

2）按所需材料分类

（1）单纤光纤收发器：接收发送的数据在一根光纤上传输，单纤光纤收发器必须是 A、B 设备成对使用，不能两端同时用 A 设备或同时用 B 设备，如图 3-3-30 所示。

（2）双纤光纤收发器：接收发送的数据在一对光纤上传输，如图 3-3-31 所示。

单纤设备可以节省一半的光纤，即在一根光纤上实现数据的接收和发送，在光纤资源紧张的地方十分适用。这类产品采用了波分复用的技术，使用的波长多为 1310nm 和 1550nm。但由于单纤收发器产品没有统一国际标准，因此不同厂商产品在互联互通时可能会存在不兼容的情况。另外由于使用了波分复用，单纤收发器产品普遍存在信号衰耗大的特点。

图 3-3-30 单纤光纤收发器

图 3-3-31 双纤光纤收发器

3）按工作层次/速率分类

（1）100M 以太网光纤收发器：工作在物理层。

（2）10/100M 自适应以太网光纤收发器：工作在数据链路层。

按工作层次/速率来分，可以分为单 10M、单 100M 的光纤收发器、10/100M 自适应的光纤收发器和 1000M 光纤收发器以及 10/100/1000 自适应光纤收发器。其中单 10M 和单 100M 的收发器产品工作在物理层，在这一层工作的收发器产品是按位转发数据。该转发方式具有转发速度快、通透率高、时延低等方面的优势，适合应用于速率固定的链路上，同时由于此类设备在正常通信前没有一个自协商的过程，因此在兼容性和稳定性方面做得更好。

4）按结构分类

（1）桌面式（独立式）光纤收发器：独立式用户端设备。

（2）机架式（模块化）光纤收发器：安装于十六槽机箱，采用集中供电方式。

按结构来分，可以分为桌面式（独立式）光纤收发器和机架式光纤收发器。桌面式光纤收发器适用于单个用户，如满足楼道中单台交换机的上联。机架式（模块化）光纤收发器适用于多用户的汇聚，目前国内的机架多为 16 槽产品，即一个机架中最多可加插 16 个模块式光纤收发器，如图 3-3-32 所示。

图 3-3-32　机架式（模块化）光纤收发器

5）按管理类型分类

（1）非网管型以太网光纤收发器：即插即用，通过硬件拨码开关设置电口工作模式。

（2）网管型以太网光纤收发器：支持电信级网络管理。

用户端网管主要可以分为三种方式：

第一种是在局端和客户端设备之间运行特定的协议，协议负责向局端发送客户端的状态信息，通过局端设备的 CPU 来处理这些状态信息，并提交给网管服务器。

第二种是局端的光纤收发器可以检测到光口上的光功率，因此当光路上出现问题时可根据光功率来判断是光纤上的问题还是用户端设备的故障。

第三种是在用户端的光纤收发器上加装主控 CPU，这样网管系统一方面可以监控到用户端设备的工作状态，另一方面还可以实现远程配置和远程重启。

在这三种用户端网管方式中，前两种严格来说只是对用户端设备进行远程监控，而第三种才是真正的远程网管。但由于第三种方式在用户端添加了 CPU，从而也增加了用户端设备的成本，因此在价格方面前两种方式会更具优势一些。

6）按电源分类

（1）内置电源光纤收发器：内置开关电源为电信级电源。

（2）外置电源光纤收发器：外置变压器电源多使用在民用设备上。

7）按工作方式分类

（1）全双工方式（full duplex）：当数据的发送和接收分流，分别由两根不同的传输线传送时，通信双方都能在同一时刻进行发送和接收操作，这样的传送方式就是全双工制。在全双工方式下，通信系统的每一端都设置了发送器和接收器，因此，能控制数据同时在两个方向上传送。全双工方式无须进行方向的切换，因此，没有切换操作所产生的时间延迟。

（2）半双工方式（half duplex）：使用同一根传输线既作接收又作发送，虽然数据可以在两个方向上传送，但通信双方不能同时收发数据，这样的传送方式就是半双工制。采用半双工方式时，通信系统每一端的发送器和接收器，通过收/发开关转接到通信线上，进行方向的切换，因此，会产生时间延迟。

3. 光纤收发器的连接方式

1）环形骨干网

环形骨干网是利用生成树特性构建城域范围内的骨干，这种结构可以变形为网状结构，适合于城域网上高密度的中心小区，形成容错的核心骨干网络。环形骨干网对IEEE.1Q及ISL网络特性的支持，可以保证兼容于绝大多数主流的骨干网络，如跨交换机的Vlan、Trunk等功能。环形骨干网可组建宽带虚拟专网。

2）链形骨干网

链形骨干网利用链形的联接可以节省大量的骨干光纤数量，适合于边缘及造高带宽低价位的骨干网络，该模式同时可用于输油、输电线路等环境。链形骨干网对IEEE802.1Q及ISL网络特性的支持，可以保证兼容于绝大多数的骨干网络。链形骨干网是可以提供图像、语音、数据及实时监控综合传输的多媒体网络。

3）用户接入系统

用户接入系统利用10Mbps/100Mbps自适应及10Mbps/100Mbps自动转换功能，可以连接任意的用户端设备，无须准备多种光纤收发器，可为网络提供平滑的升级方案。同时利用半双工/全双工自适应，及半双工/全双工自动转换功能，可以在用户端配置廉价的半双工HUB，几十倍地降低用户端的组网成本，提高网络运营商的竞争力。

4. 光纤收发器的常见故障及处理方法

光纤收发器的常见故障及处理方法见表3-3-13。

表3-3-13　光纤收发器常见故障及处理方法

序号	故障现象	故障原因	处理方法
1	Power 灯不亮	电源故障	检查供电电源，恢复供电
		设备故障	更换光纤收发器
2	LOS 灯不亮	从机房到用户端的光缆断开	重新熔接光缆
		SC 尾纤与光纤收发器的插槽没有插好或者已经断开	重新插拔 SC 尾纤，或更换 SC 尾纤
3	Link 灯不亮	光纤线路断路	利用 OTDR 查找断点，重新熔接
		光纤损耗过大，超过接收范围	利用 OTDR 排查光纤损耗过大的原因并解决，降低光纤损耗
		光纤口连接错误	检查光纤接口是否连接正确，本地的 TX 与远方的 RX 连接，远方的 TX 与本地的 RX 连接
		设备不匹配	检查光纤连接器是否完好插入设备接口，跳线类型是否与设备接口匹配，设备类型是否与光纤匹配，设备传输长度是否与距离匹配

续表

序号	故障现象	故障原因	处理方法
4	网络丢包严重	收发器的电端口与网络设备接口，或两端设备接口的双工模式不匹配	在交换机中或设备信息上查看工作模式，选择工作模式匹配的设备
		双绞线与RJ45接头故障	用网线测试仪测试网线的通断，确认故障则更换或重做网线
		光纤连接问题，跳线没有对准设备接口，尾纤与跳线及耦合器类型不匹配等	重新插拔跳线，确定尾纤与跳线及耦合器类型匹配
5	光纤收发器连接后两端不能通信	光纤接反	将TX和RX所接光纤对调，观察通信灯是否正常
		双绞线与RJ45接头故障	用网线测试仪测试网线的通断，确认故障则更换或重做网线
		光纤接口不匹配	光纤接口（陶瓷插芯）不匹配，此故障主要体现在100M带光电互控功能的收发器上，如APC插芯的尾纤接到PC插芯的收发器上将不能正常通信，但接非光电互控收发器没有影响
6	时通时断现象	光路衰减太大	用光功率计测量接收端的光功率，如果在接收灵敏度范围附近，1~2dB范围之内可基本判断为光路故障，需要重新熔接光缆降低衰减
		收发器连接的交换机接口故障	把交换机换成PC，即两台收发器直接与PC连接，两端对ping，如未出现时通时断现象可基本判断为交换机故障，需更换交换机上所插接口位置，或更换交换机重新配置
		收发器故障	把收发器两端接PC（不要通过交换机），两端对ping没问题后，从一端向另一端传送一个较大文件（100M）以上，观察它的速度，如速度很慢（200M以下的文件传送15min以上），可基本判断为收发器故障，则需更换光纤收发器

五、光模块

1. 光模块原理

光模块称为光收发一体模块是光通信的核心器件，完成对光信号的光—电/电—光转换。

2. 光模块的组成

由两部分组成：接收部分和发射部分。接收部分实现光—电变换，发射部分实现电—光变换。

发射部分：输入一定码率的电信号经内部的驱动芯片处理后驱动半导体激光器（LD）或发光二极管（LED）发射出相应速率的调制光信号，其内部带有光功率自动控制电路（APC），使输出的光信号功率保持稳定。

接收部分：一定码率的光信号输入模块后由光探测二极管转换为电信号，经前置放大器后输出相应码率的电信号，输出的信号一般为 PECL 电平。同时在输入光功率小于一定值后会输出一个告警信号。如图 3-3-33、图 3-3-34 所示。

图 3-3-33　多模千兆光模块

图 3-3-34　单模千兆光模块

3. 光模块的参数及意义

对于 GBIC 和 SFP 这两种热插拔光模块而言，选用时最关注的就是下面三个参数：

(1) 中心波长、单位纳米（nm），目前主要有 3 种：850nm、1310nm、1550nm。

① 850nm：MM，多模，成本低但传输距离短，一般只能传输 500m。

② 1310nm：SM，单模，传输过程中损耗大但色散小，一般用于 40km 以内的传输。

③ 1550nm：SM，单模，传输过程中损耗小但色散大，一般用于 40km 以上的长距离传输，最远可以无中继直接传输 120km。

(2) 传输速率，每秒钟传输数据的比特数（bit），单位 bps，目前常用的有 4 种：155Mbps、1.25Gbps、2.5Gbps、10Gbps。

传输速率一般向下兼容，因此 155M 光模块也称百兆光模块，1.25G 光模块也称千兆光模块，这是目前光传输设备中应用最多的模块，10Gbps 光模块也称万兆光模块。

此外，在光纤存储系统（SAN）中它的传输速率有 2Gbps、4Gbps 和 8Gbps。

(3) 传输距离，光信号无须中继放大可以直接传输的距离，单位 km。光模块一般有以下几种规格：多模 550m，单模 15km、40km、80km 和 120km 等。

4. 光模块的安装

首先在光模块安装之前，我们需要进行仔细检查：

(1) 检查导电金属，一个好的收发模块应该看起来明亮整洁。

(2) 检查捆包扣是否完好。

(3) 检查光模块端口接口，确保里面没有明显的问题。

(4) 检查跳线的插芯是否完好。

完成初步检查，确保相关设备与模块均无问题后，开始安装光模块：

(1) 取下准备安装光模块的设备插槽的防尘塞。

注意：若不是立刻安装光模块，请勿拔下设备插槽上的防尘塞，否则会造成设备端口被污染。

（2）将光模块水平插入设备插槽中，若听到"咔哒"声则光模块被正确插入。
（3）取下光纤跳线防尘帽，对光纤插芯进行清洁，将跳线插入光模块接口。
（4）对链路另一端的光模块重复上述步骤。
（5）检查端口 LED 状态。

5. 光模块的常见故障及处理方法

光模块常见故障及处理方法见表 3-3-14。

表 3-3-14　光模块常见故障及处理方法

序号	故障现象	故障原因	处理方法
1	两个光模块互联后光口灯不亮	两端光模块的参数不匹配，如波长、速率和传输距离	在交换机或者现场光模块上查看参数信息，将两端更换为参数匹配的光模块
		所使用的光纤跳线类型与光模块不匹配	更换与光模块类型匹配的跳线
		光模块与交换机不兼容	更换与交换机兼容的光模块
		两端光口不在同一个网关，或者一个同 Vlan	两端交换机的光口配置成同网关，同 Vlan
		光纤线路问题	（1）用 OTDR 检查光纤线路是否完好，检查设备接口与光纤跳线连接是否松动，光纤跳线与耦合器连接是否松动 （2）检查光纤线路损耗是否过大，是否超出所用发射/接收对的损耗预算，如果超出需排查光纤是否有挤压、弯曲、拉伸的情况，若以上情况都不存在，则需重新熔接光缆
		光纤与光模块连接有误	检查光接口是否正确连接，远方 TX 和本地 RX 连接，远方 RX 和本地 TX 连接
2	网络链路不通	光口污染和损伤引起的光链路不通	光模块如果不使用的情况下必须盖好防尘帽，避免灰尘污染光口引起链路不通，如果污染不严重，用酒精棉擦拭光口进行清理，如果污染严重或者损伤则需更换光模块
		光纤连接器端面污染或故障	光纤连接器在安装、调试及维护过程中多次插拔操作不当导致端面污染，用酒精棉擦拭端面即可，若端面污染严重或故障，则需更换光模块
		光纤不匹配	在没有多余单模光纤的情况下，多模光纤可以配合单模光模块使用，但最好单模模块对应单模光纤，多模模块对应多模光纤
		光纤模块的金手指导电金属缺失	若光纤模块的金手指导电金属缺失，或没有光泽，则需更换光模块

六、防火墙

1. 防火墙的概念、功能及类型

1）防火墙定义

"防火墙"是指一种将内部网和公众访问网（如 Internet）分开的方法，它实际上是一种建立在现代通信网络技术和信息安全技术基础上的应用性安全技术、隔离技术，其设备如图 3-3-35 所示。

图 3-3-35　防火墙设备

防火墙主要是借助硬件和软件，作用于内部和外部网络环境间产生的一种保护屏障，从而实现对计算机不安全网络因素的阻断。只有在防火墙同意情况下，用户才能够进入计算机内，如果不同意就会被阻挡于外。

防火墙技术的警报功能十分强大，在外部的用户要进入到计算机内时，防火墙就会迅速发出相应的警报，提醒用户的行为，并进行自我的判断来决定是否允许外部的用户进入内部，只要是在网络环境内的用户，这种防火墙都能够进行有效的查询，同时把查到的信息向用户显示，然后用户需要按照自身需要对防火墙实施相应设置，对不允许的用户行为进行阻断。

通过防火墙还能够对信息数据的流量实施有效查看，并且还能够对数据信息的上传和下载速度进行掌握，便于用户对计算机使用的情况具有良好的控制判断，计算机的内部情况也可以通过这种防火墙进行查看，它还具有启动与关闭程序的功能，而计算机系统的内部具有的日志功能，其实也是防火墙对计算机的内部系统实时安全情况与每日流量情况进行的总结和整理。

防火墙是在两个网络通信时执行的一种访问控制尺度，能最大限度阻止网络中的黑客访问你的网络。它是设置在不同网络（如可信任的企业内部网和不可信的公共网）或网络安全域之间的一系列部件的组合。它是不同网络或网络安全域之间信息的唯一出入口，能根据企业的安全政策控制（允许、拒绝、监测）出入网络的信息流，且本身具有较强的抗攻击能力。它是提供信息安全服务，实现网络和信息安全的基础设施。在逻辑上，防火墙是一个分离器，一个限制器，也是一个分析器，有效地监控内部网和 Internet 之间的任何活动，保证内部网络的安全。

2）防火墙的功能

防火墙对流经它的网络通信进行扫描，这样能够过滤掉一些攻击，以免其在目标计算机上被执行。防火墙还可以关闭不使用的端口,能禁止特定端口的流出通信,封锁木马。最后,它可以禁止来自特殊站点的访问,从而防止来自不明入侵者的所有通信。

(1) 网络安全的屏障。

一个防火墙(作为阻塞点、控制点)能极大地提高一个内部网络的安全性,并通过过滤不安全的服务而降低风险。由于只有经过精心选择的应用协议才能通过防火墙,所以网络环境变得更安全。

防火墙可以禁止不安全的协议进出受保护的网络,这样外部的攻击者就不可能利用脆弱的协议来攻击内部网络。防火墙同时可以保护网络免受基于路由的攻击,如 IP 选项中的源路由攻击和 ICMP(Internet Control Message Protocol,即网络控制报文协议)重定向中的重定向路径,防火墙可以拒绝所有以上类型攻击的报文并通知防火墙管理员。

(2) 强化网络安全策略。

通过以防火墙为中心的安全方案配置,能将所有安全软件(如口令、加密、身份认证、审计等)配置在防火墙上。与将网络安全问题分散到各个主机上相比,防火墙的集中安全管理更经济。

例如,在网络访问时,一次一密口令系统和其他的身份认证系统完全可以不必分散在各个主机上,可集中配置在防火墙上。

(3) 监控审计。

如果所有的访问都经过防火墙,防火墙就能记录下这些访问,并做出日志记录,同时也能提供网络使用情况的统计数据。当发生可疑动作时,防火墙能进行适当的报警,并提供网络是否受到监测和攻击的详细信息。

收集一个网络的使用和误用情况也是非常重要的。首先是可以清楚防火墙是否能够抵挡攻击者的探测和攻击,其次是清楚防火墙的控制是否充足,而网络使用统计也可用于网络需求分析和威胁分析。

(4) 防止内部信息的外泄。

通过利用防火墙对内部网络的划分,可实现内部网重点网段的隔离,从而限制了局部重点或敏感网络安全问题对全局网络造成的影响。

再者,隐私是内部网络非常关心的问题,一个内部网络中不引人注意的细节可能包含了有关安全的线索而引起外部攻击者的兴趣,甚至因此暴露了内部网络的某些安全漏洞。使用防火墙就可以隐蔽那些透漏内部细节,如 Finger、DNS 等服务。Finger 服务显示主机的所有用户的注册名、真名,最后登录时间等信息。但是 Finger 显示的信息非常容易被攻击者所获悉。攻击者可以知道一个系统使用的频繁程度,这个系统是否有用户正在连线上网,这个系统是否在被攻击时引起注意等。

防火墙可以同样阻塞有关内部网络中的 DNS 信息,这样一台主机的域名和 IP 地址就不会被外界所了解。除了安全作用,防火墙还支持具有 Internet 服务性的企业内部网络技术体系虚拟专用网(VPN)。

3) 防火墙的主要类型

(1) 过滤型防火墙。

过滤型防火墙是在网络层与传输层中,可以基于数据源头的地址以及协议类型等标志特征进行分析，确定是否可以通过。在符合防火墙规定标准之下，满足安全性能以及类型才可以进行信息的传递，而一些不安全的因素则会被防火墙过滤、阻挡。

（2）应用代理类型防火墙。

应用代理防火墙主要的工作范围就是在 OSI 的最高层，位于应用层之上。其主要的特征是可以完全隔离网络通信流，通过特定的代理程序就可以实现对应用层的监督与控制。这两种防火墙是应用较为普遍的防火墙，其他一些防火墙应用效果也较为显著，在实际应用中要综合具体的需求以及状况合理选择防火墙的类型，这样才可以有效地避免防火墙的外部侵扰等问题的出现。

（3）复合型。

目前应用较为广泛的防火墙技术当属复合型防火墙技术，综合了包过滤防火墙技术以及应用代理防火墙技术的优点。例如，发过来的安全策略是包过滤策略，那么可以针对报文的报头部分进行访问控制；如果安全策略是代理策略，就可以针对报文的内容数据进行访问控制，因此复合型防火墙技术综合了其组成部分的优点，同时摒弃了两种防火墙的原有缺点，大大提高了防火墙技术在应用实践中的灵活性和安全性。

2. 防火墙部署方式

防火墙是为加强网络安全防护能力在网络中部署的硬件设备，有多种部署方式，常见的有桥模式、网关模式和 NAT 模式等。

1）桥模式

桥模式也称为透明模式。最简单的网络由客户端和服务器组成，客户端和服务器处于同一网段。为了安全方面的考虑，在客户端和服务器之间增加了防火墙设备，对经过的流量进行安全控制。正常的客户端请求通过防火墙送达服务器，服务器将响应返回给客户端，用户不会感觉到中间设备的存在。工作在桥模式下的防火墙没有 IP 地址，当对网络进行扩容时无须对网络地址进行重新规划，但牺牲了路由、VPN 等功能。

2）网关模式

网关模式适用于内外网不在同一网段的情况，防火墙设置网关地址实现路由器的功能，为不同网段进行路由转发。网关模式相比桥模式具备更高的安全性，在进行访问控制的同时实现了安全隔离，具备了一定的私密性。

3）NAT 模式

网络地址转换技术（Network Address Translation，NAT）由防火墙对内部网络的 IP 地址进行地址翻译，使用防火墙的 IP 地址替换内部网络的源地址向外部网络发送数据；当外部网络的响应数据流量返回防火墙后，防火墙再将目的地址替换为内部网络的源地址。NAT 模式能够实现外部网络不能直接看到内部网络的 IP 地址，进一步增强了对内部网络的安全防护。同时，在 NAT 模式的网络中，内部网络可以使用私网地址，可以解决 IP 地址数量受限的问题。

如果在 NAT 模式的基础上需要实现外部网络访问内部网络服务的需求时，还可以使用地址/端口映射（MAP）技术，在防火墙上进行地址/端口映射配置，当外部网络用户需要访问内部服务时，防火墙将请求映射到内部服务器上；当内部服务器返回相应数据时，防火墙再将数据转发给外部网络。使用地址/端口映射技术实现了外部用户能够访问内部服务，但是外部用户无法看到内部服务器的真实地址，只能看到防火墙的地址，增强了内部服务器的安全性。

3. 防火墙的具体应用

1）内网中的防火墙技术

防火墙在内网中的设定位置是比较固定的，一般将其设置在服务器的入口处，通过对外部的访问者进行控制，从而达到保护内部网络的作用，而处于内部网络的用户，可以根据自己的需求明确权限规划，使用户可以访问规划内的路径。总的来说，内网中的防火墙主要起到以下两个作用：一是认证应用，内网中的多项行为具有远程的特点，只有在约束的情况下，通过相关认证才能进行；二是记录访问记录，避免自身的攻击，形成安全策略。

2）外网中的防火墙技术

应用于外网中的防火墙，主要发挥其防范作用，外网在防火墙授权的情况下，才可以进入内网。针对外网布设防火墙时，必须保障全面性，促使外网的所有网络活动均可在防火墙的监视下，如果外网出现非法入侵，防火墙则可主动拒绝为外网提供服务。基于防火墙的作用下，内网对于外网而言，处于完全封闭的状态，外网无法解析到内网的任何信息。防火墙成为外网进入内网的唯一途径，所以防火墙能够详细记录外网活动，汇总成日志，防火墙通过分析日常日志，判断外网行为是否具有攻击特性。

4. 防火墙的缺点

1）可阻断攻击，不能消灭攻击源

互联网上病毒、木马、恶意试探等造成的攻击行为络绎不绝。设置得当的防火墙能够阻挡他们，但是无法清除攻击源。即使防火墙进行了设置，使得攻击无法穿透防火墙，但各种攻击仍然会源源不断地向防火墙发出尝试。

2）不能抵抗未设置策略的攻击漏洞

如同杀毒软件与病毒一样，总是先出现病毒，杀毒软件经过分析出特征码后加入病毒库内才能查杀。防火墙的各种策略，也是在该攻击方式经过专家分析后给出其特征进而设置的。

3）并发连接数限制易导致拥塞或者溢出

由于要判断、处理流经防火墙的每一个包，因此防火墙在流量大、并发请求多的情况下，很容易导致拥塞，成为整个网络的瓶颈影响性能。而当防火墙溢出的时候，整个防线就如同虚设，原本被禁止的连接也可从容通过。

4）无法阻止合法开放端口的攻击

攻击者利用服务器提供的服务进行缺陷攻击。例如，利用开放端口取得超级权限进行脚本攻击等。由于其行为在防火墙看来是"合理"和"合法"的，因此就被简单地放行了。

5）无法阻止内部发起的攻击

"外紧内松"是一般局域网络的特点。严密防守的防火墙内部网络可能是混乱的。如果从其他途径中木马的机器，主动对攻击者连接，可将铁壁一样的防火墙瞬间破坏掉。另外，防火墙内部各主机间的攻击行为，防火墙也无法进行阻止。

6）自身也有可能存在漏洞

防火墙也有硬件系统和软件，因此依然会存在漏洞，所以其自身也可能受到攻击和出现软件或硬件方面的故障。

7）防火墙不处理病毒

内部网络用户下载外网带毒文件的时候，防火墙是无法阻止的（这里的防火墙不是指单机/企业级的杀毒软件中的实时监控功能，虽然它们都叫"病毒防火墙"）。

七、网闸

1. 网闸的概念及发展

1）网闸的概念

网闸（GAP）全称安全隔离网闸，是一种由带有多种控制功能专用硬件在电路上切断网络之间的链路层连接，并能够在网络间进行安全适度的应用数据交换的网络安全设备。是新一代高安全度的企业级信息安全防护设备，它依托安全隔离技术为信息网络提供了更高层次的安全防护能力，不仅使得信息网络的抗攻击能力大大增强，而且有效地防范了信息外泄事件的发生。

2）网闸的发展

第一代网闸的技术原理是利用单刀双掷开关使得内外网的处理单元分时存取共享存储设备来完成数据交换的，安全原理是通过对应用层数据提取与安全审查达到杜绝基于协议层的攻击和增强应用层安全的效果。

第二代网闸正是在吸取了第一代网闸优点的基础上，创造性地利用全新理念的专用交换通道 PET(Private Exchange Tunnel) 技术。在不降低安全性的前提下能够完成内外网之间高速的数据交换，有效地克服了第一代网闸的弊端，第二代网闸的安全数据交换过程是通过专用硬件通信卡、私有通信协议和加密签名机制来实现的。虽然仍是通过应用层数据提取与安全审查达到杜绝基于协议层的攻击和增强应用层安全效果的，但却提供了比第一代网闸更多的网络应用支持，并且由于其采用的是专用高速硬件通信卡，使得处理能力大大提高，达到第一代网闸的几十倍之多。私有通信协议和加密签名机制保证了内外处理单元之间数据交换的机密性、完整性和可信性，从而在保证安全性的同时，提供更好的处理性能，能够适应复杂网络对隔离应用的需求。

2. 网闸的组成

安全隔离网闸是由软件和硬件组成，隔离网闸分为两种架构，一种为双主机的"2+1"架构网闸，另一种为三主机的三系统架构网闸。

（1）双主机的"2+1"架构网闸中，"2"分为内端机和外端机两个部分，"1"为传输介质，我们一般称为"数据媒介"，只是简单的物理硬件。本身不具有操作系统，没有任何智能，主要用于内/外端机的简单摆渡，不会对摆渡的信息作任何检查或过滤。

硬件上二机分别独立，但软件上分为内端机、外端机与仲裁机。由于仲裁系统没有自已独立的硬件架构，所以仲裁系统只有附载在内端机和外端机的其中一端上面（一般附载在内端机上，有些网闸产品可能会附载在内外端机上，内外端机需要分开来配置，相对来说安全性更低）。

由于内（外）端机在网络中运行时，需要与网络进行实时的通信，且仲裁系统附载在内（外）端机上。仲裁系统就与内（外）端机一样，是网络协议可达的，既然是通用协议可达，那么仲裁系统本身就有可能受来自网络的攻击。一旦仲裁系统受到黑客攻击，进而控制仲裁系统，那么黑客本身很有可能构建出不受控的通路。攻击者就有可能对所隔离的客户的重要机密信息做出各种非法的事情，这样严重影响到隔离的效果，从而给用户造成不可估量的损失，后果不堪设想。

（2）三主机三系统架构网闸，分别为内端机、外端机和仲裁机。三机的软件和硬件均各自独立。硬件上三机都用各自独立的主板、内存及存储设备，软件上三机有各自独立的操作系统，所以三机是完全独立。

仲裁系统附载于与内外端机完全独立的仲裁机上，仲裁机采用专用硬件和专用协议与内外端机相连。这样仲裁系统与外界的 TCP/IP 协议完全隔离，任何人不可能通过通用的网络协议连接到仲裁系统上，更不可能通过网络协议来攻击仲裁机或控制仲裁机。

3. 网闸的用途

安全隔离阀门的功能模块有：安全隔离、内核防护、协议转换、病毒查杀、访问控制、安全审计、身份认证，其主要作用有两种。

（1）防止未知和已知木马攻击。通常见到的木马大部分是基于 TCP 的，由于木马的客户端和服务器端需要建立连接，而安全隔离网闸由于使用了自定义的私有协议（不同于通用协议），使得支持传统网络结构的所有协议均失效。从原理上就切断所有的 TCP 连接，使各种木马无法通过网闸进行通信。从而可以防止未知和已知的木马攻击。

（2）具有防病毒措施。作为提供数据交换的隔离设备，安全隔离网闸上内嵌病毒查杀的功能模块，可以对交换的数据进行病毒检查。

4. 网闸与其他隔离设备的区别

（1）网闸与物理隔离卡最主要的区别：网闸能够实现两个网络间自动的安全适度的信息交换。物理隔离卡只能提供一台计算机在两个网之间切换，并且需要手动操作。大部分的隔离卡还要求系统重新启动以便切换硬盘。

（2）网闸与网络交换机的区别：网闸在网络间进行的安全适度的信息交换是在网络之间不存在链路层连接的情况下进行的。网闸直接处理网络间的应用层数据，利用存储转发的方法进行应用数据的交换，在交换的同时，对应用数据进行的各种安全检查。路由器、交换机则保持链路层畅通，在链路层之上进行 IP 包等网络层数据的直接转发，没有考虑网络安全和数据安全的问题。

（3）网闸与防火墙的区别：防火墙一般在进行 IP 包转发的同时，通过对 IP 包的处理，实现对 TCP 会话的控制，但是对应用数据的内容不进行检查。这种工作方式无法防止泄密，也无法防止病毒和黑客程序的攻击。

第四节　机房管理

一、机房管理标准

机房是信息系统的中枢，只有构建一个高可用性的整体机房环境，才能保证系统软硬件和数据免受外界因素的干扰，消除环境因素对信息系统带来的影响。所以对机房的要求是布局合理、技术先进、操作方便、管理科学，确保主机、存储及网络等重要设备持续、可靠、安全地运行。机房的环境必须满足计算机设备、网络设备、存储设备等各种电子设备对温度、湿度、洁净度、电磁场强度、噪声干扰、安全保安、防漏、电源质量、振动、防雷和接地等的要求，同时还须为工作人员提供一个舒适而良好的工作环境。

1. 机房的分级与性能要求

1) 机房的分级

机房划分为 A、B、C 三级，设计时应根据机房的使用性质、管理要求及其在经济和社会中的重要性确定所属级别。

(1) A 级机房符合下列情况：

① 电子信息系统运行中断将造成重大的经济损失。

② 电子信息系统运行中断将造成公共场所秩序严重混乱。

(2) B 级机房符合下列情况：

① 电子信息系统运行中断将造成较大的经济损失。

② 电子信息系统运行中断将造成公共场所秩序混乱。

(3) 不属于 A 级或 B 级的机房统一归为 C 级。

在异地建立的备份机房，设计时应与原有机房等级相同。同一个机房内的不同部分可以根据实际需求，按照不同的标准进行设计。

2) 机房性能要求

(1) A 级数据中心的基础设施宜按容错系统配置，在电子信息系统运行期间，基础设施应在一次意外事故后或单系统设备维护或检修时仍能保证电子信息系统正常运行。且 A 级数据中心应满足下列要求（电子信息设备的供电可采用不间断电源系统和市电电源系统相结合的供电方式）：

① 设备或线路维护时，应保证电子信息设备正常运行。

② 市电直接供电的电源质量应满足电子信息设备正常运行的要求。

③ 市电接入处的功率因数应符合当地供电部门的要求。

④ 柴油发电机系流应能够承受容性负载的影响。

⑤ 向公用电网注入的谐波电流分量（方均根值）允许值应符合 GB/T 14549—1993《电能质量　公用电网谐波》的有关规定。

(2) B 级数据中心的基础设施应按冗余要求配置，在电子信息系统运行期间，基础设施在冗余能力范围内，不应因设备故障而导致电子信息系统运行中断。

（3）C级数据中心的基础应按基本需求配置，在基础设施正常运行情况下，应保证电子信息系统运行不中断。

2. 机房位置选择及设备布置

1）机房位置选择

机房位置选择应符合下列要求：

（1）电力供给应充足可靠，通信应快速畅通，交通应便捷。

（2）采用水蒸发冷却方式制冷的数据中心，水源应充足。

（3）自然环境应清洁，环境温度应有利于节约能源。

（4）应远离产生粉尘、油烟、有害气体以及生产或储存具有腐蚀性、易燃、易爆物品的场所。

（5）应远离水灾、地震等自然灾害隐患区域。

（6）应远离强振源和强噪声源。

（7）应避开强电磁场干扰。

（8）A级数据中心不宜建在公共停车库的正上方。

（9）大中型数据中心不宜建在住宅小区和商业区内。

对于多层或高层建筑物内的机房，在确定机房的位置时，应对设备运输、管线敷设、雷电感应和结构荷载等问题进行综合考虑和经济比较。采用空调的机房，应具备安装室外机的建筑条件。

2）设备布置

（1）数据中心内的各类设备应根据工艺设计进行布置，应满足系统运行、运行管理、人员操作和安全、设备和物料运输、设备散热、安装和维护的要求。

（2）容错系统中相互备用的设备应布置在不同的物理隔间内，相互备用的管线宜沿不同路径敷设。

（3）当机柜（架）内的设备为前进风（后出风）冷却方式，且机柜自身结构未采用封闭冷风通道或封闭热风通道方式时，机柜（架）的布置宜采用面对面、背对背方式。

（4）主机房内通道与设备之间的距离应符合下列规定：

① 用于搬运设备的通道净宽不应小于1.5m。

② 面对面布置的机柜或机架正面之间的距离不应小于1.2m。

③ 背对背布置的机柜（架）背面之间的距离不宜小于0.8m。

④ 当需要在机柜（架）侧面和后面维修测试时，机柜（架）与机柜（架）、机柜（架）与墙之间的距离不宜小于1.0m。

⑤ 成行排列的机柜（架），其长度大于6m时，两端应设有通道；当两个通道之间的距离大于15m时，在两个通道之间还应增加通道。通道的宽度不宜小于1m，局部可为0.8m。

3. 环境要求

1）温度、湿度要求

（1）开机时。

温度：设备15~30℃，最佳22℃；工作人员22~26℃，最佳25℃。

湿度：40%~70%，最佳55%；温度变化率小于10℃/h，不结露。

（2）停机时。

温度：设备5~35℃，最佳22℃；工作人员22~26℃，最佳25℃。

湿度：20%~80%，最佳55%；温度变化率小于10℃/h，不结露。

2）尘埃浓度要求

大主机房的空气粒子浓度，在静态或动态条件下测试，每立方米空气中粒径大于或等于0.5μm的悬浮粒子数应少于17600000粒。数据中心装修后的室内空气质量应符合GB/T 18883—2022《室内空气质量标准》的有关规定。

3）照明要求

（1）主机房和辅助区一般照明的照度标准值应按照300lx~500lx设计，一般显色指数不宜小于80。支持区和行政管理区的照度标准值应符合国家标准GB 50034—2013《建筑照明设计标准》的有关规定电源室及其他辅助功能间照度不小于300Lx。

（2）主机房和辅助区内的主要照明光源宜采用高效节能荧光灯，也可采用LED灯。荧光灯镇流器的谐波限值应符合GB 17625.1—2022《电磁兼容　限值　第1部分：谐波电流发射限值（设备每相输入电流≤16A）》的有关规定，灯具应采取分区、分组的控制措施。

（3）照明灯具不宜布置在设备的正上方，工作区域内一般照明的照明均匀度不应小于0.7，非工作区域内的一般照明照度值不宜低于工作区域内一般照明照度值的1/3。

（4）主机房和辅助区应设置备用照明，备用照明的照度值不应低于一般照明照度值的10%；有人值守的房间，备用照明的照度值不应低于一般照明照度值的50%；备用照明可为一般照明的一部分。

（5）数据中心应设置通道疏散照明及疏散指示标志灯，主机房通道疏散照明的照度值不应低于5lx，其他区域通道疏散照明的照度值不应低于1lx。

4）噪声要求

在长期固定工作位置测量的噪声值应小于60dB（A）。

5）电磁场干扰要求

（1）无机房和辅助区内的无线电骚扰环境场强在80~1000MHz和1400~2000MHz频段范围内不应大于130dB（μV/m），工频磁场场强不应大于30A/m。

（2）机房内磁场干扰场强不大于800A/m（相当于100oe）。

6）防火等级要求

（1）数据中心的耐火等级不应低于二级。

（2）当数据中心按照厂房进行设计时，数据中心的火灾危险性分类应为丙类。当主机房设有高灵敏度的吸气式烟雾探测火灾报警系统时，主机房内任一点到最近安全出口的直线距离可增加50%。

7）静电防护

（1）数据中心防静电设计应符合GB 50611—2010《电子工程防静电设计规范》的有关规定。

（2）主机房和安装有电子信息设备的辅助区，地板或地面应有静电泄放措施和接地构造，防静电地板、地面的表面电阻或体积电阻值应为2.5×10^{4}~$1.0\times10^{9}\Omega$，并应具有防火、环保、耐污耐磨性能。

（3）主机房和辅助区中不使用防静电活动地板的房间，可铺设防静电地面，其静电耗散性能应长期稳定，且不应起尘。

（4）辅助区内的工作台面宜采用导静电或静电耗散材料，其静电性能指标应符合 GB 50611—2010 的有关规定。

（5）静电接地的连接线应满足机械强度和化学稳定性要求，宜采用焊接或压接。当采用导电胶与接地导体粘接时，其接触面积不宜小于 20cm^2。

8）供配电系统要求

（1）数据中心用电负荷等级及供电要求应根据数据中心的等级，按本规范附录 A 执行，并应符合 GB 50052—2009《供配电系统设计规范》的有关规定。

（2）电子信息设备供电电源质量应根据数据中心的等级，按本规范附录 A 执行。当电子信息设备采用直流电源供电时，供电电压应符合电子信息设备的要求。

（3）供配电系统应为电子信息系统的可扩展性预留备用容量。

（4）户外供电线路不宜采用架空方式敷设。

（5）数据中心应由专用配电变压器或专用回路供电，变压器宜采用干式变压器，变压器宜靠近负荷布置。

（6）数据中心低压配电系统的接地形式宜采用 TN 系统。采用交流电源的电子信息设备，其配电系统应采用 TN-S 系统。

（7）电子信息设备宜由不间断电源系统供电。不间断电源系统应有自动和手动旁路装置。确定不间断电源系统的基本容量时，应留有余量，详细计算公式见 GB 50174—2017《数据中心设计规范》。

9）空调系统要求

（1）计算机机房应采用专用空调设备，若与其他系统共用时，应保证空调效果和采取防火措施。空调系统的主要设备应有备份，空调设备在能量上应有一定的余量。应尽量采用风冷式空调设备，空调设备的室外部分应安装在便于维修和安全的地方。

空调设备中安装的电加热器和电加湿器应有防火护衬，并尽可能使电加热器远离用易燃材料制成的空气过滤器。空调设备的管道、消声器、防火阀接头、衬垫以及管道和配管用的隔热材料应采用难燃材料或非燃材料。

（2）安装在活动地板上及吊顶上的送（回）风口应采用难燃材料或非燃材料。新风系统应安装空气过滤器，新风设备主体部分应采用难燃材料或非燃材料。

10）火灾报警及消防设施要求

（1）A、B 类安全机房应设置火灾报警装置。在机房内、基本工作房间内、活动地板下、吊顶里、主要空调管道中及易燃物附近部位应设置烟、温感探测器。

（2）除纸介质等易燃物质外，禁止使用水、干粉或泡沫等易产生二次破坏的灭火剂。

（3）设置气体灭火系统的主机房，应配置专用空气呼吸器或氧气呼吸器。

11）防护和安全管理要求

（1）防水：有暖气装置的计算机机房，沿机房地面周围应设排水沟，应注意对暖气管道定期检查和维修。位于用水设备下层的计算机机房，应在吊顶上设防水层，并设漏水检查装置。

（2）防静电：计算机机房的安全接地应符合 GB/T 2887—2011《计算机场地通用规范》中的规定（注：接地是防静电采取的最基本措施），系统接地电阻小于 1Ω，零地电压小于 1V。

计算机机房的相对湿度应符合 GB/T 2887—2011 中的规定。在易产生静电的地方，可采用静电消除剂和静电消除器。绝缘体静电位小于 1kV。

（3）防雷击：计算机机房应符合 QX/T 331—2016《智能建筑防雷设计规范》中的防雷措施，应装设浪涌电压吸收装置。

（4）防鼠害：机房内的电缆和电线上应涂敷驱鼠药剂，计算机机房内应设置捕鼠或驱鼠装置。

（5）安全管道：建立严格的防范措施和监视规程。

12）其他设备和辅助材料要求

（1）计算机机房使用的磁盘柜、磁带柜、终端点等辅助设备应是难燃材料和非燃材料，应采取防火、防潮、防磁、防静电措施。

（2）计算机机房应尽量不使用地毯。计算机机房内所使用的纸，磁带和胶卷等易燃物品，要放置于金属制的防火柜内。

4. 机房的日常管理

机房的日常维护离不开机房监控系统和机房管理人员的维护、保养。机房监控系统保障机房设备的正常运行，机房管理员对机房设备定期保养，通过对机房监控系统、监控设备、服务器等定期检测、维护和保养，可以降低故障率，同时延长机房设备的使用周期。机房日常有九大维护措施。

1）消防设备维护

消防设备的维护是机房最为基本的维护，当消防设备出问题，对机房将会产生严重影响。一般消防设备维护主要是检查火警探测器、手动报警按钮、火灾警报装置等。

2）机房漏水检测维护

对安装有漏水检测设备的机房，要定时查看漏水传感器跟感应绳有没有损坏或失灵，避免灾害发生时不能及时检测到。

没有安装漏水检测设备的机房，要定时对机房进行人工排查。

3）UPS 及电池维护

对机房不间断电源的数据进行采集以及检查维护，确保电池组正常工作，同时要根据实际情况进行电池核对性容量测试；进行电池组充放电维护及调整充电电流，确保电池组正常工作；检查记录输出波形、零地电压；查清各参数是否配置正确；定期进行 UPS 功能测试，如 UPS 同市电的切换试验。

4）机房空调及新风维护

机房空调主要是调节机房的温湿度，一般机房内的温湿度都需要保障常温下，所以需要检查空调运行是否正常，要检查机房换风设备运转是否正常。

5）照明、电路维护

照明、电路维护主要包括灯具更换，开关更换；线头氧化处理，标签巡查更换；供电线路绝缘检查，防止意外短路。

6）设备除尘维护

设备除尘维护主要是定期对设备进行除尘处理，防止造成机房设备将尘土吸入，影响设备运行的情况发生。

7）机房安防保障维护

定时检测视频门禁等设备，确保设备的正常运行，防止非机房管理人员随意进出；若没有门禁系统，则需机房管理人员保管好机房钥匙，严格执行机房门禁制度。

8）机房其他维护

机房其他维护包括基础维护，例如：防鼠、地面除尘、防雷器检查、静电地板清洗清洁、缝隙调整、损坏更换、接地电阻测试、主接地点除锈、接头紧固、接地线触点防氧化加固等。

9）适应性维护

适应性维护指系统应用环境和技术环境发生变化或对系统提出某些新的需求时，在原有系统的基础上进行部分功能、布局的调整、扩充。根据需要对设备、设施调整更新维护，持续完善机房运维规范，同时优化机房运维管理体系。

二、不间断电源（UPS）

UPS（Uninterruptible Power System/Uninterruptible Power Supply），即不间断电源，是将蓄电池（多为铅酸免维护蓄电池）与主机相连接，通过主机逆变器等模块电路将直流电转换成市电的系统设备。主要用于给单台计算机、计算机网络系统或其他电力电子设备如电磁阀、压力变送器等提供稳定、不间断的电力供应。当市电输入正常时，UPS 将市电稳压后供应给负载使用，此时的 UPS 就是一台交流式电稳压器，同时它还向机内电池充电。当市电中断（事故停电）时，UPS 立即将电池的直流电能，通过逆变器切换转换的方法向负载继续供应 220V 交流电，使负载维持正常工作并保护负载软、硬件不受损坏。UPS 设备通常对电压过高或电压过低都能提供保护，如图 3-4-1 所示。

1. 不间断电源的组成

不间断电源（UPS）电源系统由五部分组成：主整流/充电装置、逆变器、蓄电池、控制电路和电子旁路开关五大部分（图 3-4-2）。其系统的稳压功能通常是由整流器完成的，整流器件采用可控硅或高频开关整流器，本身具有可根据外电的变化控制输出幅度的功能，从而当外电发生变化时（该变化应满足系统要求），输出幅度基本不变的整流电压。

净化功能由储能电池来完成，由于整流器对瞬时脉冲干扰不能消除，整流后的电压仍存在干扰脉冲。储能电池除可存储直流直能的功能外，对整流器来说就像接了一只大容器电容器，其等效电容量的大小，与储能电池容量大小成正比。

由于电容两端的电压是不能突变的，即利用了电容器对脉冲的平滑特性消除了脉冲干扰，起到了净化功能，也

图 3-4-1 UPS 实物

图 3-4-2 UPS 组成

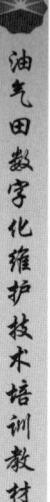

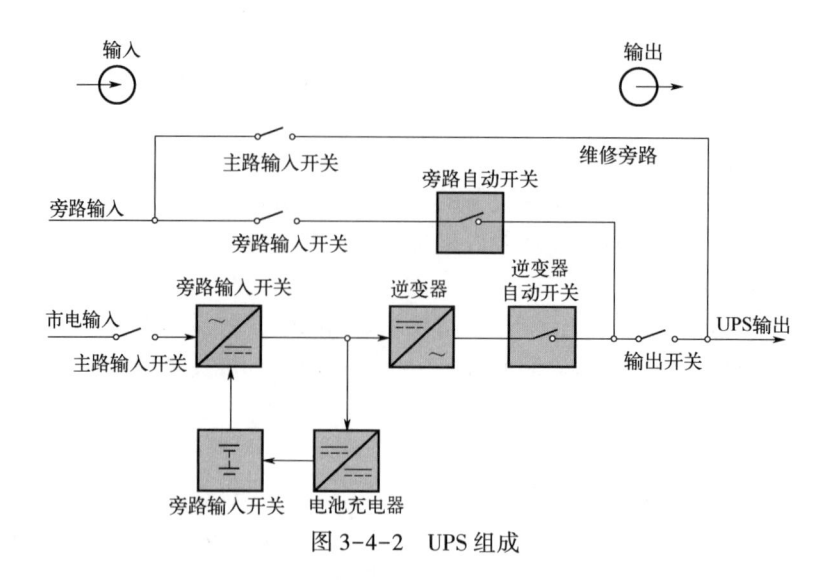

称对干扰的屏蔽。频率的稳定则由变换器来完成，频率稳定度取决于变换器的振荡频率的稳定程度。为方便 UPS 电源系统的日常操作与维护，设计了系统工作开关，主机自检故障后的自动旁路开关，检修旁路开关等开关控制。

在电网电压工作正常时，给负载供电，而且同时给储能电池充电。当突发停电时，UPS 电源开始工作，由储能电池供给负载所需电源，维持正常的生产。当由于生产需要，负载严重过载时，由电网电压经整流直接给负载供电。

2. 不间断电源的工作原理

当市电正常为 380/220V AC 时，直流主回路有直流电压，供给 DC-AC 交流逆变器，输出稳定的 220V 或 380V 交流电压，同时市电经整流后对电池充电。当任何时候市电欠压或突然掉电，则由电池组通过隔离二极管开关向直流回路馈送电能，从电网供电到电池供电没有切换时间。当电池能量即将耗尽时，不间断电源发出声光报警，并在电池放电下限点停止逆变器工作，长鸣告警。

不间断电源还有过载保护功能，当发生超载（150%负载）时，跳到旁路状态，并在负载正常时自动返回。当发生严重超载（超过 200%额定负载）时，不间断电源立即停止逆变器输出并跳到旁路状态，此时前面输入空气开关也可能跳闸。消除故障后，只要合上开关，重新开机即开始恢复工作，如图 3-4-3 所示。

3. 不间断电源的特点

不间断电源的主要优点，在于它的不间断供电能力。在市电交流输入正常时，UPS 把交流电整流成直流电，然后再把直流电逆变成稳定无杂质的交流电，给后级负载使用。一旦市电交流输入异常，比如欠压了或者停电了又或者频率异常了，那么 UPS 会启用备用能源-蓄电池，UPS 的整流电路会关断，相应的，会把蓄电池的直流电逆变成稳定无杂质的交流电，继续给后级负载使用。这就是 UPS 不间断供电能力的由来。

当然，UPS 的不间断供电时间不是无限的，这个时间受制于蓄电池自身储存能量的大小。如果发生交流停电，那么在 UPS 的蓄电池供电的宝贵时间内，您需要做的就是赶紧恢复交流电，比如启用备用交流电回路、启用油机发电，实在不行，就只能紧急存盘，保存

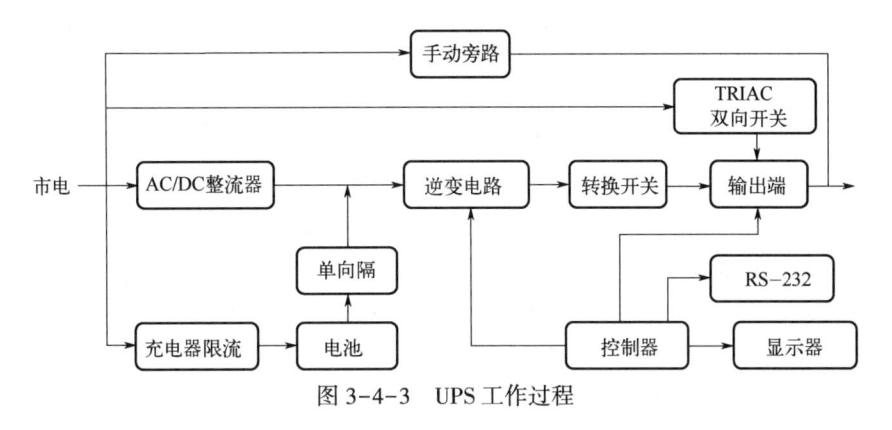

劳动成果,等待交流电恢复正常后再继续。

图 3-4-3 UPS 工作过程

4. 不间断电源的分类

1) 按工作原理分为后备式、在线式和在线互动式三种

(1) 后备式：平时处于蓄电池充电状态,在停电时逆变器紧急切换到工作状态,将电池提供的直流电转变为稳定的交流电输出,因此后备式 UPS 也被称为离线式 UPS。

后备式的优点是：运行效率高、噪声低、价格相对便宜,主要适用于市电波动不大,对供电质量要求不高的场合,比较适合家庭使用。然而这种 UPS 存在一个切换时间问题,因此不适合用在关键性的供电不能中断的场所。不过实际上这个切换时间很短,一般介于 2~10ms,而计算机本身的交换式电源供应器在断电时应可维持 10ms 左右,所以个人计算机系统一般不会因为这个切换时间而出现问题。后备式 UPS 一般只能持续供电几分钟到几十分钟,主要是让您有时间备份数据,并尽快结束手头工作,其价格也较低。对不是太关键的电脑应用,比如个人家庭用户,就可配小功率的后备式。

(2) 在线式：这种 UPS 一直使其逆变器处于工作状态,它首先通过电路将外部交流电转变为直流电,再通过高质量的逆变器将直流电转换为高质量的正弦波交流电输出给计算机。在线式 UPS 在供电状况下的主要功能是稳压及防止电波干扰,在停电时则使用备用直流电源（蓄电池组）给逆变器供电。由于逆变器一直在工作,因此不存在切换时间问题,适用于对电源有严格要求的场合。

在线式 UPS 不同于后备式的一大优点是供电持续长,一般为几个小时,也有大到十几个小时的,它的主要功能是可以让您在停电的情况可像平常一样工作,显然,由于其功能的特殊,价格也明显要贵一大截。这种在线式 UPS 比较适用于计算机、交通、银行、证券、通信、医疗、工业控制等行业,因为这些领域的电脑一般不允许出现停电现象。

(3) 在线互动式：这是一种智能化的 UPS,所谓在线互动式 UPS,是指在输入市电正常时,UPS 的逆变器处于反向工作（即整流工作状态）,给电池组充电；在市电异常时逆变器立刻转为逆变工作状态,将电池组电能转换为交流电输出,因此在线互动式 UPS 也有转换时间。

同后备式 UPS 相比,在线互动式 UPS 的保护功能较强,逆变器输出电压波形较好,一般为正弦波。其最大的优点是具有较强的软件功能,可以方便地上网,进行 UPS 的远程控制和智能化管理。可自动侦测外部输入电压是否处于正常范围之内,如有偏差可由稳压电路升压或降压，提供比较稳定的正弦波输出电压。它与计算机之间可以通过数据接口（如 RS232 串口）进行数据通信，通过监控软件，用户可直接从电脑屏幕上监控电源及 UPS 状况，方便管理工作，并可提高计算机系统的可靠性。这种 UPS 集中了后备式 UPS 效率高和在线式 UPS 供电质量高的优点，但其稳频特性能不是十分理想，不适合做常延时的 UPS 电源。

2）按结构分为直流 UPS（DC-UPS）和交流 UPS（AC-UPS）两种

（1）直流 UPS：直流不间断电源由两个基本单元组成。分别是整流器、蓄电池。其工作过程是：当市电正常时，电流通过整流器向负载供电，同时整流器给蓄电池充电。电流路径是 1 路市电—整流器—负载，2 路路市电—整流器—蓄电池。当市电故障或整流器故障时，通过控制电路自动切换使蓄电池为负载供电，电流流向为蓄电池—负载。

（2）交流 UPS：电源由三个基本单元组成。分别是整流器、蓄电池和逆变器。其工作过程是：当市电正常时，电流通过整流器、逆变器向负载供电，同时整流器给蓄电池充电。电流路径是 1 路：市电—整流器—逆变器—负载，2 路市电—整流器—蓄电池。当市电故障或整流器故障时，通过控制电路自动切换使电池为负载供电，电流流向为蓄电池—逆变器—负载。

3）从备用时间分为标准型和长效型两种

（1）标准型机内带有电池组，在停电后可以维持较短时间的供电（一般不超过 25min）。

（2）长效型机内不带电池，但增加了充电器，用户可以根据自身需要配接多组电池以延长供电时间，厂商在设计时会加大充电器容量或加装并联的充电器。

4）其他分类

UPS 的分类还有其他一些简单的分类，比如从组成原理分为旋转型 UPS 和静止型 UPS；从应用领域分为商业用 UPS 和工业用 UPS；从输出电压的相数分为单相 UPS 和三相 UPS；从容量分为大容量 UPS（大于 100kVA）、中容量 UPS（10-100kVA）和小容量 UPS（小于 10kVA）。

5. 不间断电源的使用

1）使用技巧

延长不间断电源系统的供电时间有两种方法：

（1）外接大容量电池组。可根据所需供电时间外接相应容量的电池组，但须注意此种方法会造成电池组充电时间的相对增加，另外也会增加占地面积与维护成本，故需认真评估。

（2）选购容量较大的不间断电源系统。此方法不仅可减少维护成本，若遇到负载设备扩充，较大容量的电源保护仍可立即运作。

2）UPS 电源系统开机、关机

（1）第一次开机。

① 按以下顺序合闸：储能电池开关→自动旁路开关→输出开关依次置于"ON"。

② 按 UPS 启动面板"开"键，UPS 电源系统将徐徐启动，"逆变"指示灯亮，延时 1min 后，"旁路"灯熄灭，UPS 转为逆变供电，完成开机。

③ 经空载运行约 10min 后，按照负载功率由大到小的开机顺序启动负载。

（2）日常开机。

只需按 UPS 面板"开"键，约 20min 后，即可开启电脑或其他仪器使用。通常等 UPS 启动进入稳定工作后，方可打开负载设备电源开关（注：手动维护开关在 UPS 正常运行时，呈"OFF"状态）。

（3）关机。

先将电脑或其他仪器关闭，让 UPS 空载运行 10min，待机内热量排出后，再按面板"关"键。

3）注意事项

（1）UPS 的使用环境应注意通风良好，利于散热，并保持环境的清洁。

（2）切勿带感性负载，如点钞机、日光灯、空调等，以免造成损坏。

（3）UPS 的输出负载控制在 60% 左右为最佳，可靠性最高。

（4）UPS 带载过轻（如 1000VA 的 UPS 带 100VA 负载）有可能造成电池的深度放电，会降低电池的使用寿命，应尽量避免。

（5）适当的放电，有助于电池的激活，如长期不停市电，每隔三个月应人为断掉市电用 UPS 带负载放电一次，这样可以延长电池的使用寿命。

（6）对于多数小型 UPS，上班再开 UPS，开机时要避免带载启动，下班时应关闭 UPS；对于网络机房的 UPS，由于多数网络是 24h 工作的，所以 UPS 也必须全天候运行。

（7）UPS 放电后应及时充电，避免电池因过度自放电而损坏。

6. 不间断电源安装调试

1）在 UPS 电源的组装过程中建议如下

（1）设备就位后，开箱检验设备在运输过程中，有无磕碰，外观收到损坏现象，蓄电池有无倒置造成漏液现象。

（2）检查无异常，开始组装蓄电池。电池组多组并联的时候，本着先串联后并联的安装要求，连接主机之前用万用表检测电池组直流电压，是否是 UPS 电源主机所需的机器开机直流电压。

① 若直流不对，检查电池连接有无接错现象。

② 无异常进行下步安装步骤。

③ 将电池组与 UPS 电源连接在一起，市电输入输出接好，接通 UPS 电源后部空开，万用表检测各连接部位电压，无异常开机调试。

2）UPS 电源系统调试注意事项

（1）在进行调试时，应该要检查所有开关，是否处于断开位置。另外还应该要检查 UPS 变压器和电源柜内，是否存在异物。检查各扁平电缆连接是否正确，是否有松动的情况等。

（2）在检查已经连接的接插头时，还应该要检查是否拧紧，连接是否正确等。主机柜与 UPS 电池柜的地线是否接上，这点尤为重要，因为它关系到 UPS 电源使用的安全性。

（3）UPS 电源在日常的使用过程中，通常情况下需要散热。因而在进行调试时，还应该要检查通风口是否有杂物堵塞，通过人工转动风扇的方式，查看风扇是否正常运行。

（4）检查充电器、逆变器，静态开关抽屉和各个控制板外观有无异常，接线和插头有无松动等，各模块（同逻辑）之间的螺钉是否拧紧。

7. 不间断电源的日常维护

根据时间对 UPS 进行周期性检查内容见表 3-4-1。

表 3-4-1　周期性检查内容

序号	检查时间	检查内容
1	月检查	检查显示功能是否正常，是否出现告警指示
		检查接地保护是否正常
		检查继电器、断路器、风扇是否正常
		记录主机输入电压、电流，输出电压、电流和负载率
		清洁设备
2	季度检查	检查防雷保护是否正常
		检查接线端子的接触是否良好
		检查开关、接触器件接触是否良好
		检查自动功能和监控功能是否正常
		检查自动旁路性能是否正常
		检查两路市电进线切换装置、整流装置、逆变装置等性能是否完好
		记录主机输入电压、电流，输出电压、电流和负载率
		对电池进行充、放电一次
3	半年检查	测量直流熔断器压降或升温
		清洁设备
4	年检查	进行核对性放电试验检查

8. 不间断电源的常见故障及处理方法

不间断电源的常见故障及处理方法见表 3-4-2。

表 3-4-2　不间断电源常见故障与处置

序号	故障现象	故障原因	处理方法
1	有市电，UPS 提升断电警告	市电输入空开跳闸	检查输入空开
		输入交流线接触不良	检查输入线路
		市电输入电压过高、过低或频率异常	如市电异常可不处理或启动发电机供电
		UPS 输入空开或开关损坏或熔断丝熔断	更换损坏的空开、开关或熔断丝
		UPS 内部市电检测电路故障	检查 UPS 市电检测回路
2	市电正常时，UPS 输出正常；市电断电后，负载也跟着断电	由于市电经常低压，电池处于欠压状态	在 UPS 输入端加稳压器
		UPS 充电器损坏，电池无法充电	检查充电器
		电池老化、损坏	更换电池
		负载过载，UPS 旁路输出	减少负载

续表

序号	故障现象	故障原因	处理方法
2	市电正常时，UPS 输出正常；市电断电后，负载也跟着断电	负载未接到 UPS 输出	将负载接到 UPS 的输出
		长延时机型的电池组未连接或接触不良	检查电池组是否接对、接好
		UPS 逆变器未启动，负载由市电旁路供电	启动逆变器对负载供电（打开面板控制开关）
		逆变器损坏，UPS 旁路输出	检查逆变器
3	UPS 无法启动	电池长期放置不用，电压低	将电池充足电
		输入交流、直流电源线未连接好	检查输入交流、直流线是否接触良好
		UPS 内部开机电路故障	检查 UPS 开机电路
		UPS 内部电源电路故障或电源短路	检查 UPS 电源电路
		UPS 内部功率器件损坏	检查 UPS 内部整流、升压、逆变等部分的器件是否损坏
		用户有大负载或大冲击负载启动	增大 UPS 的功率容量
		输出端突然短路	检查 UPS 的输出是否短路
		UPS 内部逆变回路故障	检查 UPS 逆变器
		UPS 保护、检测电路误动作	检查 UPS 内部控制电路
4	UPS 工作正常但负载设备异常	UPS 输出零地电压过高	检查 UPS 接地，必要时可在 UPS 的输出端零地间并一个 $1\sim3\text{k}\Omega$ 电阻
		UPS 地线与负载设备地线没接在同一点上	将 UPS 地与负载地接到同一个点上
		负载设备受到异常干扰	重新启动负载设备

第四章　生产管理系统

第一节　油气生产物联网系统（A11）

一、系统简介

油气生产物联网系统（A11）是利用物联网技术，实现油气田井区、计量间、集输站、联合站、处理厂的生产数据、设备状态信息，在采油、采气厂生产指挥中心及生产控制中心集中管理和控制的系统，系统包括数据传输子系统、数据采集与监控子系统和生产管理子系统。因前文已对数据传输子系统、数据采集与监控子系统做了介绍，本章节只介绍生产管理子系统。生产管理子系统的用户登录页面如图4-1-1所示。

图4-1-1　用户登录页面

生产管理子系统，包括系统主页、生产过程监测、生产分析、示功图分析、报表管理、物联设备管理、视频监测、数据管理、系统管理、个性化首页和安全退出11个功能模块，如图4-1-2所示。

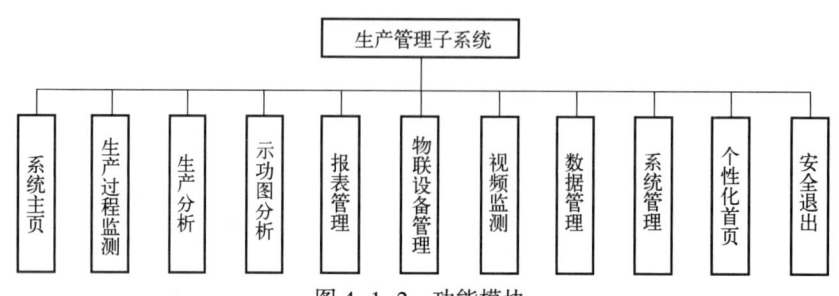

图4-1-2　功能模块

二、功能模块介绍

1. 系统主页

汇总展示所在组织层级油气水井、站库和管网等综合信息。油气田分公司、采油采气厂、作业区等不同层级的用户展示的形式类似，其内容与层级相对应，如图4-1-3所示，主要展示所在组织层级总体的产量趋势、注入量趋势、开井数和告警/预警等信息。用户还可通过快速搜索生产单元，或访问历史浏览和收藏的生产单元，跳转至该生产单元综合监测界面。

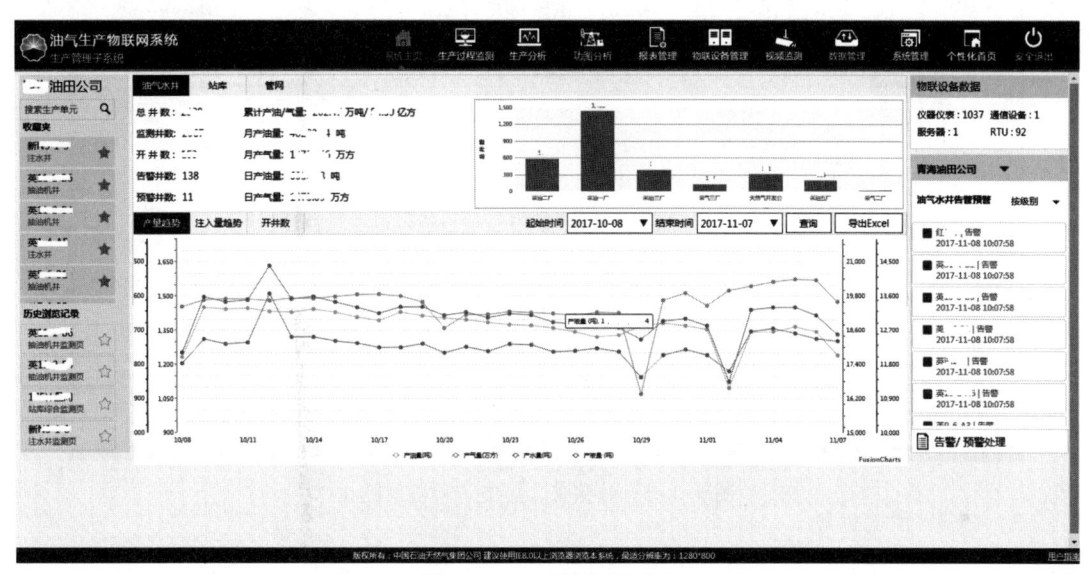

图4-1-3 系统主页页面

1）产量趋势、注入量趋势和开井数

如图4-1-4所示，系统主页默认展示产量趋势折线图，点击左上角的"注入量趋势""开井数"可切换到对应的曲线，选定起始时间、结束时间后，点击"查询"按钮，可展示出该时间段的曲线。

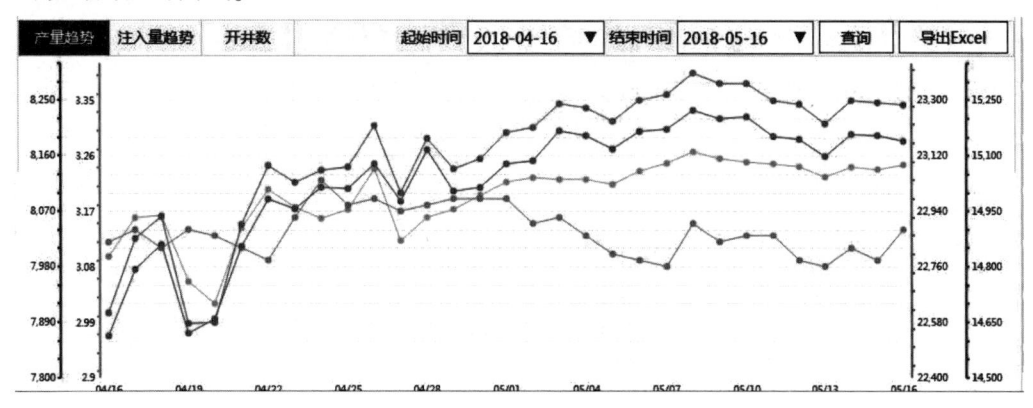

图4-1-4 产量趋势、注入量趋势和开井数折线图

2）收藏夹、历史访问记录

显示用户收藏过的生产单元列表，通过在收藏夹、历史浏览记录栏，可以快速收藏井，并可显示当前用户以往收藏的生产单元列表，以及当前用户最近访问的生产单元列表。以生产井为例，点击井名右侧"☆"完成收藏，点击★可取消收藏。如图4-1-5所示。

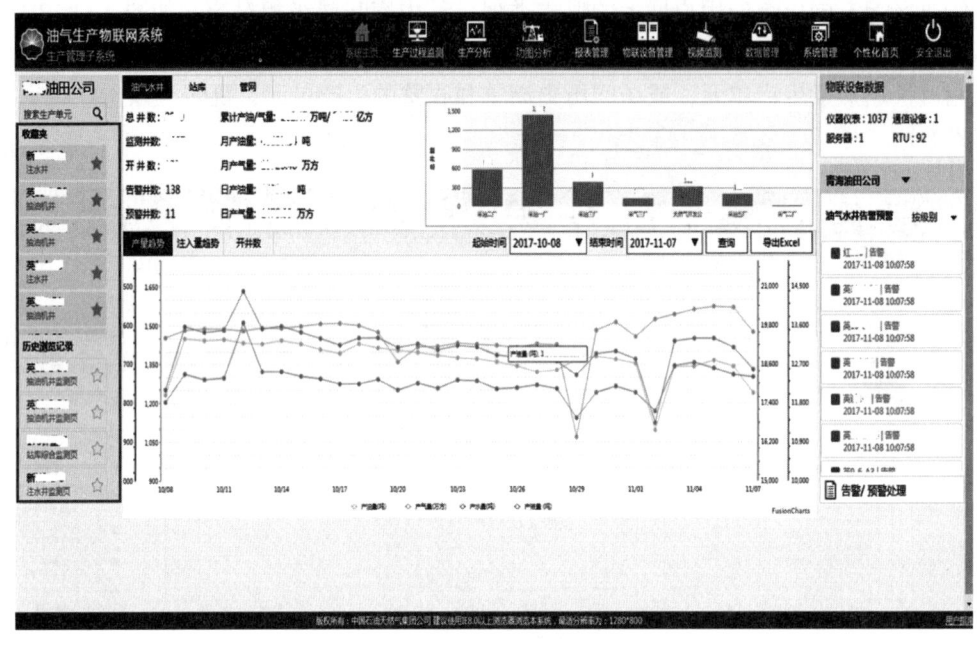

图4-1-5 收藏夹、历史访问记录栏

3）告警/预警处理

点击"系统主页"页面右下角的"告警/预警处理"，可打开告警/预警处理窗口，显示的信息包括级别、时间、生产单元名称、类型、详情、处理状态、恢复状态，还可根据条件进行筛选查询、导出，如图4-1-6所示。

图4-1-6 告警/预警处理窗口

2. 生产过程监测

汇总各组织层级（油气田分公司、采油采气厂、作业区）下的所有生产单元的生产监测信息；针对具体的生产单元，综合展示站库、管网的实时生产数据。

生产过程监测页面左侧区域展示总井数、监测井数、开井率以及生产时率；中间区域展示重点站库的压力、流量等关键参数的实时数据，点击站点可延伸监控至该站生产参数的实时数据；右侧区域以柱状图展示下级单位的计划产油量和实际产油量对比完成情况。

1）导航栏

如图 4-1-7 所示，点击下拉箭头，显示该油气田下辖厂、作业区的列表；点击某厂、某作业区或某站库链接，分别进入多作业区集中监测页、多站库监测页面、多井集中监测页面。

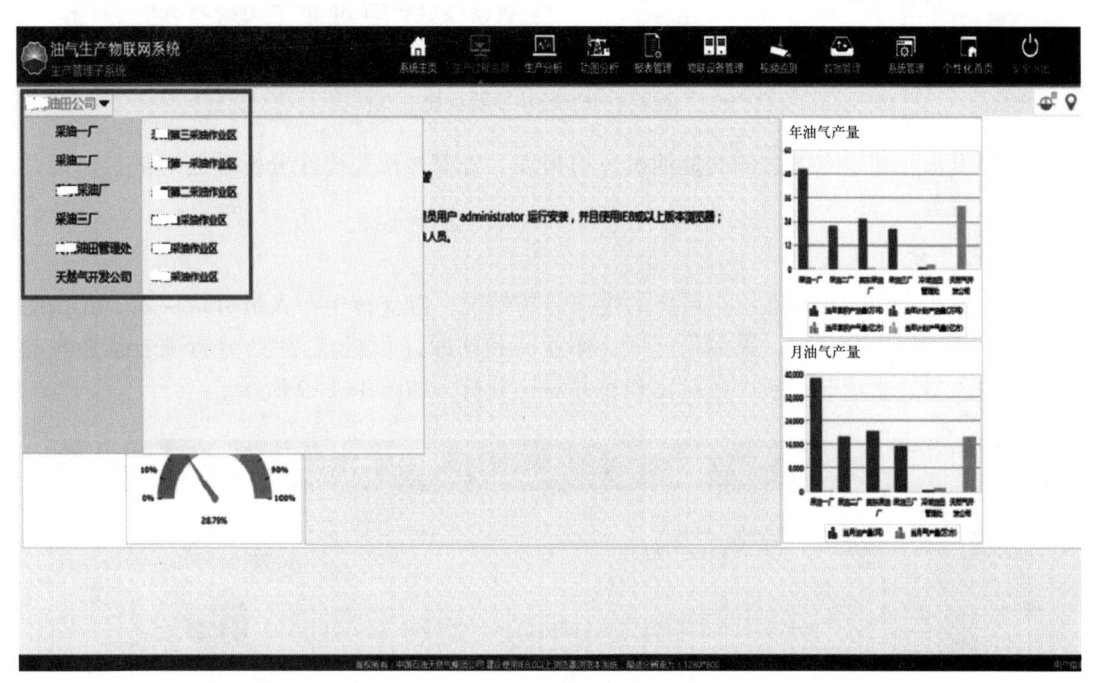

图 4-1-7　导航菜单栏

2）生产过程监测拓扑图

此页面是 PHD 二次组态的拓扑导航页面，可实时查询大型中心站场的运行状态。可以钻取到关键站场的工艺流程图。如图 4-1-8 所示。

3）告警、预警信息

展示作业区内所有单井及直属井报警信息。显示内容有：井名、告警时间、告警级别、告警类型、预警，根据告警级别进行排序。点击某条告警，进入该井综合监测页。

4）单井综合监测

单井综合监测页面综合展示某单井的井名、生产层位、投产时间等基础数据，日产量、含水率、昨日生产时间等主要生产数据，实时采集数据、趋势分析曲线、视频以及告警或预警状态等信息。通过点击单井综合监测页面左侧井号导航栏的井号，可切换到该井

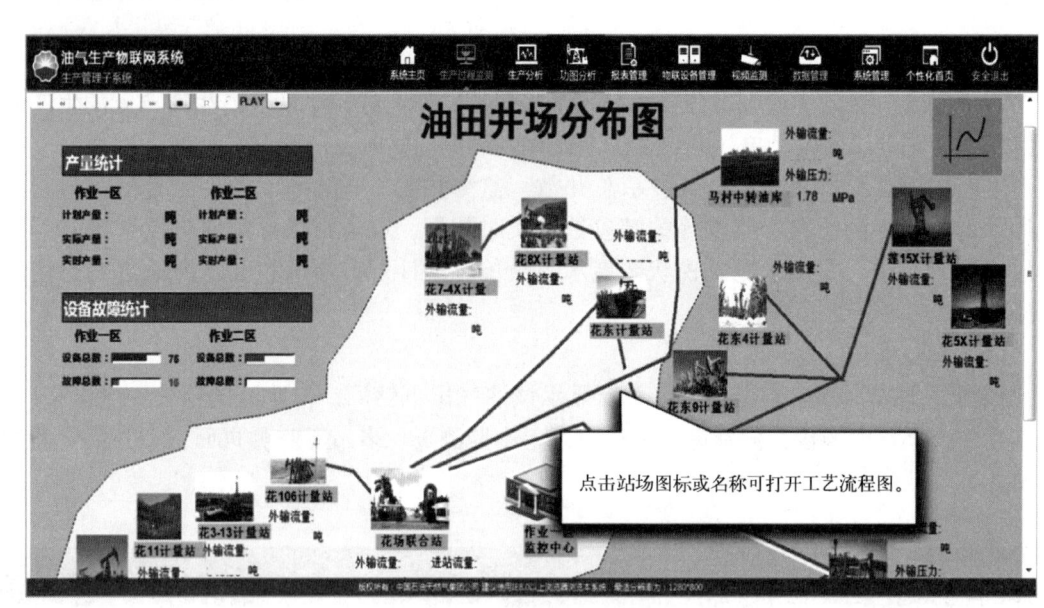

图 4-1-8 拓扑导航页面

综合监测页面；通过点击右侧的抽油机巡检报表、告警与预警统计分析和处理链接，可跳转到对应页面。

3. 生产分析

生产分析页面展示所在组织层级的生产分析情况，以支持生产人员分析决策，其中组织层级包括油气田分公司、采油采气厂、作业区和站库（班组），生产分析项包括产量趋势、供注入量、生产时率、产量对比和多井对比分析，如图 4-1-9 所示。

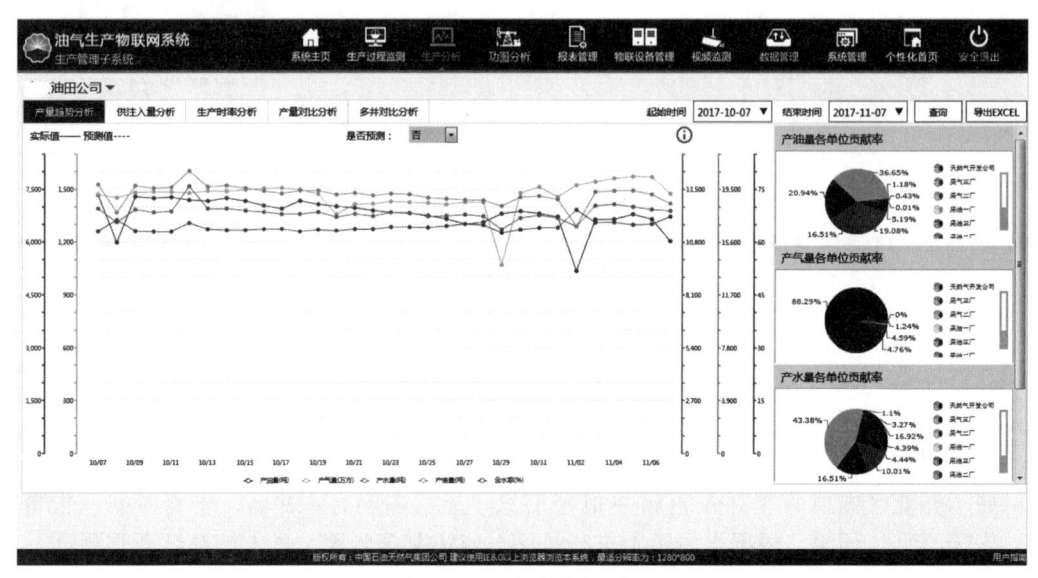

图 4-1-9 生产分析页面

1）产量趋势分析

产量趋势分析是以曲线、图表的方式展示当前组织层级的产量变化趋势。

如图 4-1-10 所示，页面左侧显示的是产油量、产气量、产水量、油气当量、含水率的日变化折线图，采用一个时间横轴，纵向多个纵轴，若无产油量、产气量、产水量数据，则不显示对应的曲线；产油量、产气量两项数据中仅存在一项时，则不显示油气当量曲线。当鼠标悬浮于折线图列表右上角的"i"图标时，将以气泡方式弹出含水率计算公式；当鼠标悬浮于折线图上的任意一点时，将以气泡方式显示该时间点上的具体数值。

右侧显示的是所选单位在选择时间段内，产油量所占总量的百分比饼状图，若有直属站、井，则统一归到其他。点击饼状图中各色块，可跳转到产量趋势分析页面。

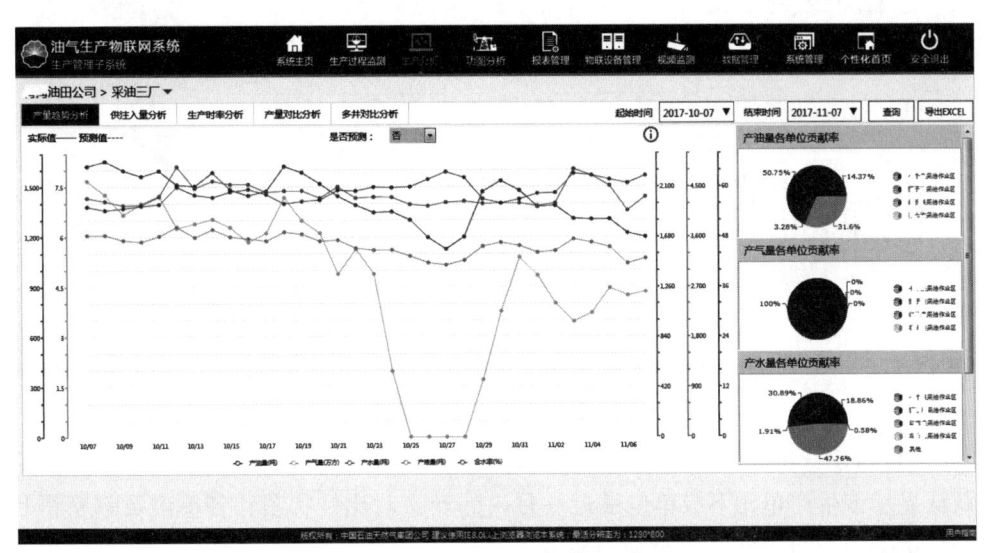

图 4-1-10 产量趋势分析页面

2）供注入量分析

默认显示最近一月内每日的注水量变化曲线。用户可选择时间范围，查看该时间范围内的日注水量变化趋势，如图 4-1-11 所示。

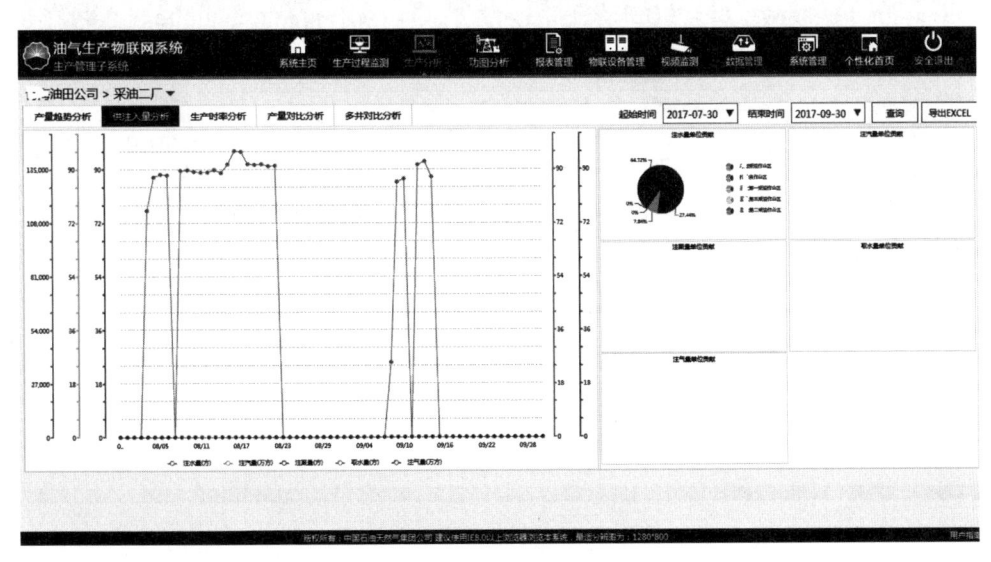

图 4-1-11 供注入量分析页面

3）生产时率分析

生产时率分析包括开井统计、平均生产时间统计、日平均生产时间对比，可选择起始及结束时间进行筛选查询、并导出相应报表，如图4-1-12所示。

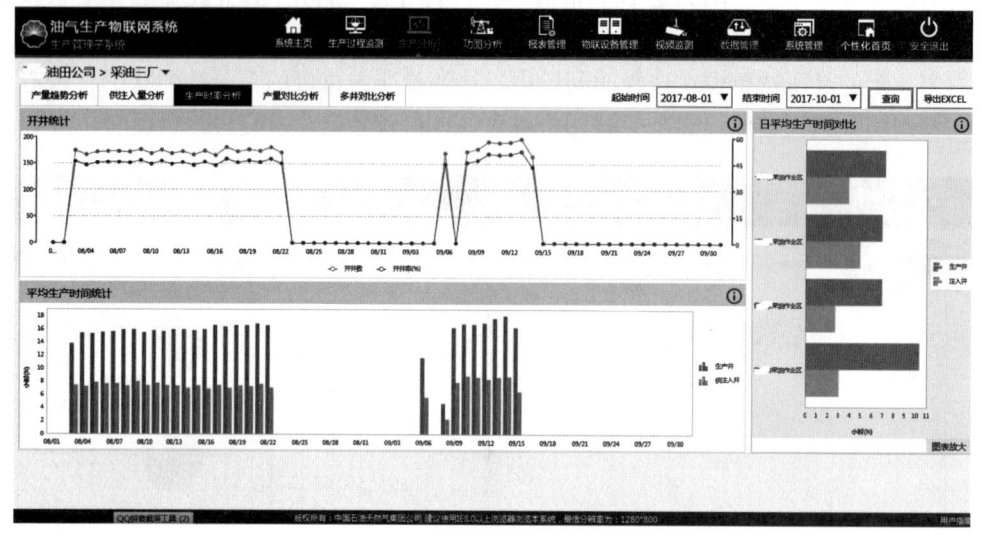

图4-1-12　生产时率页面

4）产量对比分析

默认显示该生产单元下级单位最近一月内的产量对比柱状图和各单位贡献率饼状图。可根据选定的"分析条件"进行动态显示。

5）多井对比分析

多井对比分析包括产量对比分析和参数对比分析，可根据起始、结束时间以及产量和参数数据项进行动态选择查询、导出，如图4-1-13所示。

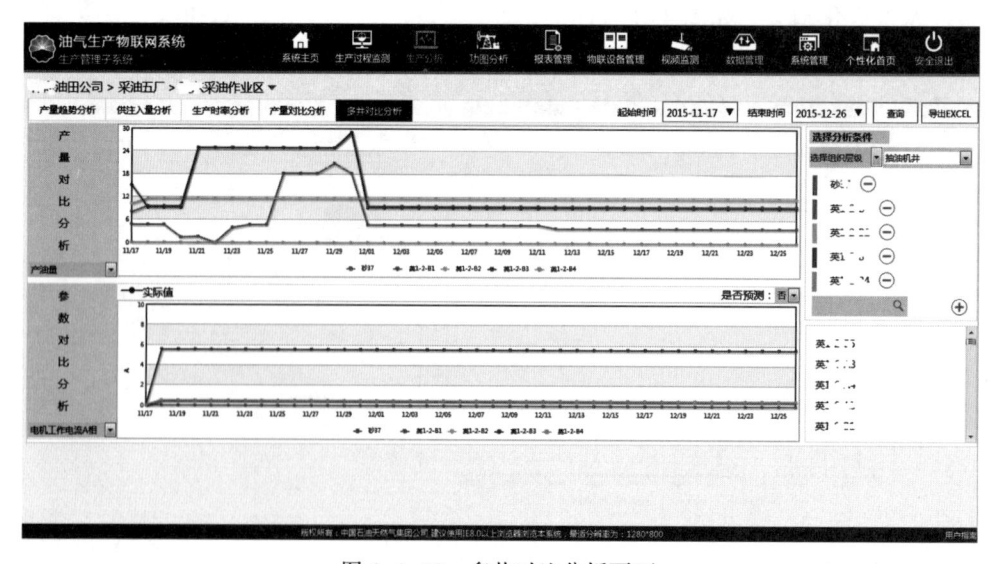

图4-1-13　多井对比分析页面

4. 示功图分析

示功图分析分为示功图对比分析和示功图分析结果两个子功能，如图4-1-14所示，用户可根据生产单元搜索或下拉框选择，亦可选择分析条件，筛选查询结果。

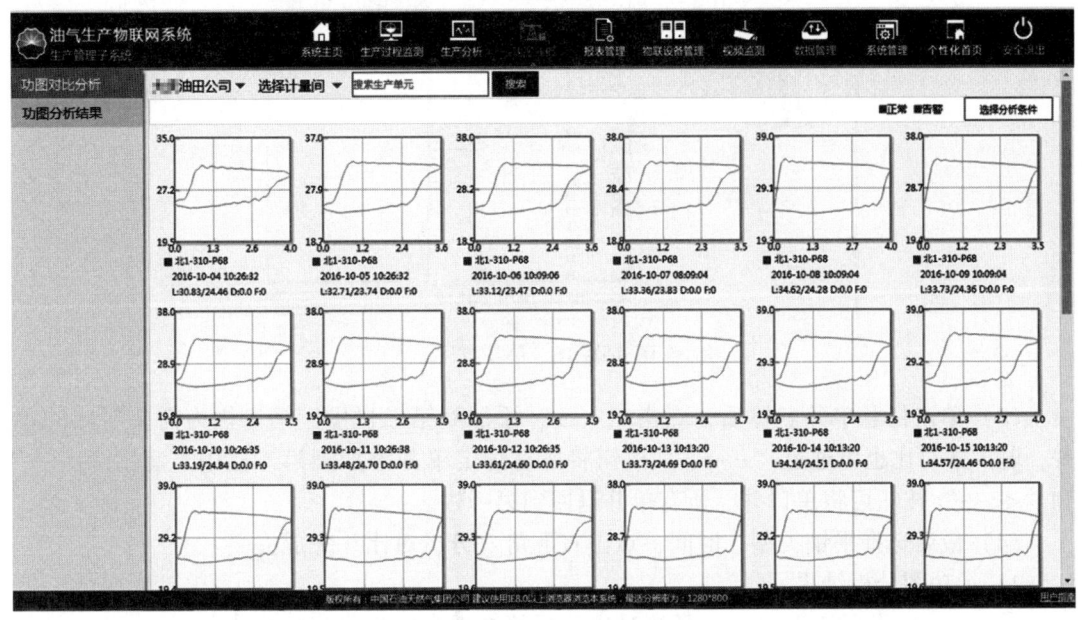

图4-1-14　示功图分析

1）示功图对比分析

默认以平铺的方式展示全部井的示功图。用户可通过选择或输入生产单元进行筛选，亦可通过"选择分析条件"进行具体的筛选，如图4-1-15、图4-1-16所示，操作步骤如下：

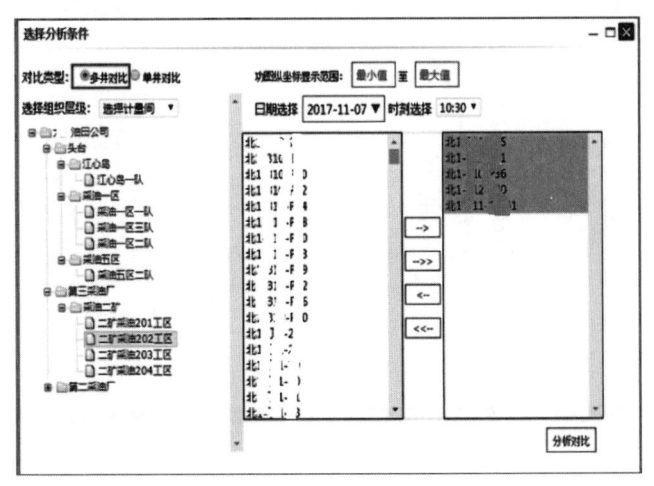

图4-1-15　多井对比

（1）根据需要选择单井对比或多井对比。
（2）选择班组级或组织层级。

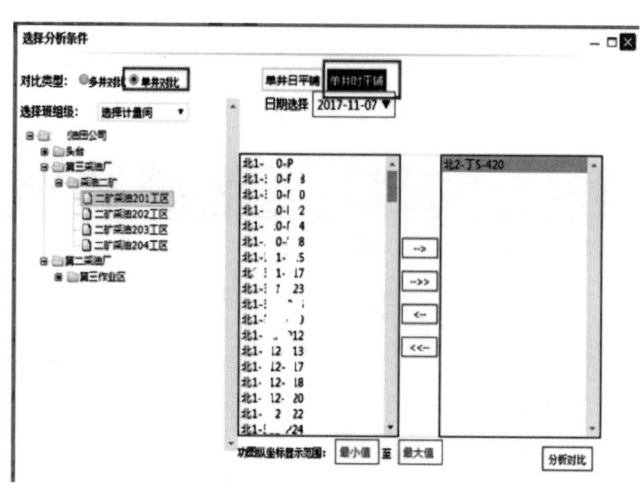

图 4-1-16　单井对比

（3）单击任意单井名称后，点击"-->"添加到第二栏中，第二栏为需要对比的单井，若多井对比也可通过"-->>"按钮将所有选定单井添加到第二栏中，使用"<--"和"<<--"按钮可将单口井、所有单井退回到第一栏。

（4）最后选择平铺类型、时间，点击右下角"分析对比"完成提交。

2）示功图分析结果

展示不同油井的工况诊断、泵效对比分析的结果，用户可根据生产单元、工况诊断、分析状态和起始时间、结束时间对分析结果进行条件筛选。点击弹出内容，可查看单井示功图分析结果，如图 4-1-17 所示。

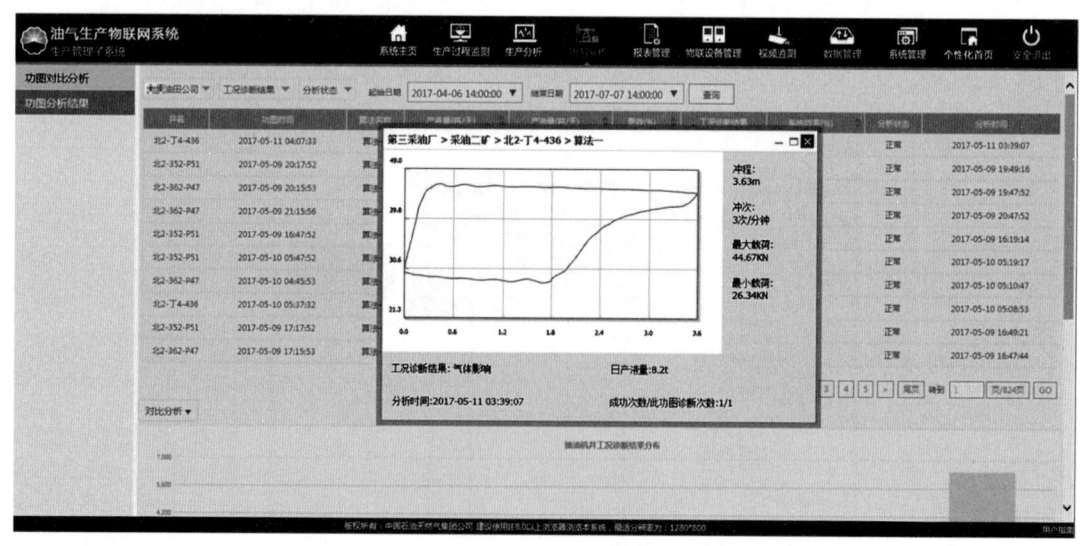

图 4-1-17　单井示功图

5. 报表管理

报表管理提供生产单元的生产数据报表、设备故障报表以及系统运行报表，并提供定制化报表查询功能。报表管理主要针对班报和时报,亦可定制化选择报表间隔时间。

1) 生产数据报表

根据选择的条件,点击查询按钮,可以显示同一采集时间各个井在泵状态、电动机无功功率、电磁加热器温度、冲程等方面的信息,如图 4-1-18 所示。

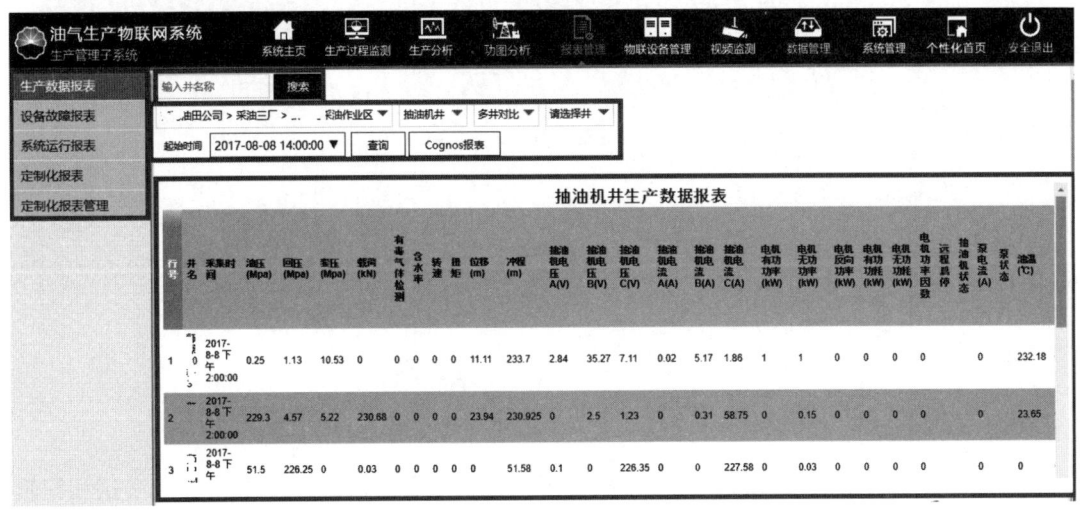

图 4-1-18 生产数据报表

2) 设备故障报表

如图 4-1-19 所示,报表内容按照厂商、设备类型分组显示,报表中显示设备数量、平均预警数、平均告警数、告警频率。

图 4-1-19 设备故障报表

3) 系统运行报表

统计分析系统运行过程中的站库采集总点数、数据质量完好率、生产参数超限告警率及单井的上线井数、生产井数、计量当量、采集总点数、数据质量完好率、生产参数超限告警、计量告警数、视频闯入告警等信息，如图 4-1-20 所示。

图 4-1-20　系统运行报表

4）定制化报表

用户可根据自身需求进行定制化报表配置，包括定义报表名称、配置报表链接和编辑授权角色，如图 4-1-21 所示。

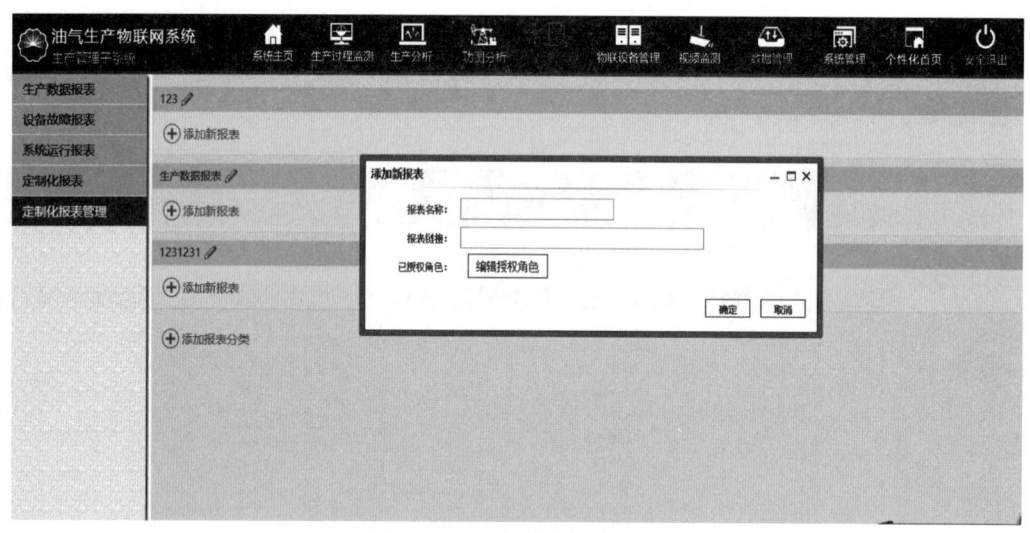

图 4-1-21　定制化报表管理

6. 物联网设备管理

可维护物联设备的档案台账，分析物联设备的故障情况，提供告警/预警功能，以便物联设备管理人员能够在故障发生前主动维护，并可以分析设备的故障分布情况，提供物联设备运行状态监测。

1）设备档案管理

如图 4-1-22 所示，通过设备档案管理，可以对传感器/仪表、服务器等入网物联网设备信息进行维护、查询，并提供 Excel 格式下的导入、导出功能。

第四章 生产管理系统

图 4-1-22 设备档案管理页面

2) 设备状态监测

如图 4-1-23 所示，设备状态监测以拓扑图的方式，展示当前生产单元的物联网设备状态告警信息。

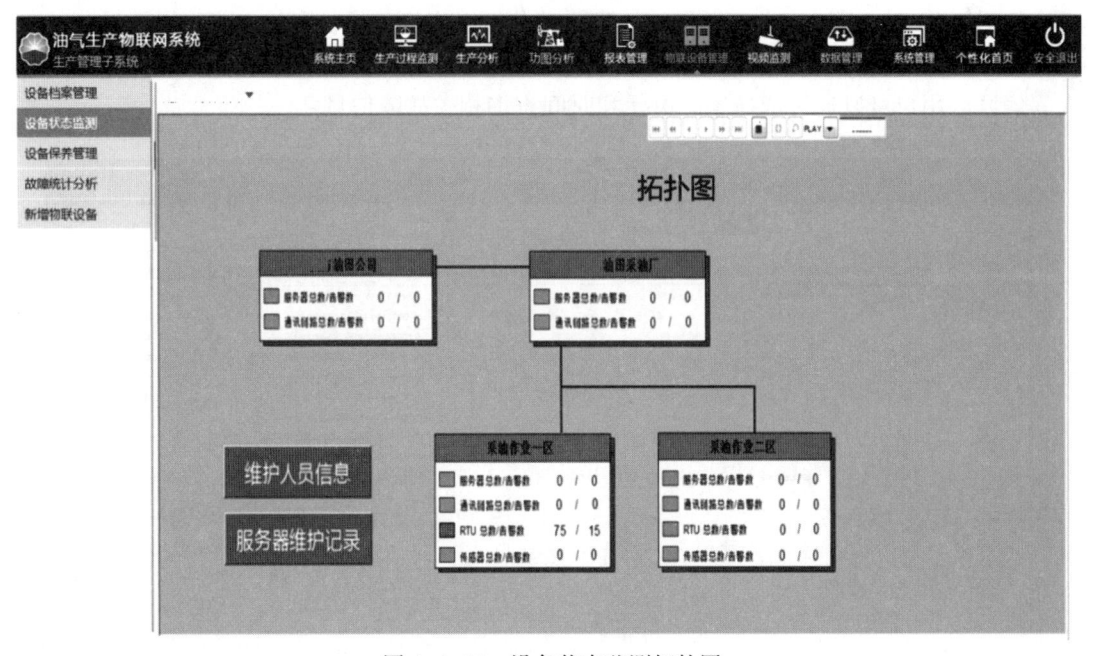

图 4-1-23 设备状态监测拓扑图

3）设备保养管理

以表格的方式动态展示设备保养信息，并且可以进行保养/维护处理和保养标准设置操作，如图4-1-24所示。

图4-1-24　保养/故障处理

4）故障统计分析

如图4-1-25、图4-1-26所示，故障统计分析以表格和柱状图的方式，展示设备故障统计信息，包括生产单元、设备名称、设备类型、故障时间、故障详情、处理状态和处理人等信息。用户可以通过选择生产单元和时间查询相关故障信息。

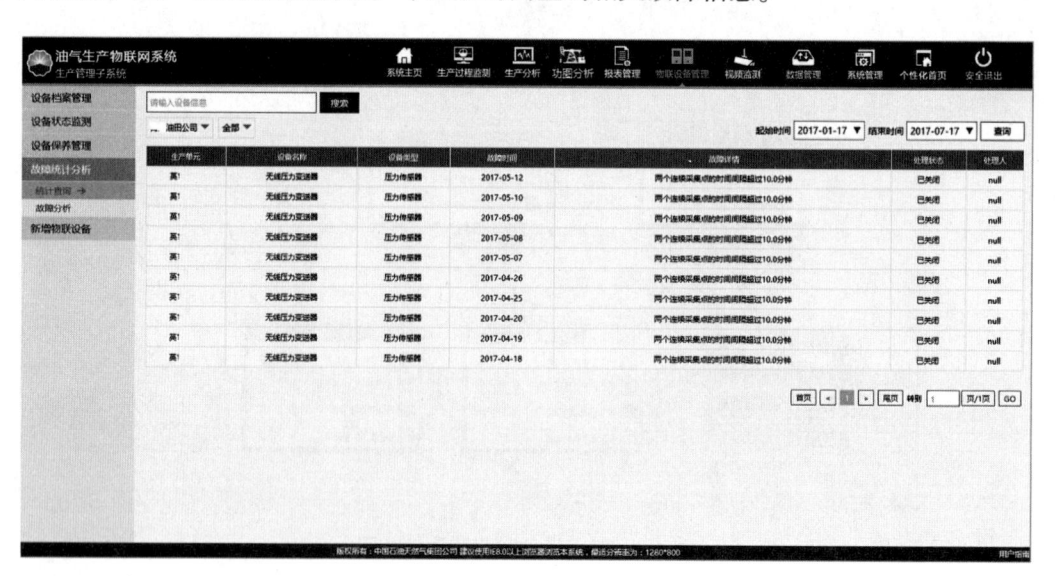

图4-1-25　统计查询

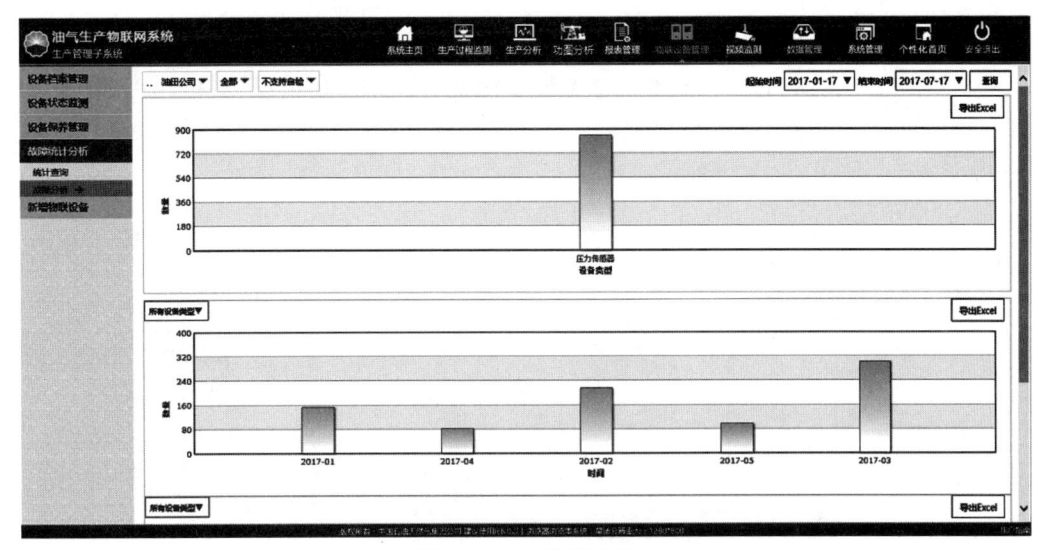

图 4-1-26 故障分析

7. 视频监测

视频监测页面集中展示当前生产单元的视频及其告警信息，并提供了收藏和告警查询功能，如图 4-1-27 所示。选择生产单元后搜索，点击某个视频画面时，可放大该视频画面，点击右侧"收藏"按钮时，可收藏该视频。

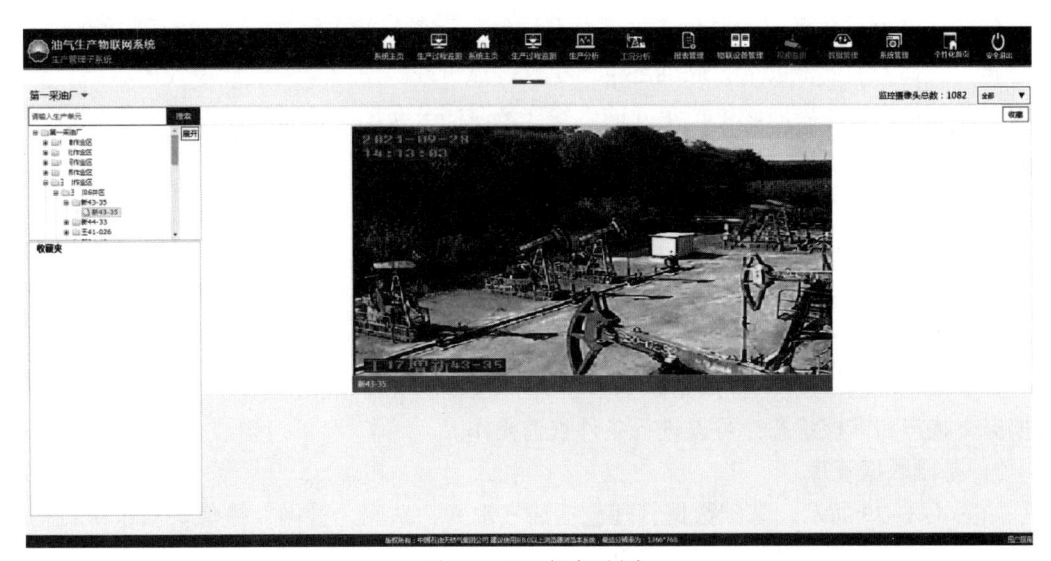

图 4-1-27 视频监测

1）查看视频

点击"▼"弹出下拉菜单，用户可以点击选择显示全部视频、油气水井视频、站库场内视频。

2）视频告警信息统计

对视频入侵告警信息进行统计，用户可查看某一时间段内各生产单元的告警信息总数，也可以查看某一生产单元告警信息数量变化情况，具体操作步骤如下：

（1）点击"视频告警统计分析"，进入告警统计分析窗口。

（2）在左侧"选择单位"的下拉菜单中，勾选查看所需告警信息的生产单位，在右侧的起止时间栏内选择合适的时间跨度和时间粒度；在左侧选择查看"入侵次数"或"摄像头遮蔽"，如图4-1-28所示。

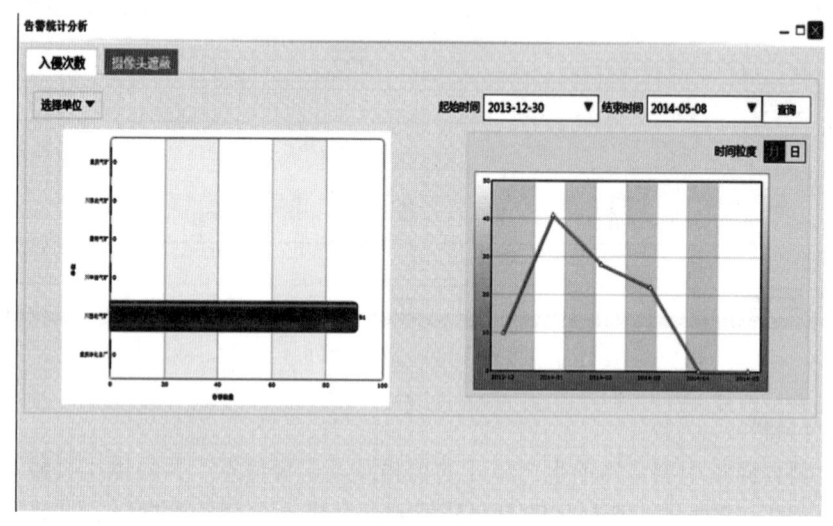

图4-1-28　告警统计分析

（3）选择好单位和时间跨度，左侧柱状图会显示各生产单元在某一时间段内的入侵次数总和，横轴表示告警数量，纵轴是生产单位。点击柱状图中某一生产单元的名字，右侧折线图会显示该时间段内该生产单元的告警次数时间分布图，横轴表示时间，纵轴表示告警次数。

8. 数据管理

数据管理包括生产日数据管理、基础数据管理、数据标签管理、数据接口管理等功能。

1）日数据管理

日数据管理包括单井/日数据录入和单井/日数据审核。通过选择班组、类型、井号、日期提交状态和审核状态，可以进行条件查询操作。

2）基础数据管理

如图4-1-29所示，基础数据管理包括油气水井、站库、管网、摄像头和组织机构等类型数据的维护管理，均可以进行维护。

点击任一行右侧的"编辑"按钮，可以打开对应的数据编辑窗口，逐项录入相关数据后，最后点击"保存"按钮即可完成数据维护；点击右侧"删除"按钮时，则可以删除该行数据；数据量较多时，可以通过点击列表上方的"模板下载"按钮，如图4-1-30所示，按照模板格式录入数据并保存，再点击"批量数据导入"进行批量更新录入。

3）数据标签管理

生成标签：点击"生成标签"弹出框编辑，选择标签类型（必选项）、选择组织架构

（必选项），再根据所选的组织范围及"标签类型"，选择该组织层级下所有生产单元的名称，最后点击"生成"按钮生成所需标签。

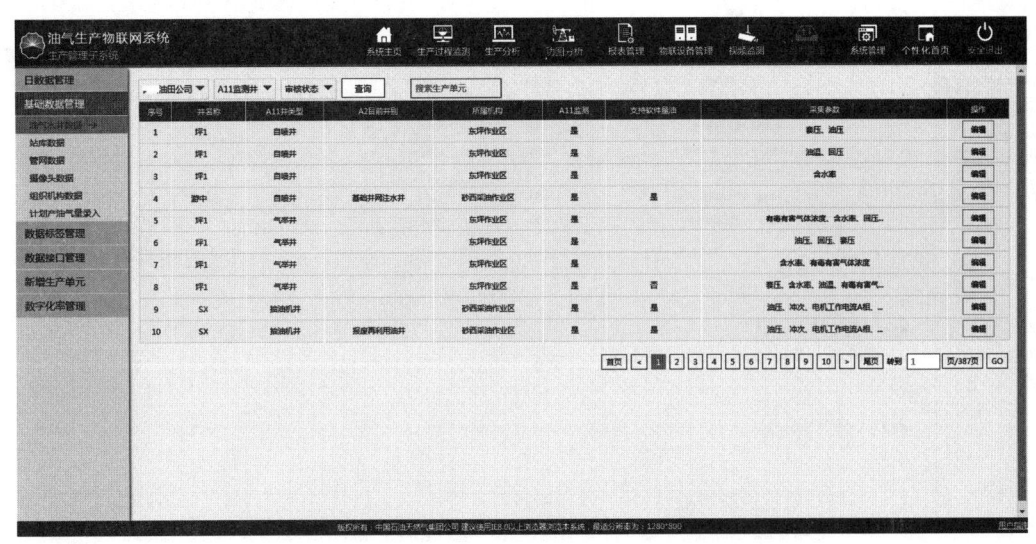

图 4-1-29 基础数据管理页面

图 4-1-30 基础数据批量导入窗口

编辑标签：在编辑标签界面修改标签名称后，点击"保存"按钮，即可保存修改过的数据，点击"取消"按钮，则不保存。

4）数据接口管理

数据提供接口是指本系统向其他系统提供数据的接口。点击右上方的"添加接口"按钮，打开添加接口窗口，选择接口名称、访问控制和接口类型，点击"添加接口"完成接口的添加。如图 4-1-31 所示，点击"查看"按钮，可以查看对应接口的配置文件；点击"删除"按钮，可以删除对应的接口信息。

数据获取接口是指本系统向其他系统获取数据的接口。如图 4-1-32 所示，点击右上方的"添加接口"按钮，打开添加接口窗口，录入接口名称、数据获取地址、方法名称、数据提供方、用户名和密码，选择接口类型，再点击"保存"完成接口添加。点击"编辑"按钮，可以修改对应的接口信息。

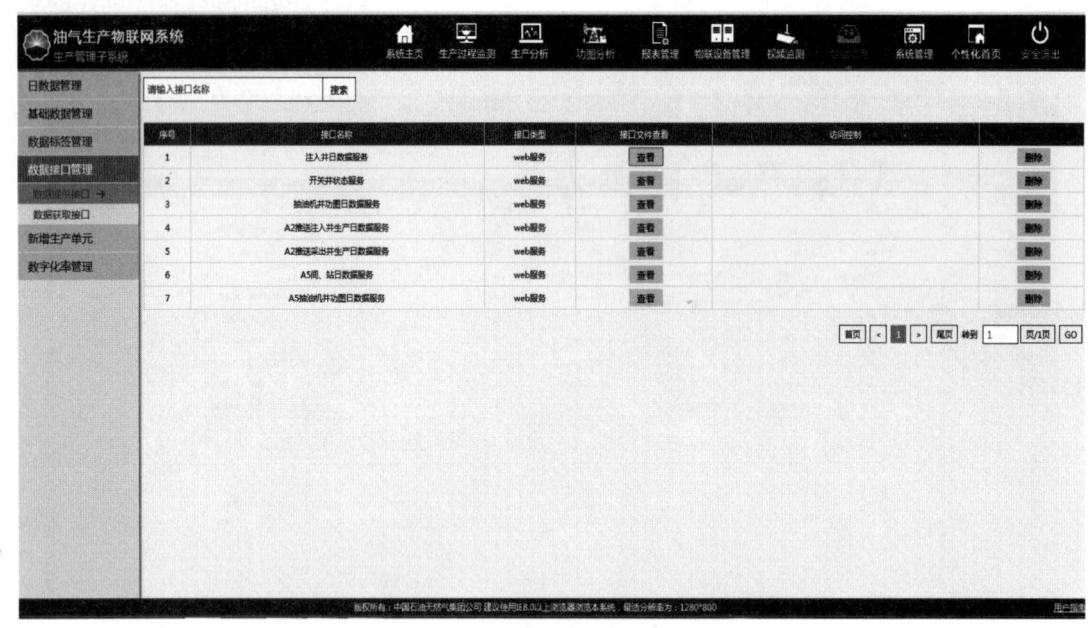

图 4-1-31 数据提供接口添加

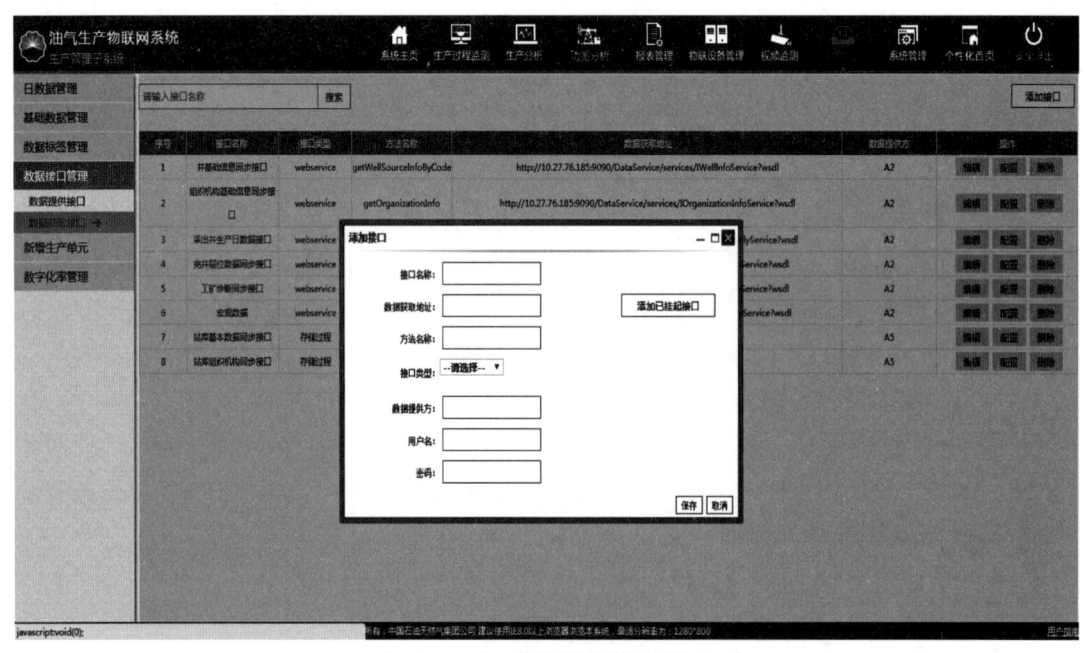

图 4-1-32 数据获取接口添加

在接口配置界面点击数据接口管理右侧的"配置"按钮,打开接口配置窗口,再点击窗口右上角的"添加任务"按钮,可以设置接口的任务类型、执行频率和计划时间,点击"执行"按钮可执行该任务,最后执行时间、最后执行状态将自动更新。点击任务右侧的"编辑""删除"按钮,可以修改、删除对应的任务。

9. 系统管理

系统管理包括用户权限管理、采集参数配置、生产监控配置、物联设备配置、系统日志管理、系统运维管理和创建扩展应用等功能，主要供系统管理人员使用。

1）用户权限管理

在用户权限管理页面，可以对用户、角色进行维护管理，包括用户的添加、修改、删除，用户密码的修改和用户角色配置等，如图4-1-33所示。

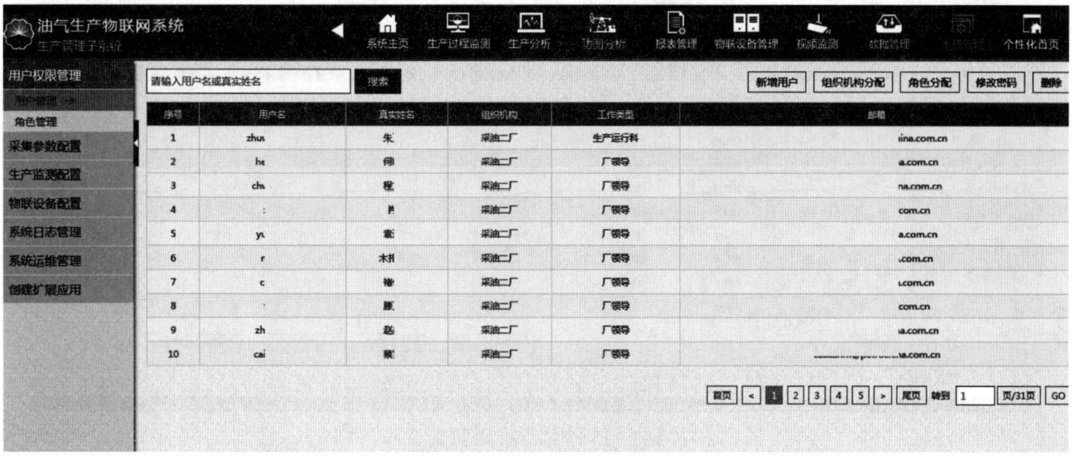

图 4-1-33　用户权限管理

2）采集参数配置

在采集参数配置页面，可以对油气水井、站库和管网相关采集参数信息进行配置，如图4-1-34所示，点击某条参数所在行右侧的"编辑""删除"按钮，可以对该参数进行编辑、删除操作。

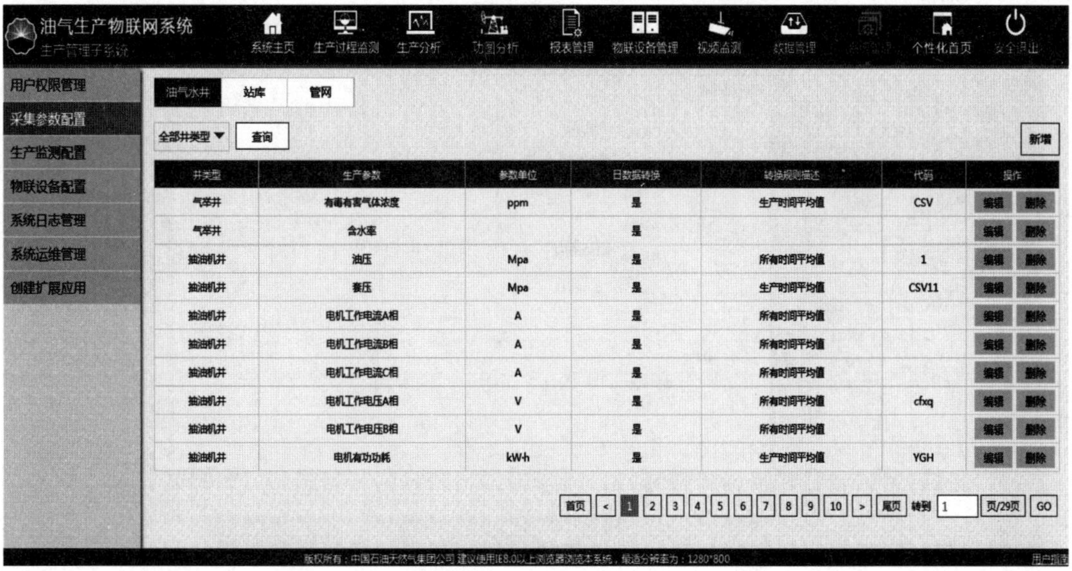

图 4-1-34　采集参数配置页面

3）生产监测配置

在生产监测配置页面，可以对油气水井、站库和管网相关生产监测信息进行配置。如图4-1-35所示，点击某配置所在行右侧的"编辑"按钮，可以对该配置进行编辑操作；勾选多项配置，再点击"批量配置"，可以进行批量配置操作。

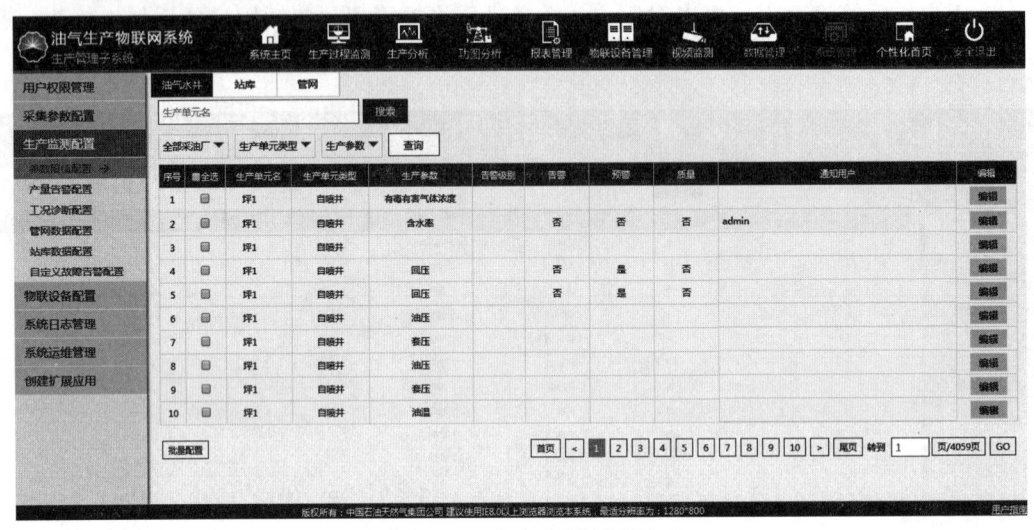

图4-1-35　生产监测配置页面

4）物联设备配置

此页面可以对物联设备的异常编码库管理，告警配置进行编辑。异常编码库管理包括厂商名称、设备类型和型号、异常编码、异常描述、专家建议等信息的录入维护，除"专家建议"外，均为必选或必填项，点击"保存"按钮，可以保存数据，并关闭编辑窗口，如图4-1-36所示。

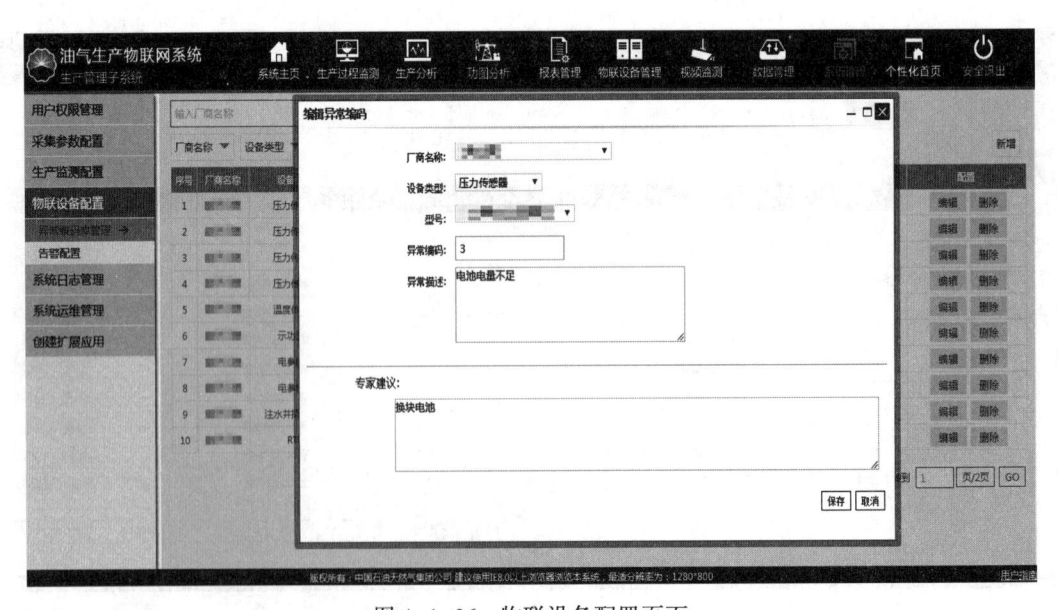

图4-1-36　物联设备配置页面

如图 4-1-37 所示，告警配置包括告警算法配置和线下通知配置两部分，通过勾选对应的"启用"选择框，可启用对应的算法配置，启用状态下，该区域的复选框及文本框处于可编辑状态，反之禁用且不可编辑。编辑完成后，点击"保存"按钮完成配置。

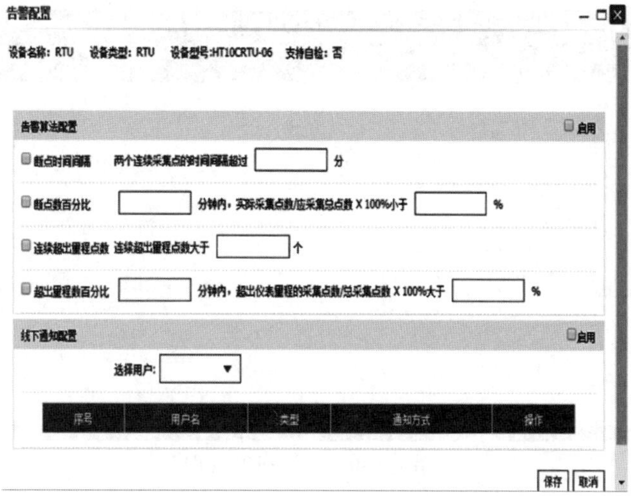

图 4-1-37　告警配置窗口

5）系统日志管理

如图 4-1-38 所示，系统日志管理主要记录系统访问日志信息，可以直接输入用户名或真实姓名搜索日志，也可以根据用户、功能模块、起始时间和结束时间条件进行筛选查询。

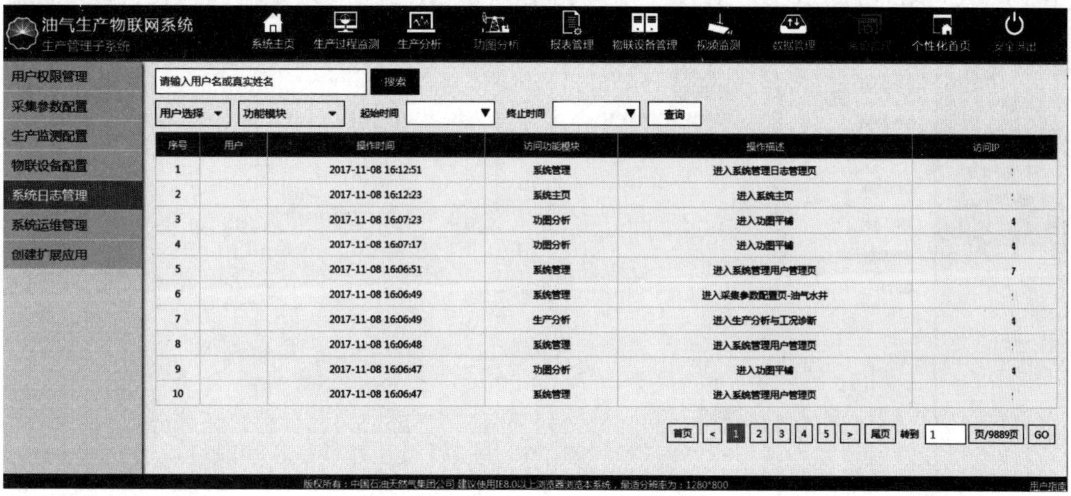

图 4-1-38　系统日志管理

6）系统运维管理

系统运维管理包括运维数据统计、运维问题支持两项内容，如图 4-1-39 所示。其中运维数据统计以表格的方式展示该生产单元及下辖单位的运维数据情况，包括站库信息、单井信息、物联设备信息、用户信息等。在运维问题支持页面，可以进行问题新增提交和共享查看，方便运维人员及时安排维护、处理故障。

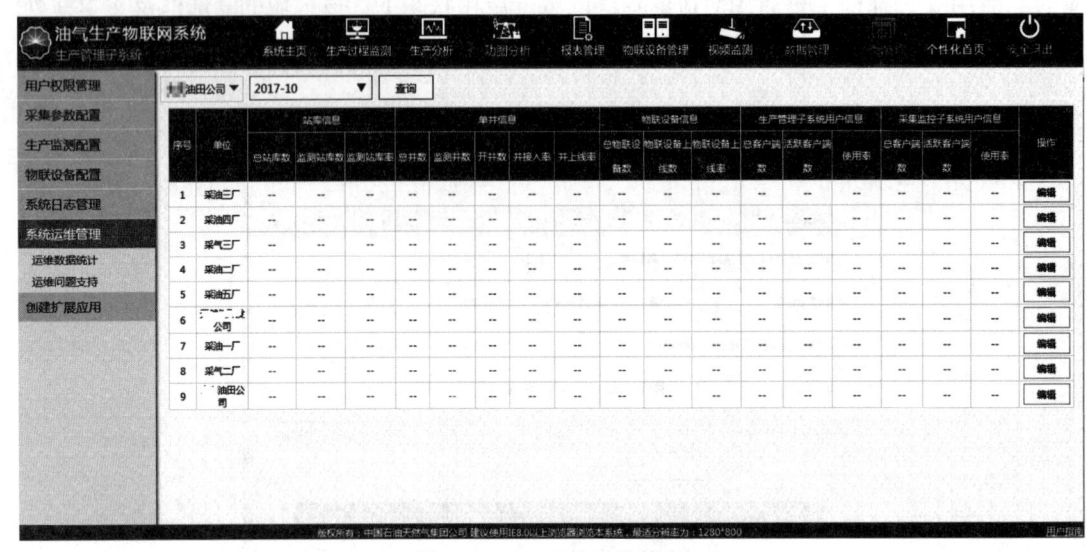

图 4-1-39　系统运维管理

7) 创建扩展应用

通过创建扩展应用，可以创建新的应用分类和新的应用。如图 4-1-40 所示，点击"创建应用分类"，可以新增应用分类，点击"⊗"可以删除应用分类，点击"⊕"可以创建新的应用，点击"⊖"可以删除应用。

图 4-1-40　创建扩展应用页面

10. 个性化首页

如图 4-1-41 所示，个性化首页提供个人定制功能，用户可根据岗位角色与管理的关注点，对首页内容进行个性化配置，操作步骤如下：

（1）首先将"我的应用"中某个应用拖移到右侧，并根据喜好自行排列，同一应用可以反复拖移；鼠标悬浮至任一模块后，点击右上角的"⊖"可取消应用在页面显示。

（2）配置完成后，点击"保存"按钮可保存当前个性化页面内容和布局。

（3）勾选"启用"，将以个性化首页替换原首页，不勾选则仍显示原首页。

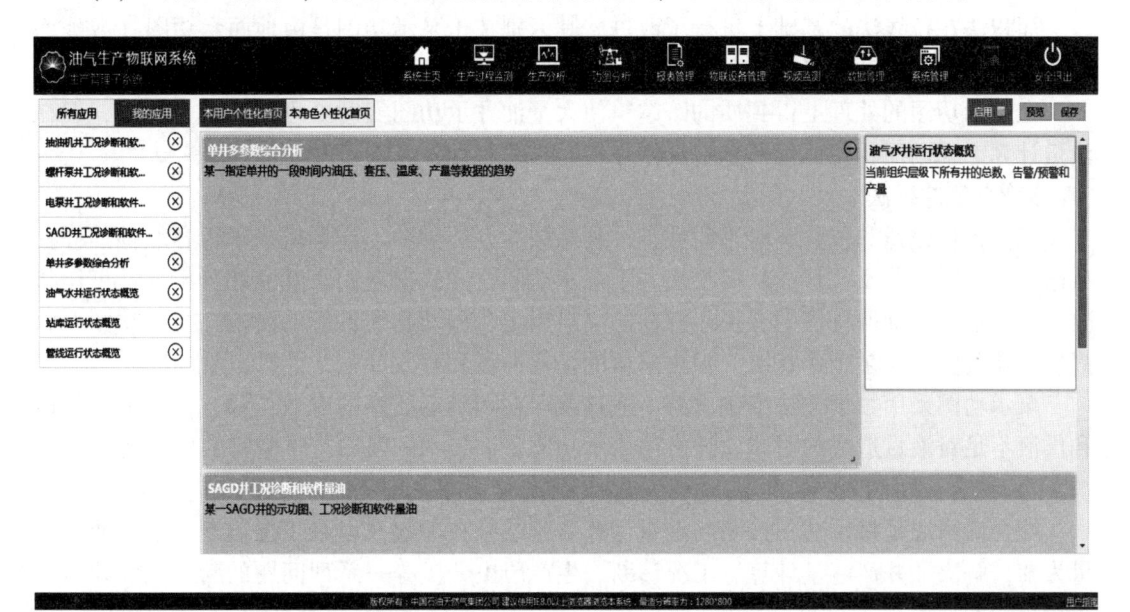

图 4-1-41 我的应用页面

第二节 油井工况诊断系统

一、系统简介

1. 示功图计量技术发展

示功图计量技术最早可以追溯到 20 世纪 80 年代初，当时提出了简单用示功图计算产液量的方法。在随后的几十年里，示功图计量技术经历了从"拉线法"处理示功图面积求产到"有效冲程法"求产的过程，示功图处理及液量计量发生了质的改变，理论技术也从定性逐渐发展到定量，最终发展到目前以油井工况诊断为基础，结合泵漏失、泵充满程度、气体影响等因素的"综合诊断法"油井计量技术。

1）拉线法

В·М·卡西扬诺夫在苏联《油矿业专题调研资料》（1986 年第 4 期）中发表了"杆式深井泵装置工作的诊断与优化"一文，此文论述了利用拉线法对示功图进行处理和产液量计算的方法。该方法的理论要点描述了抽油机在运动过程中，上下冲程由于抽油杆柱振动、摩擦等动载因素的影响，绘出的示功图就有动载曲线。根据实测，静载线与动载阻尼曲线进行对比时发现，相比深井泵的实际做功大小，动载阻尼曲线对做功没有影响。

尽管该方法只适合供液较好、黏度较低、惯性力和动载阻尼较小的油井，但拉线法在示功图量油技术的发展历程中是一次大胆的探索，功不可没。

2）面积法

面积法在拉线法的基础上进行了改进，其区别在于泵示功图是由地面示功图（或地面信号）采用数学方法转换求解得到，同时利用计算机仿真技术，实现了油井工况的诊断。

在泵示功图的处理上得到质的跨越，使大量油井示功图实时处理分析成为可能，但在液量计算上采用面积相比仍然存在局限性，与拉线法计算产液量时相似。

3）有效冲程法

根据光杆载荷和位移实时采集数据，利用数学方法借助于计算机来求得各级抽油杆柱截面和泵上的载荷及位移，从而绘出井下泵示功图，并根据它们来判断和分析油井工作状况。由于消除了抽油杆柱的变形、杆柱的黏滞阻力、振动和惯性等的影响，泵示功图形状简单又能真实反映泵工作状况。根据求得的柱塞冲程和有效冲程，计算出泵排量。

泵示功图采用数学方法准确求解，通过泵示功图确定活塞的有效位移，也考虑了气体和供液不足对液量造成的影响。该方法为示功图量油技术的发展打下坚实的理论基础。

4）综合诊断法

综合诊断法是将示功图诊断与液量计算紧密结合在一起，以泵工况诊断为主，液量计量为辅，解决油井产液量计算、工况诊断、生产历史分析等一系列问题的新一代油井示功图计量诊断技术。

如图4-2-1所示，综合诊断法计量关键技术是通过计算机模型实现对泵示功图的获取与识别，确定阀门的开启、关闭四个关键点，描述出泵示功图的关键点、关键线和关键面积等几何特征，从而计算出产液量，并通过综合运用交叉点验证、载荷差验证、几何特征法、专家经验或CNN卷积神经网络等算法，实现对泵示功图故障诊断。

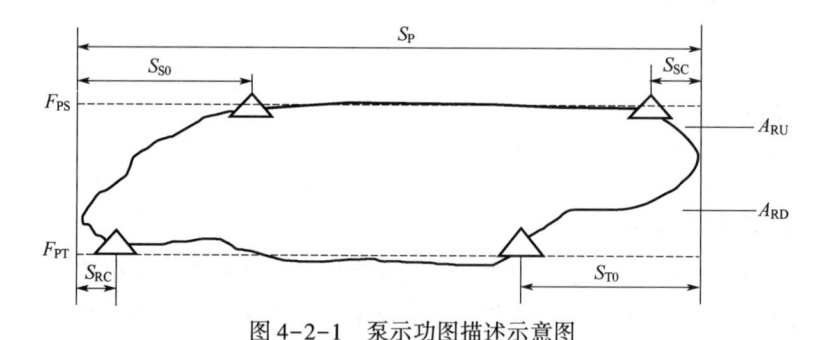

图4-2-1 泵示功图描述示意图

2. 示功图采集分析流程

1）数据采集流程

如图4-2-2所示，示功图数据采集流程包括示功图采集数据和基础数据两个方面，主要涉及前端采集传输硬件、中端采集转发平台、后端分析应用平台三部分。

（1）前端采集传输硬件。

由载荷传感器、位移传感器、RTU（或一体化示功仪）、通信设备等组成（相关设备介绍请查阅前文"第二章数据采集设备"的内容），主要功能是实现全天候示功图数据自

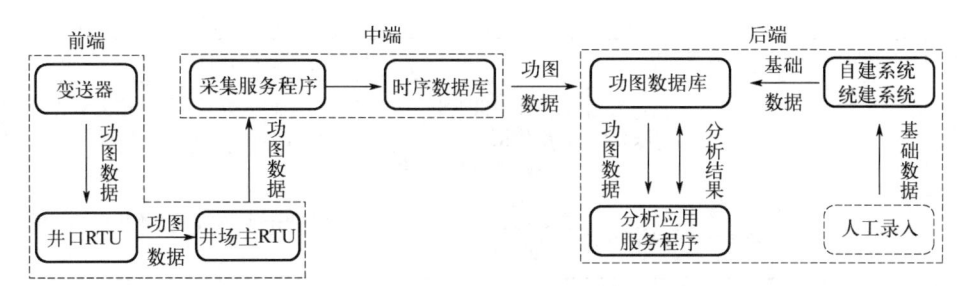

图 4-2-2　数据采集流程

动采集，是油井示功图诊断计量的关键一步，直接决定了油井工况诊断、计量结果的准确性。

(2) 中端采集转发平台。

通常由数据采集服务、存储服务相关软硬件组成。主要功能是示功图相关数据的采集、存储和转发，该平台还采集了油井启停状态、电参、功率图等数据，为后端平台计算油井生产时间、系统效率等数据提供数据支撑。

(3) 后端分析应用平台。

通常由分析应用服务、存储服务相关软硬件组成，主要功能是利用中端平台转发的采集数据，结合后端平台录入或存储的基础数据进行分析，并将分析结果进行功能应用。基础数据主要包括生产井的完井数据、抽油机设备信息、杆柱组合、井斜数据、油管数据等静态数据，以及动液面、含水、油压、套压等动态数据，可通过人工录入的方式维护，或通过已开发的数据共享接口，自动从自建系统或统建系统（A1、A2、A5 等系统）提取。

2）示功图分析流程

系统采用了综合诊断法进行示功图诊断和计产分析，其分析流程如图 4-2-3 所示。首先系统根据地面示功图，利用井眼轨迹处理、阻尼系数确定和波动方程求解处理出泵示功图，再通过系统的数据治理环节，自动剔除错误示功图或空白示功图；剩余的示功图再依次进行四次诊断流程，识别出不同的工况；然后根据有效工况和泵示功图计算出泵有效冲程；最后，对当日所有单张示功图计算出的产量，经加权平均后计算出日产液。

(1) 工况诊断。

系统在对地面示功图进行四次诊断的过程中，应用了交叉点验证、载荷差校验、几何特征法、专家经验和 CNN 卷积神经网络共计 5 种算法，见表 4-2-1。

表 4-2-1　工况诊断算法诊断内容统计表

序号	诊断过程	所用算法	主要工况诊断内容
1	一次诊断	交叉点分析	立足地面示功图，结合油井上碰下挂时"示功图打结"特点，利用"曲线拟合技术"，找寻示功图交叉点，诊出上碰、下挂工况
2	二次诊断	载荷变化趋势分析	根据抽油机井地面示功图最大载荷、最小载荷、载荷差变化趋势，诊出轻微结蜡、严重结蜡、间歇性出液工况
3	三次诊断	几何特征分析	根据抽油机井泵示功图关键几何特征，诊出轻微气体影响、严重气体影响、轻微供液不足、严重供液不足、脱筒等具有明显几何特征的工况

续表

序号	诊断过程	所用算法	主要工况诊断内容
4	三次诊断	标准示功图关联分析	根据抽油机正常生产时获得的地面示功图,优选标准示功图,作为诊断依据,诊出卡泵、断脱、游动阀失灵、固定阀失灵、双阀失灵、油管漏失等一级工况
5	四次诊断	CNN 卷积神经网络	立足地面示功图,应用 CNN 卷积神经网络算法诊出游动阀漏失、固定阀漏失、出砂等工况

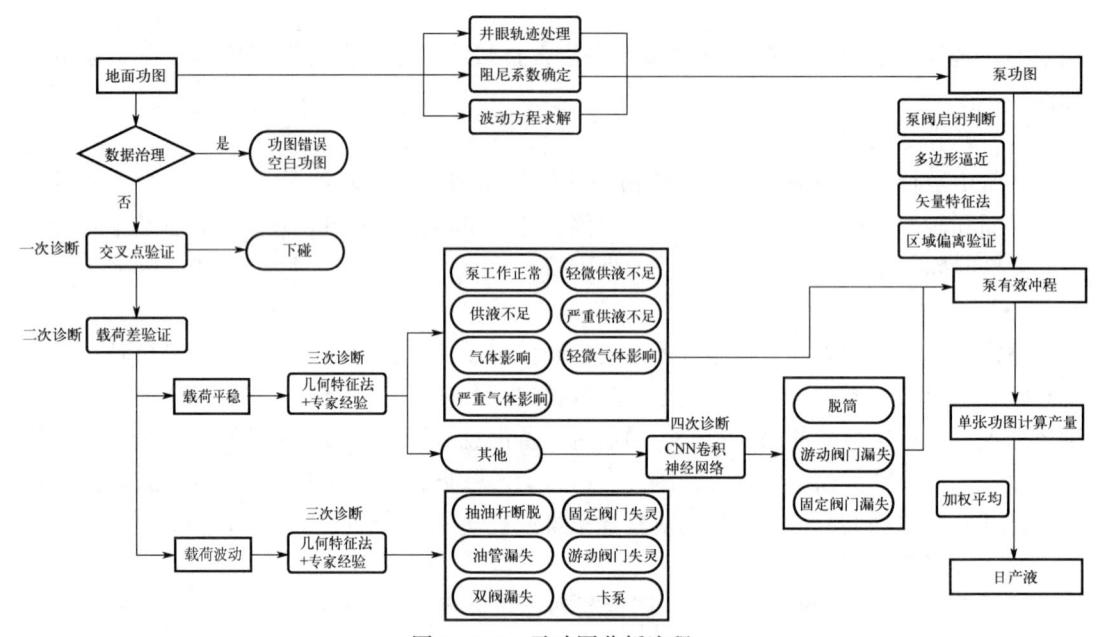

图 4-2-3 示功图分析流程

针对不同的工况诊断结果,可分为一级预警、二级预警和正常工况 3 类,其中一级预警包括卡泵、断脱、油管漏失等 8 种,二级预警包括游动阀漏失、固定阀漏失、严重结蜡等 6 种,正常工况包括泵工作正常、轻微供液不足、轻微气体影响等 5 种,具体内容见表 4-2-2。

表 4-2-2 工况诊断结果及分类统计表

序号	类别	工况诊断结果
1	一级预警	卡泵、断脱、油管漏失、双阀失灵、游动阀失灵、固定阀失灵、脱筒、气锁
2	二级预警	游动阀漏失、固定阀漏失、严重结蜡、严重气体影响、下碰、上碰
3	正常	泵工作正常、轻微供液不足、轻微气体影响、间歇性出液、套返

(2) 示功图计产。

油井示功图计产采用有效冲程法计算,其计算步骤如下:

第一步:识别单张泵示功图的有效冲程,单张泵示功图折算 10min 产量,单张示功图对应的产液量为

$$Q = 10NS_p \frac{\pi D^2}{4} B_V \qquad (4\text{-}2\text{-}1)$$

式中　N——冲次，次/min；

　　　S_p——泵示功图有效冲程，m；

　　　D——泵径，m；

　　　B_v——原油体积系数。

第二步：计算全天产量，假设全天采集示功图共 n 张，开井时长为 T 小时，那么全天日产液为

$$Q_{\text{实}} = (Q_1 + Q_2 + \cdots + Q_n) \times \frac{60T}{10n} \qquad (4\text{-}2\text{-}2)$$

式中　Q_n——第 n 张示功图的产液量，m³。

　　　T——开井时长，h。

二、功能模块介绍

油井工况诊断系统，包括工况诊断、示功图计量、工艺优化、指标报表和系统管理 5 个功能模块，下分 15 个子功能菜单，如图 4-2-4 所示。

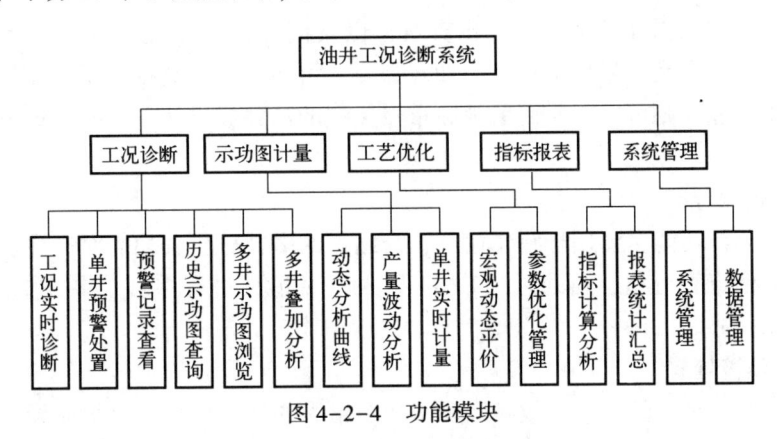

图 4-2-4　功能模块

1. 工况诊断功能

1）工况实时诊断

工况实时诊断页面汇总展示了当日油井实时工况预警和工况分类统计情况，通过该功能，技术人员可以进行工况核实、分析判识和辅助决策。点击井号，可以自动展示该井的实时示功图、标准示功图、载荷曲线等信息；点击柱状图或饼状图，可实现一级、二级工况预警、示功图错误、异常停井、未上线井等快速查找功能，上部列表数据可自动响应、切换。

2）历史示功图查询

实现油井历史示功图查询、对比分析功能。通过选择示功图类型（地面示功图、泵功图、功率图）、起始时间、截止时间、所选时间段的所有示功图会在第二栏导航栏中显示，单击选择需要绘制的图形和数据，进行叠加绘制，或平铺绘制，数据和图形可进行导

出。通过时间窗口，则可以对长时间段示功图数据进行抽稀查询、预览，可选时间间隔包括 1h、2h、4h、8h、12h、24h、48h，如图 4-2-5 所示。

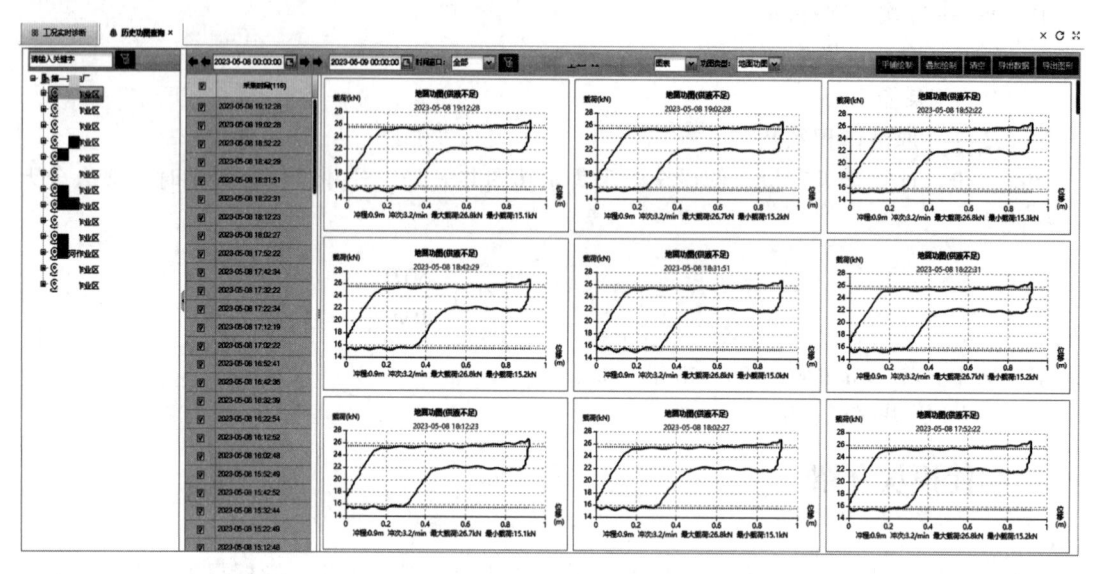

图 4-2-5　历史示功图查询页面

3）多井示功图浏览

实现区块、站点内油井示功图同步查看，以及同一注采单元油井工况及产能对比分析，能及时发现工况及产量异常油井，如有需要，可将示功图数据和示功图进行导出；通过示功图篮子功能，则可以将需要留观和重点关注的油井放进篮子，打开篮子进行快速跟踪查询。

4）多井叠加分析

多井叠加分析功能主要用于跨作业区、跨站点的多井分析，如需对产建新井、措施井等重点油井进行查看分析，可通过"Excel 导入"功能，进行多日、多井工况叠加分析，找准工况变化趋势。

5）单井预警处置

汇总所有的一级故障、二级故障以及示功图错误的油井信息。该页面展示了故障单井的地面示功图、泵示功图、标准示功图，以及单井基础信息、诊断处置的信息列表。当需要对诊断结果进行核实时，可点击右下角的"预警核实"按钮，在预警处置弹出框进行故障井的预警信息处置。

2. 示功图计量功能

1）动态分析曲线

以曲线的方式，展示采油厂、作业区、站点、单井生产运行趋势，重点对产液量、产油量、含水率、动液面等关键生产参数变化趋势分析，便于找准产量异常原因。

2）产量波动分析

以图、表、曲线的方式，综合展示当前油井实时生产数据，并按照产液量、含水率等进行分类统计，汇总分析。针对产量、含水、动液面异常油井，系统可自动推送至即时通，便于用户及时发现异常情况并处置，如图 4-2-6 所示。

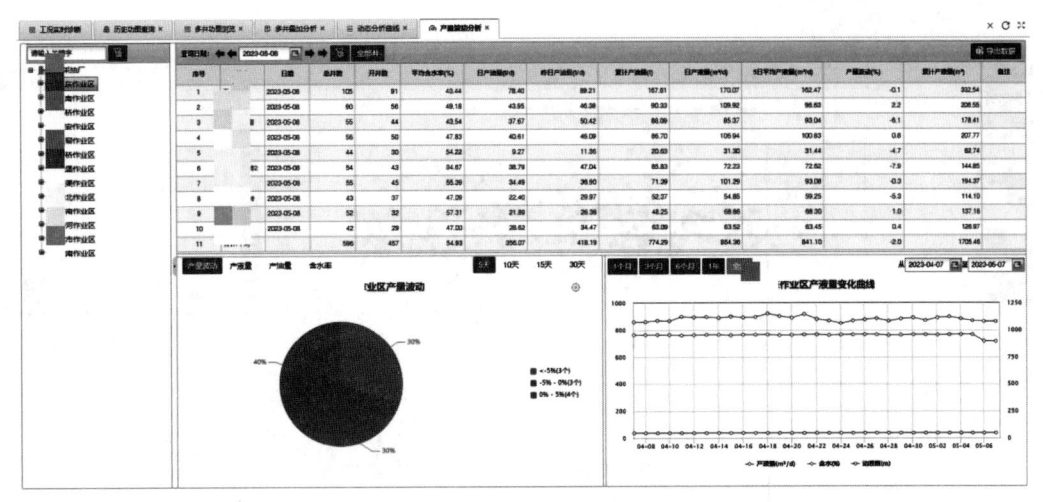

图 4-2-6　产量波动分析页面

3）单井实时计量

根据采集示功图数据，实现对单井产量的实时计算和监控，便于及时发现产量波动并进行原因分析，如图 4-2-7 所示。

图 4-2-7　单井实时计量页面

3. 工艺优化功能

1）宏观动态评价

通过以油井数据为基础，对油井供排协调进行分析，并绘制出泵效与流压的关系图，可快速反映抽油机供液能力与抽油设备排液能力的匹配情况，直观评价油井工况，如图 4-2-8 所示。

2）参数优化管理

通过内置的原油高压物性（PVT）、多相管流、节点分析等精确计算模型，优化出机、杆、泵参数组合，指导现场施工作业，并对调参效果进行评价，如图 4-2-9 所示。

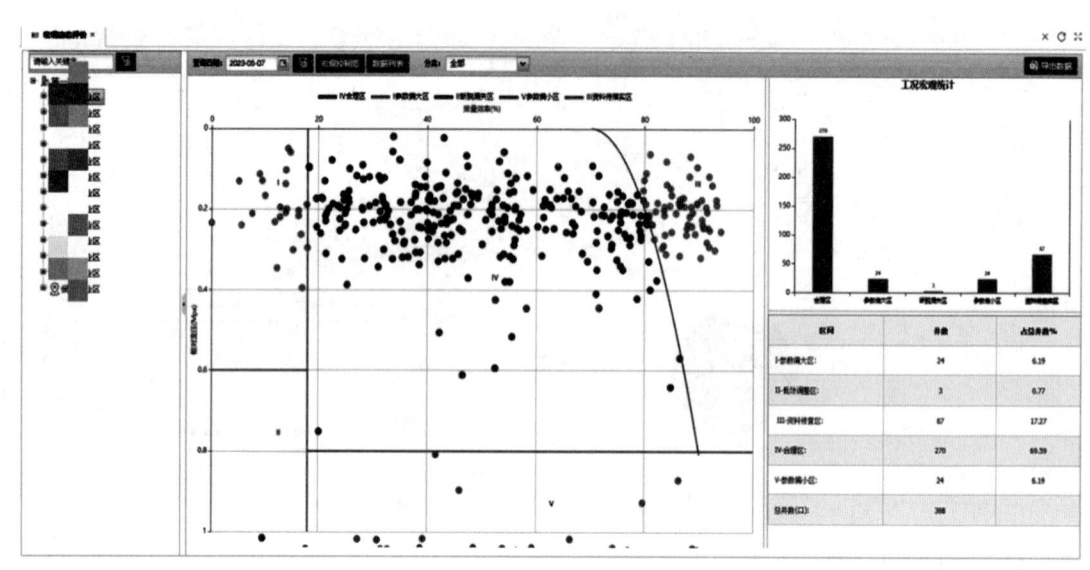

图 4-2-8　宏观动态评价页面

图 4-2-9　参数优化管理页面

4. 指标报表功能

1) 指标计算分析

(1) 系统效率分析。

实现采油厂、作业区、站点、单井系统效率、泵效等关键生产参数分类汇总功能，以及变化趋势分析功能，如图 4-2-10 所示。

(2) 油井能耗分析。

实现采油厂、作业区、站点、单井用电量、时率、耗电量等关键参数分类汇总，以及变化趋势分析功能，如图 4-2-11 所示。

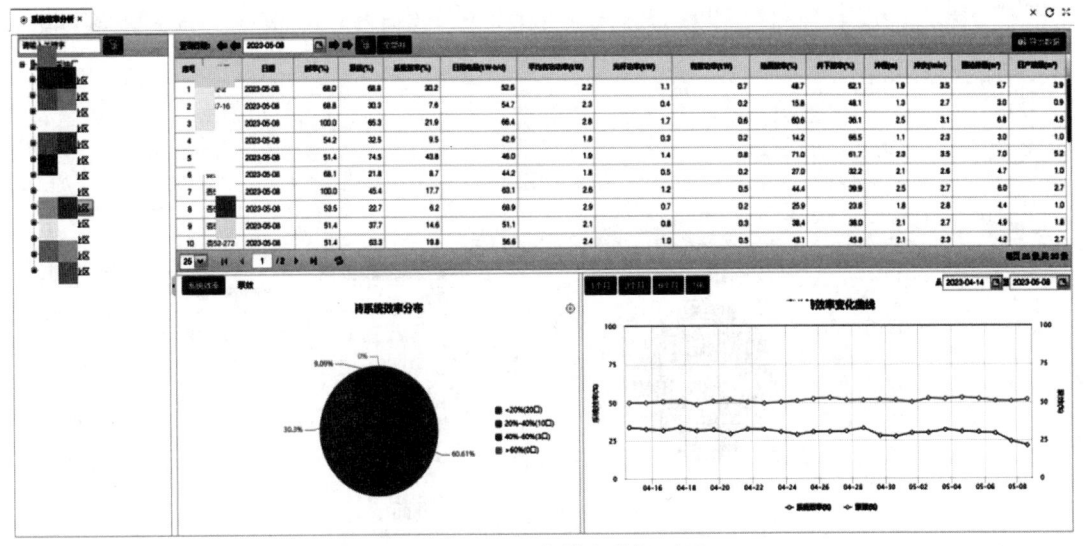

图 4-2-10　系统效率分析页面

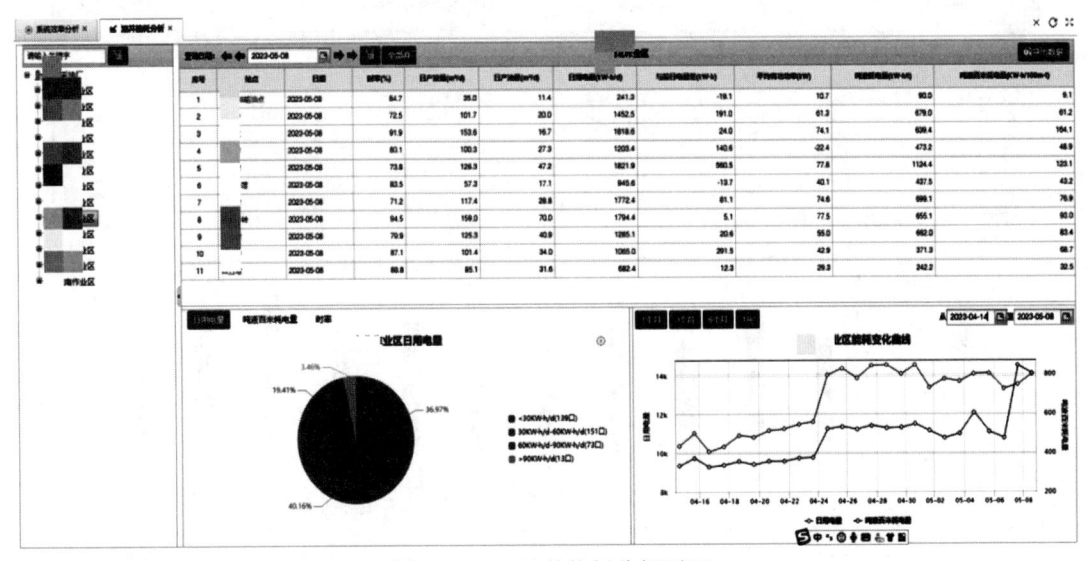

图 4-2-11　油井能耗分析页面

(3) 油井平衡分析。

实现油井平衡度实时计算和平衡状态等级的分类汇总，可根据选择的井号，绘制单井实时功率曲线和历史平衡度变化曲线，便于对油井平衡状态进行评价分析，如图 4-2-12 所示。

(4) 数字化指标。

通过对不同作业区的 A2 开井数、应用井数、上线井数、分析成功井数进行分析并计算出相应作业区的覆盖率、上线率、分析成功率、系统效率上线率等指标，再通过指标对比分析不同作业区的数字化管理情况，如图 4-2-13 所示。

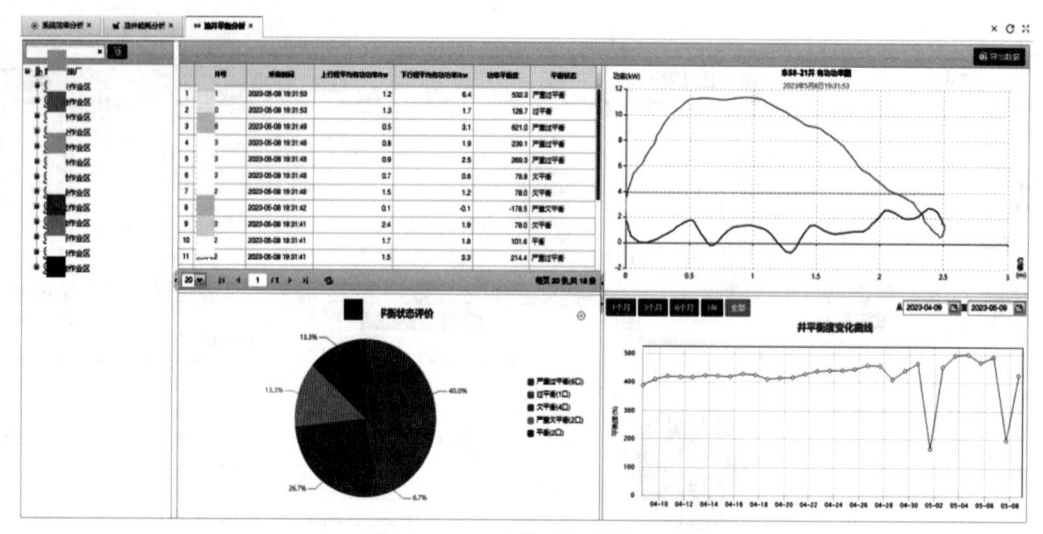

图4-2-12 油井平衡分析页面

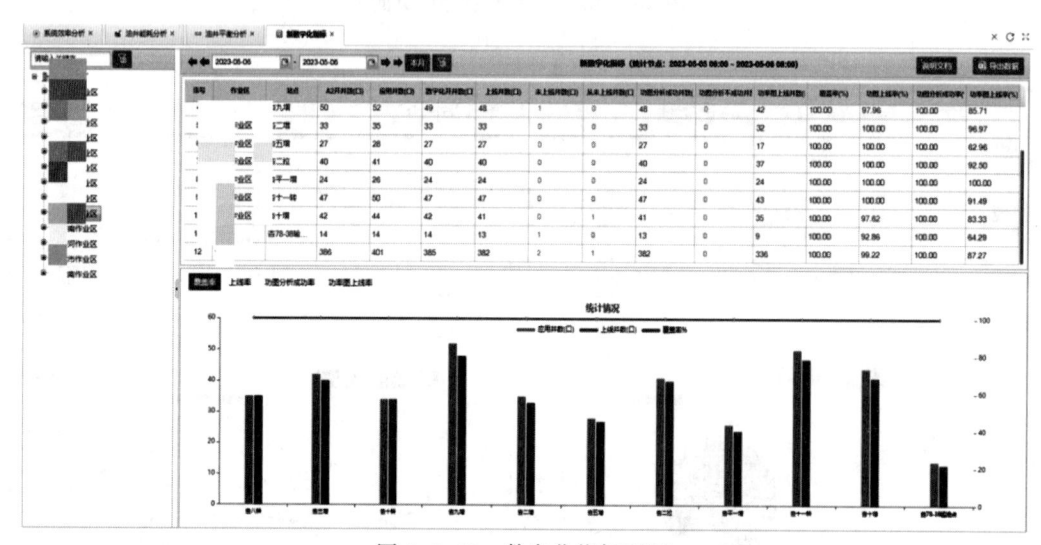

图4-2-13 数字化指标页面

(5) 采油工艺指标。

按不同组织机构层级，实现对采油时率、泵效、系统效率、平衡度、检泵周期、维护性作业频次等工艺指标的统计、展示、分析功能，如图4-2-14所示。

2) 报表统计汇总

(1) 系统效率报表。

根据油井生产动态数据，计算单井的系统效率、有功功率、有效功率、光杆功率、地面效率、井下效率等效率指标，如图4-2-15所示。

(2) 间开井报表。

通过对比分析不同层级所辖间开井执行间开制度前后的产液量、产油量、含水率、泵效、系统效率、充满系数、日用电量等指标对间开井的运行效果进行查看分析，同时查看当前井口间开制度，如图4-2-16所示。

第四章 生产管理系统

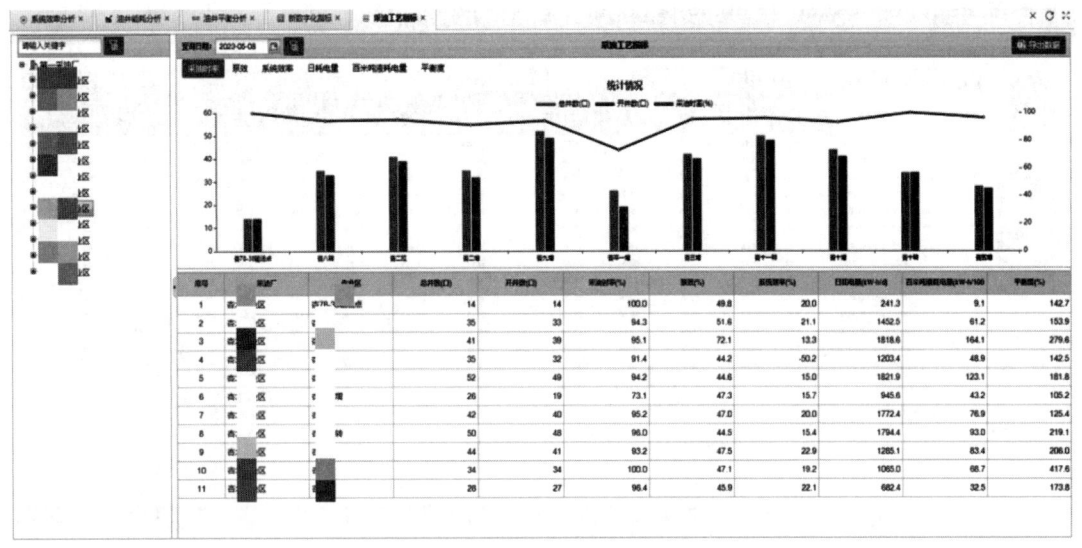

图 4-2-14 采油工艺指标页面

图 4-2-15 系统效率报表页面

（3）采油日报表。

采油日报表主要实现采油厂、作业区、站点不同管理层级对单井日生产数据管理统计分析，如图 4-2-17 所示。

（4）自定义报表。

根据管理人员对不同生产数据的需求，可选择日报、月报形式对油井生产情况进行统计分析，并建立自定义报表。

5. 系统管理及数据管理功能

1）系统管理

系统管理模块包括组织权限、用户管理、部门管理和角色管理 4 个功能菜单，用于系统不同层级用户的操作权限管理设定及用户角色权限分配，见表 4-2-3。

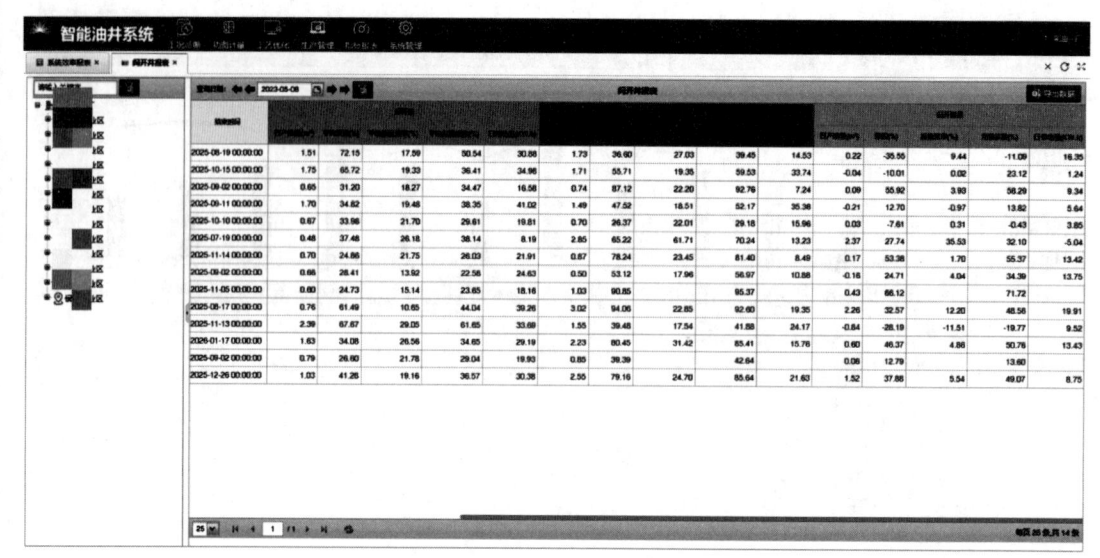

图 4-2-16　间开井报表页面

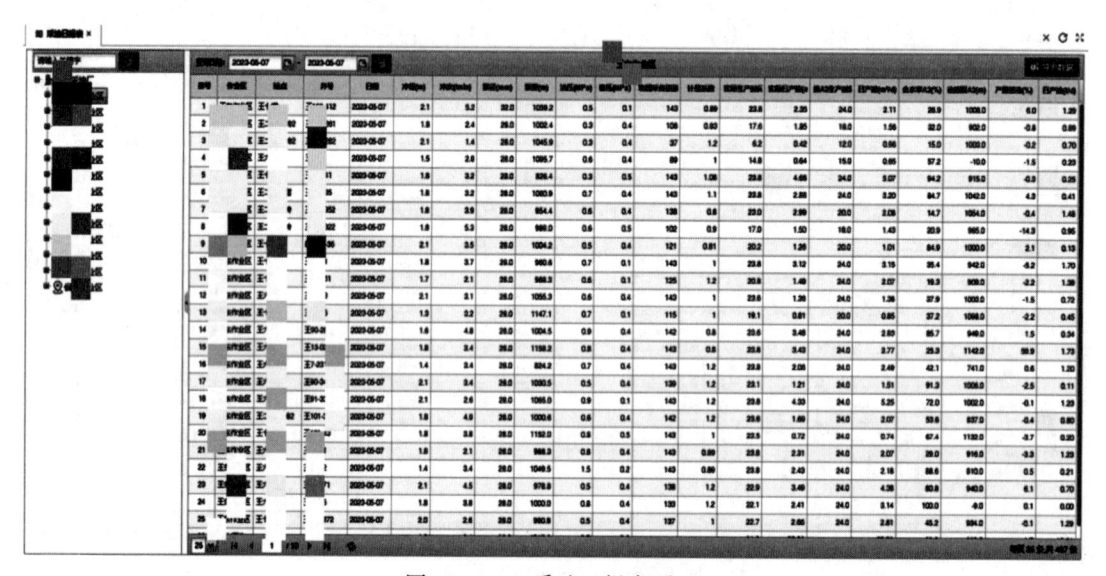

图 4-2-17　采油日报表页面

表 4-2-3　系统管理模块各子功能统计表

序号	功能菜单	功能描述
1	组织权限	对采油厂、作业区、站点的组织机构能实现添加、删除、修改等功能管理
2	用户管理	实现系统用户 ID、登录密码、管理范围等功能的设定
3	部门管理	可对同部门不同岗位进行灵活配置
4	角色管理	可添加管理角色名称、当前状态、可操作单位和所有权限等功能

2）数据管理

数据管理模块包括井站归属维护、动态数据维护、静态数据维护、采集数据查看和数据质量分析 5 个功能菜单。主要用于系统分析、运行所需基础数据的维护和管理，见表 4-2-4。

表 4-2-4 数据管理模块各子功能统计表

序号	功能菜单	描述
1	井站归属维护	实现系统的油井归属关系（厂—作业区—站点—井组）维护，包含增加、删除、修改等预留用户修改管理界面
2	静态数据维护	实现系统的油井基础数据（井筒油藏数据、机杆泵数据、杆柱数据等）维护，包括"增、删、改、查"
3	动态数据维护	油井 A2 同步数据的展示，包括油压、套压、动液面、含水率等，同时实现批量导入计量系数，可对相应数据进行增删改查
4	采集数据查看	实现系统的油井采集数据（示功图、功率图、电参、冲程、冲次、启停状态）查看
5	数据质量分析	对基础数据缺失和数据矛盾等统计分析，并将存在问题油井详细信息进行展示

三、运行常见问题

油井工况诊断系统的运行，涉及前端硬件、网络传输、采集平台、数据维护等各方面，主要包括示功图未上线、示功图分析不成功、不准确三个方面。

1. 功图未上线问题

影响功图上线的因素主要有硬件和软件两个方面。

1）硬件方面

（1）载荷、位移传感器、井口 RTU 采集设备等损坏（图 4-2-18、图 4-2-19）。

（2）硬件设备安装不当或连接有误（图 4-2-20、图 4-2-21）。

（3）受停电或网络链路中断影响，导致示功图数据无法上线。

图 4-2-18 载荷连线断　　图 4-2-19 角位移连线断

2）软件方面

软件方面的问题，主要涉及中端示功图采集平台和后端分析应用平台（油井工况诊断系统）。若示功图采集平台未采集示功图，需检查采集信息是否设置正确；若正常采集，但工况系统未分析，则应检查基础数据是否录入完整或同步正常。

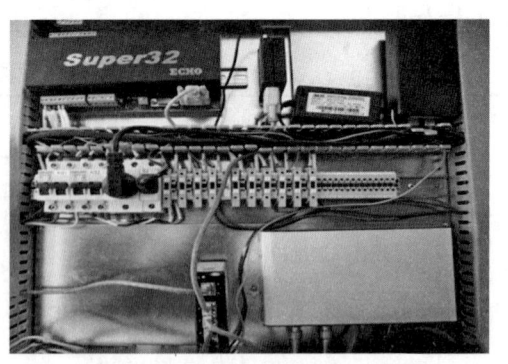

图 4-2-20　载荷连线虚接　　　　　　　　图 4-2-21　井口 RTU 连线虚接

2. 示功图分析不成功问题

（1）载荷（位移）变送器、一体化示功仪或 RTU 出现故障，可能引起大量错误示功图，如图 4-2-22 所示。

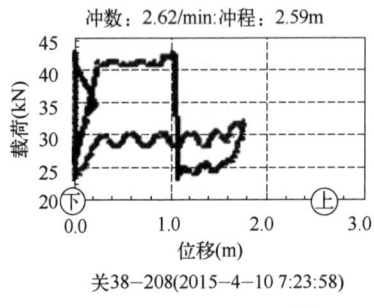

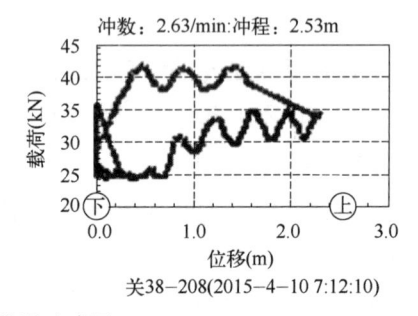

图 4-2-22　错误示功图

（2）系统基础数据不全或相互矛盾，会造成示功图无法正常分析，如图 4-2-23 所示。

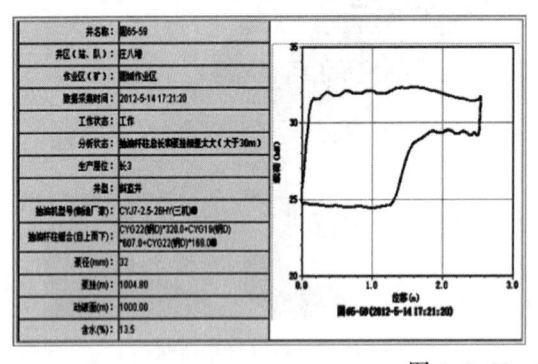

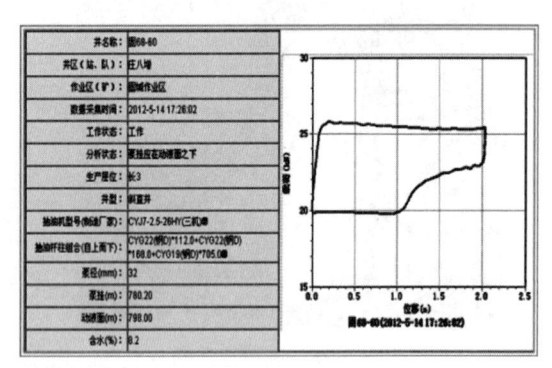

图 4-2-23　基础数据错误

基础数据错误一般表现为：
① 抽油杆长度大于油管柱长度。
② 抽油机型号录入错误。
③ 未录入定向井井身数据。

④ 未录入开发油层数据。
⑤ 抽油杆柱总长和泵挂相差太大。
⑥ 动液面在泵挂以下。
⑦ 未录入油井动态数据。
⑧ 未录入原油物性参数。

3. **示功图分析不准确问题**

油井工况诊断系统采用的是有效冲程法计算日产液量，从计量的公式来看，影响计量精度最直接的因素是泵径、冲次、有效冲程、原油体积系数以及示功图采集的张数。如图 4-2-24 所示，示功图法计量是在采集数据正确和基础数据齐全准确的基础上进行产液量计算的，因此，硬件、软件以及运维等因素都会对计量精度产生影响。

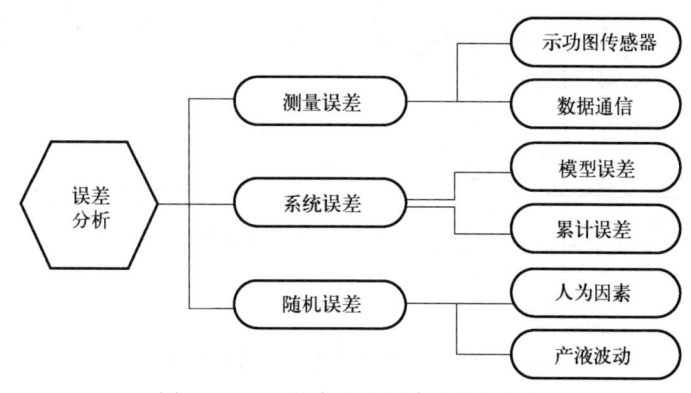

图 4-2-24 影响示功图计量误差分析

1) 硬件因素

（1）载荷精度及信号漂移影响测试准确度的情况，如图 4-2-25 所示。

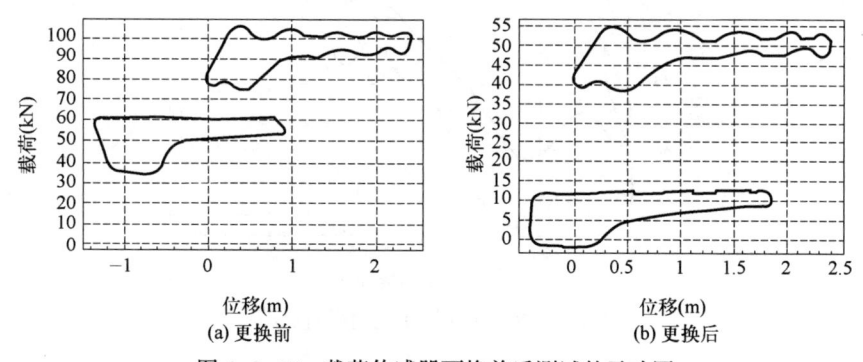

图 4-2-25 载荷传感器更换前后测试的示功图

（2）位移传感器安装偏差影响测试准确度的情况，如图 4-2-26 所示。
（3）示功图采集的数据点数不足 200 组对测试准确度的影响，如图 4-2-27 所示。
（4）冲程未进行初始化，影响有效冲程的情况，如图 4-2-28 所示。
（5）示功图采集的张数不足。

由于通信故障等因素影响造成油井采集数据量少，不能达到每 10min 采集一组示功图

(a) 安装位置一

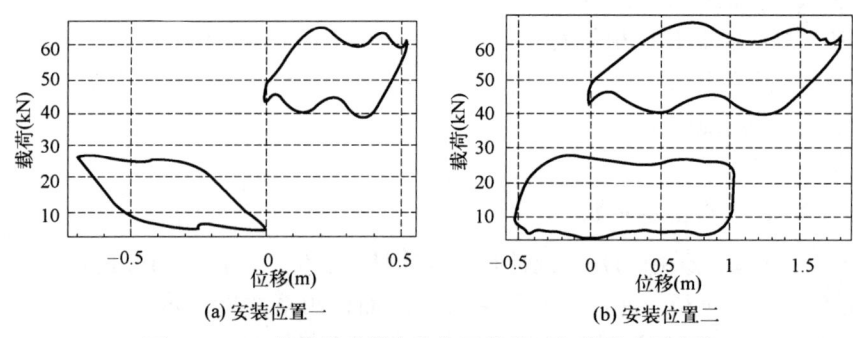

(b) 安装位置二

图 4-2-26　位移传感器安装位置偏差引起的示功图变化

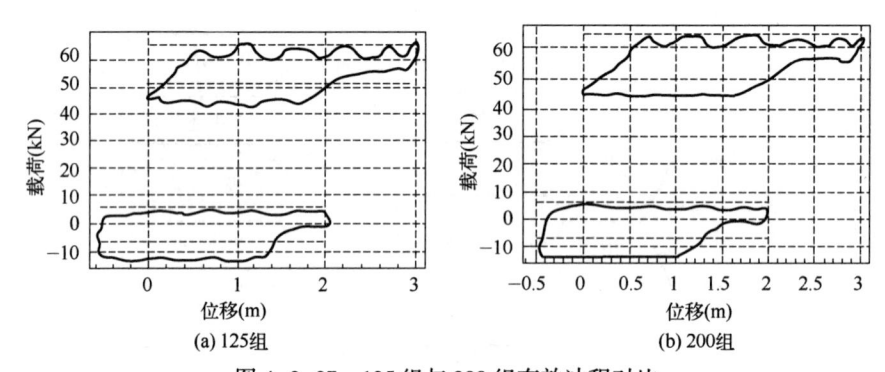

(a) 125 组

(b) 200 组

图 4-2-27　125 组与 200 组有效冲程对比

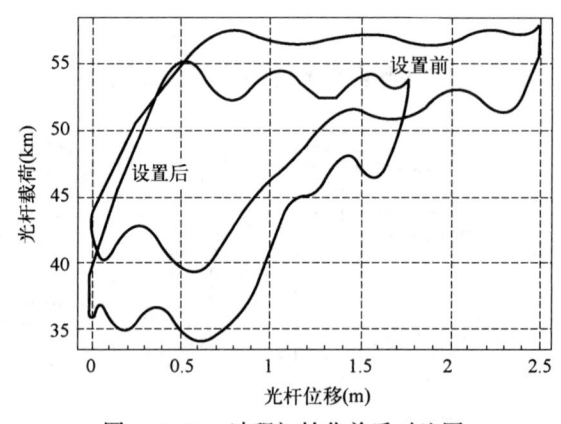

图 4-2-28　冲程初始化前后对比图

数据的技术要求，尤其对于间歇出油和严重供液不足的井，如果采集数据量太少，示功图计量将不能反映油井全天的真实产量，造成与实际单量结果偏差大。

2）系统模型因素

（1）对连喷带抽油井无法计量：由于部分油井投产初期产能高，出现连喷带抽情况，计量软件无法计算。

（2）对于油管上部漏失井会造成计量失准，如图 4-2-29 所示。

图 4-2-29　油管漏失

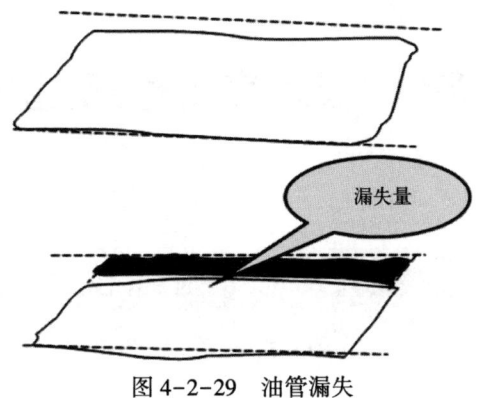

3）人为因素

一是基础数据录入与实际不符，影响计量结果。其中泵径、冲程等参数录入错误是影响示功图分析不准确的主要人为影响因素，影响因素及误差范围见表 4-2-5。

表 4-2-5　基础数据错误影响计量误差范围

序号	影响因素	误差范围	备注
1	泵径	23%~84%	主要因素
2	冲程	16.6%~150%	主要因素
3	冲次	5%	实测值
4	抽油机型号	5%	
5	抽油杆材料	—	影响无法识别有效冲程
6	杆柱组合和泵挂	5%	
7	其他如井身数据、原油物性	—	影响工况分析

二是标准示功图未设置或更新不及时，造成系统工况诊断出现误报。因系统在诊断过程中，采用了专家经验方法（即标准示功图），如措施井、修后井或更换载荷后，应及时选择之后的正常示功图，作为标准示功图。

第五章　数字化维护工具

第一节　测线仪

一、测线仪的作用

测线仪主要用于测试网络连接线、电话线、金属线缆线序、短路、开路情况。其实物如图 5-1-1 所示。

二、测线仪的使用方法（以 NF-468 为例）

1. 测试 RJ45 线

（1）装上 9V 电池，扣好电池盖，把开关拨到正常测试速度"ON"挡或者慢速测试"S"挡，电源指示灯亮。

（2）如图 5-1-2 所示，将要测试的线缆插头分别插入主测试器端和远程测试端。

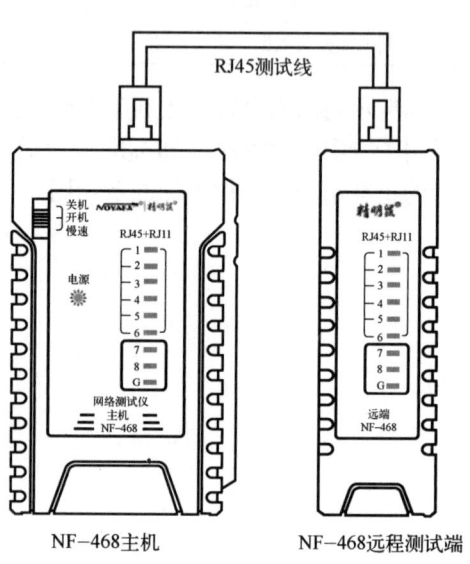

图 5-1-1　测线仪实物　　　　图 5-1-2　测试 RJ45 线连接方式

（3）若线缆正常，如果线缆为 UTP 网线，则主测试器、远程测试端指示灯从 1 至 8 逐个顺序同时闪亮并循环，如果线缆为屏蔽网线（STP），则主测试器、远程测试端指示灯从 1 至 G 逐个顺序同时闪亮并循环，顺序如下所示：

① 主测试器：1-2-3-4-5-6-7-8-G。

② 远程测试端：1-2-3-4-5-6-7-8-G。

若线缆不正常，则会按如下情况显示：

① 当有一根网线如 3 号线断路，则主测试器和远程测试端 3 号灯不亮。

② 当有几根线都不通，则主测试器和远程测试端对应的几个灯都不亮，当网线少于两根线连通时，所有灯都不亮。

③ 当两头网线乱序，如 2、4 乱序，则显示为主测试器：1-2-3-4-5-6-7-8-G；远程测试端：1-4-3-2-5-6-7-8-G。

④ 当网线有两根或两根以上短路时，则主测试器显示不变，远程测试端所有短路的对应线号的灯都不亮。

（4）测试完毕，关闭电源，电源指示灯灭。

2. 测试 RJ11/RJ12 线

（1）拨动拨位开关，选择快挡或者慢挡，电源指示灯亮。

（2）如图 5-1-3 所示，连接待测线与测试仪。若线缆正常，连接是 RJ11 线缆，则主测试器指示灯和远程测试端指示灯 2~5 逐个顺序同时闪亮并循环，若连接是 RJ12 线缆，则主测试器指示灯和远程测试端指示灯 1~6 逐个顺序同时闪亮并循环。

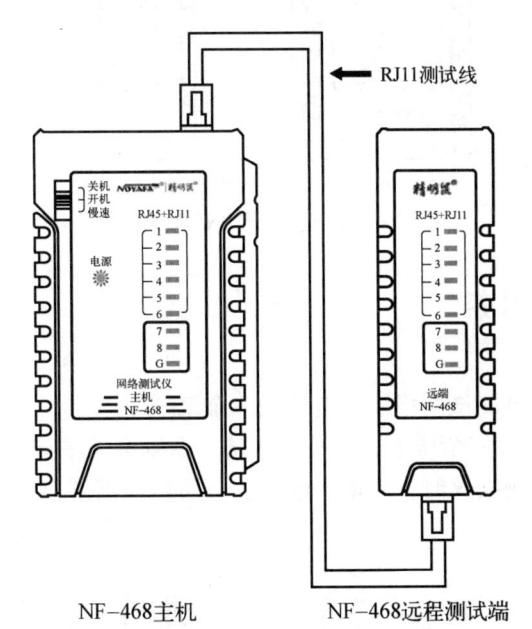

图 5-1-3　测试 RJ11/RJ12 线的连接方式

（3）若有断路、短路、乱序，则显示与 RJ45 类似。

（4）测试完毕，关闭电源，电源指示灯灭。

3. 测试 BNC 线缆

（1）拨动拨位开关，选择快挡或者慢挡，电源指示灯亮。

（2）如图 5-1-4 所示，将 BNC 待测线一端接入主测试器 BNC 接头，另一端接入

RJ45 转 BNC 配线的 BNC 头，并将配线的 RJ45 接入远程测试端 RJ45 接口。若线缆正常，则主测试器指示灯和远程测试端指示灯 1~2 逐个同时闪亮并循环。

（3）若断路、短路、乱序，则显示与 RJ45 类似。

（4）测试完毕，关闭电源，电源指示灯灭。

4. 照明灯功能

在黑暗环境下，按下开关"LAMP"，照明灯点亮，松开开关"LAMP"，照明灯熄灭。

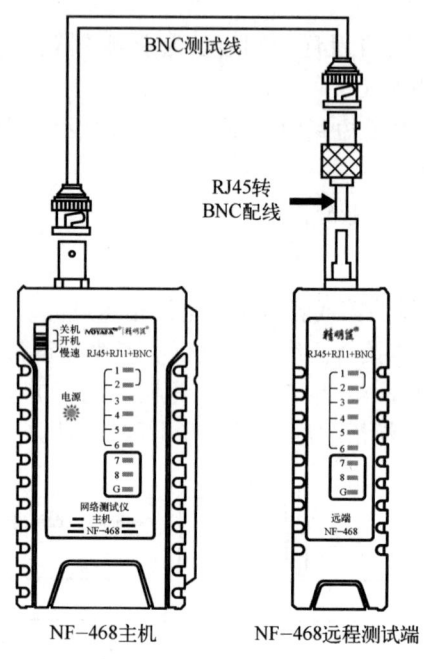

图 5-1-4　测试 BNC 线缆

三、测线仪的维护保养

（1）测线仪不可带电测试网络线、电话线、金属线缆。

（2）RJ45 头铜夹片没完全压下去时不能测试，否则会使端口永久损坏。

（3）长时间不使用测线仪时，应取出电池，以防电池液漏出。

第二节　寻线仪

一、寻线仪的作用

寻线仪主要有两个功能，第一个是寻线功能，可以在众多的线缆中快速找出需要的目标线。例如：网络线寻线、电话线寻线、电缆线寻线、通断检测等。第二个是对线功能，可以校对网线线序，测试网线通断，与测线仪功能相似，具体使用方法参照测线仪操作步骤。另外，寻线仪还可以用来检测线路电平正负极，如图 5-2-1 所示。

二、寻线仪的使用方法（以 NF-801R 为例）

1. 电话线路寻线功能

（1）如图 5-2-2 所示，将带有水晶头的电话线插到发射器电话线寻线接口 RJ11 上。

（2）将发射器的功能选择开关拨向"寻线"位置，寻线指示灯"扫描"闪亮，表示发射器正常工作。

（3）向下按住接收器的寻线按钮，用接收器的探头靠近待测线缆，寻找需要的目标线缆。

图 5-2-1　寻线仪实物

（4）比较"嘟嘟"声大小和信号指示灯的亮暗程度，发出"嘟嘟"声最响的同时指示灯最亮的一根线即为所要查询的目标线。

图 5-2-2　电话线路寻线功能

2. 网络线路寻线功能

（1）将带有水晶头的网络线插到发射器网络线寻线接口 RJ45 上。

（2）将发射器的功能选择开关拨向"寻线"位置，寻线指示灯"扫描"闪亮，表示发射器正常工作。

（3）向下按住接收器的寻线按钮，用接收器的探头靠近待测线缆，寻找需要的目标线缆。

（4）比较"嘟嘟"声大小和信号指示灯的亮暗程度，发出"嘟嘟"声最响的同时指示灯最亮的一根线即为所要查询的目标线。

3. 电力电缆线路寻线功能

（1）如图 5-2-3 所示，通过鳄鱼夹将发射器和待寻金属导线连接好。

（2）将发射器的功能选择开关拨向"寻线"位置，寻线指示灯"扫描"闪亮，表示发射器正常工作。

（3）向下按住接收器的寻线按钮，用接收器的探头靠近待测线缆，寻找需要的目标线缆。

（4）比较"嘟嘟"声大小和信号指示灯的亮暗程度，发出"嘟嘟"声最响的同时指示灯最亮的一根线即为所要查询的目标线。

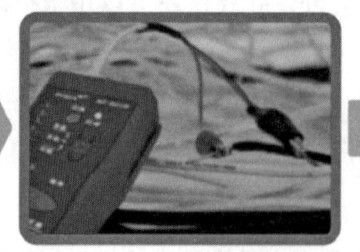

图 5-2-3　电力电缆线路寻线功能

4. 开路或短路的测试功能

（1）将发射器的功能选择开关拨至"对线"位置，并长按发射器的"切换"按钮 2s，此时"线序"灯由闪亮变为常亮。

（2）将带鳄鱼夹的水晶头插入发射器的 RJ11 口，用鳄鱼夹的两个夹子分别夹住待测线路两端。

（3）如果短路，则发射器的"扫描"灯会亮红灯。线路上的阻抗可由状态指示灯的明暗程度表示：灯越亮，阻抗越小；灯越暗，阻抗越大。

5. 直流电平测试功能

（1）如图 5-2-4 所示，将发射器的功能选择开关拨至"寻线"位置，并长按发射器的"切换"按钮 2s，此时"扫描"灯会熄灭同时"线序"灯闪亮。

（2）将带鳄鱼夹的水晶头插入发射器的 RJ11 口，用鳄鱼夹的两个夹子分别夹住待测线路两端。

（3）如果"扫描"灯亮红色，则红色夹子夹住的是正极，如果"扫描"灯亮绿色，则红色夹子夹住的是负极。电平的高低可由"扫描"灯的明暗程度来判定；灯越亮，电平越高；灯越暗，电平越低。

图 5-2-4　直流电平测试功能

三、寻线仪的维护保养

（1）寻线仪不应放置在多尘、潮湿及高温（40℃以上）的地方。

（2）务必使用与设备相符合的电池，否则可能损坏设备。

（3）长时间不使用寻线仪时，应取出电池，以防电池液漏出。

（4）严禁用寻线仪探测带电的电源线路（如 220V 的供电线路）。

第三节　手操器

一、手操器的作用

手操器适合于各类使用 HART 协议的仪器仪表的通信操作。它与采用 HART 通信协议的仪表一起使用，可对其进行设定，更改和显示，可监控输入/输出值和自诊断结果，设定恒定电流的输出和调零，其实物如图 5-3-1 所示。

二、手操器的使用方法（以 HART475C 为例）

1．基本使用方法

1）安装电池组

（1）将手操器正面朝下放在平稳的表面上。

（2）按住电池后盖开关，将其推向"🔓"的一边，打开后盖开关，将后盖揭开装进电池，当电池装好后再将后盖开关推向"🔒"的一边，锁上开关。

图 5-3-1　手操器实物

2）启动和关闭

（1）按住开关键，直到液晶屏点亮，表明装置已经工作，如图 5-3-2 所示。

（2）在启动期间，手操器将自动轮询检测 HART 回路设备，如果连接正常，将显示被连接设备工位号，进入主菜单可进行进一步的操作。

（3）按住开关键半秒钟以上，松开按键，关机完成。

（4）手操器使用前应确保：

① 手操器没有损坏。

② 电池组已安装好。

③ 所有螺钉没有松动。

④ 手操器连接到回路，建立 HART 回路连接。

3）键区的使用

（1）开关键：该键"$\underset{\text{Power}}{①}$"用于现场手操器的启动或关闭。

（2）箭头导航键：四个箭头导航键可便于在菜单栏中移动，选择，进入或退出。按右箭头导航键"▷"可进入下一级菜单（同 Enter 键），在操作界面为"确认"键功能或数

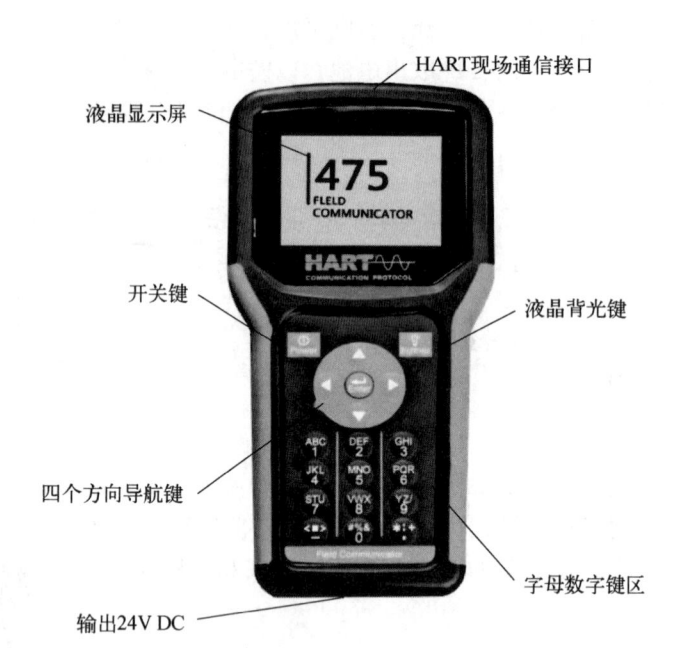

图 5-3-2　HART475 手操器的结构

据发送功能，对应屏幕显示右侧字符所表示的功能。按左箭头导航键"◁"可返回上一级菜单，在操作界面为"返回"或"取消"键功能，对应屏幕显示左侧字符所表示的功能。在输入界面时按"▽"键为删除功能。

（3）回车键：该键"⏎Enter"用于进入所选项的具体菜单、确认当前所选项或进入修改界面，对应屏幕显示的中间字符所表示的功能。

（4）字母数字键：字母数字键盘可以输入字符、数字以及其他符号，如标点符号等。有字符和数字两种输入模式，初始模式为数字输入模式，当选定菜单需要字符输入时，连续按动该键将自动进行符号或数字切换。

（5）背光调节键：背光调节键"💡Brightness"可用于液晶显示背光亮度的调节控制，在使用环境光线强时，可使用该功能调暗背光亮度，以达到省电的目的。在手操器与设备正在连接时此功能无效。

2. 电气连接方式

建立 HART 回路连接。

图 5-3-3 为 HART475 手操器接线示意图。根据通信原理，HART 通信的信号是从 4~20mA 传输线上取的，接线有两种方式：一是在通信回路中串联一负载电阻，电阻取值一般在 250Ω 到 1000Ω 之间，将 HART 手操器并联到负载电阻两端。二是通信回路中串联一负载电阻，将 HART 手操器并联到变送器两端。注意：负载电阻应不小于 250Ω，如果 HART 回路中的阻抗小于 250Ω，则需要附加电阻。打开现场手操器开关，将自动从轮询号 0~15 检测回路的 HART 设备，回路连接错误或设备无法识别时自动进入连接方式选择菜单，检查硬件连接后可重新选择连接，连接到设备后自动进入设备类型选择主菜单。

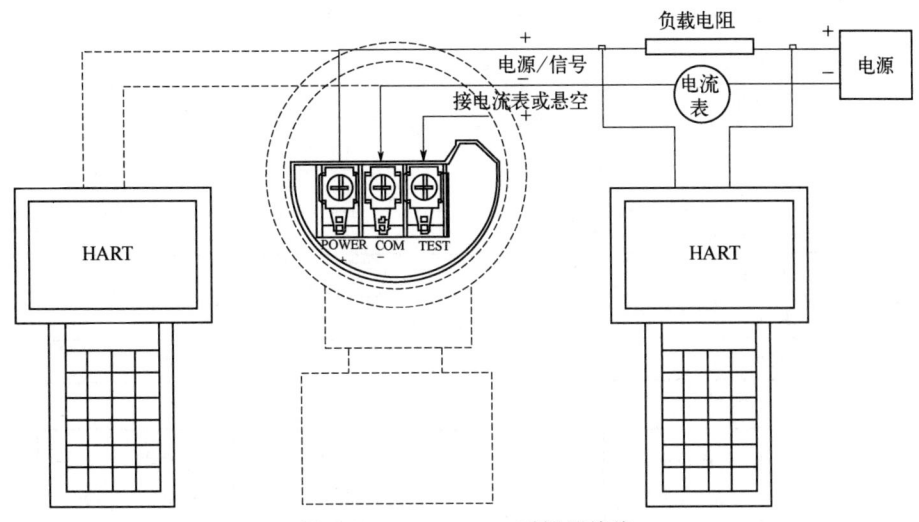

图 5-3-3　HART475 手操器接线

不同的设备类型进入不同的菜单。按照相应类型菜单树进行操作，即可实现手操器与变送器的在线通信。通过移动光条可选择功能，也可以通过快捷键完成功能选择。功能快捷键见表 5-3-1，通用菜单树如图 5-3-4 所示，EJA 菜单树如图 5-3-5 所示，1151 菜单树如图 5-3-6、图 5-3-7 所示。

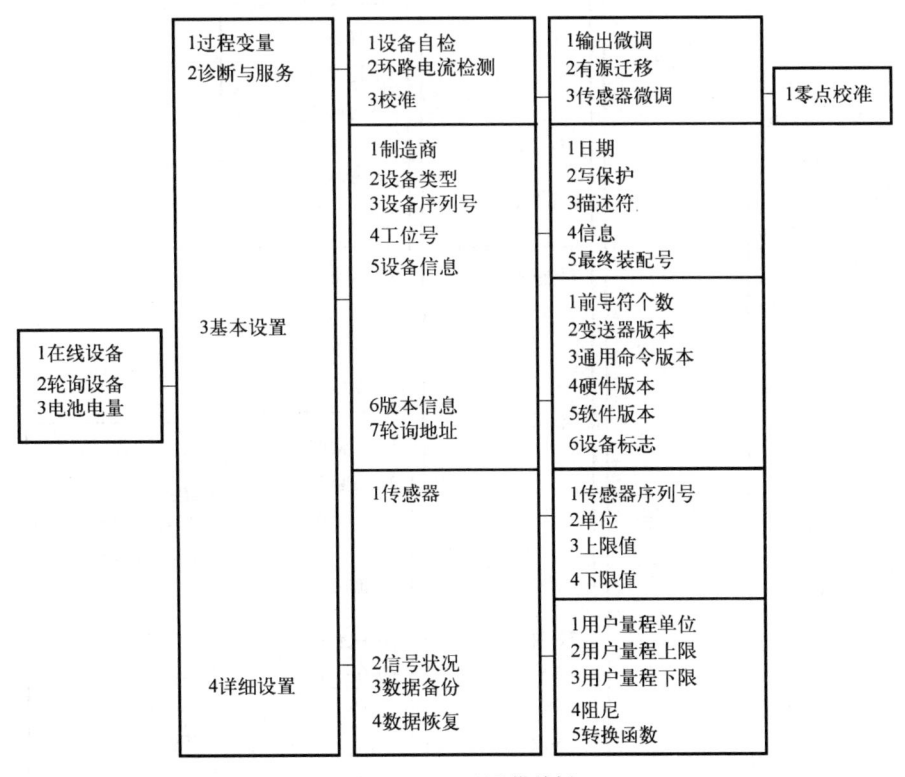

图 5-3-4　通用菜单树

表 5-3-1　功能快捷键

功能	快捷键
主变量调零	2，3，3，1
上限校准	2，3，3，2
下限校准	2，3，3，2
量程单位	4，2，1
量程上限	4，2，2
量程下限	4，2，3
阻尼	4，2，4
转换函数	4，2，5

1在线设备
2轮询设备
3电池电量

1过程变量
2诊断与服务

1设备自检
2环路电流检测
3校准

1输出微调
2有源迁移
3传感器微调

1零点校准
2传感器下限校准
3传感器上限校准

3基本设置

1制造商
2设备类型
3设备序列号
4工位号
5设备信息

1日期
2写保护
3描述符
4信息
5最终装配号

6版本信息
7轮询地址

1前导符个数
2变送器版本
3通用命令版本
4硬件版本
5软件版本
6设备标志

4详细设置

1传感器

1传感器序列号
2单位
3上限值
4下限值

2信号状况

1用户量程单位
2用户量程上限
3用户量程下限
4阻尼
5转换函数

1模块类型
2模块范围

1法兰类型
2法兰材料
3O形圈材料
4排气排放阀
5远传类型
6远传填充液
7远传隔离膜片
8远传装置数目
9模块罐充液
10模块隔离材料

3材料信息
4传感器信息
5显示类型
6数据备份
7数据恢复

图 5-3-5　EJA 菜单树

第五章　数字化维护工具

```
1在线设备          1过程变量
2轮询设备          2诊断与服务

                                  1设备自检
                                  2环路电流检测
                                  3校准

                  3基本设置
                                  1制造商
                                  2设备类型
                                  3设备序列号
                                  4工位号
                                  5设备信息

                                                    1输出微调      1零点校准
                                                    2有源迁移      2传感器下限校准
                                                    3传感器微调    3传感器上限校准

                                                    1日期
                                                    2写保护
                                                    3描述符
                                                    4信息
                                                    5最终装配号

                                  6版本信息
                                  7轮询地址
                                                    1前导符个数
                                                    2变送器版本
                                                    3通用命令版本
                                                    4硬件版本
                                                    5软件版本
                                                    6设备标志

                                  8指示标选项        1指示类型

3电池电量          4详细设置
                                  1传感器
                                                    1传感器序列号
                                                    2单位
                                                    3上限值
                                                    4下限值

                                  2信号状况
                                                    1用户量程单位       1法兰类型
                                                    2用户量程上限       2法兰材料
                                                    3用户量程下限       3O形圈材料
                                                    4阻尼               4排气排放阀
                                                    5转换函数           5远传类型
                                                                       6远传填充液
                                                    1模块类型           7远传隔离膜片
                                                    2模块范围           8远传装置数目
                                                                       9模块罐充液
                                                                       10模块隔离材料

                                  3材料信息
                                  4传感器信息
                                  5显示类型
                                  6数据备份
                                  7数据恢复
```

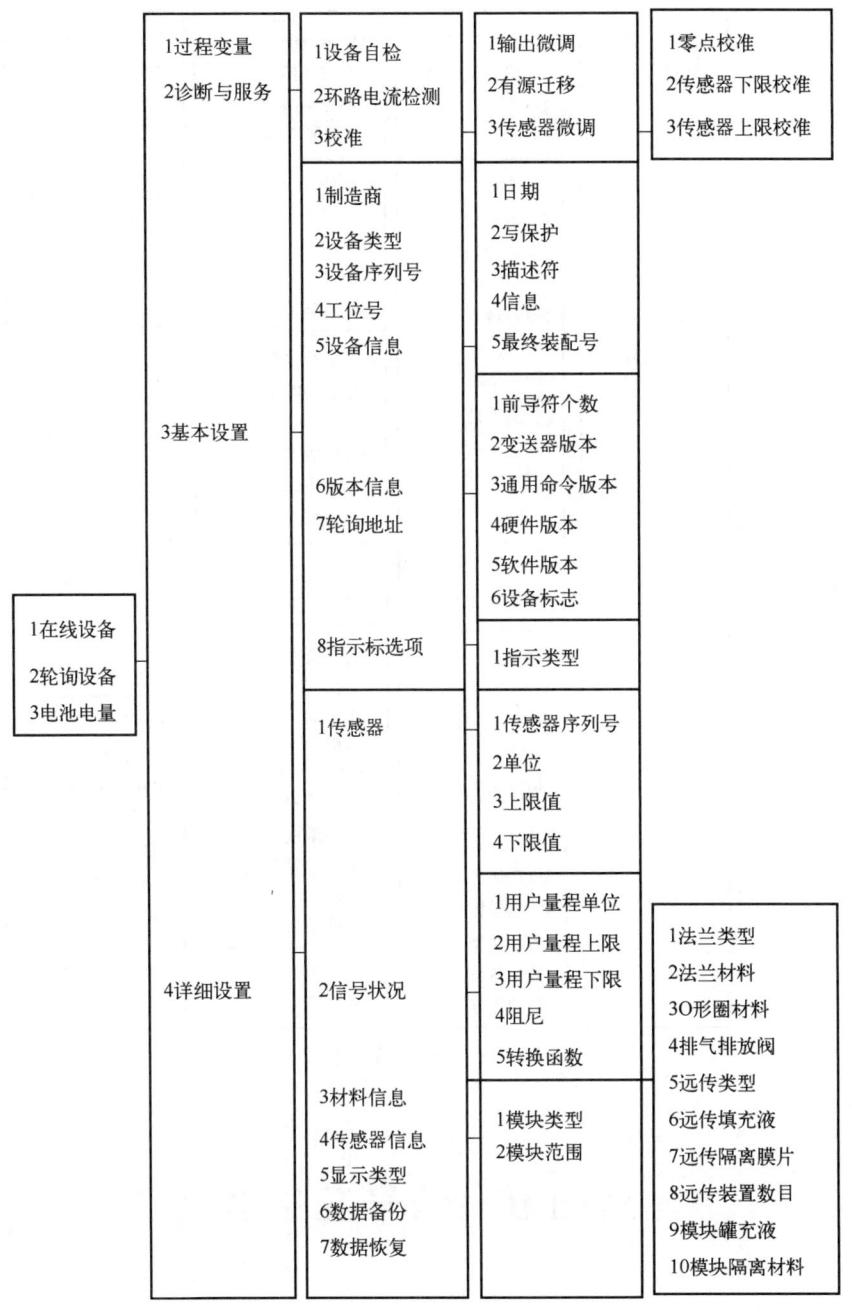

图 5-3-6　1151 菜单树 1

三、手操器的维护保养

（1）手操器不应该长时间在阳光下直射、否则会缩短液晶显示器的寿命。

（2）长时间不用手操器时，应取出设备内的电池，以免电池漏液损坏设备。

（3）使用过程中，不要用坚硬的东西碰触手操器的按键贴膜，以免造成损坏。

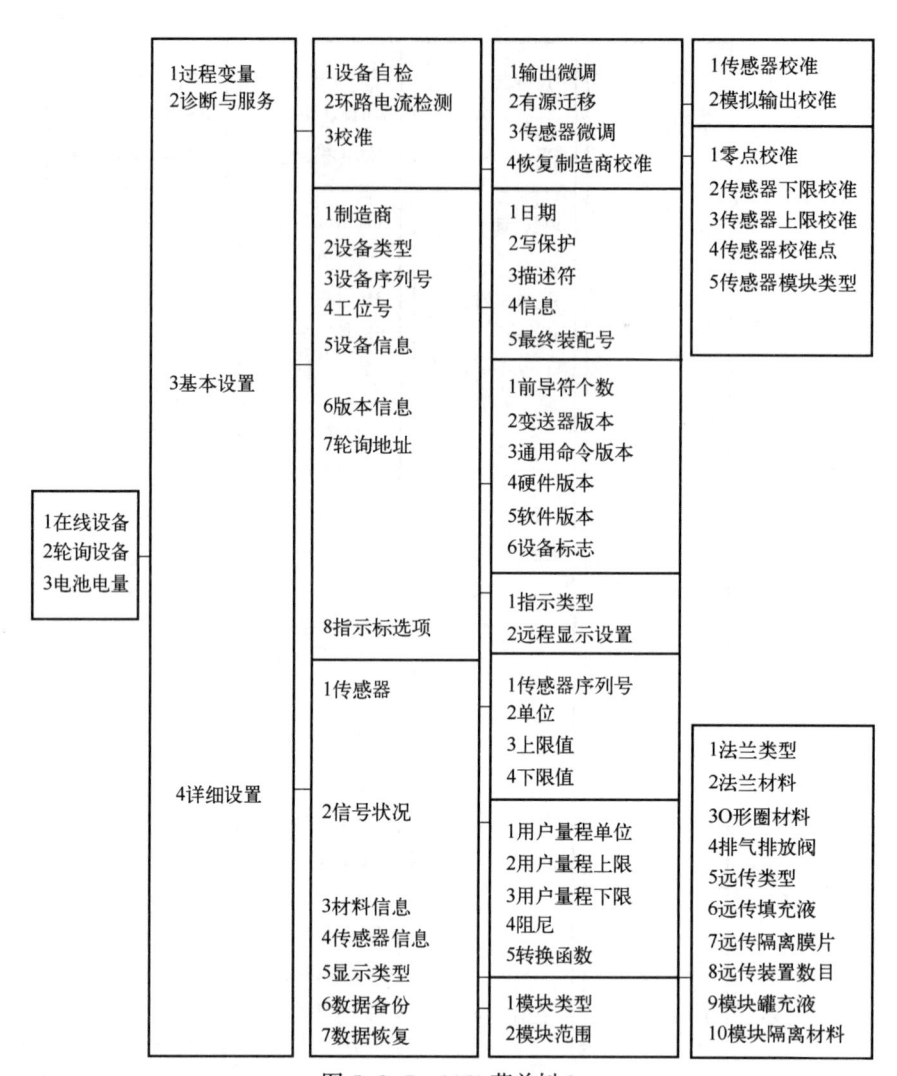

图 5-3-7　1151 菜单树 2

第四节　信号发生器

一、信号发生器的作用

信号发生器是一种能提供各种频率、波形和输出电平电信号的设备。可用于测试或检修各种电子仪器设备中的低频放大器的频率特性、增益、通频带，也可用作高频信号发生器的外调制信号源。另外，在校准电子电压表时，它可提供交流信号电压。其实物如图 5-4-1 所示。

第五章 数字化维护工具

二、信号发生器的使用方法（以 VC71A 为例）

1. 测量直流电压

（1）将旋钮开关转至白色的"$\overline{V}$"挡或"$^{TC}\overline{mV}$"挡。

（2）将黑表笔插入"COM"插孔，红表笔插入"INPUT"插孔。

（3）将表笔连接到待测电路，然后读取稳定后的测量值，见表 5-4-1。

2. 测量电流

图 5-4-1 信号发生器

（1）将旋钮开关转至白色的"$\overline{mA}$"挡。

（2）将黑表笔插入"COM"插孔，红表笔插入"INPUT"插孔。

（3）将表笔连接到待测电路，然后读取稳定后的测量值，见表 5-4-2。

表 5-4-1 电压显示值与百分比显示对应值

电压显示值	百分比显示	
	0~10V	1~5V
0.00V	0.0%	-25.0%
1.00V	0.0%	0.0%
5.00V	0.0%	100.0%
10.00V	100.0%	225.0%
11.00V	110.0%	250.0%

表 5-4-2 电流显示值与百分比显示对应值

电流显示值	百分比显示	
	4~20mA	0~20mA
0.00mA	-25.0%	0.0%
4.00mA	0.0%	20.0%
20.00mA	100.0%	100.0%
22.00mA	112.5%	110.0%

3. 测量回路电流

24V 回路测量功能可以用于测试变送器回路（可以将仪表连接到变送器，而不连接信号调节器，如图 5-4-2 所示）。

（1）将旋钮开关转至"$\overline{mA}^{24V\,LOOP}$"挡。

（2）将黑表笔插入"INPUT"插孔，红表笔插入"OUTPUT"插孔。

（3）将表笔连接到待测电路，然后读取稳定后的测量值。

4. 开关量测试

（1）将旋钮开关转至"⌒"挡。

（2）将黑表笔插入"COM"插孔，红表笔插入"INPUT"插孔。

(3) 将表笔连接到待测开关触点上。并依照开关的状态显示"OFF"（断开）或"ON"（闭合），当测试结果为"ON"时蜂鸣器会鸣叫。当开关电阻超过 20kΩ 时视为断开状态。

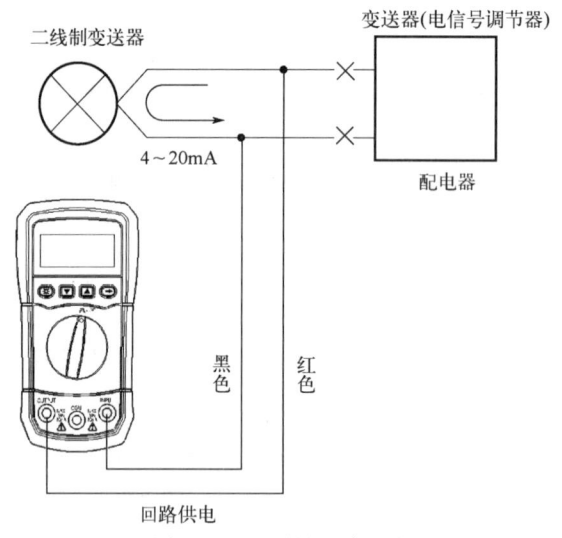

图 5-4-2　测量回路电流

5. 测量热电偶

（1）将旋钮开关转至白色的"TC mV"挡，按"☼"键选择热电偶（TC）相应的分度号。

（2）将热电偶插入仪表"COM"和"INPUT"插孔。确保带有"+"符号的热电偶插头插入仪表的"INPUT"插孔。

（3）从显示器上读取测量结果。

主显示区显示温度值，辅助显示区显示冷端温度值。可以选择冷端温度自动补偿（屏幕显示"RJ-A"，每 10s 自动补偿一次）；或者冷端温度手动补偿（屏幕显示"RJ-M"）；也可以选择关闭冷端补偿。是否打开冷端补偿视具体情况自行设定。

6. 使用电压输出功能

（1）将旋钮开关转至黄色的"V"挡或"mV TC"挡。

（2）将黑表笔插入"COM"插孔，红表笔插入"OUTPUT"插孔。

（3）将表笔连接到用户仪表的输入端。

（4）按"→"键，选择输出设定位；按"▲""▼"键，改变设定位的数值，数值可自动进位退位，按住键不放，1s 后可连续改变数值。

7. 使用热电偶输出功能

（1）将旋钮开关转至黄色的"mV TC"挡；按"☼"键选择热电偶（TC）相应的分度号。

（2）将黑表笔插入"COM"插孔，红表笔插入"OUTPUT"插孔。

（3）将表笔连接到用户仪表的输入端。

(4) 按"→"键,选择输出设定位;按"▲""▼"键,改变设定位的数值,数值可自动进位退位,按住键不放,1s后可连续改变数值。

主显示区显示温度设定值,辅助显示区显示冷端温度值。可以选择冷端温度自动补偿(屏幕显示"RJ-A",每10s自动补偿一次);或者冷端温度手动补偿(屏幕显示"RJ-M");也可以选择关闭冷端补偿。是否打开冷端补偿视具体情况自行设定。

8. 使用电流输出功能

VC71A提供两种输出模式,第一种为SOURCE模式:从仪表提供电流。第二种为SIMULATE(模拟)模式:仪表吸收来自外部电压源的电流。

1) 恒定电流输出(SOURCE模式)

(1) 将旋钮开关转至"mA SOURCE"挡,输出被设置为0mA。

(2) 将黑表笔插入"COM"插孔,红表笔插入"OUTPUT"插孔。

(3) 将引线连接到待测电路。

(4) 按"→"键,选择输出设定位;按"▲""▼"键,改变设定位的数值,数值可自动进位退位,按住键不放,1s后可连续改变数值。

2) 恒定电流输出(SIMULATE模式)

SIMULATE(模拟)模式指的是用仪表模拟一组电流回路变送器。当有外接直流电压(5~28V)和被测电流回路串联时,就用仪表的模拟模式。

注意:在连接测试导线到电流回路之前,先将旋钮开关设定在毫安输出的其中一挡。否则,来自旋钮开关其他位置的低阻抗可能会出现在回路内而导致高达35mA的电流在回路上流通。如图5-4-3所示,注意不要将电压接反。

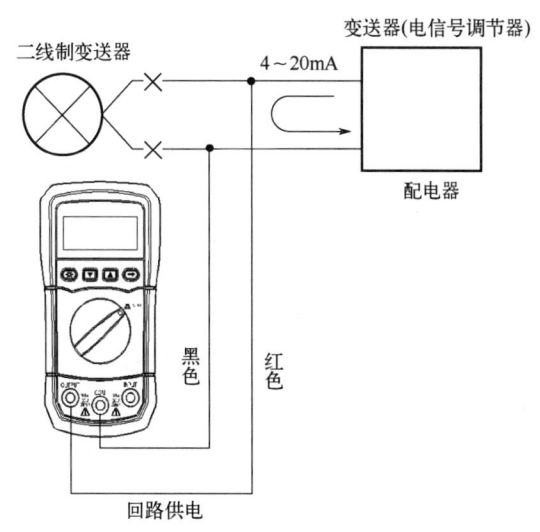

图5-4-3 恒定电流输出

(1) 将旋钮开关转至"mA SIMULATE"挡,输出被设置为0mA。

(2) 将黑表笔插入"COM"插孔,红表笔插入"OUTPUT"插孔。

(3) 将引线连接到待测电路。

(4) 按"→"键,选择输出设定位。按"▲""▼"键,改变设定位的数值,数值可自动进位退位,按住键不放,1s后可连续改变数值。

9. 手动阶梯输出

在10V电压和电流输出下,按"☼"键可以依次选择25%或100%手动阶梯输出功能,屏幕显示"♪"。

用按键"▲""▼"键可使电压或电流以25%或100%的阶梯增加或减少。

在该功能下,可以选择不同的电压、电流跨度。电压、电流步进与输出值的对应关系见表5-4-3、表5-4-4。

表5-4-3 电压步进与输出值对应表

电压步进	输出值	
	0~10V	1~5V
0.0%	0.00V	1.00V
25.0%	2.50V	2.00V
50.0%	5.00V	3.00V
75.0%	7.50V	4.00V
100.0%	10.00V	5.00V

表5-4-4 电流步进与输出值对应表

电流步进	输出值	
	4~20mA	0~20mA
0.0%	4.00mA	0.00mA
25.0%	8.00mA	5.00mA
50.0%	12.00mA	10.00mA
75.0%	16.00mA	15.00mA
100.0%	20.00mA	20.00mA

10. 自动波形输出

在10V电压和电流输出下,按"☼"键选择自动波形输出功能,屏幕显示"∧",同时显示默认的输出设定值并输出相应的信号。

按"→"键,启动或停止自动波形的输出,若启动自动波形输出,屏幕显示"RUN"字符;若停止自动波形输出,输出将保持当前值。

在该功能下,可以选择不同的电压、电流跨度。

三、信号发生器的维护保养

1. 一般维护

(1)清洁:定期用湿布及中性清洁剂清理仪表外壳,不要使用研磨剂及其他酸碱性溶剂。

(2)如果长时间不用,应取出电池。

(3) 插孔上的脏物或湿气会影响读数，应遵循以下步骤清洁接线端口：
① 关闭仪表电源并拆除所有的测试线。
② 清洁接线端口上的脏物。
③ 用新的棉签蘸酒精清理每个接线端口。

2. 更换电池（以 VC71A 为例）

仪表使用 1 节 9V（6LR61）碱性电池。应遵循以下步骤更换电池：
(1) 关闭仪表电源并且断开所有测试线。
(2) 用十字螺丝刀把电池盒上的螺钉卸下，取下电池盖。
(3) 取下旧电池，将 1 节新的电池扣到电池扣上，然后装入电池仓。
(4) 将电池仓装入表内，拧紧螺钉。

第五节　光纤熔接机

一、光纤熔接机的作用

光纤熔接机主要用于光通信中光缆的施工和维护。一般工作原理是利用高压电弧将两光纤断面熔化的同时用高精度运动机构平缓推进，让两根光纤融合成一根，以实现光纤模场的耦合。其实物如图 5-5-1 所示。

图 5-5-1　光纤熔接机

二、光纤熔接机的熔接使用方法（以 T-601C 为例）

1. 操作流程

操作按以下顺序进行，各项操作详细介绍参照基本熔接操作：

接入电源→进入主页面→选择熔接条件→选择加热补强条件→剥除/清洁光纤涂覆层→切断光纤→放置光纤→放电试验→正式熔接→熔接部的加热补强。

2. 基本熔接操作

1）电源 ON/OFF

（1）电源 ON。

① 确认熔接机上已安装好电极棒。

② 将 AC 适配器输出端插入熔接机主机 DC 输入端口，如图 5-5-2 所示。

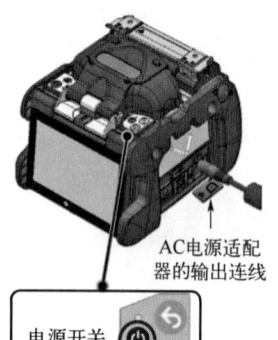

③ 调整好观察显示器的角度。

④ 长时间按下电源开关（1s 以上）可接通电源。电源接通后，熔接机的各个马达进行原点复位的动作，数秒后将显示主页画面，主页画面点击设定面板图标可进入设定面板画面，如图 5-5-3 所示。

（2）电源 OFF。

按电源开关 1s 以上时电源将被切断。

2）选择熔接条件

（1）如图 5-5-4 所示，在设定画面点击熔接条件图标，进入熔接条件选择画面。

（2）选择光纤种类。

（3）选择相应的熔接条件。

图 5-5-2 电源开关

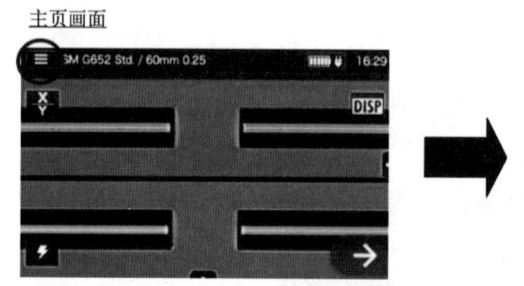

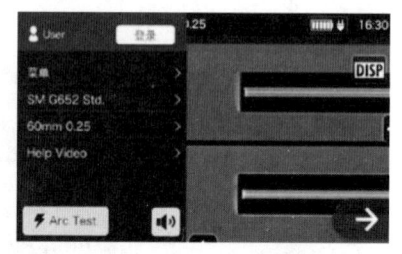

图 5-5-3 设定画面

（4）熔接条件选定完毕。

3）选择加热条件

（1）如图 5-5-5 所示，在设定画面选择加热条件图标，进入加热条件选择画面。

（2）选择保护套管种类。

（3）选择相应的熔接条件。

（4）加热条件选定完毕。

4）光纤涂覆层剥除/清洁

（1）如图 5-5-6 所示，清理光纤涂覆层上的光缆油膏和灰尘等，在一端光纤套入合适的保护套管。

(a) 步骤一 (b) 步骤二

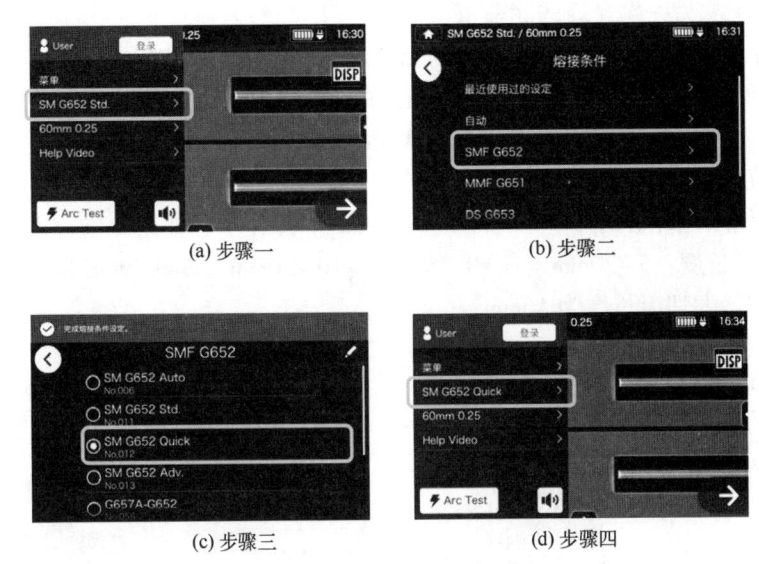

(c) 步骤三 (d) 步骤四

图 5-5-4　选择熔接条件

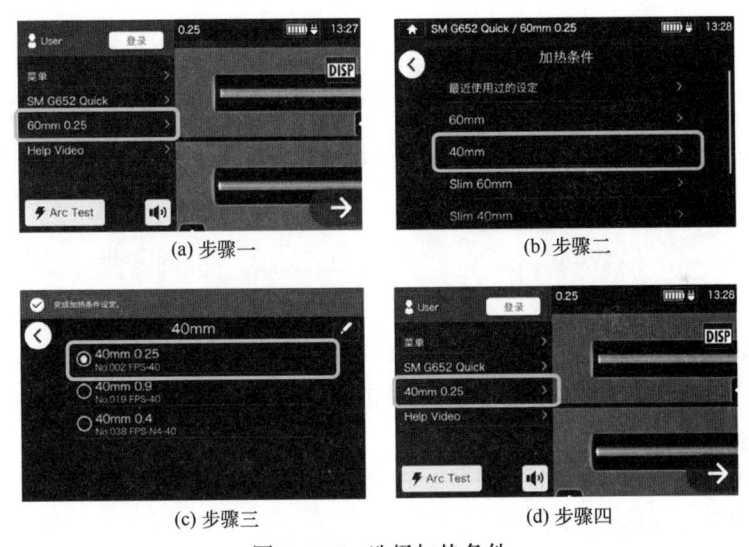

(a) 步骤一 (b) 步骤二

(c) 步骤三 (d) 步骤四

图 5-5-5　选择加热条件

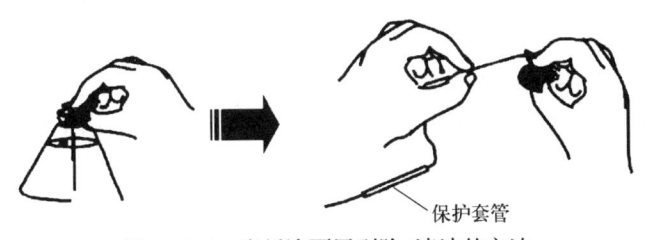

图 5-5-6　光纤涂覆层剥除/清洁的方法

（2）使用光纤剥线钳剪去 30~40mm 的光纤涂覆层（使用专用光纤剥线钳时务必确认阅读说明书再进行操作）。

（3）同样剥除另一端光纤的涂覆层。

（4）清洁光纤。用蘸有高纯度酒精的棉花球，自涂覆与裸光纤交界面开始，朝裸光纤方向，一边按圆周方向旋转，一边清扫涂覆层的碎屑。使用过的棉花球，勿再次使用。清洁光纤时，如听到"吱吱"的响声，表明裸光纤的表面已经清洁干净。

5）切断光纤

此处介绍使用光纤切割刀（FC-65）切断光纤。操作步骤如图 5-5-7 所示。

使用的切割长度：5~20mm（$\phi=0.25$mm），10~20mm（$\phi=0.9$mm）。

T601-C 的最大切断长度为 16mm。

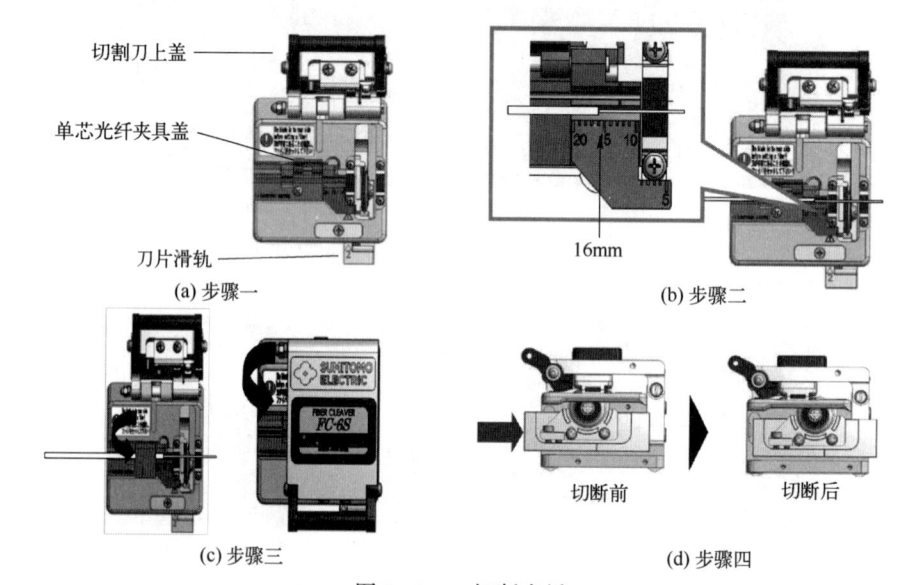

图 5-5-7 切断光纤

（1）打开单芯光纤夹具盖和切割刀上盖，将刀片滑轨移动至手前方向。

（2）将裸光纤放置在单芯夹具里。涂覆层光纤与单芯夹具槽吻合放置。切断长度为 16mm 时，涂覆边缘与 16mm 线对齐。

（3）合上单芯夹具盖，固定光纤。关闭夹具开闭杯。

（4）移动滑轨，切断光纤。

（5）打开夹具开杯杆，打开单芯夹具盖。取出切断的光纤。再将光线碎渣从切割刀中取出，放入特定收容盒中。

注意：

(1) 不要用棉花球等清洁已经切好的光纤。

(2) 为防止刮伤或弄脏光纤切断面，准备工作结束后，应马上将光纤放置在熔接机里。

(3) 光纤顶端非常尖利，注意不要用手指触摸，以免受伤。

6）放置光纤

放置光纤的顺序，如图 5-5-8 所示，具体步骤如下：

(1) 打开防风盖和涂覆层夹具盖。

(2) 将光纤前端放置在 V 形槽和电极棒之间。

(3) 光纤放置好后，慢慢关上涂覆层夹具盖。

(a) 步骤一　　　　　　　　　　(b) 步骤二

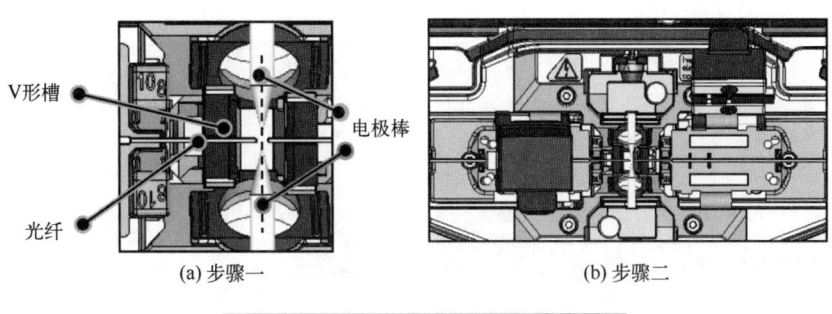

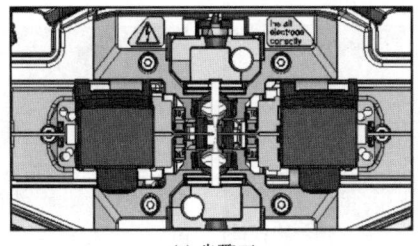

(c) 步骤三

图 5-5-8　光纤放置的顺序

（4）按照同样的方法，切断并放置好另一端的光纤。

（5）关闭防风盖。

（6）进行放电试验或开始正式熔接。

7）放电试验

熔接操作是利用放电产生的热量将光纤端部熔化然后熔接的一种方法。因为最佳放电条件会随着周围环境变化、电极棒状态变化、光纤种类不同而不同。因此为了实现低损耗高信赖的熔接，需要选择合适的放电强度进行熔接。在选择像"SM G652 Std."等具有代表性的熔接条件熔接时，应进行放电试验。

T-601C 搭载有 Auto 模式。因为在 Auto 模式下，每次熔接时都会分析放电强度并自动校正放电条件，所以不需要实施放电试验，可以自动熔接。但是，以下情况应实施放电试验：

（1）熔接状态不正常（熔接损耗高，不稳定或张力试验时出现断纤等情况）。

（2）更换电极棒后。

（3）温度、湿度或高地环境下，气压大幅变化时。

放电试验操作步骤，如图 5-5-9 所示。

放电试验的具体步骤如下：

（1）将已除去了涂覆层且切断完毕的光纤（以下称前处理）放置在左右两侧。

（2）按下放电试验图标。

（3）显示"放电试验准备 OK"画面后，点击继续图标或继续开关，开始放电测试。

（4）通过画像处理测定左右光纤的熔化量和放电中心位置，并在显示器上表示出来（放电中心位置只会在位置更新时才表示出来）。

（5）出现"良好放电状态"标识后，可以正式熔接。（当有"放电强度太弱""放电强度太强""更新中心位置"显示的时候，再次对光纤进行前处理，并实施放电试验）如图 5-5-10 所示。

(a) 步骤一　　　　　　　　　　　　(b) 步骤二

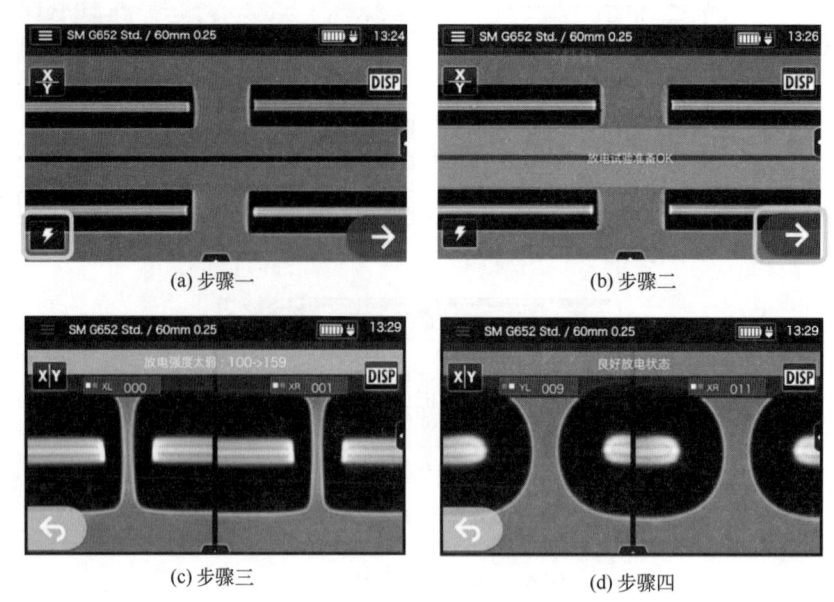

(c) 步骤三　　　　　　　　　　　　(d) 步骤四

图 5-5-9　放电试验

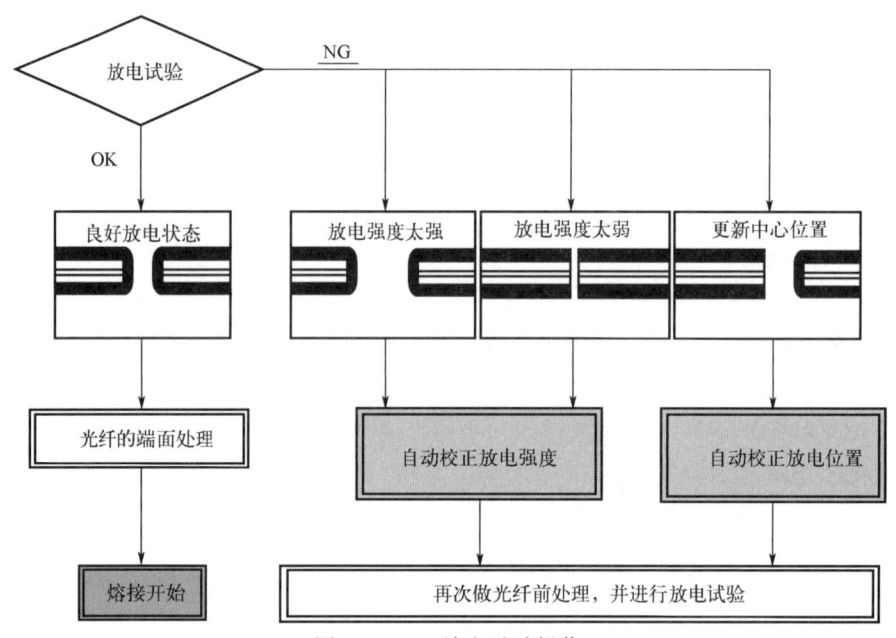

图 5-5-10　放电试验操作

8）正式熔接

（1）熔接操作（图 5-5-11）。

① 点击开始图标。

② 进行光纤断面、灰尘等检查。

③ 熔接（放电）开始。

④ 推定损耗值表示。

(a) 步骤一　　　　　　　　　　　　(b) 步骤二

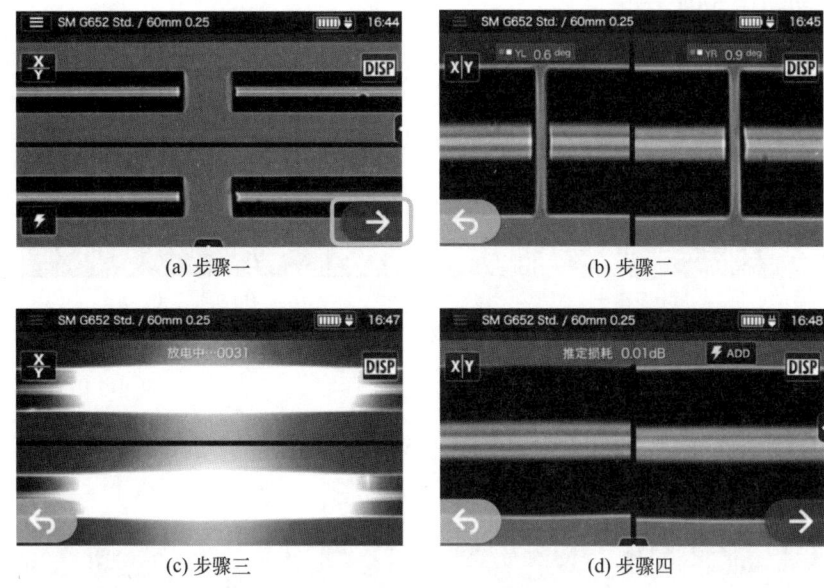

(c) 步骤三　　　　　　　　　　　　(d) 步骤四

图 5-5-11　熔接操作

(2) 确认熔接数据和记录（图 5-5-12）。

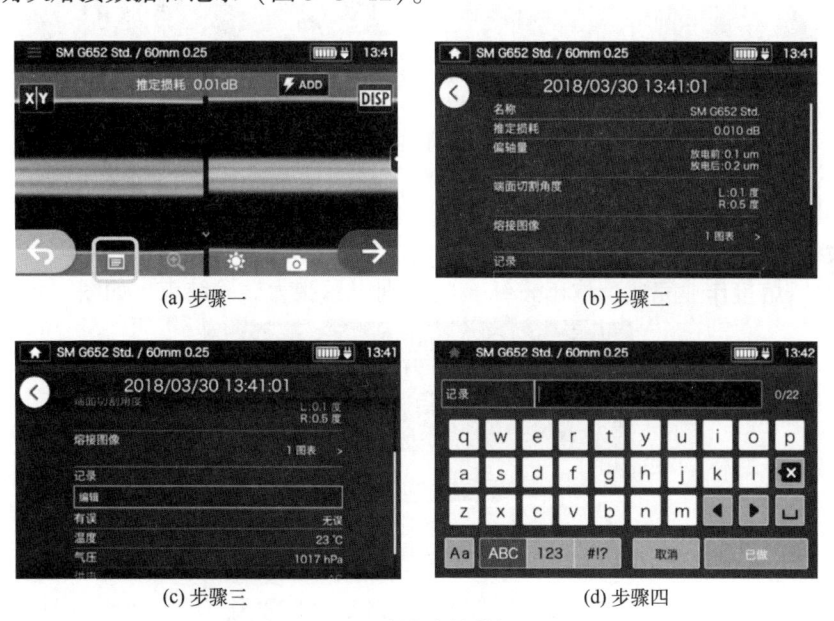

(a) 步骤一　　　　　　　　　　　　(b) 步骤二

(c) 步骤三　　　　　　　　　　　　(d) 步骤四

图 5-5-12　确认熔接数据和记录

① 完成熔接后，在控制面板点击确认详细数据按钮。
② 确认熔接数据（计测结果）。
③ 点击记录，可以输入记录内容。

9) 张力筛选试验

熔接结束后，为了确认熔接点的强度，应实施张力筛选试验。
张力筛选有两种模式：自动动作，手动动作。

(1) 自动动作（图 5-5-13）。

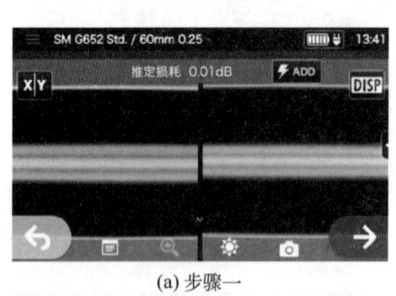

(a) 步骤一　　　　　　　　　(b) 步骤二

图 5-5-13　自动动作

① 打开防风盖。
② 自动开始进行张力筛选试验。

(2) 手动动作（图 5-5-14）。

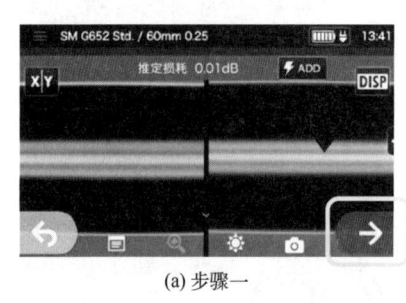

(a) 步骤一　　　　　　　　　(b) 步骤二

图 5-5-14　手动动作

① 点击继续图标。
② 开始进行张力试验。

当出现"熔接作业完成请取出光纤"时，则表示张力试验结束，如图 5-5-15 所示。

图 5-5-15　熔接作业完成请取出光纤

10) 熔接部的加热补强

熔接部的加热补强操作如图 5-5-16 所示，具体步骤如下：

(1) 打开加热器盖。

(2) 打开防风盖和光纤夹具。将熔接完成的光纤取出，注意不可弯曲或拧转光纤，否则会造成光纤折断或质量受损。

(3) 左右轻拉光纤的两端，同时向下压低。加热器盖和加热器夹具盖会同时联动关闭。

(a) 步骤一　　　　　　　　　　(b) 步骤二

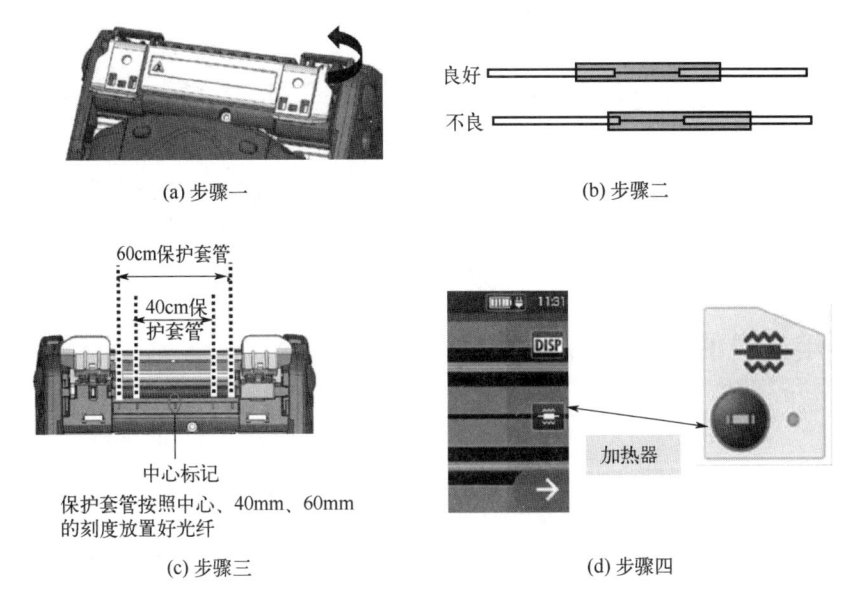

(c) 步骤三　　　　　　　　　　(d) 步骤四

图 5-5-16　熔接部的加热补强

（4）按下加热器按键或点击显示器的加热器图标。加热补强动作开始。停止补强动作时，按下加热器按键或点击显示器的加热器图标。

设定自动加热"ON"时，将光纤放置在加热补强器上后，自动开始加热补强。

（5）通过加热进度显示条的变化可以确认加热补强的完成状况（图5-5-17）。加热过程结束后，有蜂鸣提示。蜂鸣声响起后，将光纤从加热补强器中取出。

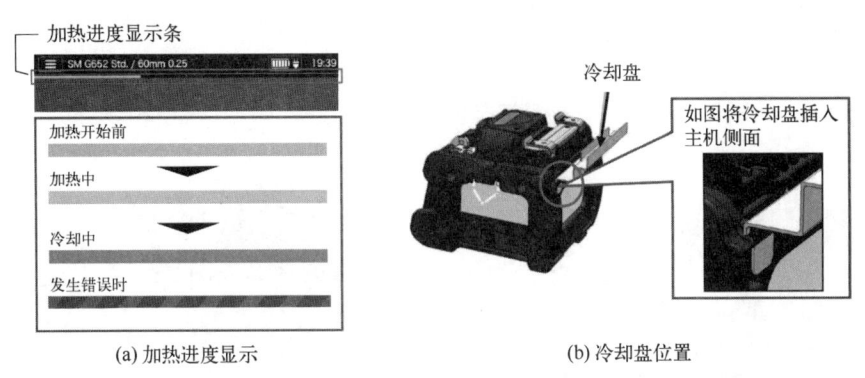

(a) 加热进度显示　　　　　　　(b) 冷却盘位置

图 5-5-17　加热补强状况

（6）光纤取出后放在冷却盘上，图 5-5-17(b) 所示。

注意：

（1）如果加热完成前将保护套管取出，由于没有完全冷却，熔接部分可能弯曲拧转，造成熔接部损失变大，所以应等待蜂鸣声结束后再进行下一步动作。评价保护套管的收缩质量标准如图 5-5-18 所示。

（2）加热补强结束后，保护套管尚有较高温度，取出时小心烫手。

（3）加热补强过程中，禁止触摸加热器表面，以免烫伤。

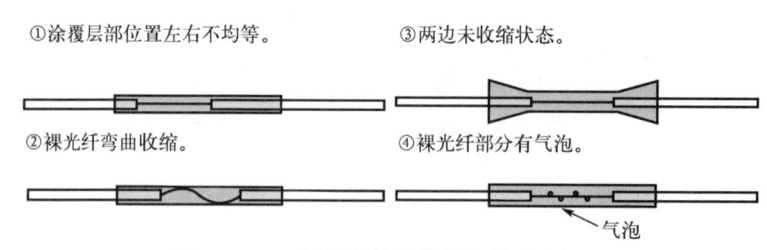

①涂覆层部位置左右不均等。　　③两边未收缩状态。

②裸光纤弯曲收缩。　　④裸光纤部分有气泡。

　　　　　　　　　　　　　　　　　气泡

图 5-5-18　评价保护套管的收缩质量标准

三、光纤熔接机的维护保养

1. 清洁

所有清洁维护工作必须在切断电源后开始，如果不切断电源可能会发生触电事故！

用棉签清洁各部分，每日清洁有助于保持光纤熔接机良好的性能。光纤熔接机在每次使用后应进行清洁工作。

1）清洁 V 形槽

V 形槽上即使附着极微小的灰尘，也会造成偏轴的故障。用浸湿少量酒精的棉签仔细清洁 V 形槽表面，如图 5-5-19 所示。

具体步骤如下：

（1）准备一只浸湿酒精的棉签。

（2）从内向外轻轻擦拭 V 形槽表面。

2）清洁 LED

LED 表面不干净时，会造成光纤图像模糊，影响图像的精确处理。如果显示器出现斑点，以及 LED 有误时，应使用浸湿的棉签清洁图示部位，如图 5-5-20 所示。

图 5-5-19　清洁 V 形槽　　　　　　图 5-5-20　清洁 LED

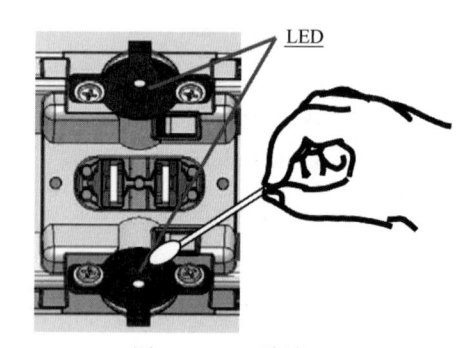

具体步骤如下：

（1）准备好浸湿酒精的棉签，轻轻擦拭 LED 表面。

（2）清洁后，用干净的棉签轻轻擦干多余的酒精。

注意：清洁时不要太用力。

禁止：清洁时严禁使用喷雾器，否则可能引起反光镜保护片的化学反应，造成保护片的劣化。

3）清洁光纤夹具

光纤夹具上附着的灰尘也可能造成偏轴故障。偏轴发生时应清洁此部件，如图 5-5-21 所示。

具体步骤如下：

（1）准备好浸湿酒精的棉签，清洁光纤夹具表面。

（2）清洁后，再用干净的棉签轻轻擦干多余的酒精。

4）清洁保护片

清洁 LED 也无法改善光纤画面图像模糊和 LED 有误的故障时，应清洁镜头保护片，如图 5-5-22 所示。

图 5-5-21　清洁光纤夹具　　　　　图 5-5-22　清洁保护片

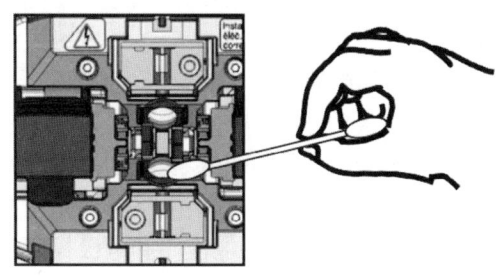

具体步骤如下：

（1）取下电极棒。

（2）准备好浸湿酒精的棉签。

（3）轻轻地以圆周运动方式擦拭镜头保护片表面。

（4）清洁后，再用干净的棉签轻轻擦干多余的酒精。

（5）安装电极棒。

（6）进行放电试验。

提示：安装好电极棒后马上进行熔接加热操作的话，会导致熔接机无法自动调整放电位置，出现错误。因此，在进行熔接加热操作前，务必应先进行放电试验。

注意：清洁时不要太用力。电极棒顶尖非常尖锐，处理时应小心注意。禁止使用喷雾式清洁剂，否则可能引起镜头表面化学反应，镜面劣化，导致无法熔接。

5）清洁加热补强器

加热补强器的加热片上容易堆积灰尘，应仔细清洁，如图 5-5-23 所示。

具体步骤如下：

（1）用干棉签清洁加热补强器的加热片部分。

（2）用浸湿酒精的棉签清洁加热补强器的夹具部分。

注意：加热补强器的加热片表面附着的灰尘或因酒精水分受潮有可能造成加热器性能下降。务必用干棉签清洁。

2. 更换电极棒

光纤熔接机的易损耗材为放电的电极棒。电极棒经过反复放电后，不断消耗。熔接

图 5-5-23　清洁加热补强器

时，熔化的微小颗粒会喷附在电极棒顶端。继续使用这样的电极棒极可能造成熔接损耗增大、熔接点强度下降。不同品牌型号的光纤熔接机，其电极棒使用寿命（次数）也不相同。

1）更换电极方法

更换电极的方法如图 5-5-24 所示，具体操作如下：

（1）从主机上拔下电源线，如有电池在主机里，应当取出电池。

（2）打开防风盖，拧松电极棒的固定螺栓。

（3）从主机上取出电极棒和电极棒固定板，拔出电极棒。

（4）在电极棒固定板上安装新电极棒。

（5）新电极的安装顺序与拆卸动作相反，要求两电极尖间隙为 (2.6±0.2)mm，并与光纤对称。通常情况下电极是不须调整的。

（6）在更换的过程中不可触摸电极尖端，以防损坏，并应避免电极掉在机器内部。

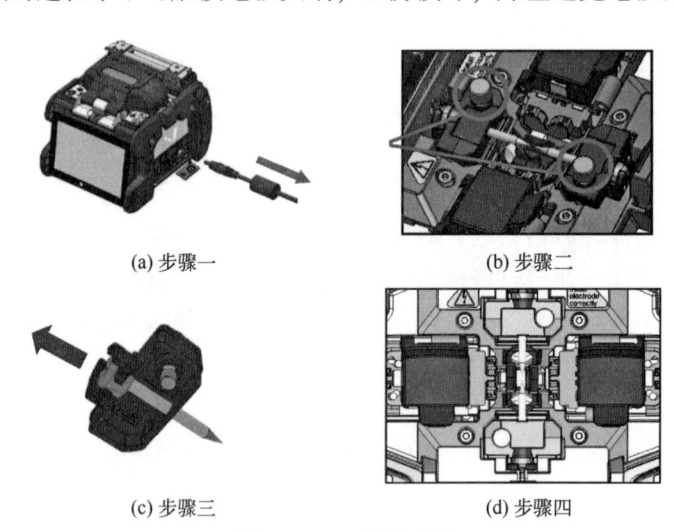

(a) 步骤一　　(b) 步骤二

(c) 步骤三　　(d) 步骤四

图 5-5-24　更换电极

2）注意事项

（1）更换电极棒时必须同时更换两个（1 对）厂家原装电极棒，否则有可能导致熔接机不能发挥正常性能。

（2）更换电极棒时务必取出电池或拔掉电源，通电时进行操作有触电风险。

（3）电极棒顶端非常尖锐，小心操作，注意不要碰触电极棒顶端。
（4）不要清洁电极棒，否则可能引起熔接性能不稳定。
（5）熔接机中的机械部件很多，构造精密，除了电极棒外，其他部分严禁用户拆卸和变动。因为这些机械零件是经过精密的加工和校准的，一旦改动，很难恢复到原位。用户可以自己动手更换的只有电极棒。
（6）安装电极棒的位置不合适，可能造成熔接状态不稳定，或器材损坏。
（7）更换下来的电极棒应妥善进行废弃处理。

光纤熔接机是昂贵而精密的仪表，在使用时要注意保护和保养。例如放置光纤、按操作键时，动作要轻一些，以免引起不必要的损坏。一旦机器有了故障，不要自行拆卸和修理。熔接机的维修需要有专门的工具和受过专业培训的技术人员来进行。

第六节　万用表

一、万用表的作用

万用表具有多种功能，可测量电压、电流、电阻、电容、频率等物理量，同时可检测二极管和电路通断性，是设备安装、调试、维护的必备工具，如图 5-6-1 所示。

二、万用表的使用方法（以 Fluke117C 为例）

1. 测量电阻
（1）关断电源：为避免触电，应将电源关断。
（2）选择接线端：将红色表笔接入电压端，黑色表笔接入公共端。
（3）选择挡位：将开关旋钮旋至欧姆挡（图 5-6-2）。

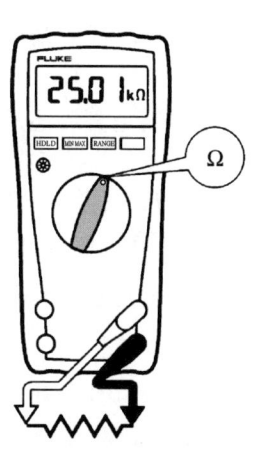

图 5-6-1　万用表　　　　　图 5-6-2　测量电阻

（4）断开电路：为确保测量值正确，一定要保证电阻两端没有并入电器件，一般应将电阻接线端从端子台上拆下。

（5）测量：将表笔接至电阻两端，测量电阻。

2. 通断性测试

通断性测试功能是检验是否存在开路，短路的一种方便而迅捷的方法。

（1）关断电源：在测试通断性时，一定要先将电源关闭。

（2）选择接线端：将红色表笔接入电压端，将黑色表笔接入公共端。

（3）选择挡位：将开关旋钮旋至通断挡（图5-6-3）。

（4）测量：在测量前，应先检测万用表两个表笔之间的内阻是否正常，当示数为零时，表明通断挡状态完好。将两只表笔接至接线端，当蜂鸣器发出长鸣声时，两点为短路状态，否则为开路状态。

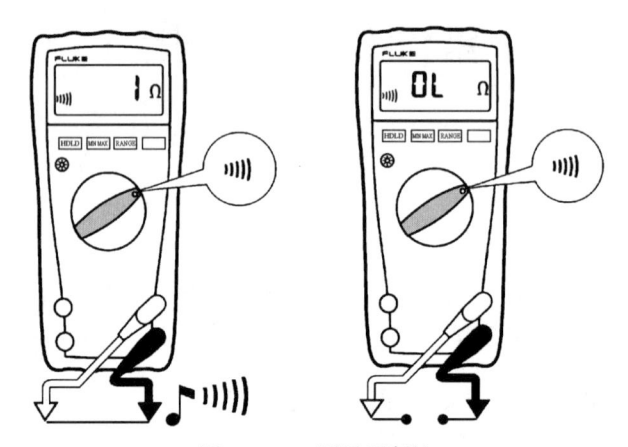

图 5-6-3　测量通断性

3. 电压测量

（1）选择接线端：如图5-6-4所示，将红色表笔接入电压端，将黑色表笔接至公共端。

（2）选择挡位。

① 当确定电路为交流或直流时：选择交流电压挡或直流电压挡，将开关旋钮旋至相应挡位。

② 当不能确定电路是直流还是交流时，可选择 AUTO-V LOZ，仪表根据 V 和 COM 之间施加的输入电压自动选择直流或交流测量。

③ 当需要测量毫伏电压时，应选择毫伏电压挡，即可测量直流毫伏，又可测量交流毫伏，按下按钮【▇】可进行切换。

（3）测量：将两只表笔接至接线端，进行测量。

4. 电流测量

（1）选择接线端：如图5-6-5所示，将红色表笔接入电流端，黑色表笔接入公共端。

（2）选择挡位：当待测电路为直流电路时，选择直流挡，当待测电路为交流电路时，选择交流挡。

图 5-6-4 测量电压

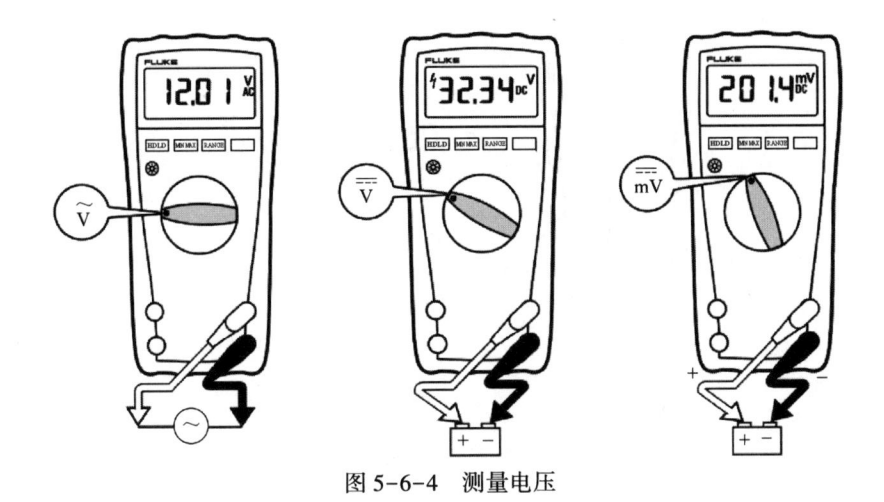

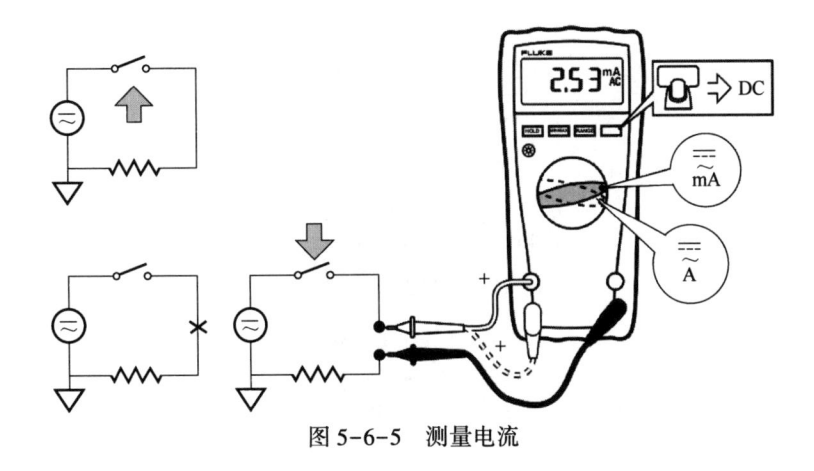

图 5-6-5 测量电流

（3）接线测量：切断电源，将仪表串联接入，然后通电测量。注意：
① 600V 以上电路，不能用本万用表测量电流。
② 选择合适的接线端，开关挡位和量程。
③ 当探头处于电流端时，切勿将探头或组件并联。
④ 测量结束后，应及时将探头和电路断开，以防探头损坏。

5. 测试熔断丝

选择欧姆挡，将万用表 2 个输入端接通后，可测试万用表内部熔断丝是否熔断。当示数小于 0.5Ω 时，熔断丝正常，当显示 OL 时，熔断丝熔断，需更换熔断丝。如图 5-6-6 所示。

6. 检测是否存在交流电压

要检测是否存在交流电压，将仪表的上端靠近导体。当检测到电压时，仪表会发出声响并提供视觉指示。Lo 可用于齐平安装的壁式插座、配电盘、齐平安装的工业插座及各种电源线。Hi 可用于检测其他类型的隐藏式电源接线器及插座上的交流电压。在高敏设置下，可以检测 24V 以下的裸线（图 5-6-7）。

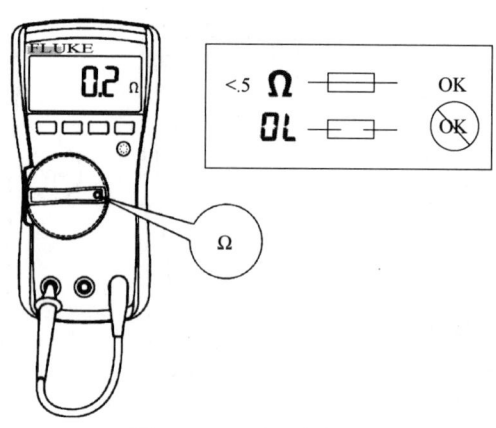

图 5-6-6 测试熔断丝

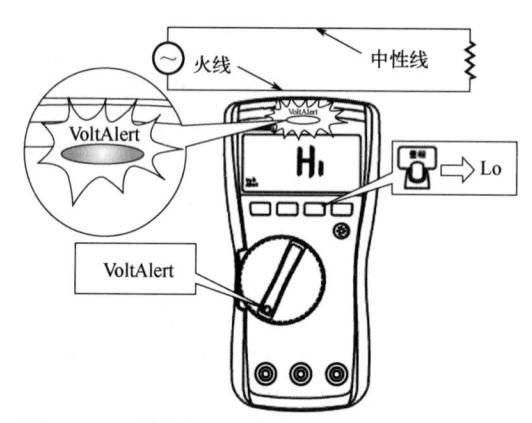

图 5-6-7 测量是否存在交流电压（仅 117C 型）

7. 测量频率

如图 5-6-8 所示，可使用交流电压挡测量交流电压频率，用按钮"▢"切换测量交流电压和测量交流电压频率，用交流电流挡可测量交流电流频率，用按钮"•))"切换测量交流电流和测量交流电流频率。

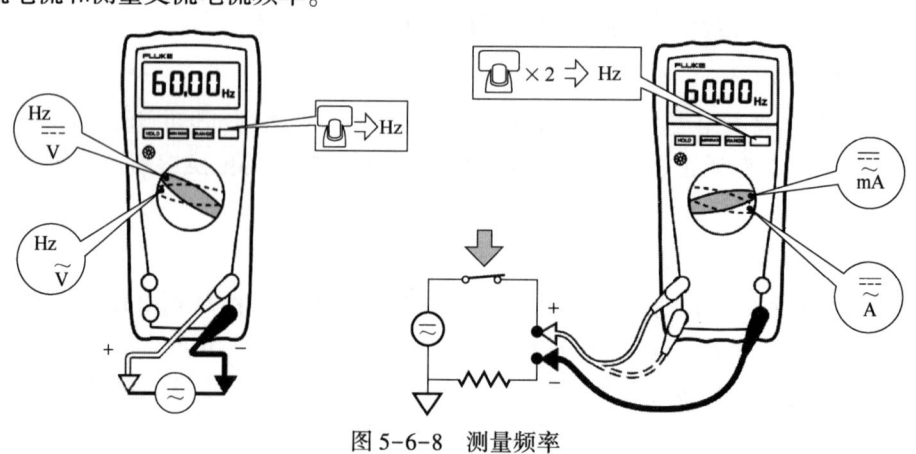

图 5-6-8 测量频率

三、万用表的维护保养

1. 维护方法

数字万用表具有很高的灵敏度和准确度，其应用遍及所有企业。但由于其故障出现呈多因素，且遇到问题的随机性大，没有太多规律可循，将工作实际中所积累的一些维护经验整理出来，以供参考。

寻找故障应先外后里，先易后难，化整为零，重点突破。其方法大致可分为以下几种：

（1）感觉法。凭借感官直接对故障原因做出判断，通过外观检查，能发现如断线、脱焊、搭线短路、熔丝管断、元件烧坏、机械性损伤、印刷电路上铜箔翘起及断裂等；可以触摸出电池、电阻、晶体管、集成块的温升情况，可参照电路图找出温升异常的原因。另外，用手还可检查元件是否松动、集成电路脚管是否插牢，转换开关是否卡带；可以听到和嗅到有无异声、异味。

（2）测电压法。测量各关键点的工作电压是否正常，可较快找出故障点。如测 A/D 转换器的工作电压、基准电压等。

（3）短路法。在前面所讲的检查 A/D 转换器方法里一般都采用短路法，这种方法在修理弱电和微电仪器时用得较多。

（4）断路法。把可疑部分从整机或单元电路中断开，若故障消失，表示故障在断开的电路中。此法主要适合于电路存在短路的情况。

（5）测元件法。当故障已缩小到某处或几个元件时，可对其进行在线或离线测量。必要时，用好的元件进行替换，若故障消失，说明元件已坏。

2. 保养

数字万用表是一种精密电子设备，严禁随意更换线路，并注意以下几点：
（1）严禁接入高于设备最高测试能力的电压。
（2）不要在功能挡位处于"Ω"位置时，将电压源接入。
（3）在电池没有装好或后盖没有上紧时，不要使用此表。
（4）不可使用强酸、强碱、磨砂性物质擦拭机壳。
（5）定期检查万用表电池，长时间不用时，应将电池取下。

第七节　接地电阻测试仪

一、接地电阻测试仪的作用

接地电阻测试仪主要用于现场测量接地电阻、直流电阻、土壤电阻率、接地电流、接地电压。适用于电力、邮电、铁路、通信、矿山等部门测量各种装置的接地电阻以及测量低电阻的导体电阻值、土壤电阻率、地电压，如图 5-7-1 所示。

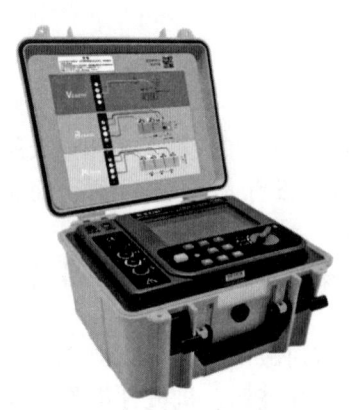

图 5-7-1　接地电阻测试仪

二、接地电阻测试仪的使用方法（以 GDCR3200C 为例）

1. 测量原理

1）三线法四线法测量接地电阻值

采用额定电流变极法（适合准确测量单点接地系统），如图 5-7-2 所示，在测量对象 E 接地极和 C_H 电流极之间流动交流额定电流 I，求取 E 接地极和 P_S 电压极的电位差 U，并根据公式 $R=U/I$ 计算接地电阻值 R。为了保证测试的精度，采用四线法，增加 ES 辅助地极，实际测试时 ES 与 E 夹在接地体的同一点上。

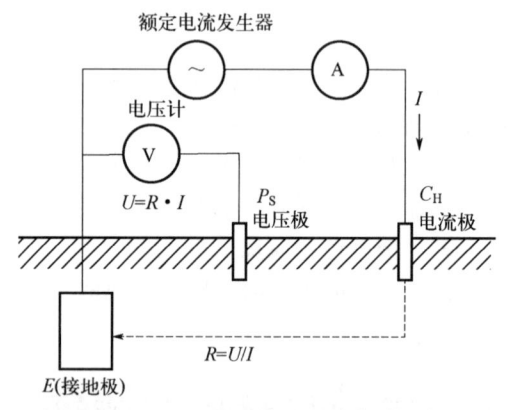

图 5-7-2　三（四）线法测试接线示意图

2）选择法测量接地电阻值

采用电流变极法（适用于不解扣测量并联接地系统的其中一个地网接地阻值）。如图 5-7-3 所示，在 R_{e_1}、R_{e_2}、R_{e_3} 接地极和 C_H 电流极之间施加交流电流 I，通过 CT2 测量出流经 R_{e_3} 的电流 I_3，同时测出 R_{e_3} 接地极和 P_S 电压极的电位差 U，并根据公式 $R_{e_3}=U/I_3$ 计算接地电阻值 R_{e_3}。为了保证测试的精度，采用四线法，增加 ES 辅助地极，实际测试时 ES 与 E 夹在接地体的同一点上。

图 5-7-3 选择法测试接线

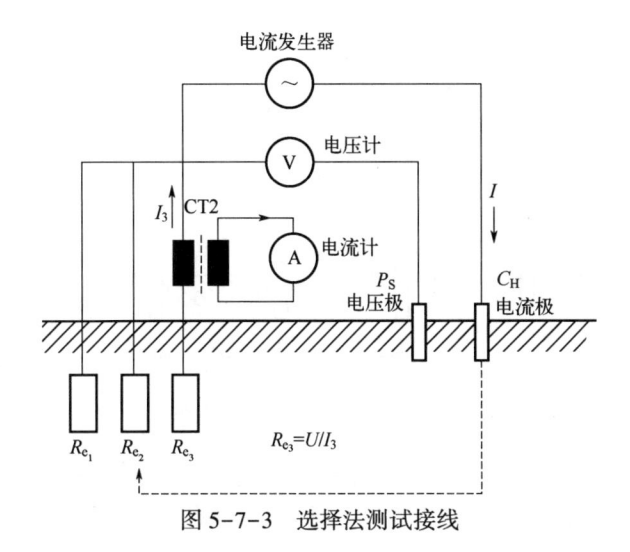

3) 双钳法测量接地电阻值

该方法适用于多独立点并联接地系统不打辅助地桩测量，如图 5-7-4 所示，通过激励钳 CT1 产生一个交流电动势 U，在交流电动势 U 的作用下在回路中产生电流 I，再通过 CT2 检测到反馈的电流 I，并根据公式 $R=U/I$ 计算出电阻值，图中 $R=R_e+R_1//R_2//R_3//\cdots R_n-1//R_n$。当 $R_1//R_2//R_3//\cdots R_n-1//R_n$（多个接地点并联后的阻值）远小于 R_e 时，有 $R \approx R_e$。

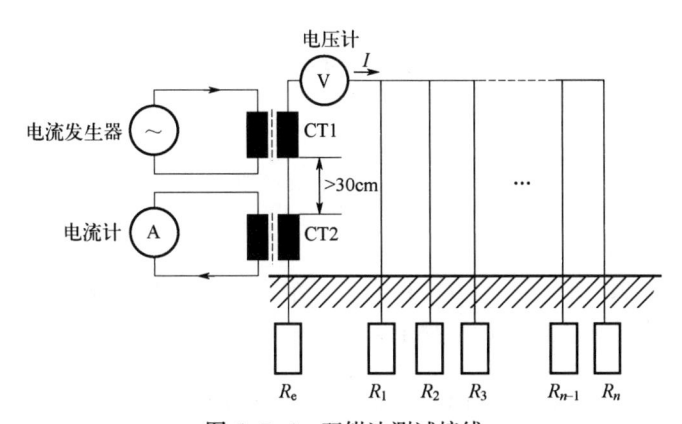

图 5-7-4 双钳法测试接线

4) 四极法（温纳法）测量土壤电阻率（ρ）

如图 5-7-5 所示，E 接地极与 C_H 电流极间流动交流电流 I，求 P_S 电压极与 ES 辅助地极间的电位差 U。电位差 U 除以交流电流 I 得到中间两点电阻值 R，电极间隔距离为 a(m)，根据公式 $\rho=2\pi a R(\Omega \cdot m)$ 得出土壤电阻率的值。C_H-P_S 的间距与 P_S-ES 的间距相等时（都为 a）即为温纳法。为了计算方便，应让电极间距 a 远大于埋设深度 h，一般应满足 $a>20h$。

5) 额定电流变极法测试二三四线直流电阻

该方法适合测量等电位连接电阻测试。如图 5-7-6 所示，在测量对象 R 之间流动直

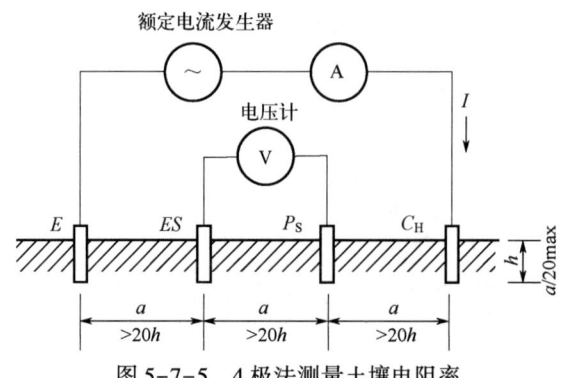

图 5-7-5 4 极法测量土壤电阻率

流额定电流 I，求取 R 两端的电位差 U，并根据公式 $R=U/I$ 计算接地电阻值 R。为了保证测试的精度，采用四线法，增加 ES 辅助地极，实际测试时 ES 与 E 夹在被测物的同一点上。

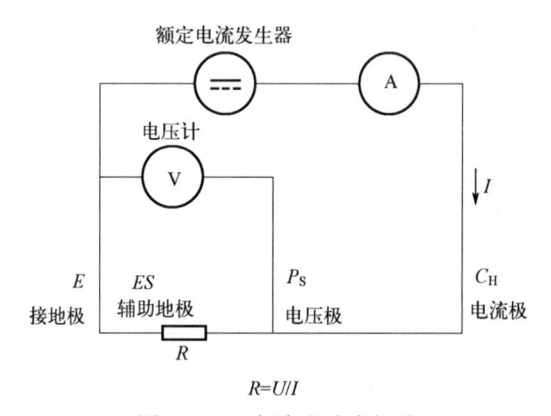

图 5-7-6 额定电流变极法

6) 误差分析

以上几种方法中其工作误差（B）是额定工作条件内所得误差，由使用仪表存在的固有误差（A）和变动误差（E_i）计算得出。

$$B = \pm |A| + 1.15 \times \sqrt{E_2^2 + E_3^2 + E_4^2 + E_5^2} \tag{5-7-1}$$

式中　A——固有误差；

E_2——电源电压变化产生的变动；

E_3——温度变化产生的变动；

E_4——干扰电压变化产生的变动；

E_5——接触电极电阻产生的变动。

2. 操作方法

1) 开关机

旋转功能旋钮实现开关机，旋钮指示"OFF"位置关机。

2）电池电压检查

开机后，如果 LCD 显示电池电压低符号"▭"，表示电池电量不足，应依照说明更换电池。电池电力充足才能保证测量的精度。

3）二线简易测试接地电阻

（1）二线测试：此方法是不使用辅助接地棒的简易测量法。利用现有的接地电阻值最小的接地极（如金属水管、消防栓等金属埋设物、商用电力系统的共同接地或建筑物的防雷接地极等）作为辅助接地极来代替辅助接地棒 C_H、P_S，使用 2 条简易测试线连接（即 C_H-P_S、E-ES 接口短接）。接线如图 5-7-7 所示。

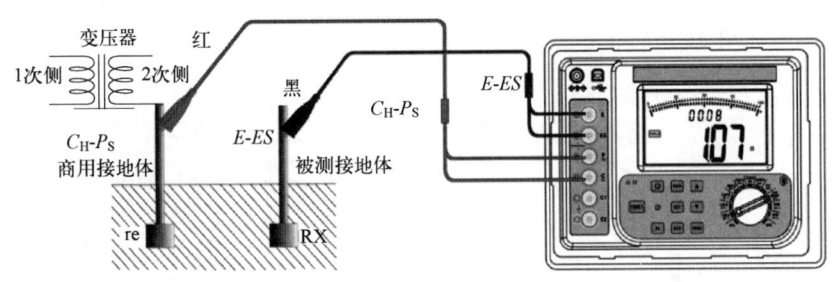

图 5-7-7 二线测试接线

（2）连接好测试线后，先将功能选择旋钮旋至"⚡"位置，进入接地电阻测试模式，按一下"TEST"键开始测试，测试过程中有倒计数指示及测试进度棒图指示，测试完毕后显示稳定的数据，即上图中左边被测接地体的接地电阻值 R。

注意：

（1）测量时去除所选金属辅助接地体连接点的氧化层。仪表操作同四线测试。

（2）选用商用电源系统接地作为辅助接地极测量时，必须先确认是商用电源系统的接地极，否则断路器可能启动，有危险。

（3）尽量选择电阻值小的接地体作为辅助接地极，这样仪表读数才更接近真实值。

4）三线测试接地电阻

如图 5-7-8 所示，短接仪表的 ES、E 接口，即三线测试。仪表操作与二线测试相同。三线测试不能消除线阻变化对测量的影响，也不能消除仪表与测试线间、测试线与辅助接地棒间接触电阻变化对测量的影响，测量时还需去除被测接地体表面的氧化层。

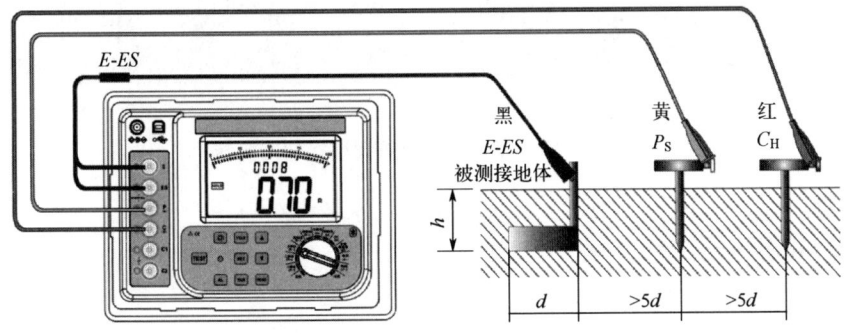

图 5-7-8 三线测试接线

5）四线精密测试接地电阻

四线法测试能消除被测接地体、辅助接地棒、测试夹、仪表输入接口（通常有污垢或生锈）表面之间的接触电阻对测量的影响，能消除线阻变化对测量的影响，优于三线测试。

注意：在测试接地电阻时，先确认接地线的对地电压值，即 C_H 与 E 或 P_S 与 ES 的电压值必须在 20V 以下，若干扰电压在 5V 以上，仪表显示"NOISE"符号，此时接地电阻的测量可能会产生误差，此时先将被测接地体的设备断电，使接地电压下降后再进行接地电阻测试。

如图 5-7-9 所示，从被测物体起，分别将 P_H、C_H 辅助接地棒呈一条直线深埋入大地，将接地测试线（黑、绿、黄、红）从仪表的 E、ES、P_S、C_H 接口对应连接到被测接地极 E、辅助电压极 P_S、辅助电流极 C_H 上。

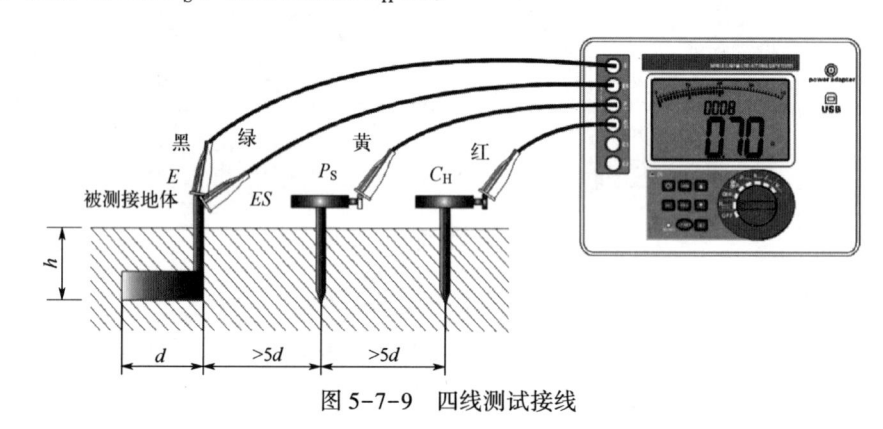

图 5-7-9 四线测试接线

对于多点独立接地系统或较大型的地网，可以选配 50m 或更长的测试线进行测试，如图 5-7-10 所示。

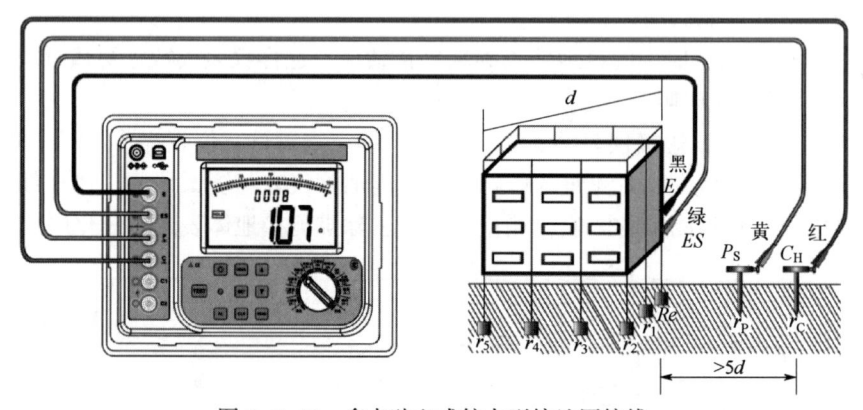

图 5-7-10 多点独立或较大型接地网接线

$$R = r_1 // r_2 // r_3 // r_4 // r_5 // r_6 // \cdots // r_n \tag{5-7-2}$$

式中　R——仪表读数，Ω；

$r_1 \cdots r_n$——独立接地点，Ω；

r_C——辅助电流极 C_H 的对地电阻，Ω；

r_P——辅助电压极 P_S 的对地电阻，Ω。

连接好测试线后，先将"FUNCTION"功能选择旋钮旋至"REARTH"位置，进入接地电阻测试模式，按一下"START"键开始测试，测试过程中有倒计数指示及测试进度棒图指示，测试完毕后显示稳定的数据，即被测接地体的接地电阻值 R。

测试完毕后，再按一下"SGD"键可以查看辅助电流极 C_H 与辅助电压极 P_S 的接地电阻值 r_C、r_P，r_C、r_P 值显示完后自动返回显示被测接地电阻值 R。

如图 5-7-11 所示，表示被测试接地电阻值为 2.05Ω，仪表已存 8 组数据；辅助电流极 C_H 的接地电阻 r_C 为 0.36kΩ；辅助电压极 P_S 的接地电阻值 r_P 为 0.27kΩ。

图 5-7-11　测试结果示意图

6）直流电阻测试

直流电阻测试用于等电位联结电阻、金属构件之间电阻等测试，四线法测试能消除测试夹、仪表输入接口（通常有污垢或生锈）表面之间的接触电阻对测量的影响，能消除线阻变化对测量的影响，优于两线法测试。

如图 5-7-12 所示，测量设备与接地体之间连接电阻值，将测试线一端（黑、绿、黄、红）分别插仪表的 E、ES、P_H、C_H 接口，测试线 E、ES 夹住设备接地线引出端，P_S、C_H 夹住接地引下线靠近地一端。

连接好测试线后，先将功能选择旋钮旋至"R═"位置，进入直流电阻测试模式，按一下"TEST"键开始测试，测试过程中有倒计数指示及测试进度棒图指示，测试完毕后显示稳定的数据，即被测设备与接地体等电位的联结电阻值 R。

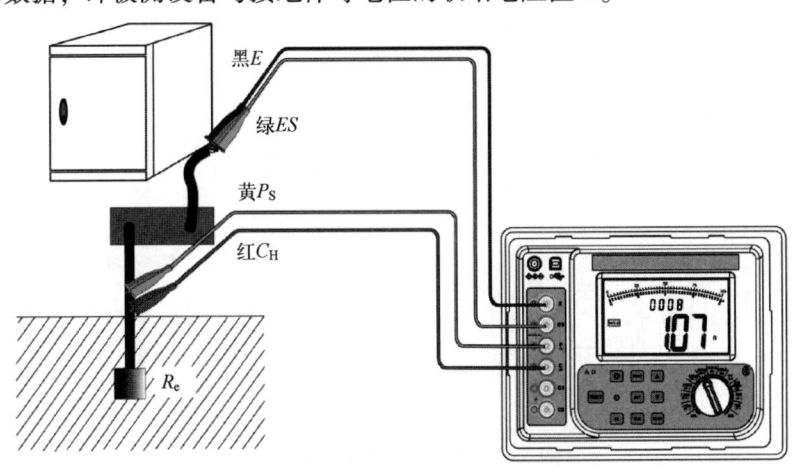

图 5-7-12　直流电阻测试接线示意图

7）交流电流测试

如图 5-7-13 所示，将 CT2 电流钳的一端蓝色插头插入仪表 C1 接口，黑色插头插入仪表 C2 接口，将电流钳钳入被测导线中。

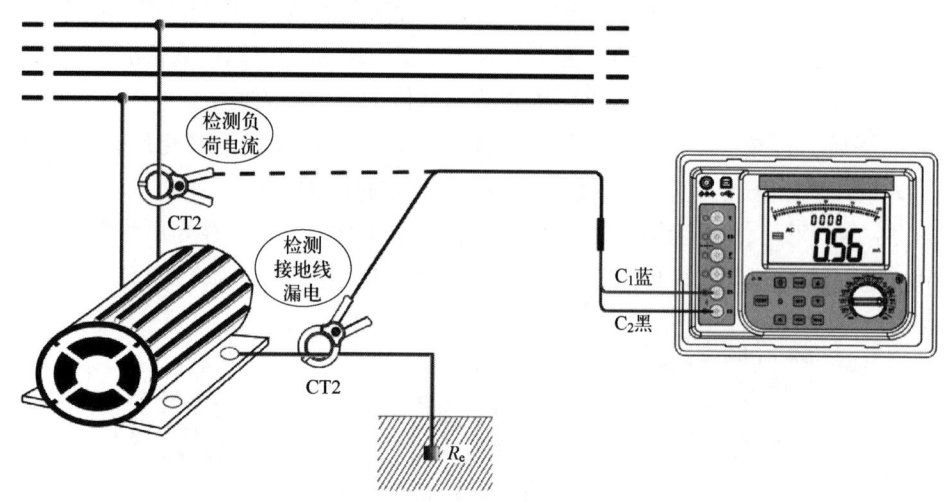

图 5-7-13　交流电流测试接线示意图

连接好电流钳后，先将功能选择旋钮旋至"Iclamp"位置，进入电流测试模式，LCD直接显示电流有效值，同时指示幅值变化。

8）接地电压测试

接地电压即电气设备发生接地故障时，接地设备的外壳、接地线、接地体等与零电位点之间的电位差，接地电压就是以大地为参考点，与大地的电位差，大地为零电位点。

接地电压测试时需要使用一根辅助接地棒，注意与商用交流电压测试的区别。接地电压测试接线方式如图 5-7-14 所示，仪表、辅助接地棒、测试线都连接好后，将功能转换旋钮切换至"EARTH VOLTAGE"位置，开始测试接地电压，LCD 显示测试结果。

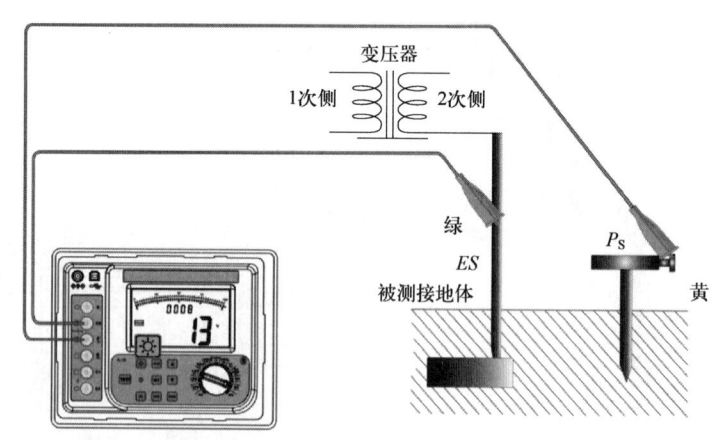

图 5-7-14　接地电压测试接线

9）背光控制

开机后，按"☼"键可以开启或关闭背光，背光功能适合于昏暗场所。每次开机默认背光关闭。

10）报警设置

开机后，将功能选择旋钮旋至相应的位置，短按"AL"键可以开启或关闭报警功能，长按"AL"键（约3s）进入报警临界值设定，按"▲"或"▼"键改变当前数字大小，短按"AL"键移动光标，再长按"AL"键保存退出。当测量值大于报警临界设定值并已开启报警功能，仪表将闪烁将显示"•))"符号，并发出"嘟--嘟--嘟--"报警声。

11）数据锁定/存储

仪器每次测试完成将自动存储一组数据，在测试模式下，短按"HOLD"键锁定当前显示数据，显示"HOLD"符号，并编号存储一组。再按"HOLD"键解除锁定。数据锁定/储存界面如图5-7-15（a）所示，图中锁定被测试土壤电阻率为53.38Ωm，作为第28组数据存储。

12）数据查阅/删除

在测试模式下，短按"READ"键进入数据查阅，按"▲"或"▼"键以步进值为1选择查阅数组号，一直按住"▲"或"▼"键以步进值为10选择查阅数组号，当前组数为接地电阻数据或土壤电阻率数据时，按"SET"键查阅r_C、r_P和a值，再按"READ"键退出查阅。

查阅时若无存储数据，LCD显示"----"，如图5-7-15（b）右图。

在数据查阅状态下，按"CLR"键进入数据删除，按"▲"或"▼"键选择"NO"或"YES"，选"NO"再按"HOLD"键不删除并返回数据查阅状态，选"YES"再按"HOLD"键删除所存数据，删除后LCD显示"----"。数据删除功能是一次性删除所有存储数据，删除后不能再恢复，应谨慎操作。

(a) 显示状态一　　　　　　　　(b) 显示状态二

图 5-7-15　数据锁定/存储界面

三、接地电阻测试仪的维护保养

（1）接地电阻测试仪的 RS232 接口与内部电路为非隔离接口，严禁在测试电压的时候连接电脑，否则会烧坏仪表或引起触电事故。必须先将电压测试线拔出仪表后才能连接 RS232 数据线到电脑读取数据。说明书中的在线监测不适用于监测电压。

（2）使用前应确认仪表及附件完好，仪表、测试线绝缘层无破损、无裸露、无断线才能使用。

（3）勿在易燃性场所测量，火花可能引起爆炸。

（4）勿于高温潮湿，有结露的场所及日光直射下长时间放置和存放仪表。

（5）若仪器潮湿，应干燥后再保管。
（6）长时间不用本仪表，应取出电池。不用的废旧电池必须放到指定回收点。

第八节　光时域反射仪

一、光时域反射仪的作用

光时域反射仪（OTDR）是检测光纤均匀性、缺陷、断裂、接头耦合等若干性能的仪器。它根据光的后向散射与菲涅耳反射原理，利用光在光纤中传播时产生的后向散射光来获取衰减的信息，可用于测量光纤衰减、接头损耗、光纤故障点定位以及了解光纤沿长度的损耗分布情况等，是光缆施工、维护及监测中必不可少的工具。其实物如图5-8-1所示。

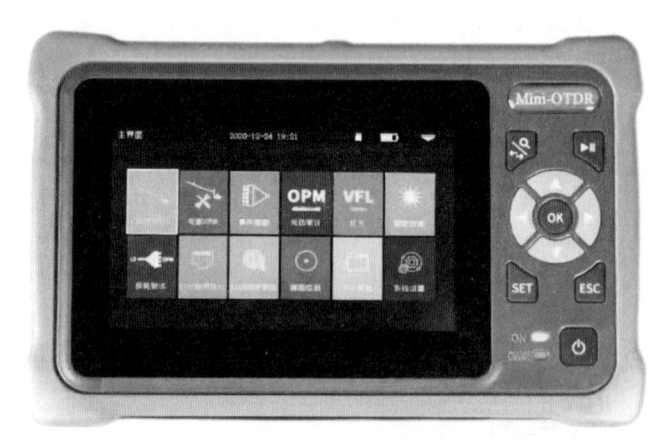

图 5-8-1　光时域反射仪

二、光时域反射仪的使用方法（以 AQ7270 为例）

1. 参数设置

1）测试距离

由于光纤制造以后其折射率基本不变，这样光在光纤中的传播速度就不变，测试距离和时间就是一致的，实际上测试距离就是光在光纤中的传播速度乘上传播时间，因此对测试距离的选取就是对测试采样起始和终止时间的选取。测量时选取适当的测试距离可以生成比较全面的轨迹图，对有效地分析光纤的特性有很好的帮助，通常根据经验，选取整条光路长度的 1.5~2 倍最为合适。

2）脉冲宽度

可以用时间表示，也可以用长度表示，在光功率大小恒定的情况下，脉冲宽度的大小直接影响着光的能量的大小，光脉冲越长光的能量就越大。同时脉冲宽度的大小也直接影响着测试死区的大小，也就决定了两个可辨别事件之间的最短距离，即分辨率。显然，脉冲宽度越小，分辨率越高，脉冲宽度越大测试距离越长。

3) 折射率

折射率就是待测光纤实际的折射率，这个数值由待测光纤的生产厂家给出，单模石英光纤的折射率为 1.4~1.6。越精确的折射率对提高测量距离的精度越有帮助。这个问题对配置光路由也有实际的指导意义，实际上，在配置光路由的时候应该选取折射率相同或相近的光纤进行配置，尽量减少不同折射率的光纤芯连接在一起形成一条非单一折射率的光路。

4) 测试波长

测试波长是指 OTDR 激光器发射的激光的波长，在长距离测试时，由于 1310nm 损耗较大，激光器发出的激光脉冲在待测光纤的末端会变得很微弱，这样受噪声影响较大，形成的轨迹图就不理想，宜采用 1550nm 作为测试波长。所以在长距离测试的时候适合选取 1550nm 作为测试波长，而普通的短距离测试选取 1310nm 也可以。

5) 平均值

为了在 OTDR 形成良好的示意图，根据需要，动态的或非动态的显示光纤状况而设定的参数。由于测试中受噪声的影响，光纤中某一点的瑞利散射功率是一个随机过程，要确知该点的一般情况，减少接收器固有的随机噪声的影响，需要其在某一段测试时间的平均值。根据需要设定该值，如果要求实时掌握光纤的情况，就需要设定时间为实时。

2. 数据测试及曲线分析

1) 连接测试尾纤

（1）首先清洁测试侧尾纤，将尾纤垂直仪表测试插孔处插入，并将尾纤凸起 U 形部分与测试插口凹回 U 形部分充分连接，并适当拧固。在线路查修或割接时，被测光纤与 OTDR 连接之前，应通知该中继段对端局站维护人员取下 ODF 架上与之对应的连接尾纤，以免损坏光盘。

（2）参数设置好，测试尾纤连接好之后就可以开始测试。OTDR 发送光脉冲并接收由光纤链路散射和反射回来的光，对光电探测器的输出取样，得到 OTDR 曲线，对曲线进行分析即可了解光纤质量。

2) 示意图分析

（1）曲线毛糙，无平滑曲线。

① 测试仪表插口损坏，更换插口后重新测试。

② 测试尾纤连接不当，重新连接尾纤后测试。

③ 测试尾纤问题，更换尾纤后重新测。

（2）曲线平滑。

信号曲线横轴为距离（km），纵轴为损耗（dB），前端为起始反射区（盲区），约为 0.1km，中间为信号曲线，呈阶跃下降曲线，末端为终端反射区，超出信号曲线后，为毛糙部分，即光纤截止点。

普通接头或弯折处为一个下降台阶，活动连接处为反射峰，断裂处为较大台阶的反射峰，而尾纤终端为结束反射峰。

当测试曲线中有活动连接或测试量程较大时，会出现 2 个以上假反射峰，可根据反射峰距离判断是否为假反射峰。

假反射峰是由于光在较短的光纤中，到达光纤末端 B 产生反射，反射光功率仍然很强，在回程中遇到第一个活动接头 A，一部分光重新反射回 B，这部分光到达 B 点以后，从 B 点再次反射回 OTDR，这样在 OTDR 形成的轨迹图中会发现在噪声区域出现的一个反射现象。

当测试曲线终端为正常反射峰时说明对端是尾纤连接（机房站）。

当测试曲线终端没有反射峰，而是毛糙直接向下的曲线，说明对端是没有处理过的终端（即为断点），也就是故障点。

（3）接头损耗分析。

自动分析：通过事件阈值设置，超过阈值事件自动列表读数。

手动分析：采用 5 点法（或 4 点法），将前 2 点设置在接头前向曲线平滑端，第 3 点设置在接头点台阶上，第 4 点设置在台阶下方起始处，第 5 点设置在接头后向曲线平滑端，从仪表读数，即为接头损耗。接头损耗采用双向平均法，即两端测试接头损耗之和的平均数。

（4）环回接头损耗分析。

在工程施工过程中，为及时监测接头损耗，节省工时，常需要在光缆接续对端进行光纤环接，即光线顺序 1 号接 2 号，3 号接 4 号，依此类推，在本端即能监测中间接头双向损耗。以 1 号纤、2 号纤为例，在本端测试的接续点损耗为 1 号纤正向接头损耗，经过环回接续点损耗则为 2 号纤正向接头损耗，注意判断正反向接续点距环回点距离相等。

（5）光纤全程衰减分析。

将 A 标设置于曲线起始端平滑处，B 标设置于曲线末端平滑处，读出 AB 标之间的衰耗值，即为光纤全程传输衰减。

3）曲线存储

OTDR 均有存储功能，其操作与计算机操作功能相似，最大可存储 1000 余条曲线，便于维护分析。

三、光时域反射仪的维护保养

（1）光输出端口必须保持清洁，光输出端口需要定期使用无水乙醇进行清洁。

（2）仪器使用完后将防尘帽盖上，同时必须保持防尘帽的清洁。

（3）定期清洁光输出端口的法兰盘连接器。如果发现法兰盘内的陶瓷芯出现裂纹和碎裂现象，必须及时更换。

（4）适当设置发光时间，延长激光源使用寿命。

（5）光时域反射仪如果不经常使用，每月要给仪表通电，检查交流适配器、电池及充电性能。潮湿季节，一月通电检查 2 次。

第九节　回路电阻测试仪

一、回路电阻测试仪的作用

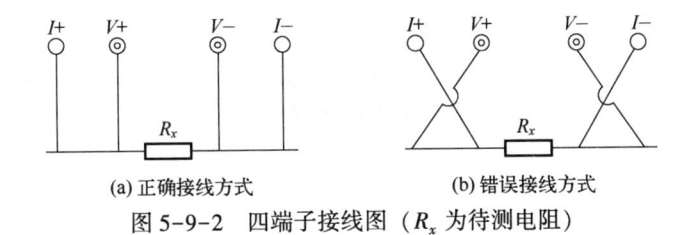

回路电阻测试仪主要用于（高压）开关控制设备回路电阻的高精度测量，及其他需要大电流、微电阻测量的场合。其测试电流采用国家标准推荐的直流100A和200A。其实物如图5-9-1所示。

二、回路电阻测试仪的使用方法（以XGHL-200A为例）

1. 接线

如图5-9-2所示，按照四端子接线图正确接线。

图5-9-1　回路电阻测试仪

(a) 正确接线方式　　(b) 错误接线方式

图5-9-2　四端子接线图（R_x为待测电阻）

注意：

（1）仪器面板与测试线的连接处应拧紧，不得有松动现象。

（2）应按照四端子接线图，使用专用测试线，按照颜色红对红，黑对黑，即粗的电流线接到对应的 I+、I-接线柱，细的电压线接到对应的 U+、U-接线柱，两把夹钳夹住待测电阻 R_x 两端。

2. 开机

确认测试线接线无误后，接入220V交流电源，合上电源开关，仪器进入开机状态。开机时，蜂鸣器短时响，表示系统开机。

3. 主界面

打开电源开关，系统进入主界面，如图5-9-3所示。

移动光标，可在"开始测试""记录查询""时间设置""联机通信"中任意切换。主界面下方显示系统当前时间。

4. 测试

（1）主界面选中"开始测试"选项，仪器进入电流选择界面，按"↑""↓"键选择测试电流，测试时间，如图5-9-4所示。注意应参考相应的量程范围选择合适的测试电流。

377

(2)"开始测试"按钮反显时,按"OK"键开始测试,同时提示"正在测试……"。

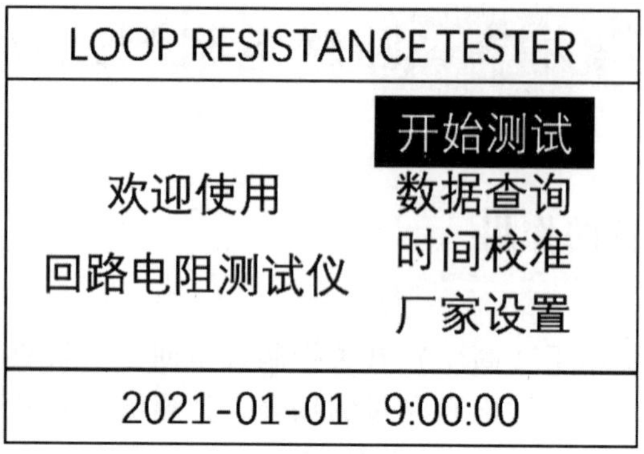

图 5-9-3　回路电阻测试仪主界面

图 5-9-4　测试菜单界面

5. 测试结果

在测试菜单中点击"开始测试"项,进入"测试结果"界面,如图 5-9-5 所示。界面上依次显示电阻值、测试电流值和测试时间。按"↑""↓"键选择打印或者保存。

注意:此时电流线上有大电流流过,切不可将电流线强行拔掉,否则可能对操作人员和仪器造成伤害。

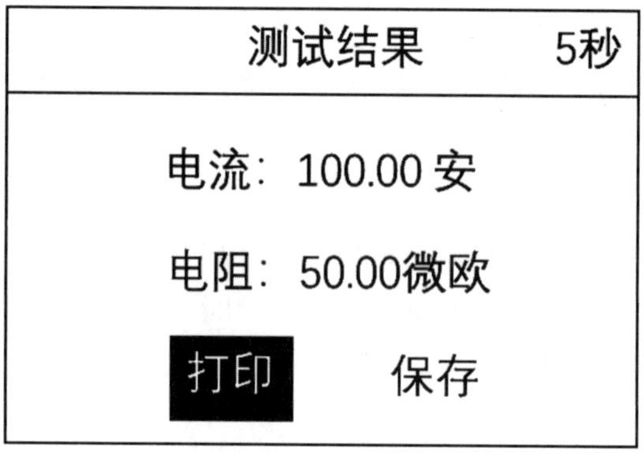

图 5-9-5　测试结果

6. 数据查询

在主界面点击"数据查询",系统进入数据查询界面,如图 5-9-6 所示。按"↑""↓"键选择功能,按"OK"键执行所选功能。

```
数据查询    第001组

电流：100.00 安
电阻：50.00 微欧
2021-01-01  9:00:00

上翻   下翻   打印   全部删除
```

图 5-9-6　数据查询

7. 时钟校准

在主界面选择时钟校准后,进入时钟校准界面。按"↑""↓"键修改时间,按"OK"键光标右移,当光标移动到最后一位时,按"OK"键保存修改的时间。

8. 复位

测试完毕后,按"RST"键,仪器输出电流将断开,这时显示屏回到初始状态,可重新接线,进行下次测量或拆下测试线与电源线结束测量。

9. 温度报警

当仪器内部温度过高时,界面会弹出"温度告警,正在冷却,请等待……",同时蜂鸣器会报警,此时应等仪器温度恢复正常以后才能继续使用。

三、回路电阻测试仪的维护保养

(1) 设备应放置在干燥无尘、通风无腐蚀性气体的室内。
(2) 在没有木箱包装的情况下,不允许堆码排放。
(3) 设备储存时,面板应朝上,并在设备的底部垫防潮物品,防止设备受潮。

参 考 文 献

[1] 陈龙，张春红.电信运营支撑系统［M］.北京：人民邮电出版社，2005.
[2] 石志国.JSP 应用教程［M］.北京：清华大学出版社，2004.
[3] 谢希仁.计算机网络［M］.4 版.大连：大连理工大学出版社，2008.
[4] 陈雪莲.网络与 Web 技术导论［M］.北京：清华大学出版社，2009.